業界1年生が
ESSENTIAL KNOWLEDGE FOR FIRST-YEAR PROFESSIONALS
必ず身に付けたい

ウェブ制作・運用の リテラシー

長澤 大輔 著

── STANDARD WEB LITERACY ──

インプレスの書籍ホームページ

書籍の新刊や正誤表など最新情報を随時更新しております。

https://book.impress.co.jp/

・本書の内容については正確な記述につとめましたが、著者、株式会社インプレスは本書の内容に一切
　責任を負いかねますので、あらかじめご了承ください。
・本文中の製品名およびサービス名は、一般に各開発メーカーおよびサービス提供元の商標または登録
　商標です。なお、本文中には©および®, ™は明記していません。

はじめに

インターネットの登場から約30年。この期間でインターネット技術は、私たちの生活やビジネスのあり方を根底から覆すほどの大変革を遂げました。いまや企業にとってWebサイトは、単なる広告媒体ではなく、マーケティング、セールス、カスタマーサポート、採用など、ビジネスのあらゆる局面において欠くことのできない中核的存在となっています。

しかし、Web技術の進化は目まぐるしく続いています。この10年だけでも、スマートフォンの爆発的普及、クラウドコンピューティングの興隆、AI技術の実用化など、枚挙にいとまがありません。そして、こうした新技術の登場とともに、多くの技術がすたれ、忘れ去られていくのもまた事実です。FlashやSilverlightのような、かつては不可欠とされたRIA技術も、すでに過去の遺物となりつつあります。

14年前、私は『スタンダードWebリテラシー』という本を上梓しました。当時、最先端だったWebサイト制作の知識を体系的にまとめ、Webに関わるすべての人に向けたバイブルを目指した1冊です。おかげさまで多くの方に愛読いただき、長きにわたってWeb制作のスタンダードとして支持されてきました。

しかし14年という歳月でインターネットを取り巻く環境は劇的に変化しました。GoogleやAmazon、Metaなどのプラットフォーマーの台頭により、Webサイトの役割も大きく様変わりしています。AIを活用したパーソナライズ、PWAによるアプリのような操作感、音声UIやVR/ARなどの新しいインターフェイス。次々に登場する革新的な技術は、Webサイト制作のあり方を根底から覆しつつあります。

そこで今回、時代に合わせて内容を全面刷新しました。14年前の旧版から生まれ変わった『ウェブ制作・運用のリテラシー』をお届けします。本書は単なる技術の解説書ではなく、企画、設計、マネジメント、ビジネス活用まで、いまのWeb制作に求められるリテラシーを網羅した決定版です。

本書は、現場の最前線で活躍するプロフェッショナルたちの知見の結晶です。そのエッセンスを余すところなく詰め込みました。次代を担うWebのリーダーとして、ぜひ本書を手に羽ばたいてください。必ずや皆様の心強い羅針盤となるはずです。

結びにあたり、本書の編集にご尽力いただいたインプレス編集部の皆様、闘病生活の中にありながらも多大なるご示唆を賜ったデジタルハリウッド杉山知之学長、プロジェクトを支えるA&Sメンバー、そしていつも私の良き理解者である妻の知美に、この場を借りて心よりの感謝を申し上げます。

令和6年8月

長澤 大輔

目次

はじめに ———————— 003

chapter 1 第1章 インターネットに関する知識

01	インターネットが普及した理由	010
02	WebサイトとWebブラウザ	014
03	静的サイト・動的サイト	017
04	コミュニケーションデザイン	020
05	企業のブランド戦略とWebサイト	022
06	ソーシャルメディアのビジネス活用	024
07	Webサイト制作受発注のプロセス	028
08	サイト制作会社の種類と特徴	031

column 01　Xスペースを活用したマーケティングと効果測定 ———— 034

chapter 2 第2章 Webサイトの作り方

01	企画から公開までのワークフロー	038
02	PDCAサイクル	042
03	Webサイトのゴール設定	045
04	デザイン	049
05	企画・設計	052
06	コーディング	059
07	CMSを活用する	062
08	システム設計・構築	065
09	テスト・公開準備	070
10	効果検証	073
11	リニューアル	076

column 02　WebAssemblyとRustで高速なWebアプリケーションを開発する ———— 079

004

chapter 3 第3章 Webデザイン

01	Webデザインの構成要素とトレンド	084
02	ページレイアウト	087
03	文字と文章	090
04	グラフィックス	093
05	色彩計画	095
06	客観指標によるデザインテスト	099
07	ナビゲーションデザイン	103
08	ユーザーインターフェイスデザイン	105
09	ユーザビリティ	107
10	アクセシビリティ	109
11	デザインのアンケート分析法	112
column 03	PWAとAMPでモバイルフレンドリーなWebサイトを構築する	116

chapter 4 第4章 コーディング

01	コーディングの手順	120
02	HTMLとは	123
03	CSSとは	127
04	Web標準とは	130
05	JavaScriptとは	132
06	Ajax	135
07	リッチな表現力を実現するコーディング	138
08	フロントエンドとバックエンド	141
09	プログラミング言語	143
10	データベースについて	145
11	Web APIの活用	148
12	ASPの活用	150

| 13 | クラウドサービスの活用 | 153 |

column 04　Web制作担当必須のドメインに関する知識とWebマーケティングへの活用方法 ····· 157

chapter 5 ｜ 第5章　公開前テスト

01	ブラウザチェック	160
02	カラーマネジメント	163
03	アクセステストとパフォーマンステスト	166

column 05　ソーシャルコマースとライブコマースを活用する ········ 168
column 06　Web制作で使えるオープンソースプラットフォームの種類 169

chapter 6 ｜ 第6章　集客・マーケティング

01	新しい時代のマーケティング手法	172
02	AI時代のネット広告	176
03	マーケティングリサーチ	179
04	複数メディアとの連携による集客	182
05	スマートフォンとの連携による集客	185
06	クチコミマーケティング	188
07	SNSマーケティング	191

chapter 7 ｜ 第7章　最適化施策

01	検索エンジンの特性	196
02	SEOの内部要因と外部要因	198
03	SEO施策実施のポイント	200
04	SEM	202
05	LPO	205
06	CRO(コンバージョン率最適化)	208

chapter 8 第8章 効果測定・品質管理

01	アクセスログ解析とは	212
02	アクセス解析ツールの選び方	215
03	アクセス解析結果の見方	219
04	Webサイトの品質管理	221

column 07 アジャイル開発に適したプロジェクト管理ツールの比較 ──── 223

chapter 9 第9章 プロジェクトマネジメント・運用体制

01	制作プロジェクトを成功させるには	226
02	制作チームのプレイヤー	228
03	制作チームづくり	230
04	プレゼンテーションのコツ	233
05	Webサイト制作の見積もりと契約の基礎知識	235
06	スケジュール管理	238
07	コーチング	241
08	Web制作の業務委託マネジメント	244
09	コストマネジメント	249
10	Webプロジェクト投資	252
11	公開後の運営体制づくり	255
12	キャンペーンプロジェクトのコツ	259
13	モバイルサイトプロジェクト	262
14	ECサイト運営	266

chapter 10 第10章 セキュリティ対策と Webビジネスに関わる法規

01 Webサイトのセキュリティ対策と新しい取り組み ……… 272
02 TLS/SSL ……… 278
03 電子商取引に関する法律 ……… 282
04 Webビジネスに関わる法規 ……… 285
05 Webコンテンツの著作権 ……… 290
06 個人情報保護法 ……… 294
07 Webサイトのトラブル Q&A ……… 297

chapter 11 第11章 生成AIのWebサイトへの 活用トレンド

01 生成AIの概要と種類 ……… 300
02 生成AIのコンテンツ作成 ……… 303
03 生成AIによるWebサイト最適化 ……… 306
04 生成AIによるWebサイトデザイン作成 ……… 310
05 生成AIによるWebサイトテスト ……… 313
06 生成AIによるWebサイト分析 ……… 315
07 生成AIによるWebマーケティング ……… 319
08 生成AIによるWebサイトページ自動生成 ……… 321
column 08 AI時代のDCOを用いた新広告手法 ……… 323

参考文献 ……… 325
索引 ……… 327

第1章
インターネットに関する知識

chapter

01 インターネットが普及した理由 ……………… 010
02 WebサイトとWebブラウザ ………………… 014
03 静的サイト・動的サイト ……………………… 017
04 コミュニケーションデザイン ………………… 020
05 企業のブランド戦略とWebサイト ………… 022
06 ソーシャルメディアのビジネス活用 ……… 024
07 Webサイト制作受発注のプロセス ………… 028
08 サイト制作会社の種類と特徴 ……………… 031

chapter 1
01
インターネットが普及した理由

インターネットがなぜこれほど広く普及し、私たちの生活に浸透したのか。情報の民主化やデジタルデバイスの進化、ネットワーク経済の法則など、様々な視点からその理由を探ります。

Point

1　インターネットによって、情報の民主化が進み、一般市民の情報発信力が飛躍的に高まった
2　スマホとソーシャルメディアの台頭でどこでもインターネットにアクセスできる環境が整った
3　新型コロナウイルスの影響で在宅時間が増え、オンラインでの活動がさらに活発化した

インターネットがこれほどまでに社会に受け入れられた理由

インターネット技術の目覚ましい発展のおかげで、私たちの生活は格段に便利になり、ビジネスの効率は飛躍的に高まりました。特に、ビジネスにおいてインターネットは欠かせない存在となり、会社を設立すれば必ずWebサイトも同時に開設しなければならないのが常識となっています。昨今では、デジタルマーケティングやEC、CRM、IR活動やオンライン採用など、あらゆるビジネスシーンでWebサイトやアプリが活用されているのはご存知の通りでしょう。

また、インターネットの普及は単なる利便性の向上だけでなく、「情報の民主化」という大きな社会変革をもたらしました。ブログやSNSの登場により、それまでマスメディアに独占されていた情報発信力が、一般市民の手に委ねられるようになったのです。誰もが自由に情報を発信し、世界中に発信できる時代が到来。政治や社会問題に対する市民の声が可視化され、世論形成に大きな影響力を持つようになりました。

さらに、iPhoneに代表されるスマートフォンの普及と、X（旧Twitter）、Instagramなどのソーシャルメディアの台頭により、場所を問わずインターネットにアクセスできる環境が整いました。2021年9月時点で、日本のスマートフォン保有率は86.9%に達しています（※MMD研究所の調査より）。いまやスマートフォンは生活必需品となり、リアルタイムに世界とつながることが当たり前になりつつあります。

そして2020年、新型コロナウイルスの感染拡大は、私たちのインターネット利用をさらに加速させました。外出自粛による在宅時間の増加で、ビジネスも教育も、ショッピングも娯楽も、あらゆる活動がオンラインへとシフト。Zoom、Microsoft Teams、Google Meetなどのビデオ会議ツールが脚光を浴び、テレワークやオンライン授業が一気に普及しました。ECやオンラインサービスの利用も爆発的に伸びています。アフターコロナの時代においても、このデジタルシフトの流れは不可逆的なものになるでしょう。

このように、利便性の追求と情報の民主化の進展、スマートデバイス＆ソーシャルメディアの浸透、コロナ禍によるライフスタイルの変化が相まって、インターネットは私たちの生活に深く根付いていったのです。

インターネットの歴史に見る普及のきっかけ

インターネットの起源は、1960年代に米国防総省で開発されたネットワーク「ARPANET」にさかのぼります❶。当初は軍事用に開発された技術でしたが、その後民間にも開放されていき

ました。日本で初めてインターネットに接続したのは、1984年に東京工業大学と慶應義塾大学を結んだことに始まります。

1990年代に入ると、World Wide Web（WWW）の登場とMosaicブラウザの無償公開により、インターネットの一般家庭への普及が本格化。Windows95にInternet Explorerが標準搭載されたことも普及の追い風となりました。さらに2000年代に入ると、ADSLや光ファイバーなどのブロードバンド化が進み、高速で常時接続のインターネット環境が当たり前の時代へと突入します。

2007年にiPhoneが発売されると、モバイルインターネットの普及が一気に加速。SNSの代表格であるFacebook、Twitter（現X）との組み合わせで、スマートフォンは私たちのライフスタイルを一変させました。2021年10月時点で、Facebookの月間アクティブユーザー数は28.9億人、Twitterは2.9億人に達しています。InstagramやTikTokなども若者を中心に爆発的な人気を誇り、ソーシャルメディアは情報発信と収集の主要なプラットフォームとなりました。

そして現在は、新型コロナウイルスの影響で、ビデオ会議などの非対面・非接触のオンラインサービスが急速に普及。リモートワークツールのSlackの2022年1月時点の日次アクティブユーザー数は1,800万人を突破し、Zoomの2022年5月時点の月間アクティブユーザー数は3億人を超えるなど、ニューノーマル時代のコミュニケーションを支えるツールとして不可欠な存在と

年代	主な出来事	影響
1960年代	米国防総省でARPANET開発	軍事用ネットワークの誕生
1984年	日本で東京工業大学と慶應義塾大学がインターネット接続	日本のインターネット黎明期
1990年代	WWWの登場、Mosaicブラウザの無償公開	インターネットの一般家庭への普及
1995年	Windows 95にInternet Explorer標準搭載	インターネットの普及加速
2000年代	ADSL、光ファイバーなどのブロードバンド化	高速・常時接続のインターネット環境の実現
2007年	iPhone発売	モバイルインターネットの普及加速
2000年代後半	Facebook、TwitterなどのSNSの登場	情報発信・収集の主要なプラットフォームとなる
2020年	新型コロナウイルス感染症流行	オンラインサービスの急速な普及
2022年	Slackの日次アクティブユーザー数が1,800万人突破、Zoomの月間アクティブユーザー数が3億人を超える	ニューノーマル時代のコミュニケーションツールとして不可欠な存在となる
～現在	クラウドサービスの進化、AI、IoTの活用	大規模なデータ処理、次世代インターネット技術の開発
未来	メタバース、NFTなどデジタル空間と現実世界の融合	インターネットがもたらす変革の加速

❶インターネットの歴史に見る普及のきっかけ

Keyword Box

情報の民主化
情報の民主化とは、インターネットの普及により、それまでマスメディアに独占されていた情報発信力が一般市民に開放され、誰もが情報の受け手から担い手になれるようになった現象を指す。ブログやSNSの台頭で顕著に。

Web3.0
ブロックチェーン技術を活用した次世代のインターネット。非中央集権や個人情報の管理強化などが特徴。仮想通貨やNFT、DeFiなどへの応用が進んでおり、既存のプラットフォームに代わる新たなデジタルエコシステムの構築を目指す。

メトカーフの法則
メトカーフの法則とは、通信網の価値はその利用者数の2乗に比例するという経済モデル。利用者数の増加に伴いネットワークの価値が加速度的に高まるため、先行者利益が働く。ネットワーク外部性の代表的な法則。

なっています。

また、GoogleやMicrosoftなどのテクノロジー企業によるクラウドサービスの進化により、大規模なデータの保存・処理が容易になり、AIやIoTの活用も一般的になりつつあります。**Web3.0**と呼ばれる次世代のインターネット技術にも注目が集まるなど、イノベーションはとどまることを知りません。メタバースやNFTなど、デジタル空間と現実世界の融合が進む中で、インターネットがもたらす変革はさらに加速していくでしょう。

ネットワーク経済の法則から見たインターネット普及の理由

インターネットの急速な普及は経済学の視点から、メトカーフの法則でも説明することができます。これをモデル化したのは、イーサネットを開発したロバート・メトカーフです。

メトカーフの法則によると、ネットワークの価値は利用者数の2乗に比例して指数関数的に増大するとされています。つまり、最初はごく少数のユーザーしかいなかったインターネットも、ユーザー数の増加とともに急激に価値が高まり、加速度的に普及が進んだということです。利用者が増えるほどネットワークの魅力が増し、さらに多くの利用者を呼び込む。そんな正のスパイラルが起きたのです❷。

さらに、**ムーアの法則**による半導体の性能向上とコストダウンにより、高性能なデバイスが一般消費者の手の届く価格になったことも、インターネット普及の後押しになったと考えられます。高速なネット接続と処理速度を備えたPCやスマートフォンの登場で、リッチコンテンツの利用が可能になり、インターネットの利便性が飛躍的に向上。それがユーザー数の増加につながったのです。

また、アメリカの発明家レイ・カーツワイルは、ムーアの法則を拡張して「収穫加速の法則」を提唱し、「収穫加速の法則の必然的な結果」として人工知能の性能が人類の知能を上回る「**シンギュラリティ（技術的特異点）**」が到来する、そしてそれはすぐそこに迫っており、2045年頃に訪れると主張しています。このことは、昨今最も注目されている話題の一つであり、多くの人が関心を持っています。

また、**ネットワーク外部性**により、インターネットを活用した革新的なサービスが次々に誕生し、先行者利益を得た企業が市場を席巻する現象も起きました。Google、Amazon、Facebook、Appleなどの**プラットフォーマー**がその代表例で、強力なネットワーク効果でユーザーを囲い込み、圧倒的な競争優位を確立しています。こうしたプラットフォームの成功が、インターネットのさらなる普及と進化を促したのです。

このように、インターネットの急速な普及には、ネットワーク経済ならではの法則が深く関わっていたことがわかります。そしてメトカーフの法則に象徴されるように、一度形成されたネットワークの力は極めて強力で、簡単には崩れることはありません。むしろ時間とともにさらに強固なものになっていくでしょう。だからこそ企業には、ネットワーク外部性を意識したデジタル戦略が求められるのです。

さらに、インターネットの普及は社会構造にも大きな変革をもたらしました。情報の民主化が進み、誰もが情報の発信者になれる時代が到来したのです。

これにより、従来のマスメディアの影響力が相対的に低下し、個人や小規模組織の声が世界中に届くようになりました。また、eコマースの発展により、物理的な店舗を持たない企業でも世界中の消費者にアクセスできるようになり、ビジネスモデルの多様化が進みました。

そして、教育分野でもオンライン学習の機会が増え、地理的・経済的制約を超えた知識の共有が可能になりました。

chapter 1　インターネットに関する知識

　このように、インターネットは単なる技術革新を超えて、私たちの生活や社会のあり方そのものを根本から変える力があるのです。

指数関数的に成長するコンピューティング
20世紀から21世紀にかけて

❷ コンピューティングの指数関数的成長
出典：The Singularity Is Near: When Humans Transcend Biology（Penguin Books 刊）

Keyword Box

ムーアの法則

集積回路の性能が18ヶ月ごとに2倍になるというトレンドを指す経験則。インテルの創業者ゴードン・ムーアが提唱した。半導体の微細化・高集積化が急速に進み、コンピュータの性能向上とコストダウンに貢献した。

ネットワーク外部性

ネットワーク型サービスにおいて、ユーザー数の増加とともに一利用者が享受できる便益が向上する現象。利用者の増加が更なる利用者の増加を呼ぶ正のフィードバックが働く。強いネットワーク外部性を持つ企業は独占的な優位性を得られる。

プラットフォーマー

強力なネットワーク効果を有するプラットフォームを構築し、生態系（エコシステム）の形成・発展を通じて市場を席巻する企業群。GAFA（Google、Amazon、Facebook、Apple）に代表される。デジタル時代の勝者となるべく、プラットフォーマー化を目指す動きが活発化。

chapter 1
02

Web サイトと Web ブラウザ

Webサイトを閲覧するための「Webブラウザ」は、大きな進化を遂げています。この項目では、HTML5やCSS3といった最新のWeb技術や、PWAに代表される新世代のWebアプリ、そしてVRやARなどの革新的な機能まで、最先端のWebブラウザが秘める無限の可能性について詳しく解説していきましょう。

Point
1 最新のWeb技術「HTML5」と「CSS3」により、Webブラウザの表現力が大幅に向上
2 Progressive Web Apps（PWA）の登場で、Webアプリがネイティブアプリに迫る存在に
3 Webブラウザが、VRやAR、音声認識など、新たな領域に進出

Webサイトと Web ブラウザの基礎知識

私たちが日常的に利用しているWebサイトは、World Wide Web（WWW）上に存在する関連Webページの集合体です。これらのWebページは、HTMLという言語で記述され、ハイパーリンクによって相互に結び付けられています。

Webサイトを閲覧するには、Webブラウザが必要不可欠です。Google ChromeやMicrosoft Edge、Mozilla Firefoxなどが代表的なWebブラウザで、WebサーバーからHTMLなどの情報を取得し、視覚的なユーザーインターフェイスで表示する役割を担っています。

近年のWebブラウザは、**HTML5**や**CSS3**といった最新のWeb標準技術をサポートしており、リッチなWebコンテンツを快適に閲覧できるようになりました。HTML5は、以前のバージョンと比べてマルチメディア機能が大幅に強化され、

プラグインなしで動画や音声の再生、グラフィックスの描画、オフライン機能などが実現可能になったのです。

一方、CSS3では、フレックスボックスレイアウトやグリッドレイアウト、アニメーション、Webフォントなど、よりデザイン性の高いレイアウトやスタイリングが可能となりました。レスポンシブWebデザインを実現する上でも、CSS3の果たす役割は非常に大きいといえるでしょう。

ブラウザシェアの最新動向[1]

2024年3月時点での日本のデスクトップのWebブラウザシェアを見ると、❶となっています。シェア1位のChromeは、2008年のリリース以降、シンプルで高速な動作が評価され、わず

---

[1] https://gs.statcounter.com/

順位	ブラウザ名	2024年3月時点
1位	Chrome	65.85%
2位	Edge	21.24%
3位	Firefox	5.66%
4位	Safari	5.04%
5位	Opera	0.84%

❶ デスクトップのWebブラウザシェア

順位	ブラウザ名	2024年3月時点
1位	Safari	55.30%
2位	Chrome	38.76%
3位	Samsung Internet	2.35%
4位	Android	0.82%
5位	Firefox	0.72%
6位	UC Browser	0.61%
7位	Edge	0.46%

❷ モバイルのWebブラウザシェア

か数年でトップに躍り出ました。以来、現在に至るまで圧倒的なシェアを維持し続けています。

また、スマートフォンの普及に伴い、モバイルブラウザの重要性も高まっています。モバイル端末に最適化された表示や操作性に加え、ジェスチャー操作や位置情報の活用など、デスクトップブラウザにはない利点も数多くあります。

2024年3月の日本のモバイルブラウザシェアは、❷となっており、Androidに搭載されているChromeとiPhoneに搭載されているSafariの2つで全体の約94%を占めるに至っています。

ネイティブアプリに迫るWebアプリの台頭

Webブラウザの進化により、Webアプリケーションの表現力と性能が飛躍的に高まっています。とりわけ注目すべきは、**Progressive Web Apps（PWA）** の登場です。PWAは、Webの即時性と更新の容易さを保ちつつ、ネイティブアプリのようなユーザー体験を提供できる画期的なWebアプリの形態といえます。

PWAの大きな特徴は、以下の3点が挙げられます。

1. ServiceWorkerによるオフライン動作
2. ホーム画面へのインストールとアプリアイコンの配置
3. プッシュ通知の実装

ServiceWorkerは、Webページとは別にバッ

クグラウンドで動作するスクリプトで、ネットワークリクエストの傍受やキャッシュ管理などを行います。これにより、インターネット接続が不安定な環境でも、スムーズなWebアプリの利用が可能になるのです。

また、PWAはホーム画面にインストールできるため、ネイティブアプリのようなワンタップでの起動が可能です。XやInstagramなどの大手WebサービスもPWA化を進めており、今後はWebアプリの主流になっていくと予想されます。

Webの領域を広げるVR・AR技術

近年、5Gネットワークの普及により、モバイルWeb体験が大きく向上しています。5Gの高速・大容量・低遅延という特性を活かし、AR/VRコンテンツや4K/8K動画ストリーミング、クラウドゲーミングなど、より高度なWebアプリケーションが実現可能になっています。特に、Webブラウザで仮想現実（VR）や拡張現実（AR）を実現する技術が急速に発展しており、その代表的な技術として「WebXR Device API」が挙げられます。このJavaScript APIは、VRヘッドセットやARグラスといったXR機器をWebブラウザから直接操作できるようにするものです。

WebXR を活用すれば、没入感のある360度パノラマ画像や3DCGをWeb上で表示できるだけでなく、現実世界にCGを重ね合わせたARコンテンツも実現可能です。教育や観光、ECなど、あらゆる分野でのWebXRの活用が期待されています。

Keyword Box

HTML5
HTMLの最新バージョンで、オーディオ、ビデオ、グラフィックス、オフライン機能など、プラグインなしで多彩なマルチメディア表現を可能にした。

CSS3
CSSの最新バージョン。フレックスボックスやグリッドレイアウト、アニメーション、Webフォントなどに対応し、よりデザイン性の高いWebページを実現。

Progressive Web Apps（PWA）
Webとアプリの長所を兼ね備えた新しいアプリケーション形態。Webの即時性と、ネイティブアプリのようなUXを実現する。

WebXRプラットフォームの代表例としては、Mozilla社の「Hubs」が挙げられます。Hubsは、Webブラウザ上で複数人が集まれるVR空間を提供するサービスで、アバターを用いたコミュニケーションやコンテンツの共有が可能です。WebXRの社会実装を見据えた先駆的な取り組みといえるでしょう。

音声認識でWebをもっと便利に

音声を用いたWebブラウザの操作を可能にするのが「Web Speech API」です。マイクから音声を入力し、テキストに変換する音声認識機能と、テキストを音声に変換して読み上げる音声合成機能の2つをサポートしています。

音声認識を用いれば、キーボードを使わずに検索ワードを入力したり、フォームに値を自動入力したりすることが可能になります。また、音声合成は視覚障がい者のWebアクセシビリティ向上にも寄与するでしょう。

Web Speech APIはChrome、Edge、Safariなどの主要ブラウザでサポートされており、今後はさらに多くのWebサイトやWebアプリで活用されていくと考えられます。

ブラウザに組み込まれる人工知能

人工知能（AI）技術のWebブラウザへの実装も進んでいます。代表的なのが、Google社が開発したオープンソースのJavaScriptライブラリ「TensorFlow.js」です。TensorFlow.jsを使えば、機械学習モデルをWebブラウザ上で動かすことが可能になります。

具体的には、画像認識や音声認識、自然言語処理など、これまでサーバーサイドで行われていたAI処理を、Webブラウザのクライアントサイドで実行できるようになるのです。ユーザーのプライバシーに配慮しつつ、パーソナライズされた高度なWeb体験を提供する上で、TensorFlow.jsのようなブラウザAIは欠かせない存在になるでしょう。

Webアプリの未来を切り拓くWebAssembly

WebAssemblyは、C/C++などの低水準言語で記述されたプログラムを、Webブラウザ上で高速に実行するための新しい技術仕様です。JavaScriptと比べて圧倒的に高いパフォーマンスを発揮し、ネイティブアプリに迫る処理速度を実現します。

WebAssemblyを活用することで、これまでJavaScriptでは実現が難しかった高度な処理を、Webアプリでも実装できるようになります。3Dゲームエンジンのweb移植や、動画のリアルタイムエンコーディング、高速な暗号化処理など、その応用範囲は多岐にわたります。

WebAssemblyは、4大ブラウザすべてでサポートされており、W3Cによる標準化も進められています。今後はWebアプリの開発言語としてJavaScriptと並ぶ存在になることが予想され、Webの可能性をさらに押し広げる起爆剤になると期待されています。

Keyword Box

WebXR
VRやARをWebブラウザ上で実現するための標準API。没入感のある3D体験や、現実世界と仮想世界を融合するMR体験をWeb上で可能にする。

Web Speech API
音声認識と音声合成をWebブラウザで行うためのAPI。マイク入力による音声操作や、テキストの読み上げなどに活用される。

WebAssembly
C/C++などの低水準言語をWebブラウザ上で高速実行するための新しい仕様。JavaScriptを超える高速処理を可能にし、Webアプリの可能性を広げる。

chapter 1　インターネットに関する知識

chapter 1
03 静的サイト・動的サイト

Webサイトの仕組みとして重要な「静的サイト」と「動的サイト」の違いについて学びます。静的サイトは予め用意されたHTMLファイルをそのまま表示するのに対し、動的サイトはユーザーの操作に応じてHTMLを生成して表示します。それぞれの特徴と使い分け方を、最新のWeb技術も交えながら理解しましょう。

Point
1. 静的サイトは一定の情報を提供し、動的サイトはリアルタイムに変化する情報を提供できる
2. 静的サイトは高速だが手間がかかり、動的サイトは柔軟だがコストがかかる
3. サイトの目的や要件に応じて、静的と動的を適切に使い分けることが重要

静的サイトと動的サイトの違い

皆さんがスマホやパソコンでアクセスするWebサイトには、大きく分けて静的サイトと動的サイトという2つのタイプがあります。

静的サイトとは、予めサーバー上に用意されたHTMLファイルをそのまま表示するタイプのサイトです。サイトの管理者が更新しない限り、何度アクセスしても同じページが表示されます。会社案内や製品カタログなど、ある程度固定的な情報を発信するのに向いています❶。

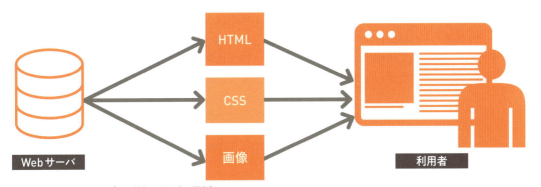

❶ 静的サイトのイメージ（同じ情報を利用者に配信）

017

一方、**動的サイト**というのは、ユーザーの操作やリクエストに応じて、その都度必要なHTMLを生成して表示するタイプのサイトのことです。例えばECサイトで商品を検索すると、その条件に合う商品リストが表示されるのは、まさにこの動的なページ生成の仕組みによるものです❷。

この違いを、お店の例えで説明すると、静的サイトは、いつ行っても変わらない品揃えの店頭に並ぶ商品リストのようなもの。対して、動的サイトは、お客様の注文を受けてその場で調理して提供するレストランの料理のようなイメージですね。

静的サイトのメリットとデメリット

静的サイトの最大のメリットは、表示速度の速さです。サーバーに用意されたHTMLファイルを直接表示するだけなので、サーバーへの負荷が少なく、アクセスが集中しても比較的安定して高速に表示できます。

また、HTMLとCSSの知識があれば、比較的シンプルに構築・運用できるのも利点といえるでしょう。ただし、サイトの規模が大きくなると、ページ数が増えるたびに1ページずつHTMLを修正するのは骨が折れる作業になります❸。

動的サイトのメリットとデメリット

一方、動的サイトの強みは、柔軟で動的な表示が可能な点にあります。ユーザーのアクションに合わせてリアルタイムにページを生成できるので、ECサイトのようにユーザーごとに最適化された画面を提供することができます。

サーバーサイドのプログラムと連携したデータベースを活用することで、大量の情報を一元管理し、効率的に更新する仕組みも構築できます。数万点もの商品を扱うECサイトでも、商品情報をデータベース上で一括管理すれば、新商品の追加や価格変更などが容易になるわけです。

その代わり、動的サイトは静的サイトに比べてシステムが複雑になるので、構築には専門的な知識とコストが必要になります。表示速度もシンプルな静的サイトほどは期待できないかもしれません❸。

最新のWeb技術と静的・動的の融合

近年のWeb技術の発展により、静的と動的の垣根はどんどん曖昧になってきています。

例えば、Ajaxという技術を使えば、JavaScriptでサーバーと通信しながらページの一部を動的に書き換えられます。Googleマップのように、

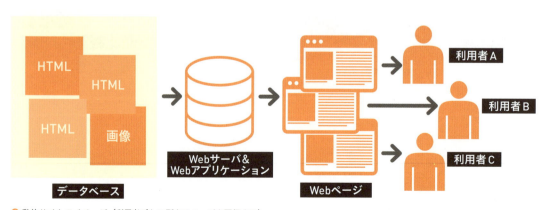

❷ 動的サイトのイメージ（利用者ごとに別々のページを配信する）

複雑な動きのあるインタラクティブなWebアプリケーションも、この仕組みで実現されているのです。

また、**シングルページアプリケーション（SPA）**と呼ばれる手法も広まっています。これは、単一のHTMLファイルの中で必要な部分だけを動的に入れ替える仕組みで、アプリのようにシームレスな動作を実現できる反面、SEO面では静的サイトの方が優位といわれています。

静的と動的の使い分けのポイント

このように、最新のWeb開発では静的と動的の長所を組み合わせたアプローチも増えてきました。しかし、だからといって動的サイトばかりを選べばよいわけではありません。

例えばブログやニュースメディアのように、記事コンテンツの配信がメインの目的であれば、シンプルな静的サイトで十分な場合もあります。コンテンツ管理の効率化が必要なら、**静的サイト**

ジェネレーター（SSG）を活用する選択肢もあるでしょう。

結局のところ、どちらを選ぶべきかは、そのサイトの目的や要件次第だといえます。

- ・必要な機能は何か？
- ・想定される規模やアクセス数は？
- ・更新頻度はどの程度か？
- ・求められるパフォーマンスは？
- ・構築と運用にかけられる予算は？

こうした観点から総合的に判断して、最適解を選ぶことが肝心です。

Web制作のプロを目指すなら、静的・動的それぞれの方式をしっかりと理解した上で、適材適所で使い分けられる力を身につけることが大切です。

項目	静的サイト	動的サイト
ファイル	予め作成されたHTMLファイル	ユーザーのアクセス時に生成されるHTMLファイル
表示内容	アクセスするたびに同じ	ユーザーの操作やリクエストによって変化
更新頻度	管理者が更新する必要がある	ユーザーの操作やリクエストに応じて自動更新
向いている情報	固定的な情報（会社案内、製品カタログなど）	変化する情報（ニュース記事、商品情報など）
メリット	表示速度が速い	柔軟性が高い
デメリット	更新が面倒	開発コストが高い
例	会社案内、製品カタログ、ブログ記事	ECサイト、ニュースサイト、SNS

❸ 静的サイトと動的サイトの特徴・メリットとデメリット

Keyword Box

シングルページアプリケーション（SPA）

シングルページアプリケーション。単一のHTML上でJavaScriptを駆使してアプリのようなUIを実現する手法。Vue.jsやReactが代表的。

静的サイトジェネレーター（SSG）

静的サイトジェネレーター。Markdownなどで記述したコンテンツから静的HTMLを生成する仕組み。Hugo、Gatsby、Next.jsなどが有名。

chapter 1

04 コミュニケーションデザイン

本項では、Webサイトにおけるコミュニケーションデザインの重要性、ユーザー視点に立ち「見る人を動かす」情報設計の考え方を学びます。視線の動きや行動心理など、人間の特性を踏まえたデザイン手法を解説しつつ、ユーザーエクスペリエンス（UX）の向上につながる最新のアプローチについても紹介します。

Point
1 コミュニケーションデザインの目的は、情報の効果的な伝達と行動の促進
2 視線の動きや読む順序など、人間の特性を理解することが大切
3 UXを重視し、ユーザーの行動や心理を深く理解することが重要

Webサイトにおけるコミュニケーションデザインとは

Webサイトは、企業や組織にとって重要な情報発信の場です。しかし、ただ情報を羅列するだけでは、メッセージは的確に伝わりません。情報をどう見せるか、どう魅せるか。ユーザーとの接点を最適化し、効果的なコミュニケーションを実現するための設計が求められます。それこそがWebサイトにおけるコミュニケーションデザインの本質といえるでしょう。

具体的には、サイトの狙いに即して情報を整理し、ユーザーを望ましい行動へと導くことが目的となります。見やすさ、わかりやすさ、使いやすさなど、ユーザー視点での最適化がキーワードです❶。

視線の動きに配慮したレイアウト

そのために重要なのが、人間の認知特性を理解し、それを踏まえた情報設計を行うことです。例えば、ページを開いたときのユーザーの視線の動きを意識したレイアウトが効果的でしょう。

一般的に、画面を見る際の視線の流れは「Z型」をたどるといわれています。最初に左上に注目し、次に右上、そして左下、右下へと視線が流れていきます。この特性を踏まえ、重要な情報を視線の動線上に配置することで、よりスムーズな情報伝達が可能になります。

また、関連する情報をまとめてグルーピングしたり、余白を効果的に使ったりすることで、情報の優先順位をビジュアル的に明確にするのも重要なテクニックです。

行動心理を踏まえた導線設計

加えて、行動心理学の知見を応用することで、ユーザーの行動を望ましい方向へ導くことができます。

例えば、ロバート・B・チャルディーニ博士

項目	内容	具体的な手法
目的	情報の的確な伝達、ユーザーの望ましい行動への誘導	情報の整理、ユーザー視点での最適化
視線の動き	Z型視線動線を意識したレイアウト	重要情報の配置、情報のグルーピング、余白の活用
行動心理	返報性の法則、ヒックの法則などを活用	価値ある情報の提供、選択肢の限定
UXデザイン	ユーザー体験の質向上	データ分析、ペルソナ設定、カスタマージャーニーマップ作成
テクノロジー	AI、チャットボットなどを活用	パーソナライズされた情報提供、自動分析

❶ コミュニケーションデザインの特徴

020

chapter 1 インターネットに関する知識

は、人を動かす説得の原理として「返報性の法則」を提唱しています[2]。これは、相手から何かを受け取ったら、お返しをしなければならないと感じる人間の心理的傾向を指します。Webサイト上で何らかの価値ある情報を提供した上で、お問い合わせボタンを配置するなど、この法則を応用した導線設計も可能でしょう。

また、選択肢を限定することで、ユーザーの意思決定をスムーズにするという「ヒックの法則」も知られています。重要な決断を求める場面では、選択肢を絞り込むことが肝要といえます。

UXデザインの考え方

こうした従来のコミュニケーションデザインの考え方に加え、近年は**ユーザーエクスペリエンス（UX）**の重要性がますます高まっています。

UXデザインでは、ユーザーの体験の質そのものを向上させることに注力します。使いやすさはもちろん、楽しさ、心地よさ、満足感など、ユーザーの感情的な体験価値を高めることが目的となります。

そのためには、データドリブンなアプローチが欠かせません。Webサイトの行動ログを分析したり、ユーザーインタビューを行ったりすることで、課題の発見や改善策の立案が可能になります。

ペルソナを設定し、ユーザーの行動シナリオを想定した上で、**カスタマージャーニーマップ**を作成するのも有効な手法です。ユーザーの背景や心理を深く理解することで、より共感に基づいた情報設計が実現できるはずです。

テクノロジーの活用

AI（人工知能）などの最新テクノロジーを活用することで、より精度の高いコミュニケーションデザインが可能になりつつあります。

ユーザーの属性や行動履歴を機械学習で分析し、パーソナライズされた情報を提示する、例えばNetflixの推薦システムなどはその好例といえるでしょう。

また、チャットボットを導入することで、ユーザーの問い合わせ内容から関心事や不満点を自動的に抽出・分析することも可能です。こうしたデータをもとに、FAQの整備やサイト設計の改善を図ることで、さらなるUX向上が期待できます。

次代に期待される役割

変化の激しいWebの世界において、コミュニケーションデザインの重要性は増すばかりです。人間の特性を理解し、ユーザー視点で情報設計することが大前提。さらにUXの考え方を導入し、共感と行動喚起力を高めていくことが求められます。

テクノロジーの力を活用しつつ、ユーザーとの接点を定量・定性の両面から磨き上げていく。それこそが、次代のコミュニケーションデザイナーに期待される役割といえるでしょう。本質を見失わずに、ユーザーと向き合い続けること。それが、Webサイトを通じて強固な信頼関係を築き、ビジネスの成功につなげる鍵なのです。

---

[2] https://seeds-create.co.jp/column/principle-of-reciprocity/

Keyword Box

ヒックの法則
選択肢が増えるほど、意思決定に時間がかかるという人間の心理的傾向を説明したもの。

ペルソナ
ユーザー像を具体的に描写した仮想人物。ペルソナ設定により、ユーザー目線に立った設計が可能になる。

カスタマージャーニー
あるゴールに至るまでのユーザーの一連の行動プロセス。接点ごとの体験を分析・改善する。

chapter 1

05

企業のブランド戦略とWebサイト

本項では、企業のブランディングにおけるWebサイトの役割について理解を深めます。ブランド構築の基本的な考え方を押さえつつ、Web3.0時代ならではのブランド戦略のあり方を探ります。メタバースの活用やSNSマーケティングの進化など、デジタル時代の新潮流についても解説していきます。

Point

1 ブランディングにおけるWebサイトの重要性がさらに増している
2 Web3.0やメタバースの登場で、新しいブランド戦略が求められている
3 SNSマーケティングの進化とともに、顧客との共創によるブランド構築が重要に

ブランディングの重要性

激しい競争環境の中で企業が生き残るためには、自社の製品やサービスを選んでもらえる存在になることが不可欠です。そのために欠かせないのが、ブランディングです。

ブランディングとは、自社の個性や価値を明確にし、それを印象づけることで、強力なブランド・アイデンティティを確立する活動のこと。顧客の記憶に残り、信頼と愛着を獲得できるブランド構築は、経営戦略上の重要な意味を持ちます。

Webサイトはブランドの「顔」

その中で、企業のWebサイトはブランディングの強力なツールといえます。Webサイトは、まさに企業の「顔」としての役割を担っているのです。会社案内パンフレットのようなスタティックなメディアとは異なり、Webサイトは情報を常にアップデートできるダイナミックなメディアです。自社の「今」を伝える格好のチャネルといえるでしょう。

トップページのビジュアルデザインやキャッチコピー、製品紹介ページの写真や文章、お客様の声など、Webサイトのあらゆる要素が、企業のブランドイメージ形成に関わってきます。

例えば、AppleのWebサイトを見れば、シン

プルで洗練されたデザイン、製品の魅力を印象づける表現、ユーザーの共感を誘う写真の数々。そのどれもが、同社の「革新的で、ユーザー目線のブランド」というアイデンティティを体現しています。このように、Webサイトはブランドの世界観を表現する有力な舞台装置なのです。

Web3.0の台頭による新しいブランド戦略

近年、ブロックチェーン技術を基盤とした分散型のインターネット「Web3.0」への移行が進みつつあります。この新しいパラダイムは、ブランディングのあり方にも大きな影響を与えています。

Web3.0の特徴は、データの所有権や管理権限が個人に分散されることです。これまでのように、GAFAに代表されるビッグテック企業が一方的にユーザーデータを収集・活用する時代から、ユーザー自身がデータをコントロールできる時代へと移行しつつあるのです❶。

この流れは、企業とユーザーの関係性を根本から変える可能性を秘めています。ブランドは、もはや企業が一方的に規定するものではなく、ユーザーとの共創によって生み出されるものになりつつあります。

例えば、**NFT（非代替性トークン）**を活用したデジタルアイテムの販売は、その典型例といえるでしょう。Nikeは、自社ブランドのスニー

カーをNFT化し、限定品としてオークション販売しました。購入者は、現実のスニーカーだけでなく、そのデジタル所有権も手に入れられる。つまり、ユーザー自身がブランドの一部を「所有」できるようになったのです。

こうした事例は、Web3.0時代の新しいブランド戦略の萌芽といえます。企業は、NFTなどの技術を活用しながら、ユーザーとブランドの新しい関係性を模索していく必要があるでしょう。

メタバースの普及による
新しいブランディング

Web3.0と並行して、**メタバース（仮想空間）**の普及も加速しています。メタバースとは、現実世界と連動した3Dの仮想空間のことを指します。ゲームやSNSなどを通じて、バーチャル上でユーザー同士が交流を楽しむ新しいプラットフォームとして注目を集めています。

このメタバース上でのブランディングも、今後の重要なテーマになりそうです。現実の店舗や広告と連動した、バーチャル店舗の展開などが考えられます。例えば、ルイ・ヴィトンは、人気ゲーム「あつまれ どうぶつの森」内に、自社ブランドの島を開設。ゲーム内でバッグなどのアイテムを販売し、大きな話題になりました。

また、メタバース上でのイベント開催など、ユーザーとのエンゲージメントを高める施策も有効でしょう。バーチャル空間ならではの没入感を活かし、ブランド体験を提供することで、ロイヤルティの向上が期待できます。

SNSマーケティングの進化と
ブランド戦略の新潮流

加えて、SNSマーケティングのさらなる進化も、ブランド戦略に大きな影響を与えています。これまでもFacebookやX、Instagramなどを活用したソーシャルメディアマーケティングは盛んに行われてきました。しかし近年は、TikTokに代表されるショート動画プラットフォームの台頭により、新たな潮流が生まれつつあります。

TikTokは、ユーザーが短い動画を手軽に投稿・共有できるサービスです。楽曲に合わせてダンスや演技を披露する動画が大流行するなど、若者を中心に爆発的な人気を博しています。

このように、SNSの新しい波をいち早くキャッチし、ユーザーとの共創的なコミュニケーションを図ること。それが、デジタルネイティブ世代に響くブランド戦略の鍵となりそうです。

項目	内容	具体的な手法
ブランドの共創	ユーザーとブランドを共に作り上げる	NFTを活用したデジタルアイテムの販売
ユーザーエンパワーメント	ユーザーに力を与える	DAOの導入
データの利活用	ユーザーの同意に基づいたデータの利活用	パーソナライズされた体験の提供
透明性	企業活動の透明性を高める	ブロックチェーン技術の活用
コミュニティ	ユーザーとのコミュニティを形成する	Discordサーバーの開設

🔸 Web3.0の特徴

Keyword Box

Web3.0
ブロックチェーン技術を基盤とした、分散型の新しいインターネットのコンセプト。

NFT（非代替性トークン）
ブロックチェーン上で、デジタルデータの所有権を表す唯一無二のトークン。

メタバース
現実世界と連動した3Dの仮想空間。ゲームやSNSなどを通じて人々が集う新しいプラットフォーム。

chapter 1

06

ソーシャルメディアのビジネス活用

本項では、企業がソーシャルメディアをビジネスで活用する方法について解説します。ソーシャルメディアの特性の理解、マーケティングやブランディング、カスタマーサポートなど効果的に役立てる方法を学びます。AI等の最新テクノロジーを取り入れた活用事例、NFTやメタバースなど新しいトレンドにも触れていきます。

Point

1 インフルエンサーマーケティングなど、ソーシャルメディアの特性の戦略的な活用が鍵
2 ソーシャルリスニングやファン育成など、ユーザーとの双方向コミュニケーションの重視が大切
3 AI等の最新技術を取り入れることで、ソーシャルメディアの活用の幅がさらに広がる

ソーシャルメディアとは

ソーシャルメディアとは、インターネット上で人と人とのつながりを促進するコミュニケーションメディアの総称です。代表的なものにFacebook、X（旧Twitter）、Instagram、TikTokなどがあります。これらのプラットフォームでは、ユーザー同士が情報を発信したり共有したりしながら、コミュニケーションを楽しんでいます。

そんなソーシャルメディアは、企業にとっても無視できない存在になりつつあります。ユーザー数の増加に伴い、マーケティングやカスタマーサポートなどのビジネス面での活用が活発化しているのです。特に、ソーシャルメディア上で大きな影響力を持つ**KOL（Key Opinion Leader）**と呼ばれるユーザーとの協業は、インフルエンサーマーケティングの観点から注目を集めています。

マーケティングへの活用

ソーシャルメディアは、企業とユーザーを直接つなぐパイプとしての役割を果たします。自社の商品やサービスについての情報を積極的に発信、ユーザーの反応を直接確認できるのが魅力です。

例えば、新商品の告知にソーシャルメディアを活用するのは効果的でしょう。Xなどで新商品の特長や発売日をツイートすることで、瞬時に多くのフォロワーに情報を届けられます。写真や動画を使えば、より詳しく魅力を伝えることもできます。さらに、インフルエンサーに商品を紹介してもらう**インフルエンサーマーケティング**を展開すれば、そのフォロワーへのリーチも期待できます。

また、自社アカウントでユーザーの反応を逐一チェックすることで、リアルタイムのマーケティングリサーチも可能です。「いいね」の数や、コメント欄の反応から、ユーザーのニーズや関心事を素早くキャッチできます。こうした**ソーシャルリスニング**を通じて、商品開発やマーケティング戦略の改善につなげることができるでしょう。

加えて、ユーザーの口コミの拡散力を活用した**バイラルマーケティング**も有効です。興味をそそるコンテンツを投稿し、ユーザー自身にシェアしてもらうことで、爆発的な拡散を狙います。費用対効果の高いマーケティング手法として注目されています。

最近では、FacebookやInstagramなどで、ユーザーの属性や興味関心に合わせて広告を配信する「ターゲティング広告」も人気です。自社の商品にマッチしそうなユーザー層に、ピンポイントでアプローチできる点が強みです。

chapter 1　インターネットに関する知識

　これらの施策はAIDCASモデルで示すことができ、このモデルを参考に施策を検討することも有効です。**AIDCASモデル**は、Attention（注意）、Interest（興味）、Desire（欲求）、Conviction（確信）、Action（行動）、Satisfaction（満足）の各段階を踏むことで、効果的なマーケティング戦略を立案するためのフレームワークの一つです❶。

ブランディングへの活用

　ソーシャルメディアは企業ブランディングの有力なツールでもあります。日々の情報発信を通じて、自社の個性や世界観を印象づけることができるのです。

　例えば、パタゴニアは環境保護への取り組みをソーシャルメディアで積極的に発信しています。自然の美しい写真と共に、環境問題についての啓発メッセージを投稿。アウトドアブランドとしての存在感を高めると同時に、社会的責任を果たす企業姿勢をアピールしているのです。

　また、ユーザー参加型のキャンペーンを展開することで、ブランドへの愛着や一体感を醸成することもできます。ハッシュタグを決めて、それをつけた投稿を募集するなどすれば、ユーザー

❶ AIDCASモデル

Keyword Box

KOL（Key Opinion Leader）
SNS上で大きな影響力を持つリーダー的ユーザー。

インフルエンサーマーケティング
SNS上で影響力のある人物を活用したマーケティング手法。

ソーシャルリスニング
SNS上のユーザーの反応をモニタリング・分析すること。

バイラルマーケティング
SNSの口コミ拡散力を活用したマーケティング手法。

025

自身が口コミ発信者となり、ブランド価値の向上に貢献してくれるでしょう。こうした**ファン育成**の取り組みは、長期的なブランド・ロイヤルティの向上につながります。

さらに、商品開発プロセスにユーザーを巻き込む**ソーシャルPLM（Product Lifecycle Management）**の手法も注目されています。新商品のアイデアを募集したり、テスト段階でフィードバックを求めたりすることで、ユーザー目線の商品開発が可能になります。ファンとの共創を通じて、ブランドへの愛着をさらに深めることができるでしょう。

カスタマーサポートへの活用

さらに、ソーシャルメディアはカスタマーサポートのチャネルとしても重宝されています。ユーザーからの質問や不満をダイレクトにキャッチし、迅速に対応できるのが大きな利点です。

例えば、AppleはX上に@AppleSupportというサポート専用アカウントを開設[3]。製品の使い方についての質問から、不具合の報告まで、

[3] https://www.itmedia.co.jp/news/articles/1603/04/news064.html

様々な相談にリアルタイムで対応しています。24時間365日の手厚いサポートは、顧客満足度の向上に直結するはずです。

また、ネガティブな口コミへの適切なリアクションも、企業イメージのアップにつながります。クレームをあおることなく、誠実に対応する姿勢を見せることが肝要です。

AIなどテクノロジーの活用

近年は、AI（人工知能）などの最新テクノロジーを組み合わせることで、ソーシャルメディアの活用の幅がさらに広がっています。

例えば、AIを使ってソーシャルメディア上のユーザーの声を自動的に分析する、といったことが可能になりつつあります。商品やサービスに対する評判を機械的に集計し、改善点を見つけ出す。膨大な量のデータから、効率的に課題を発見できるわけです。

ChatGPTのようなチャットボットを活用し、カスタマーサポートを自動化する動きも活発化しています。ユーザーからの問い合わせ内容を解析し、最適な回答を自動で返信する。レスポンスの迅速化とコスト削減の両立が期待できます。

ソーシャル型 メタバース名	特徴	利用シーン
Bondee	アバターで交流する、バーチャルライフを楽しむ[4]	友達との交流、イベント参加、ファッションを楽しむ
ZEPETO	3Dアバターで遊ぶ、ファッション、ミニゲームやライブを楽しむ[5]	アバター作成、ファッションコーデ、ミニゲーム、ライブ参加
VRChat	VRで多彩なワールドを楽しむ、個性的なアバターで交流[6]	ワールド探索、アバター交流、イベント参加、創作活動
cluster	イベントやライブに特化、大規模な空間で体験共有[7]	イベント参加、ライブ鑑賞、バーチャル会議、展示会開催

[4] https://manamina.valuesccg.com/articles/2281
[5] https://metaversesouken.com/metaverse/zepeto/
[6] https://join.biglobe.ne.jp/mobile/sim/gurashi/tips_0241/
[7] https://cluster.mu/

❷ ソーシャル型メタバースと特徴

また、広告配信の最適化にもAI技術が役立ちます。ユーザーの行動履歴などのビッグデータを解析し、一人ひとりに刺さる広告を自動で選定。効果の高い広告を打ち出すことで、マーケティングのROI（投資収益率）を高められるでしょう。

NFTやメタバースの可能性

さらに、NFT（非代替性トークン）やメタバース（仮想空間）の台頭により、ソーシャルメディアの新しい活用法も生まれつつあります。

NFTは、デジタルデータの所有権を表すユニークなトークンです。例えば、自社キャラクターのイラストをNFT化し、ソーシャルメディア上で限定販売する。ファンは、自分だけの特別なデジタルアイテムを手に入れられる喜びを感じるでしょう。ブランドへのロイヤルティ向上が見込めます。

また、メタバース上にバーチャルな店舗を構えたり、イベントを開催したりするのも有望です。没入感のある仮想空間で、ブランド体験を提供することができます。「ソーシャル型メタバース」[8]と呼ばれるユーザー同士のコミュニケーションだけを目的としたメタバース空間もあります❷。こうした仕組みを活用すれば、ファンコミュニティの活性化にもつながるはずです。

倫理面の留意点

一方で、ソーシャルメディア活用においては、倫理面での配慮も欠かせません。フェイクニュースや誹謗中傷など、ソーシャルメディア特有の課題にも目を向ける必要があります。

自社発信の情報が、事実に基づいたものであるかを常にチェックすること。ユーザーを欺くような不適切な情報は厳に慎むべきです。また、炎上のリスクにも十分注意を払いましょう。ユーザーの批判に真摯に耳を傾け、適切にコミュニケーションをとることが重要です。

加えて、ユーザーのプライバシーへの配慮も大切なポイントです。個人情報の取り扱いには細心の注意を払い、関連法規を遵守する必要があります。

[8] https://xrcloud.jp/blog/articles/business/1261/

Keyword Box

ファン育成
SNSを通じてブランドのファンを増やし、エンゲージメントを高めること。

ソーシャルPLM
（Product Lifecycle Management）
SNS上で影響力のある人物を活用したマーケティング手法。

chapter 1

07

Webサイト制作受発注のプロセス

本項では、Webサイト制作における受発注のプロセスについて解説します。発注側と制作側のそれぞれの役割や、必要なコミュニケーションを理解することで、スムーズなプロジェクト進行を目指します。クラウドソーシングなどの最新のトレンドにも触れつつ、グローバル化時代の制作フローのポイントを押さえていきます。

Point

1 受発注の各フェーズで、発注側と制作側の密なコミュニケーションが不可欠
2 要件定義や受け渡し書類の作成など、プロセスの標準化が円滑な進行の鍵を握る
3 クラウドソーシングやAIの活用により、新しい制作スタイルが生まれつつある

Webサイト制作の受発注プロセス

企業がWebサイトを制作する際、多くの場合は専門の制作会社に業務を発注することになります。ここでは、その受発注の一般的なプロセスを追っていきます。

まず、発注側企業では制作するサイトの目的や狙いを明確にし、必要な機能や予算などを検討します。その上で、制作会社数社に企画提案を依頼。各社のアイデアや見積もりを比較検討し、パートナーとなる制作会社を選定するわけです。

次に、発注側と制作側が顔を合わせ、より具体的な要件のすり合わせを行います。サイトのコンセプトやターゲット、お願いしたい機能など、発注側の要望を細かく伝える。制作側はそれをもとに、サイト設計や必要な工数の見積もりを行い、スケジュールなどを固めていきます。

要件定義と受け渡し書類の重要性

このフェーズでポイントとなるのが、要件定義と受け渡し書類の作成です。**要件定義**とは、サイト制作の目的や求める成果を明確に文書化したもの。対して**受け渡し書類**とは、発注側の要望をもとに、制作側が具体的な実装内容を提示する書類のことです。

要件定義があいまいだと、発注側のイメージと制作側の理解にズレが生じがち。納品されたサイトが要望から外れてしまう可能性もあります。また、受け渡し書類が不十分だと、作業の抜け漏れなどのトラブルにつながりかねません。

したがって、この段階で、発注側は可能な限り具体的に要望を伝えること。制作側は、発注側の要求を正しく理解し、過不足のない提案を行うことが肝要です。書類のフォーマットを統一するなど、円滑なコミュニケーションのための工夫も必要でしょう。

デザインとシステム開発

要件が固まったら、いよいよ制作フェーズに入ります。ここではデザインとシステム開発が並行して進められることが一般的です。

デザイナーはサイトのビジュアルデザインを担当。**ワイヤーフレーム**（ページのレイアウト案）を作成し、発注側の意見を聞きながらブラッシュアップしていきます。最終的には、デザインデータを制作側のエンジニアに引き継ぎ、コーディング（HTMLファイルへの落とし込み）が行われるわけです。

一方、システムエンジニアはサイトの機能面の実装を担います。CMSの導入やデータベース連携など、サイトの仕組み部分を設計・構築。デザインのコーディングデータを組み込み、動作テストなどを行い、完成形に近づけていきます。

028

この間も、発注側とのコミュニケーションは欠かせません。制作の進捗を定期的に報告し、フィードバックを受ける。時にはデザインの微調整や、機能の改善要望に応えるなど、柔軟な対応が求められます❶。

クラウドソーシングの活用

近年は、Webサイト制作の新しい形として、クラウドソーシングの活用も広がりつつあります。クラウドソーシングとは、不特定多数の人に業務を外注し、最適な人材を見つけ出す手法のことです。

例えば、デザインの制作をクラウドソーシングプラットフォームに発注することで、多様なクリエイターからのアイデアを募ることができます。提案の中から、自社のニーズに最もマッチしたデザインを選ぶ。こうすることで、制作コストを抑えつつ、質の高い成果物を得られる可能性があるのです。

ただし、クラウドソーシングの活用には、しっかりとしたディレクションが不可欠です。発注時の要件をできるだけ明確に伝えること。採用後も、修正指示などを的確に行い、意図通りの成果を引き出すことが求められます。

AIを活用した新しい制作スタイル

AI技術の進化により、Web制作の自動化も現実味を帯びてきました。機械学習を使って、過去の優良サイトのデータを分析、最適なレイアウトやデザインパターンを自動生成する、といったことも可能になりつつあります。

また、自然言語処理技術を活用することで、発注側の要望を自動的に解析。それをもとに、ワイヤーフレームやHTML/CSSコードを自動生成するツールも登場しています。要件定義の工数を大幅に削減でき、制作のスピードアップにつながることが期待されます。

もちろん、AIですべてを代替できるわけではありません。発注側のニーズを深く理解し、創造性豊かなアイデアを提案するのは、人間ならではの役割。AIと人間が共存し、それぞれの強みを活かす。そんな新しい制作スタイルが、これからのスタンダードになっていくのかもしれません。

グローバル化の波

Webサイト制作のグローバル化も大きなトレンドとなっています。インターネットの普及に

フェーズ	内容	発注側の役割	制作側の役割	重要事項
1. 企画提案	目的・狙い、予算などを検討し、制作会社に企画提案を依頼	企画書作成、ヒアリング	提案書作成、見積もり提示	要件定義書の作成、情報共有の徹底
2. 要件定義	サイトのコンセプト、ターゲット、機能などを具体的に定義	要望を詳細に伝える	要件定義書に基づき、設計・見積もりを行う	要件定義書の内容を明確にする
3. デザイン	サイトのビジュアルデザインを作成	デザインの意見を伝える	ワイヤーフレーム作成、デザインデータ作成	デザインの意図を共有する
4. システム開発	サイトの機能面を実装	機能の確認・要望	システム設計・構築、コーディング	進捗状況を共有し、意見を取り入れる
5. テスト	サイトの動作確認	不具合の確認・修正	テストの実施、修正対応	問題点を明確化し、改善する
6. 納品	サイトの完成	最終確認	最終確認、運用方法の確認	納品後のサポート体制を明確にする
7. 運用・保守	サイトの運用・更新	更新内容の依頼	更新作業、保守対応	定期的なメンテナンスを行う

❶ 企画提案から納品後までのフェーズ

より、世界中のユーザーに向けてサイトを発信することが当たり前になりつつあります。

それに伴い、多言語対応など、グローバル市場を意識したサイト設計が重要になっています。また、制作パートナーも国内に限らず、海外の企業と協働するケースも増えてきました。

発注の段階から、グローバルユーザーを想定した要件定義が必要不可欠。制作工程においても、多言語コンテンツの管理体制の構築や、海外スタッフとのコミュニケーション手段の確保など、多岐にわたる対応が求められます。グローバル市場での競争力を高めるためには、こうした視点を持って制作に臨むことが欠かせません。

Webサイトの受発注においては、発注側と制作側の緊密なコミュニケーションが何より重要です。要件定義や受け渡し書類など、プロセスの中で情報をしっかりと共有することが、高品質なサイトを生み出すための大前提となります。

また、クラウドソーシングやAIの活用など、新しい制作手法にも目を向ける必要があります。従来の制作フローにとらわれず、より効率的で創造的なアプローチを模索していくことが、これからのWeb制作に求められる姿勢といえるでしょう。

グローバル市場の開拓も視野に入れながら、最適な制作パートナーとともに、理想のサイト構築を目指していく。そして、発注者としての課題認識と、新しい技術動向へのアンテナを高く保つこと。それが、成功への鍵を握っているのです。

Keyword Box

要件定義書
システム開発において、発注者の要求をまとめた文書。契約の根幹をなす重要なドキュメント。

提案依頼書（RFP）
発注者が作成し、受注候補者に提示する、提案を求めるための書類。

ワイヤーフレーム
Webページのレイアウトを簡略化して図示したもの。デザインの基本設計図として用いられる。

デザインシステム
UIの設計における、デザインパターンや規則、プロセスなどを統一的にまとめたもの。

サイト制作会社の種類と特徴

chapter 1
08

本項では、Webサイト制作を担う様々なタイプの会社について解説します。広告代理店系から制作専業会社まで、それぞれの特徴や強みを理解することで、プロジェクトに最適なパートナー選びのポイントを学びます。あわせて、AI活用など最新のトレンドにも触れつつ、Web制作業界の多様性と可能性について考察します。

Point

1　Webサイト制作会社には、広告代理店系、制作専業、スタートアップなど様々なタイプがある
2　会社の特性を理解し、プロジェクトの目的や規模に合ったパートナー選びが重要
3　AI等の新技術を積極的に取り入れる会社も増えており、業界の変革期を迎えている

広告代理店系制作会社の特徴

まず、大手広告代理店の子会社や関連会社として、Webサイト制作を手がける会社があります。電通アイソバー、博報堂アイ・スタジオ、DAC、アイレップなどが代表例といえるでしょう。

これらの会社の強みは、広告戦略立案からWebサイト制作、プロモーション施策まで、トータルにサポートできる点にあります。マス広告と連動したWebキャンペーンの企画など、統合的なソリューションを提供可能。大規模で複合的なプロジェクトに適しています。

また、大手広告代理店ならではの豊富なリソースを活かし、最新のトレンド技術を積極的に取り入れているのも特徴です。AR（拡張現実）やVR（仮想現実）を使った没入型コンテンツ制作など、先進的な取り組みにも定評があります。

一方、制作費用は比較的高額になる傾向も。小規模サイトの制作では、割高感を感じるケースもあるかもしれません。

Webサイト制作専業会社の特徴

次に、Webサイト制作に特化した専業会社があります。大手でいえば、サイバーエージェントグループのAMOや、エフ・コードなどが有名です。ほかにも中堅・中小の制作会社が全国各地に数多く存在しています。

専業会社の強みは、Webに特化しているからこその高い技術力でしょう。最新のWeb標準はもちろん、CMS構築やマルチデバイス対応など、専門性の高い分野に精通したエンジニアやデザイナーが揃っており、クオリティの高い成果物を期待できます。

また、案件数をこなしているだけに、業界の実情にも通じているのが強み。予算内で最大限の効果を生むための、現実的な提案力には定評があります。アクセス解析をもとにしたサイト改善提案など、運用面のサポートにも注力しているケースが多いのも特徴といえるでしょう。

クラウドソーシングサービスの台頭

近年は、Webサイト制作業界にもスタートアップの波が押し寄せています。クラウドワークスやランサーズなどのクラウドソーシングサービスを活用して、フリーランスのエンジニアやデザイナーがチームを組み、小規模ながらもユニークな制作サービスを展開するケースが増えてきました。

こうしたクラウドソーシングの強みは、何といってもスピード感でしょう。少数精鋭のメンバーだからこそ、機動力を発揮できます。発注から納品まで、スピーディかつ柔軟にプロジェクトを進められるのは魅力です。

また、従来の制作会社とは一線を画す、独自のアイデアやスキルを武器にしたメンバー同士でコラボレーションできるのも特徴です。例えば、高度なインタラクションデザインを得意とするメンバーや、独自のCMSをセールスポイントにしているメンバーなど、個性豊かなプレイヤーが存在します。

　予算的にもメリットがあるケースが多いようで、オーバーヘッドコストがかからない分、費用を抑えられる可能性があります。スモールスタートを目指す案件など、スタートアップ系制作会社も、こうしたサービスを活用するケースも増えています❶。

制作を外部委託せずAI活用で内製化

　加えて、Webサイト制作業界でもAI（人工知能）の活用が加速しています。デザインの自動生成や、コーディングの自動化など、制作プロセスの効率化に向けたソリューションが登場し始めているのです。

　従来の手作業に頼っていた工程の多くを、AIが代替できる時代が到来しつつあります。制作会社各社も、こうした最新技術を積極的に取り入れる動きを見せています。

　例えば、Webサイト制作の大手であるWiXは、AIデザインツール「Wix ADI」を提供。サイト

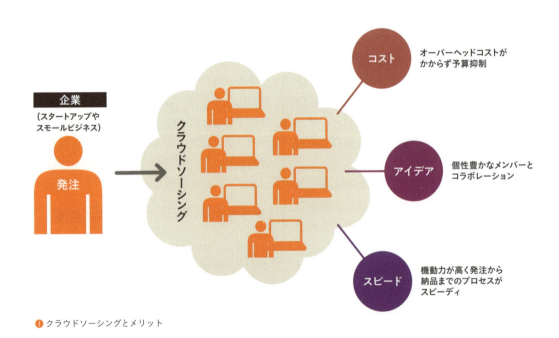

❶ クラウドソーシングとメリット

Keyword Box

フルサービス型
戦略立案から制作、運用まで一貫して請け負う広告代理店系の会社。

ハイエンド制作
最新技術を駆使した、高度なWebコンテンツの制作を得意とする会社。

スペシャリスト型
CMS構築など、特定分野に高度に特化したWeb制作会社。

chapter 1 インターネットに関する知識

の用途や好みのデザインを選ぶだけで、自動的にページのレイアウトを生成してくれます。ゼロからのデザイン作成が不要になるため、制作の大幅なスピードアップが期待できるのです。

制作パートナー選びのポイント

Webサイト制作会社には様々なタイプが存在する中、プロジェクトを成功に導くためには、自社の目的や予算、求める要件などを明確にした上で、最適なパートナーを選ぶことが肝要となります。

広告戦略と連動させたい大規模案件なら広告代理店系が、高度な技術力を求めるなら実績豊

富な専業会社が有力でしょう。スピード重視やコストを抑えたいなら、スタートアップ系の活用も検討に値します。

また、AI活用など、先進的な取り組みを進める会社を選ぶのも一つの戦略です。最新テクノロジーを制作に取り入れることで、競合サイトとの差別化を図れる可能性があります❷。

いずれにせよ、会社の実績やスキルだけでなく、コミュニケーションの質も重視したいところ。プロジェクトの進行中、発注者の意図を汲み取り、柔軟に対応してくれるかどうか。パートナーとしての相性も大切な判断材料になるでしょう。

会社類型	特徴	代表例	向いている案件
広告代理店系	・広告戦略立案からWeb制作、プロモーション施策までトータルサポート ・最新技術トレンドへの積極的な取り組み ・大手広告代理店ならではの豊富なリソース	・電通アイソバー ・博報堂アイ・スタジオ ・DAC ・アイレップ	大規模で複合的なプロジェクト
Web制作専業会社	・高い技術力 ・最新Web標準への対応 ・専門性の高い分野への精通 ・業界実情に基づいた提案力 ・アクセス解析に基づいたサイト改善提案	・サイバーエージェントグループのAMO ・エフ・コード	高品質なWebサイト制作
クラウドソーシングサービス	・スピード感 ・独自のアイデアやスキル ・柔軟なプロジェクト進行 ・個性豊かなプレイヤー ・費用を抑えられる可能性	・クラウドワークス ・ランサーズ	スモールスタート案件、ユニークなアイデアの案件
AI活用による内制化	・制作プロセスの効率化 ・手作業の工程のAIによる代替 ・制作スピードの大幅な向上	・Wix ADI	デザイン作成に時間をかけたくない案件

❷ Webサイト制作会社のタイプ

Keyword Box

オフショア開発
コスト削減のため、海外の制作会社に業務を委託すること。

SaaS型サービス
Web上で利用できる制作支援ツールなどを提供する、サブスクリプション型のサービス。

ローコード開発
プログラミング知識が少なくてもアプリケーション開発ができるツールやサービスのこと。

033

column・01

Xスペースを活用した
マーケティングと効果測定

Xスペースがマーケティングの常識を変える

文字制限たったの140文字というシンプルなサービスとして誕生したTwitter。それが今や、個人と企業、政治家と有権者、著名人とファンをダイレクトにつなぐ、巨大なコミュニケーションプラットフォームへと進化を遂げました。中でも2021年に登場した「スペース」機能は、これまでのSNSのあり方を根底から覆す、革新的な双方向型のマーケティングツールとして注目を集めています。

リアルタイムの音声による対話。スマホ1つで、いつでもどこでも、誰とでもつながれる手軽さ。匿名での参加も可能な、聴くだけの気軽さ。Xスペースのこうした特性は、企業と生活者のコミュニケーションの垣根を大きく引き下げてくれるのです。

例えば、新商品発表会。会場に足を運べない人も、Xスペースなら、スマホを片手にリアルタイムで参加できます。質疑応答にも参加でき、その場で感想を共有し合えるのです。また、日常的なマーケティングリサーチの場としても活用できます。生活者の率直な声に耳を傾け、悩みやニーズを汲み取っていく。顔の見えない調査では得られない、生々しいリアリティがそこにはあります。

Xスペースは、これまでのマーケティングの常識を変えていく可能性を秘めているのです。

1. 音声ならではの説得力が生み出す「信頼」

文字とは異なり、音声には話者の人となりが色濃く反映されます。声のトーン、話し方、間の取り方。そこから伝わる熱意や誠実さは、活字からは感じ取れない説得力を持っています。その説得力ゆえに、生活者の共感を呼び、ロイヤルティを高められる。それがXスペースの大きな魅力だと言えるでしょう。

パーソナリティ全開の話し方で商品の魅力を語れば、思わず欲しくなってしまう。カスタマーサポートで誠実に対応する姿勢が伝われば、ブランドへの信頼が高まる。音声だからこそ伝えられる、生活者の琴線に触れるアプローチ。それがXスペースの武器なのです。

2. 企業と生活者の共創が生み出すイノベーション

Xスペースは、企業と生活者が対話を重ねながらアイデアを膨らませ、イノベーションを起こしていく共創の場としても注目されています。例えば、新商品開発。従来は社内の企画会議で進められることが多かったものづくりですが、Xスペースを活用すれば、アイデア段階から生活者の声を反映させることができます。「こんな商品があったらいいな」という漠然とした思いを、具体的なカタチにしていくこと。機能やデザインのアイデアを出し合い、磨き上げていくこと。そうした共創のプロセスを通じて、より生活者目線に立った商品を生み出せるはずです。

同じように、サービス開発や課題解決のヒントも、生活者との対話から得られるでしょう。困りごとや不便さを吐露し

てもらい、解決策を一緒に考える。そんな積み重ねが、ユーザー起点のイノベーションを生み出すのです。

3. スペースの企画・設計

Xスペースマーケティングを成功に導くカギは、目的を明確にした上で、最適なスペースを設計することです。

まずは、そのスペースで何を実現したいのか、ゴールを設定しましょう。ブランド認知の向上なのか、新商品の認知獲得なのか、顧客の囲い込みなのか。目的によって、ターゲットや訴求ポイント、スペースの構成は大きく変わってきます。例えば、新商品の認知獲得なら、インパクトのあるゲストを招いたり、商品の特長を体感できるようなコンテンツを用意したり。一方、ファンとの絆を深めるためなら、ブランドの世界観を表現するようなトークや、普段聞けないようなここだけの話を提供するのも効果的でしょう。

スペースの設計に当たっては、聴き手の立場に立つことが重要です。話題の提供順や、スピーカーのキャラクター設定、BGMや効果音の使い方など、細部まで意識して、最適な体験を描いていく。ゲーム感覚で楽しめるような仕掛けを盛り込むのもおすすめです。慣れないうちは、小規模なスペースから始めて、手応えを感じながらステップアップしていくのもいいかもしれません。トライ＆エラーを重ね、自社ならではのスペースの型を見出していきましょう。

4. スピーカーの選定とトレーニング

スペースの顔となるパーソナリティは、生活者との共感を生み出すカギを握る存在。ブランドの個性を体現できるような人選を心がけたいものです。社内の適任者を起用するのは

もちろん、インフルエンサーなど外部の専門家に協力を仰ぐのも選択肢の1つ。商品やサービスに詳しく、且つ話術に長けた人なら、生活者の心を掴むことができるでしょう。一方で、専門家でなくとも、ブランドへの愛着があり、人柄のよさが伝わる人なら、十分にスピーカーとなり得ます。例えば、商品の愛用者にスピーカーをお願いし、リアルな体験談を語ってもらうのも一案です。等身大の話は、共感を呼びやすいものです。

スピーカー候補が決まったら、いよいよトレーニングです。スペースならではのマナーやコツを身につけ、聴き手を飽きさせない話し方を習得していきます。アドリブ力を高めるための訓練も欠かせません。想定問答集を作成し、様々なパターンのやりとりを練習しておくことをおすすめします。慣れるまでは、社内でのモック開催を重ねるのも効果的。リハーサルを繰り返し、当日に万全の状態で臨めるよう、備えを怠らないことが肝心です。

5. 集客と認知向上施策

Xスペースの認知向上と集客の基本となるのが、事前告知です。開催日時や内容、スピーカー情報などを、Xのタイムラインで定期的に発信していきます。既存顧客へのDMやメルマガでの案内も忘れずに。開催直前のカウントダウン投稿で、緊張感を高めるのも効果的です。

並行して、インフルエンサーとのタイアップにも取り組みたいところ。スペースへの参加を呼びかけてもらうのはもちろん、開催後のレポート発信まで、一連の流れをサポートしてもらえるとベストです。インフルエンサーの信頼力が、スペースへの関心を高めてくれるはずです。

リアルイベントとの連動も見逃せません。例えば、展示会場の一角にスペース体験コーナーを設け、その場でフォローを促すなど。オンラインとオフラインを組み合わせ、接点を増やしていくことが重要です。

定期的に開催する場合は、ハッシュタグを設定し、継続的な盛り上げを図ることも必要でしょう。参加者によるシェアを呼びかけ、スペースに参加している感覚を味わってもらう。そんな働きかけにより、カジュアルな参加者を増やしていくことができるのです。

コアなファン向けには、スペース内限定の特典を用意するのもおすすめ。プレゼントや割引クーポンなどの特典を設定し、能動的な参加を促します。優良顧客の囲い込みにもつながるでしょう。

6. 運用・管理を効率化する ツールの活用

Xスペースの運用・管理を効率化するために、ツールの活用は欠かせません。中でも、「スペースX」は、目的に合わせて使い分けられる、便利な統合管理ツールです。例えば、投稿予約機能。あらかじめスケジュールを組んでおけば、手間なく定期的な情報発信が可能です。開催直前のリマインド投稿も自動化でき、当日の作業負荷を大幅に軽減できるのです。

キーワード検索機能を使えば、スペース内の反応をリアルタイムで分析することもできます。盛り上がりのポイントや改善すべき点を素早くキャッチでき、次回の企画にも役立て

られるでしょう。アンケート機能も見逃せません。参加者の声を即座に集約でき、効果測定にも一役買ってくれます。

7. 定量的な効果指標の設定

戦略的にXスペースを活用していくには、適切な効果測定が不可欠です。まずは、定量的な指標を設定し、PDCAを回していくことが求められます。

Xスペース独自の指標としては、まず参加者数が挙げられるでしょう。スペース中のリスナー数の推移を追うことで、魅力的なコンテンツになっているかどうかがわかります。加えて、獲得したフォロワー数や、フォロワーのエンゲージメント率も重要な指標です。参加者がどれだけ能動的にスペースに関わってくれているか。その温度感を測る物差しとなるでしょう。スペースからの誘導率も見逃せません。スペース内で紹介した商品ページへのアクセス数や、クーポンの利用率など。スペースが実売上につながっているかを検証する指標と言えます。

これらのデータは、スペースXのようなツールを活用することで、効率的に収集・分析することができます。数値の推移を定点観測し、改善のヒントを見出していくことが肝要です。一方で、スペースの効果は、必ずしも即座に数値に表れるわけではありません。長期的なブランディング効果なども視野に入れ、複数の指標を組み合わせて多角的に評価していく必要があります。

8. 定性的な効果測定アプローチ

Xスペースのようなリアルタイムコミュニケーションの場では、数字だけでは測れない効果も多く生まれます。生活者の生の声に耳を傾け、定性的な評価も怠らないようにしましょう。具体的には、スペース内のコメントやリアクションを丹念に分析することから始めます。参加者の発言内容や口調から、ブランドへの共感度や満足度を探ります。質問の内容からは、潜在的なニーズや課題も見えてくるはずです。

スペース後のSNS上の反響も追跡したいところ。ハッシュタグを設定している場合は、それを軸にしたソーシャルリスニングを行います。スペースの評判はもちろん、ブランドへの印象の変化もとらえることができるでしょう。

参加者アンケートも有効です。スペースへの満足度や、内容の理解度、今後のスペースへの期待などを直接尋ねてみましょう。自由記述欄を設け、率直な意見を引き出すことも重要です。

こうした定性データを集約・分析する中で、スペースの改善ポイントが明らかになってきます。改善施策に落とし込み、次のスペースに活かしていく。そのサイクルを繰り返すことで、回を重ねるごとにスペースの完成度を高めていけるはずです。

9. フレームワーク構築に向けた 業界連携

Xスペースはまだ新しいマーケティングの形。効果測定の指標やノウハウも、まだ確立されているとは言えません。手探りの状態から脱するには、1社だけでなく、業界全体で知恵

を出し合うことが不可欠と言えるでしょう。Xスペースのマーケティング活用に取り組む企業同士が、ナレッジを共有し合う場を作ること。ユースケースを持ち寄り、効果測定の工夫を学び合うこと。そうした協働の積み重ねから、ベストプラクティスが生まれてくるはずです。

加えて、Xスペースの運営を支援するようなサードパーティーツールとの連携も視野に入れたいところ。効果測定に特化したダッシュボードの開発や、分析の自動化など。周辺ソリューションの充実が、Xスペースマーケティングの発展を加速させてくれるでしょう。

将来的には、Xスペース版のマーケティングミックス概念など、体系的なフレームワークが確立されることを期待したいと思います。Xというプラットフォームの特性を踏まえた上で、戦略の立て方から効果測定まで、網羅的な方法論が示されれば、より多くの企業がXスペースに参入しやすくなるはずです。

第2章
Webサイトの
作り方

chapter

01	企画から公開までのワークフロー	038
02	PDCAサイクル	042
03	Webサイトのゴール設定	045
04	デザイン	049
05	企画・設計	052
06	コーディング	059
07	CMSを活用する	062
08	システム設計・構築	065
09	テスト・公開準備	070
10	効果検証	073
11	リニューアル	076

chapter 2
01

企画から公開までのワークフロー

本項では、Webサイト制作の全体的な流れを理解します。企画から設計、制作、公開に至るまでの作業や成果物を把握し、プロジェクト全体を俯瞰する視点を養います。特に、Figmaを活用したワークフロー、Webアクセシビリティやセキュリティ、SEO対策など、Web制作に欠かせない要素にも触れていきます。

Point

1　Webサイト制作は、企画、設計、制作、公開という大きな流れで進む
2　FigmaなどのUIデザインツールを活用することで、関係者間のコミュニケーションが円滑に
3　アクセシビリティ、セキュリティ、SEO対策など、横断的な視点も欠かせない

▌Webサイト制作の全体像

　Webサイトを制作するためには、いくつかのフェーズを経る必要があります。大きく分けると、企画、設計、制作、公開の4つの段階に分類できるでしょう。それぞれの段階で、目的に応じた作業を進めていくことになります❶。

　まず企画フェーズでは、サイトの目的や、ターゲットとなるユーザー層を明確化します。「このサイトは何のために作るのか」「どんな人に見てもらいたいのか」。こうした基本的な方針を固めることを**サイトポリシー**といい、スムーズなプロジェクト進行の大前提となります。

　次の設計フェーズでは、サイトのコンテンツ構成や、ページ間の遷移などを具体的に設計します。**ワイヤーフレーム**（ページレイアウトの骨組み）を作成し、**サイトマップ**（ページ一覧）でサイト全体の構造を可視化。この段階である程度のイメージを固めておくことで、のちの制作をスムーズに進められます。

　いよいよ制作フェーズに入ると、デザイナーがビジュアルデザインを作成し、コーダーがHTMLファイルを実装。システムエンジニアがサーバ環境の構築を行います。各パートが連携を取りつつ、サイトを形にしていくわけです。

　最後は公開フェーズ。テストを重ね、不具合がないことを確認した上で、サイトを一般公開します。ただし公開で完了ではありません。アクセス解析をもとに、改善ポイントを洗い出すことも大切です。PDCAサイクルを回しながら、継続的にブラッシュアップを図っていくことが求められます。

フェーズ	内容	担当者	目的	留意点
企画	サイトの目的、ターゲット、コンセプトなどを明確にする	企画担当者	プロジェクトの方向性を定める	・目標数値の設定 ・ターゲットユーザーのペルソナ設定 ・競合サイト調査
設計	情報設計、UI設計、サイトマップ作成、ワイヤーフレーム作成などを行う	情報アーキテクト、UI/UXデザイナー	サイトの構造とデザインを具体化	・情報設計とUI設計の連携 ・ユーザー視点での設計
制作	デザイン、コーディング、システム開発などを行う	デザイナー、コーダー、システムエンジニア	サイトを形にする	・コーディングルールの設定 ・アクセシビリティへの配慮 ・セキュリティ対策 ・SEO対策
公開	テストを行い、サイトを公開する	テスト担当者	サイトをユーザーに提供	・ユーザーの声への対応 ・データに基づいた改善

❶ Webサイト制作の4つの段階

企画フェーズの留意点

企画段階では、サイトの目的を明文化し、関係者間で認識を合わせることが何より大切です。漠然と「サイトをリニューアルしよう」といった感覚では、優れたサイトは生まれません。

例えば、「問い合わせ数を20%向上させる」「商品購入率を10%アップさせる」など、具体的な数値目標を設定するのが有効でしょう。ゴールを可視化することで、チーム全体で方向性を共有しやすくなります。

また、ターゲットユーザーの**ペルソナ**（仮想人物像）を設定するのも重要なポイントです。年齢や性別、職業、趣味嗜好など、できる限り具体的にイメージを膨らませること。ペルソナを念頭に置いて企画を練ることで、ユーザー目線に立ったサイト設計が可能になります。

加えて、競合サイトの調査も欠かせません。同業他社のサイトを分析し、自社サイトの差別化ポイントを探る。ユーザーにとって魅力的なコンテンツは何か、使いやすさの工夫は何か。ライバルの強みを知ることが、自サイトのコンセプト固めに役立つはずです。

設計フェーズの留意点

設計段階に入ったら、情報設計とUI設計を丁寧に行うことが肝要です。

情報設計では、サイトに必要なコンテンツを洗い出し、それをどう構造化するかを検討します。トップページにどんな情報を載せるか、グローバルナビゲーションにはどんな項目を並べるか。各ページの優先順位を明確にし、ユーザーが求める情報にたどり着きやすい導線を設計します。

UI設計では、ページ内の各要素をどう配置するかを考えます。ボタンやリンク、入力フォームなどの使いやすさが、サイトの使用感を大きく左右します。ユーザーの視線の流れを意識し、クリック動作をイメージした上で、レイアウトをデザインしていきます。

情報設計とUI設計は表裏一体のもの。相互に連携を取りながら進めることが理想です。この段階である程度、ユーザー視点でのサイトの青写真を固められれば、のちの制作はスムーズに運ぶはずです。

制作・公開フェーズの留意点

実際の制作に入る前に、コーディングルールを設定しておくことをおすすめします。タグの書き方や、ファイルの命名規則などを統一ルール化しておけば、メンテナンス性の高いサイトを効率的に構築できます。複数人で並行作業する際の、手戻りを防ぐ意味でも有用でしょう。

● アクセシビリティへの配慮

アクセシビリティへの配慮も忘れてはなりません。高齢者や障がい者を含む、あらゆるユーザーに使いやすいサイトであるために、WAI-ARIAなどの仕様にもとづくコーディングを心がけたいものです。フォントサイズの調整機能や、音声読み上げへの対応など、ユーザー層に応じた最適化を図ることが求められます。

Keyword Box

サイトポリシー
サイトの基本方針。サイトの目的や、ターゲットユーザー、取り扱う情報の範囲などを定義したもの。

ワイヤーフレーム
Webページのレイアウトを、枠組みだけで表現したもの。本文やリンク、画像などの構成を示す。

プロトタイピング
デザインや機能の検証を目的として、実際のものに近いモックアップを作成し、ユーザーテストを行うこと。

● セキュリティ面の担保

セキュリティ面の担保も大切な視点です。フォームからの不正入力を防ぐバリデーションの設置や、SSLによる通信の暗号化など、サイト運営に必須の対策は怠りなく実施しましょう。特にユーザー情報を扱うサイトでは、細心の注意が必要です。

● SEO

SEO（検索エンジン最適化）も見落とせません。検索エンジンにヒットしやすいタイトルタグの設定、見出しタグの適切な使い方、ページ間のリンク構造の最適化など、オンページ、オフページの両面から対策を講じておきたいポイントです。

● ユーザーの声に耳を傾ける

そして公開後は、ユーザーの声に耳を傾けることが大事です。サイトへの問い合わせメールやSNS上の反響をもとに、改善ポイントを探る。アクセス解析ツールを活用しつつ、データドリブンな視点で、継続的にブラッシュアップを図ることが肝要でしょう。

● AIの活用

昨今は、Web分析にAI（人工知能）を活用するケースも増えてきました。テキストマイニングやビッグデータ解析によって、従来の手法では見落としがちだった課題を発見。サイト改善に役立てようとする企業が台頭しています。ChatGPTのような生成AIを使って、ユーザーの自然言語による問い合わせや、コンテンツへの**フィードバック**を自動的に分析。具体的な改善のためのアクションを提案してくれるようになります。サイト運営者はそうしたテクノロジーの動向にもアンテナを張り、積極的に活用していくことが求められそうです。

Figmaを活用したワークフロー

近年、Webサイト制作のワークフローにおいて、**Figma**の活用が広がりを見せています。Figmaは、ブラウザベースのUIデザインツールで、リアルタイムなコラボレーションを可能にします❷。

企画・設計段階では、Figma上でワイヤーフレームやUIデザインの**プロトタイプ**を作成します。関係者で共有し、即座にフィードバックを

工程	従来のワークフロー	Figmaを活用したワークフロー
企画段階	・ワイヤーフレームはPowerPointやExcelで作成 ・関係者へのメール送付と差し戻しが発生 ・デザイナーとエンジニアの意見交換に時間がかかる	・Figma上でワイヤーフレームを作成・共有 ・リアルタイムなフィードバックが可能 ・デザイナーとエンジニアが同じ画面で協業
設計段階	・PhotoshopやSketchでUIデザインを作成 ・デザインデータの受け渡しに手間がかかる ・アクセシビリティチェックは別工程で実施	・Figma上でUIデザインのプロトタイプを作成 ・デザインシステムの構築で一貫性を確保 ・プラグインでアクセシビリティをチェック
制作段階	・デザインデータからのコーディングに時間がかかる ・画像やアイコンの書き出しに手間がかかる ・デザイン変更への対応に時間を要する	・FigmaのデザインデータからCSSを生成 ・画像やアイコンをFigmaから直接書き出し ・デザイン変更にも柔軟に対応可能
全体	・デザイナーとエンジニアの分業が明確 ・ワークフローに無駄や手戻りが発生しやすい ・コミュニケーションのギャップが生じる可能性	・デザイナーとエンジニアのコラボレーションが促進 ・ワークフローの効率化と品質の安定化を実現 ・円滑なコミュニケーションが可能に

❷ 従来とFigmaを活用したワークフローの比較

得ることができます。デザイナーとエンジニアが同じ画面を見ながら、ディスカッションを重ねられるのが強みです。

制作段階でも、FigmaのデザインデータをもとにCSSを生成したり、画像やアイコンを書き出したりと、シームレスな連携が可能に。デザインの変更にも柔軟に対応でき、作業の効率化が図れます。

また、Figmaには豊富なプラグインやウィジェットが用意されており、アクセシビリティのチェックや、デザインシステムの構築にも役立ちます。コンポーネントの再利用で、運用コストの削減にもつながるでしょう。

こうしたFigmaのメリットを活かすことで、Web制作のワークフローは大きく変わりつつあります。デザイナーとエンジニアの垣根を越えた協業が加速し、より質の高いサイト構築が可能になるはずです。

AIを活用したWeb制作ワークフローの最適化

Web制作の企画から公開までのワークフローにおいて、AIツールの活用が効率化と品質向上をもたらします。

企画段階では、AIによるマーケット分析やトレンド予測ツールを用いて、的確なニーズ把握と企画立案が可能になります。ワイヤーフレーム作成時には、AI自動レイアウト生成ツールで複数のデザイン案を迅速に作成し、初期段階での方向性確認を効率化できます。

デザイン制作では、AIのカラーパレット提案や画像生成ツールがクリエイティブ作業を加速させます。コーディング段階では、AIによるコード補完や最適化ツールが高品質なコード作成を支援し、自動テストツールでバグの早期発見が可能になります。

コンテンツ制作においては、AI文章生成ツールを活用してSEO対策された下書きを効率的に作成できます。公開前の最終チェックでは、AI分析ツールでパフォーマンスやアクセシビリティなどを自動評価し、見落としやすい問題点も洗い出せます。

このようにAIを各段階で活用することで、プロジェクト全体のスピードアップと品質向上を図ることができます。ただし、AIはあくまでもツールであり、最終判断や創造性は人間が担う必要があるので注意が必要です。

Keyword Box

ヒートマップ
Webサイトのページ上で、ユーザーのクリックやスクロールの多い領域を可視化したもの。

アクセシビリティ
年齢や身体的制約に関わらず、誰もが同じようにWebコンテンツを利用できること。

AIチャットボット
人工知能を搭載し、自然な対話でユーザーをサポートする自動応答システム。

chapter 2

02

PDCAサイクル

PDCAサイクルは、Plan（計画）、Do（実行）、Check（評価）、Act（改善）の4段階を繰り返し、Webサイトを継続的に改善していく手法です。本項では、PDCAサイクルの概要と、Webサイト運営における活用方法を学びます。KPIの設定やアクセス解析など、具体的な効果検証の手順についても理解を深めていきましょう。

Point

1 PDCAサイクルは、Webサイトの継続的改善に効果的なフレームワーク
2 目標達成度を評価するためのKPI設定が重要
3 CheckとActのプロセスを確実に回すことが、成果向上の鍵を握る

PDCAサイクルとは

「**PDCA**」とはPlan（計画する）、Do（実行する）、Check（評価する）、Act（改善する）という、英語の動詞の頭文字で作られた用語です。もともとは生産管理のための経営用語ですが、Webサイトのプロジェクトでも活用されています❶。

PDCAサイクルのP（Plan）は、目標を設定して、それを実現するための計画を策定する段階です。D（Do）は計画を実施している段階です。C（Check）は効果を測定して、測定内容を評価し、結果がどれくらい目標とギャップがあるのかなどの分析を行う段階です。A（Act）は、Cで見つけたギャップの詳細を洗い出して改善する段階です。このAのあとPに戻って目標を改良したり、新しい目標を追加したりするという繰り返しで、サイクルを回していくのが「**PDCAサイクル**」です❷。

PDCAで成果を高めるには、いかにサイクルを小さく速く回すかが鍵になります。

PDCAサイクルが必要な理由は、作ったサイトの成果を測るためです。発注者からいわれたものをただ漫然と作りました、ではビジネスになりません。作る前に、作ったもので得られるであろう成果を定義して、それに対して実際どういう成果が得られたのか、成果が悪ければ改善点はどこなのか、さらに高い成果を得るためには新たにどんな目標を設定すればよいのかなどの試行錯誤を、場当たり的でなく計画的に効率よく進めるために、PDCAを定義することが必要になります。

WebサイトはPDCAに適したプロジェクトです。それは、**効果検証をKPI（Key Performance Indicator）** に基づいて行い、達成度合いを定量化できるためです。具体的には、**アクセス解析**などにより、誰もが目で見てわかる数値化された指標で判断できるという特性があります。

CheckとActが最も重要

Webサイトの制作業務でいちばん大切なのが、

要素	内容	詳細
P（Plan）	目標設定と計画策定	SMARTな目標設定、具体的な計画策定
D（Do）	計画の実行	計画に基づいた行動
C（Check）	効果測定と評価	KPIに基づいた効果測定、目標とのギャップ分析
A（Act）	改善策の実行	ギャップの原因分析、改善策の実行

❶ PDCAの中身

最初に設定されたKPIがクリアされたのかどうかを測る部分、CheckとActのプロセスになります。

例えば、綿密に計画・検討してWebサイトを再構築しても、以前よりも悪くなってしまう場合もあります。また、いろんな発注側の意見を取り込んで行くうちに、いつのまにかゴールから外れた方向に行くこともあります。

このような状況を防ぐために、Webサイトの構築が終わったら、効果検証（Check）を行うことが必須です。効果検証では、課題となっていた個所を中心にアクセス解析を行ったり、利用者の想定導線に対するユーザビリティ（使いやすさ）テストなどを行なったりします。そのあと、あらためて問題となった個所を修正し、さらに効果検証を行うというPDCAサイクルを繰り返すことで、課題を解決するためのフローを確立することができ、Webサイトを成功に導けるというわけです。

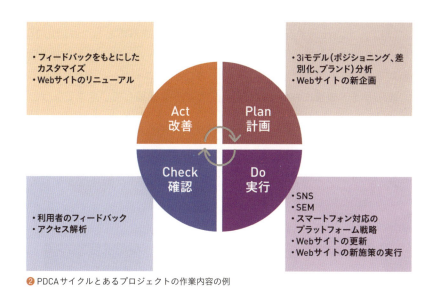

❷ PDCAサイクルとあるプロジェクトの作業内容の例

Keyword Box

PDCAサイクル
Plan-Do-Check-Actの頭文字。継続的改善のための代表的な管理手法。

効果検証
Webサイトの目標達成度を定量的に評価するプロセス。データに基づく改善につなげる。

KPI（Key Performance Indicator）
重要業績評価指標。Webサイトの目標達成度を定量的に表す指標。

043

新しい効果検証手法の台頭

　Webサイトの改善サイクルを加速させるために、近年注目されているのが「OODAループ」と「リーンスタートアップ」の考え方です❸。

　OODAループは、Observe（観察）、Orient（方向付け）、Decide（決定）、Act（行動）の頭文字からなる意思決定モデルで、もともとは軍事用語でしたが、ビジネスの世界でも意思決定の迅速化に役立つとして広く知られるようになりました。Webサイトの運営においては、ユーザーの行動観察から仮説の設定、施策の決定・実行までのサイクルを高速で回すことで、競合他社に先んじた改善を実現できます。

　一方、**リーンスタートアップ**は、Build（構築）、Measure（測定）、Learn（学習）の3つのプロセスを素早く繰り返すことで、不確実性の高い市場での新規事業開発を可能にするフレームワークです。Webサイト運営においては、必要最小限の機能を持つ**MVP（Minimum Viable Product）**を構築し、早期にリリース。ユーザーの反応を測定しながら学習と改善を重ね、理想的なサービスを追求していきます。

　特にユーザーの嗜好や市場の変化が速いWebビジネスの世界では、従来のPDCAサイクルに加えて、これらの新しい手法を取り入れることが競争力の源泉となるでしょう。スピーディな仮説検証と継続的な改善を両輪として、より洗練されたWebサイトを目指すことが求められています。

時代に即した効果検証を

　常に変化し続けるWebの世界で勝ち残るには、時代に即した効果検証手法の進化が欠かせません。PDCAを基本としつつ、OODAループやリーンスタートアップの考え方を積極的に取り入れることで、ユーザーに選ばれ続ける価値あるWebサイトを構築していきましょう。

 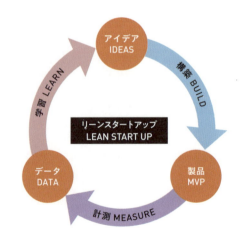

❸ OODAループとリーンスタートアップ

Keyword Box

アクセス解析
Webサイトへの訪問者数、導線、行動などを分析し、改善点を見出す手法。

MVP（Minimum Viable Product）
必要最低限の機能を備えたプロダクトのこと。MVP開発では、短期間かつ少ないリソースで必要最低限の機能から開発に着手する。

chapter 2　Webサイトの作り方

Webサイトのゴール設定

chapter 2
03

Webサイトを制作する際、明確なゴール設定が必要です。本項では、ゴール設定の重要性と手法について学びます。Webサイトの目的を「利用者の課題解決」ととらえ、その課題をKPIで表現する方法を理解しましょう。課題解決のためのシナリオ設定や、現代のWebサイトに求められる要素についても言及します。

Point
1. Webサイトの目的とは利用者の課題の解決である。課題とは、理想と現状のギャップのこと
2. Webサイトの目的は具体的に定量化しなくてはならない。この数値目標をKPIという
3. 課題解決のためにはシナリオ設定が必要。コンテンツ企画によってシナリオを具体化する

利用者の課題解決がゴール

ビジネスでWebサイトを持つからには必ずゴール（目的）があります。どのようにWebサイトのゴールを設定し、コンセプト作りを行えばいいのかについて解説します。

まずこれから作るWebサイトが、（制作側にとっては発注側の）会社全体のビジネス戦略において、どんな位置づけ（ポジション）でとらえられているかを知る必要があります。また、サイトで達成すべき具体的な目的は、会員登録なのか、サイト上での売り上げなのかなども明確にしておく必要があります。

ポジションと目的の明確化によって、Webサイト構築の方向性を、発注側、制作側すべての関係者間で共有することができます。これによって、意識のずれから起こるプロジェクト進行中のトラブルを極力減らすことができるのです。

サイトの目的やKPIを設定する際には、Webサイトのアクセシビリティやインクルーシブデザインの観点を考慮することが重要です。年齢や障がいの有無に関わらず、誰もがアクセスしやすく使いやすいWebサイトを目指すことが、利用者の課題解決につながります。KPIにも、アクセシビリティ関連の指標を盛り込むとよいでしょう❶

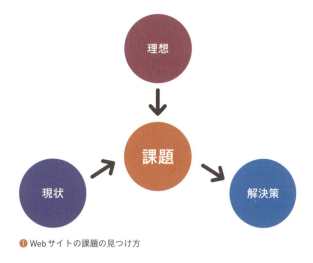

❶ Webサイトの課題の見つけ方

045

KPIで目標を定量化する

サイトの目的が決まったら、次にその目的を定量化（数値目標化）します。こうした目標をKPIといいます❷。例えばある企業が、経営目標として「顧客満足度の向上」を掲げた場合、漠然としすぎて目標の達成度を判断しにくいという問題が発生します。そこで、「顧客のリピート率」や「アンケート調査の肯定回答率」といった具体的な数値を指標として選びます。その変化を時系列に見ることで、達成度の判断や適切な改善策を講じることができます。KPIを設定することで、Webサイト制作の成否、また公開後のアクションが明確になるのです。

また、KPIの達成度を測るためには、ユーザー行動分析による効果検証が欠かせません。Web解析ツールを用いて、サイト内のユーザー導線や離脱ポイント、コンバージョン率などを詳細に分析。PDCAサイクルを回しながら、継続的な改善につなげていくことが求められます。

ペルソナとユーザーシナリオ

これから作るWebサイトの**ターゲット**（対象）は誰でしょうか。またこのターゲットはどういった理由でこのサイトを訪問し、どんな課題を解決したいと考えているのでしょうか。先に設定したサイトの目的から考えて、どういった人をターゲット像と考えればよいかという仮説を、ペルソナの手法などを使って綿密に組み立てましょう。

● ターゲット像

ここで注意したいのは、ある商品の販促のためにWebサイトを作る場合、商品開発の際に想定したターゲット像と、Webサイトで訴えかけたいターゲット像は、必ずしも一致しないということです。Webの利用が一般的になってきたとはいえ、子どもやお年寄りの利用率が相対的に低いことなどに見られるように、積極的にWebを活用できる人ばかりではありません。そのため、Webサイトの利用者をイメージしたターゲッ

KPI	目的	詳細	測定方法
UU数（ユニークユーザー数）	サイトへの訪問者数	一定期間内にサイトを訪問したユーザー数	アクセス解析ツール
PV数（ページビュー数）	サイト閲覧量	一定期間内に閲覧されたページ数	アクセス解析ツール
セッション数	ユーザーのサイト訪問回数	一定期間内にユーザーがサイトを訪問した回数	アクセス解析ツール
平均滞在時間	サイト滞在時間	ユーザーの平均的なサイト滞在時間	アクセス解析ツール
直帰率	1ページのみ閲覧して離脱したユーザーの割合	1ページのみ閲覧して離脱したユーザーの割合	アクセス解析ツール
コンバージョン率	目標達成率	特定の行動（購入、資料請求など）を行ったユーザーの割合	アクセス解析ツール、CRMシステム
離脱率	特定ページから離脱したユーザーの割合	特定ページから離脱したユーザーの割合	アクセス解析ツール
クリック率（CTR）	広告のクリック率	広告がクリックされた割合	アクセス解析ツール、広告配信ツール
コンバージョン単価	1コンバージョンあたりの費用	1コンバージョンを獲得するためにかかった費用	アクセス解析ツール、広告配信ツール
顧客満足度	顧客の満足度	アンケート調査などによる顧客満足度の評価	アンケート調査、顧客満足度調査ツール

❷ KPIの例と目標の数値化

ト像を新たに作る必要があるのです。

● パーソナライズとカスタマイズ

ターゲットとユーザーシナリオを決める際には、Webサイトの**パーソナライズ**や**カスタマイズ**の可能性も検討しましょう。ユーザーの属性や行動履歴に応じて、表示コンテンツや導線をカスタマイズすることで、よりパーソナルな体験を提供できます。シナリオ設計の段階から、パーソナライズの実装を視野に入れておくことが大切です。

● SWOT分析

ターゲットとなる利用者の課題はどのように解決すればよいのでしょうか。現状のWebサイトの強みを活かし、どういった点をウリにできるのでしょうか。シナリオを決めるには、利用者のペルソナと合わせて、自社の「強み（S）」や「弱み（W）」を明確にする必要があります。

そのためには、**SWOT分析**のフレームワークが有効です。SWOT分析を用いて「強み（S）」

や「弱み（W）」を明文化します。「弱み（W）」をどういう風に克服すべきか、どんな市場の「機会（O）」や「脅威（T）」に対して、どう「強み（S）」を活かして対抗していくかといった点を明らかにするのです❸。

モバイル時代への対応

現代のWebサイト制作において、**モバイルファースト**や**レスポンシブデザイン**への対応は必須の要件といえます。スマートフォンの普及により、多くのユーザーがモバイル端末からWebサイトにアクセスする時代。デバイスの画面サイズに合わせて最適化された表示を実現することが、ユーザビリティ向上の鍵となります。

ゴール設定の段階から、モバイルユーザーをどう取り込むかを意識しておくことが肝要です。モバイルならではの導線設計や、ワンタップでアクションを完了できるUIの工夫など、デバイス特性を踏まえたシナリオ設計が求められるでしょう。

要素	内容	EC店舗の場合
強み(Strengths)	自社の強み	・独自の商品ラインナップ ・充実した顧客サービス ・高いブランド認知度 ・効率的な物流システム
弱み(Weaknesses)	自社の弱み	・知名度が低い ・資金力不足 ・競合サイトとの差別化不足 ・複雑な操作性
機会(Opportunities)	市場環境の変化	・EC市場の拡大 ・新規顧客層の開拓 ・新技術の活用 ・ソーシャルメディアの活用
脅威(Threats)	市場環境の課題	・競合の増加 ・経済状況の悪化・規制の強化 ・技術革新の進歩

❸ SWOT分析とは

コンテンツ企画とマーケティング戦略

　ターゲットとなる利用者の課題解決のためのシナリオができたら、それを具体化することが必要です。それがコンテンツ企画となります。この段階で、既存の利用者向けなのか、新規の利用者向けなのか、また、コンテンツは情報提供型なのか、訴求型なのかといった要件を決めておく必要があります。

　加えて、コンテンツ企画をする際には、WebサイトのコンテンツマーケティングやSEOの戦略も同時に策定しておくことが重要です。ユーザーの関心を惹き、サイト流入を促すためには、質の高いコンテンツを継続的に発信し、検索上位表示を狙っていく必要があります。キーワードの選定や、記事の最適化など、SEOの観点を盛り込んだコンテンツ設計が求められるでしょう。

AIを活用したWebサイトの ゴール最適化

　AIツールを活用することで、Webサイトのゴール設定をより精緻化し、効果的に最適化することができます。例えば、AIによる予測分析を用いて、ユーザー行動パターンや市場トレンドを深く分析し、より現実的かつ達成可能なKPIを設定できます。

　また、機械学習アルゴリズムを活用して、過去のデータからゴール達成に影響を与える要因を特定し、優先順位付けを行うことが可能です。さらに、AIによるA/Bテスティングツールを使用することで、複数のゴール設定シナリオを効率的に検証し、最適なゴールを見出すことができます。

　ただし、AIの提案はあくまで参考情報であり、最終的なゴール設定は人間の戦略的判断に基づいて行う必要があります。AIと人間の知見を組み合わせることで、より効果的なWebサイトのゴール設定が可能となるのです。

Keyword Box

SWOT分析
自社の「強み (Strength)」「弱み (Weakness)」、市場の「機会(Opportunity)」「脅威(Threat)」を分析するフレームワーク。

モバイルファースト
モバイル端末での利用を最優先に考えてWebサイトを設計するアプローチ。

レスポンシブデザイン
画面サイズに応じてレイアウトを最適化する、Webデザインの手法。

chapter 2　Webサイトの作り方

chapter 2
04
デザイン

本項では、Webサイトのデザインにおける「感性」の重要性について理解を深めます。プロダクトアウトとマーケットインを踏まえつつ、利用者の気持ちをとらえる「感性」を取り入れたデザイン設計のほか、感性とユーザビリティの関係性やインクルーシブデザインといった最新のアプローチなども触れていきます。

Point
1　Webデザインの目的は情報の伝達。積極的に見たくなるようなデザインを施すことが重要
2　「利便性」「文書の可読性」「エンターテインメント性」の高いWebデザインを目指す
3　インクルーシブデザインやエモーショナルデザインなど、新たなアプローチにも注目

Webデザインの2つの方向性

　Webサイトのデザインへの取り組み方には2つの方向性が考えられます。**プロダクトアウト**と**マーケットイン**です。プロダクトアウトは、企業（発注側）の思想でデザインを行うことを指し、マーケットインとは、利用者の立場でデザインを行うことです。

　利用者の気持ちをとらえることを、「感性を取り入れる」といいます。人間中心（Human-Centered）やユーザー中心（User-Centered）ともいいます。

　ある企業のWebサイトを見て、「品のよいWebサイトですね」というとき、Webサイト全体の印象として、「品のよい」という感性を感じさせるデザインになっています。この感性を左右し

ているのが、写真やテキストの量やバランス、クリックするボタンの形状、レイアウトの違いなどです。これらのデザインの仕方で、利用者の印象が異なってくるわけです。

感性とユーザビリティの関係

　よいWebサイトのデザインとは、まずは、利用者の持つ「感性」のアンテナと一致した設計になっていなくてはなりません。

　Webサイトのデザインを見ると、①ロゴの形状、②ビジュアル要素の種類（写真やイラスト等）、③テキスト（フォント）のサイズや行間のバランス、④レイアウトの種類、⑤バナー広告の有無など、多くの「客観的な」要素に分解できます❶。どうして客観的かというと、ロゴの形やテキストサイズなどは、どんな人が見ても

要素	客観評価	主観評価
① ロゴの形状	シンプルでわかりやすい、企業イメージに合致している、他のロゴと差別化されている	洗練されている、高級感がある、親しみやすい
② ビジュアル要素の種類	高解像度の写真を使用している、イラストのタッチが統一されている、ターゲット層に合った画像を使用している	見やすい、美しい、印象的
③ テキスト(フォント)のサイズや行間のバランス	読みやすいフォントを使用している、適切な行間が設定されている、文字サイズが適切	スッキリしている、見やすい、高級感がある
④ レイアウトの種類	シンプルでわかりやすいレイアウト、情報が整理されている、導線が明確	使いやすい、見やすい、スタイリッシュ
⑤ バナー広告の有無	広告が目立ちすぎない、広告の内容がターゲット層に合致している、広告の表示頻度が適切	広告が邪魔にならない、広告の内容が興味深い、広告が役に立つ

❶ Webサイトのデザインの「客観的な」要素

049

評価が変わらないからです。これらのデザイン要素の合成で、ある「主観評価」が生まれます。したがって、感性とは、客観的なデザイン要素の合成による、全体的あるいは総合的な印象でもありますし、個々の要素も感性の対象になります。

また、こうした客観的なデザイン要素が組み合わさって、使いやすいサイトになっているかどうかの評価を「ユーザビリティ評価」といいます。Web制作の提案でよく行われる「ユーザビリティ（使いやすさ）中心のデザイン設計」では、あくまでも「使いやすい」という、一つの感性を満たす設計にすぎないともいえます。

そのことから、「しっかりデザイン設計をして提案したのに、どうして発注者の納得が得られなかったのだろう」となったとき、ユーザビリティだけを配慮し、主観評価で感性全体を考えたデザインコンセプトや、デザインラフ案になっていなかった、ということが考えられます。

そうなると、制作現場では、発注者の納得が得られるまで、デザインコンセプトやカンプデザイン（ラフデザイン）作成を、何度も繰り返すことになるため、全体の進行がストップしてしまい、プロジェクトメンバーがこの段階で疲労してしまう弊害があります。

感性に基づいたWebサイトのデザイン設計

感性とは、デザインの全体的または総合的な印象であり、デザイン要素個々の印象でもあります。したがって、Webサイトのデザイン設計を行う場合には以下の手続きが必要になります。

① Webサイト全体を個々の要素に分解する
② 個々のデザイン要素の感性を認識する
③ Webサイト全体のデザイン設計を行う

さらに、多数のデザイン要素の中で、どの要素が全体の感性に大きく影響するのかを把握し、その中でも重要な要素に注意してWebデザインの設計思想に盛り込むことが重要になります。

● 感性の多様性とインクルーシブデザイン

Webサイトの利用者は、年齢や性別、文化的背景などが実に様々です。そうした多様な利用者の感性を考慮し、誰もが使いやすく、心地よいと感じられるデザインを目指すのがインクルーシブデザインの考え方です❷。

手法	感性の特徴	デザインのポイント	具体的な方法
インクルーシブデザイン	多様性への配慮	誰もが使いやすい、心地よいと感じられる	色覚、視力、聴力、認知能力などへの配慮
エモーショナルデザイン	共感、感情の訴求	愛着、信頼、感動を生み出す	ストーリーテリング、ビジュアル、音楽などの活用
ジェネレーティブデザイン	新たな発見、創造性	AIを活用して思いもよらないデザインを生み出す	ビッグデータ分析、アルゴリズムによるパターン生成

❷ デザイン設計の手法

chapter 2 Webサイトの作り方

例えば、色覚の多様性に配慮し、色だけでなくアイコンや形状でも情報を伝える工夫。高齢者にも読みやすいフォントサイズの採用。ユニバーサルデザインの観点を取り入れつつ、一人ひとりの感性に寄り添ったデザインを心がける必要があります。

● 感性の共感とエモーショナルデザイン

利用者の感性に響くデザインは、時に強い感情を呼び起こします。喜怒哀楽といった感情に訴えかけ、Webサイトに対する愛着や信頼を醸成するのが**エモーショナルデザイン**のアプローチです❷。

人は単に"使いやすい"だけでなく、"うれしい""楽しい""ワクワクする"と感じられるものに惹かれます。機能性だけでなく、利用者の心に響く表現を盛り込むことで、サイトは生き生きとしたものになるでしょう。

● 感性の発見とジェネレーティブデザイン

デザイナーの創造力に頼るだけでなく、AIを活用して新たな発想を取り入れる手法もあります。**ジェネレーティブデザイン**と呼ばれるこのアプローチは、アルゴリズムを用いて様々なデザインパターンを生成。その中から人間の感性で選択するという、人とAIの協働をコンセプトとしています❷。

ビッグデータから利用者の感性を学習したAIが、思いもよらないデザインを提案してくれるかもしれません。AIを創造のパートナーとして活用する感覚が、これからのWebデザイナーには求められそうです。

AIを活用した次世代のWebデザイン

ジェネレーティブデザインのみならず、最新のAI技術がWebデザインの分野に革新をもたらしています。

例えば、テキストプロンプトからWebデザインを自動生成するAIツールが開発されており、デザイナーの創造性を拡張し、制作時間を大幅に短縮することが可能になっています。これらのツールは、ブランドガイドラインや最新のデザイントレンドを学習し、一貫性のあるデザインを提案します。

また、ユーザーの行動データをリアルタイムで分析し、個々のユーザーに最適化された**パーソナライズドUI**を自動生成するAIシステムも登場しています。これにより、ユーザー体験の向上と同時に、コンバージョン率の改善が期待できます。

さらに、AIによる画像認識技術を活用し、アクセシビリティに配慮したデザイン要素の自動提案や、視覚障がい者向けの代替テキストの自動生成なども可能になっています。

ただし、AIはあくまでもツールであり、デザイナーの創造性や専門知識に取って代わるものではありません。AIと人間のデザイナーが協調することで、より効率的で革新的なWebデザインの創出が可能になるのです。

Keyword Box

インクルーシブデザイン
多様な利用者を包摂（インクルード）し、誰もが使いやすいデザインを目指すアプローチ。

エモーショナルデザイン
機能や使いやすさだけでなく、利用者の感情に訴えかけ、愛着を育むデザイン手法。

ジェネレーティブデザイン
AIを活用して、アルゴリズミックにデザインを生成する手法。

chapter 2

05

企画・設計

本項では、Webサイトの企画・設計の要点について理解を深めます。機能設計とデザイン設計を分離し検討漏れを防ぐことの重要性、人間中心設計のプロセスを踏まえ利用者のニーズを的確に反映するためのユーザー行動分析やシナリオ設定の手法を身につけます。

Point

1　企画・設計の要点は、機能のための論理構築とデザイン化の作業を分離し、検討漏れを防ぐこと
2　人間中心の企画・設計プロセスは、利用者ニーズの把握に始まり、使用実態調査に終わる
3　使用実態調査のポイントは、「有用性」「利便性」と「魅力度」の3属性である

従来のWebサイト構築ステップ

Webサイト全体の企画・設計のプロセスはどのように行えばいいのでしょうか。❶は、「従来型」の受託制作におけるWebサイトの企画・設計ステップです。特徴として、議論の積み重ねであいまいな仕様を具体化していくところにあります。

① オリエンテーション・ヒアリング

まず、発注側とのオリエンテーションでヒアリングを行い、発注側の要求事項が得られます。この段階で発注側からRFP（**提案依頼書**）を渡されることもあります。ただし、この段階ではまだ発注側の意見はあいまいで、具体的なコンテンツ企画はまとまっていないことが多く、その場合、技術仕様なども明確になっていません。

1. オリエンテーション・ヒアリング	・発注側との初期ミーティング ・要求事項の収集 ・RFP受領の可能性
2. アイデアスケッチ・カンプデザイン	・デザイナーによるスケッチ・カンプデザイン作成 ・幅広い提案と発注側とのキャッチボール ・案の絞り込み
3. デザイン案の絞り込み	・複数案の用意 ・最終決裁者による承認 ・試作品を使ったモニター評価 ・ハード面の要求事項検証
4. 最終デザイン確定	・デザイン決定 ・詳細仕様の確定
5. Webサイトの設計・構築	・デザインと仕様をもとに設計・構築 ・コーディング、プログラミング ・コンテンツ制作 ・テスト、デバッグ、修正、完成

❶ 従来のWebサイト制作（企画〜デザイン）プロセス

② アイデアスケッチ・カンプデザイン

次に、デザイナーがスケッチやカンプデザインを描き起こして可視化します。しかし、デザイナーはあいまいな情報でデザインを行わざるを得ません。むしろデザイナーが発注者に代わって、いろいろなアイデアを入れてデザインを作ることになります。この段階では、発注側の全否定で一からやり直しになるのを防ぐため、できる限り幅広い提案を行います。そして、発注側にコメントをもらいながら徐々に案を絞り込んでいきます。

この発注側とのキャッチボールは、最終案にたどり着くまで何度も続きます。このキャッチボールだけで1〜2ヶ月ということも多々あります。キャッチボールを重ねても1案には絞りきらず、第2案、第3案まで決めておき、発注側の最終決裁者にデザインの承認を委ねることになります。

③ 最終デザイン案

このあと、大規模なWebサイトでは、試作品（**プロトタイプ**）を使って、モニターによる評価を行うこともあります。またこのときWebサーバなどのハード面の要求事項も並行して検証されます。そのあと、やっとデザインが決まり、実際のWebサイトの設計に入ります。

こうしたプロセスはわかりやすく、予備知識をさほど必要としない代わりに、出たとこ勝負な印象が強く、論理的ではありません。むしろ属人的で時間を要するところが問題となります。

「人間中心」のWebサイト構築ステップ

ここでは「従来型」の代わりに、「人間中心」の感性を重視した、Webサイトの企画・設計プロセスについて説明します❷。このプロセスでは、機能・仕様を決めるための論理構築と、デザイン化の作業を分離し、利用者と発注側の

	従来のWeb制作	人間中心のWebサイト構築
アイデア	・発注側とのヒアリングで要求事項を曖昧な状態で得る ・RFPを受け取ることもある ・技術仕様は不明確	・利用者モニター・グループインタビューで要求事項を明確にする ・3Pタスク分析を実施
デザイン	・デザイナーがアイデアスケッチやカンプデザインを作成 ・発注側とのキャッチボールでデザインを絞り込む ・時間と手間がかかる ・論理的ではなく属人的	・デザイン化の作業は後回し ・ポジショニング分析で競合との差別化を図る
設計	・デザイン決定後に設計に入る	・企画コンセプト構築でWebサイトの方向性を明確にする ・ウェイト付けで制作時の重点項目を明確にする
評価	・試作品を使ってモニター評価を行うこともある	・デザイン原案をターゲット利用者に評価してもらう ・AHPなどの評価法を使用する
公開	・デザイン決定後のコーディング作業を経て公開 ・公開後の改善は限定的 ・アクセス解析は簡易的なものが多い	・公開後に使用実態調査を行い、満足度を調査 ・有用性、利便性、魅力度の3観点から評価する

❷Webサイト構築のステップ

ニーズに基づいた、検討漏れのない制作を実施できることが特徴です。このプロセスで使われる技術を**ヒューマンデザインテクノロジー**といいます。では、ステップごとに見ていきましょう❸。

① 利用者のニーズ

制作側のプランナーとデザイナーを交えて、発注側とオリエンテーションを行い、発注側の要求事項をまとめます。または、利用者のモニターとグループインタビューを行い、要求事項をまとめます。ヒューマンデザインテクノロジーでは、この段階では「3P**タスク分析**」を実施することを推奨しています。

② ポジショニング

ここでは各種統計手法（第3章の第6項参照）を使って、Webサイトのイメージや、競合他社のサイトが利用者にどのようなイメージを持たれているかを**ポジショニング分析**します。**コレスポンデンス分析**であれば、深い統計の知識がなくとも比較的容易に**ポジショニングマップ**が作れます❹。

③ 企画コンセプト構築

次に、これから制作するWebサイトのコンセプトを構築します。まず要求事項の集約を行い、次にWebサイトのコンセプトを体系化し、最後にウエイト付けを行うといった順番で進めていきます❺。

(A) 要求事項の集約

まず、ステップ1のユーザーニーズの収集から得られた利用者の要求事項を集約します。10項目程度に集約するのがいいでしょう。

(B) Webサイトのコンセプトの体系化

集約された項目を中心に上位・下位のコンセプトを作成して、Webサイトのコンセプトを体系化します。

・上位コンセプトの作成

まず、集約された項目から類似したもの同士をまとめ、上位項目（上位コンセプト）を考えます。上位項目から、さらに上位のコンセプトを考えます。この最上位のコンセプトは全体コンセプトと呼ばれます。

❸ ヒューマンデザインテクノロジーに基づいたWebサイト構築プロセス

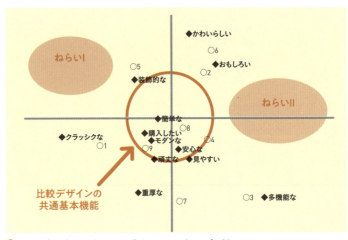

❹ コレスポンデンス分析によるポジショニングマップの例

・下位コンセプトの作成

　下位の項目として、利用者または発注側の要求事項に対応したデザイン項目（最低20項目程度）を導き出します。このデザイン項目は、具体化のための設計項目といえます。

（C）ウエイト付け

　商品コンセプト体系図中の上位コンセプトは、ウエイト付け（％）を行うと、制作時の重点項目が明確になります。これらのウエイト付けは、どのような項目に重点を置いて制作すればよいかを示す指針になります。また、制作の費用対効果を考えるときにも役立ちます。ポジショニングで行った制作の方向性に考慮して、ウエイト付けをしましょう。

④ 設計・デザイン

　このステップでは、個々のデザイン・設計項目から、デザイン案を作成していきます。Webサイトのコンセプト体系図のうち、下位の項目（デザイン項目）それぞれに対して、デザインアイデアを作成（可視化）します。

● デザインアイデアの創出

　デザイン項目ごとに簡単なスケッチや必要機能についてメモ書きします。まずは、何でも思いついたことをあげていきます。

● デザインの総合化

　各デザイン（設計）項目別に考えたデザイン案を統合して、一つのデザイン原案を作成します。

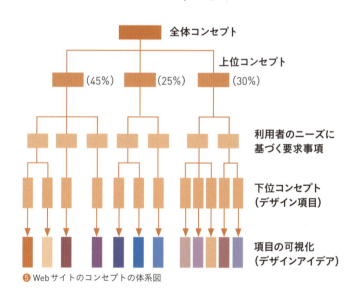

❺ Webサイトのコンセプトの体系図

Keyword Box

ヒューマンデザインテクノロジー
人間に関する諸情報（生理、心理、認知、行動など）をデザイン要件に変換し、製品の企画からデザイン、評価までのプロセスに反映させる技術。

3Pタスク分析
利用者の視点で評価できるように、3項目（情報入手、理解・判断、操作）に分け、動作ごとに問題点を見つける分析方法。

コレスポンデンス分析
商品に対するユーザーイメージを把握（可視化）する統計的手法。

055

⑤ 評価

このステップでは、作成したデザイン原案を、ターゲットとなる利用者に評価してもらい、原案の妥当性を検討します。評価方法には、実施が簡単な**AHP**などの評価法を使用するとよいでしょう❻。

デザイン原案を、競合サイトのものと比較することにより、狙った領域に合致しているかを検討します。比較のための評価形容詞は、コンセプトの体系化によって導き出されたコンセプトを使用します。このコンセプトを使うことにより、比較のWebサイトとデザイン原案に対する、ターゲット利用者の認知構造がわかります。つまり、コンセプトどおりにデザイン原案が仕上がっているかを知ることができるのです。

⑥ 公開後の使用実態調査

公開後に発注者または利用者モニターに対し、アンケートを実施して使用満足度を調査します。アンケート調査は次の3項目の観点から行います。Webサイトは「有用性（useful）」「利便性（usable）」と「魅力度（desirable）」の3属性から構成されていると考えられることから、この3項目で評価を行います❼。

最新トレンドへの対応

最後に、現代のWeb制作に欠かせない最新トレンドについても触れておきましょう。

① モバイルファースト／レスポンシブデザインへの対応

まずはモバイルファースト／レスポンシブデザインへの対応です。スマートフォンの普及により、多くの利用者がモバイル端末からWebサイトを閲覧する時代。画面サイズの異なる様々なデバイスに最適化された表示を実現するため、レスポンシブWebデザイン（RWD）の考え方は必須といえます。加えて、モバイル環境での表示を最優先に設計するモバイルファーストの発想も重要です。

また、レスポンシブデザインに代わる新たなアプローチとして、**アダプティブWebデザイン（AWD）**も注目されています。こちらは、端末の種類ごとに最適化されたHTMLを用意し、サーバサイドで振り分けを行う手法。よりきめ細かなデバイス対応が可能になります。RWDとAWDのハイブリッド型の採用も増えつつあるようです。

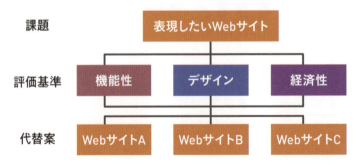

❻ AHPでは、Webサイトの評価や選定といった問題をこのように「課題」「評価基準」「代替案」の階層構造に分解して考える

② Webパフォーマンス指標の重要性

さらに、**Core Web Vitals** や **Web Vitals** といった、Googleが提唱するWebパフォーマンスの新指標にも目を向けたいところです。Core Web Vitalsは、Webサイトのユーザー体験を評価するための、重要な指標の集合体です。具体的には、次の3つの指標から構成されています。

1. **Largest Contentful Paint**（LCP）：ページの主要コンテンツが表示されるまでの時間を計測。読み込み速度の指標
2. **First Input Delay**（FID）：ユーザーが初めてページを操作してから、ブラウザがその操作に反応できるようになるまでの時間を計測。インタラクティブ性の指標
3. **Cumulative Layout Shift**（CLS）：ページの読み込み中に発生する、予期せぬレイアウトのシフト（ずれ）の量を計測。視覚的安定性の指標

これらの指標は、単なる技術的なパフォーマンスだけでなく、ユーザーがページを実際に見てどう感じるかという体験的な側面を重視しているのが特徴です。GoogleはCore Web Vitalsをランキング要因の一部に組み込むことを表明しており、SEOの観点からも見逃せない重要な指標となっています。最新のSEOトレンドには、Core Web Vitalsの重要性の増大に加えて、モバイルファーストインデックスやE-A-T（専門性、権威性、信頼性）の重視が含まれます。また、AIによる自然言語生成の進化や検索意図の理解が進む中で、より高度なコンテンツの最適化が求められています。そのため、Webサイトの設計段階から、これらの指標を意識したパフォーマンス最適化が必要です。

商品名	たいへん不満	まあまあ	たいへん満足	使用後の感想
有用性				
利便性				
魅力度				
総合評価				

❼ 公開後アンケート調査の例

Keyword Box

AHP
階層分析法とも呼ばれる、多基準の下で評価・意思決定を行うための手法。

コンセプトの体系化
Webサイトの設計コンセプトを階層構造で整理し、明確化する作業。

③ 新たなWeb開発アーキテクチャ

最後に、**ヘッドレスCMS**と**Jamstack**という、最新のWeb開発手法についても触れておきます。従来のCMSは、コンテンツ管理とWebサイトの表示が密接に結びついていましたが、ヘッドレスCMSではその両者が分離されます。これにより、フロントエンドの実装に柔軟性がもたらされ、様々なデバイスやチャネルへのコンテンツ配信が容易になります。**マイクロサービスアーキテクチャ**（サービスを構成する各要素を「マイクロサービス」と呼ばれる独立した小さなコンポーネントとして実装する手法）との親和性も高く、大規模で複雑なWebサイトの開発に適しています。

そしてJamstackは、クライアントサイドJavaScript（J）、再利用可能なAPI（A）、プリレンダリングされたマークアップ（M）を活用した、モダンなWeb開発アーキテクチャの総称です。サーバーサイドでページを動的に生成するのではなく、事前にビルドされた静的ファイルをCDNから配信することで、高速で安全、かつスケーラブルなWebサイトを実現できます。ヘッドレスCMSとの相性も抜群で、開発者の生産性向上やインフラコストの削減にもつながる

ため、次世代のWeb開発手法として注目を集めています。

このように、人間中心設計の基本を押さえつつ、最新のデザイントレンドや技術動向にもアンテナを張っておくことが、時代に即したWeb制作には欠かせません。機能性とデザイン性、そして先進性。それらのバランスを取りながら、ユーザーに価値を届けるWebサイトを設計していきましょう。

AIを活用したWeb企画・設計の最適化

最新のAI技術がWeb企画・設計プロセスを変革しています。例えば、自然言語処理を用いたAIツールにより、ユーザーの声や市場トレンドをリアルタイムで分析し、より精度の高い企画立案が可能になっています。

また、AI駆動の情報アーキテクチャ最適化ツールが登場し、ユーザーの行動パターンを予測しながら、最適なサイト構造を提案できるようになりました。さらに、AIによる自動ワイヤーフレーム生成ツールを活用することで、複数の設計案を短時間で作成し、比較検討することが可能です。

Keyword Box

アダプティブWebデザイン
利用者のデバイスや画面サイズに応じてWebページのレイアウトや内容を最適化する設計手法。

ヘッドレスCMS
コンテンツの保存と配信に特化したCMS。フロントエンドは別に用意する。

Jamstack
JavaScript、API、Markup Languageを活用して、高速でセキュアな静的サイトを構築するモダンなWebアーキテクチャ。

chapter 2　Webサイトの作り方

chapter 2

06 コーディング

本項では、Web制作の要であるコーディングの基礎知識を習得します。HTMLや
CSSの役割と記述方法を理解し、標準化団体による仕様の動向にも注目するほか、
JavaScriptのフレームワークについても触れ、モダンなWeb開発の全体像を把
握します。

Point

1　コーディングとは、HTMLなどのプログラミング言語のソースコードを作成することである
2　HTMLファイルとは、Webサイトの設計図となるデータファイル。CSSとも組み合わされる
3　HTMLファイルを読み込んだWebブラウザは、HTMLファイルで指示された通りに表示する

コーディングの基礎知識

　コーディングとは、プログラミング言語の文
法に従ってソースコードを記述する作業のこと
で、Web制作では特に、HTMLやCSS、Java
Scriptなどを記述する作業のことを指します。

　なお、ソースコードは、PCやWebブラウザ
が理解できる機械語に変換する前の、人間が見
て理解可能なプログラムのことです。短く「ソー
ス」と呼ぶこともあります。

HTMLとは

　HTMLとは、HyperText Markup Languageの
頭文字をとったもので、日本語で解釈すると「ハ
イパーテキストのための、文書に目印を付ける
方法を定めた文法上の約束」ということになり
ます。ハイパーテキストは、複数の文書を相互
に関連付け、結び付ける仕組みのことで、文書
同士を「関連付ける」機能をハイパーリンク（あ
るいは単にリンク）といいます。このハイパー
リンクを文書内に設定できることが、HTMLの
最大の特徴となります。

　さらにHTMLでは、タイトルや見出しなどの
指定を行ったり、テキスト内の指定位置に画像
を表示させたり、テキストを表として表示させ
る指定も行えます。文章の羅列でしかなかった
テキストに、こういった論理構造の指定を行う

ことで、表現が豊かになり情報伝達力が増すわ
けです。

　なお、現在新しく作られるWebサイトでは、
HTMLの後継規格であるXHTMLを使うことが多
くなっています。

HTML Living Standardの登場

　従来、HTMLの仕様はW3C（World Wide Web
Consortium）によって標準化されてきました。
しかし2012年以降、WHATWGという団体が策
定するHTML Living Standardが、事実上の標準
となりつつあります。HTML Living Standardは
その名の通り、常に更新され続ける「生きた標
準」です。Web技術の急速な発展に対応するた
め、固定版のHTMLから、継続的にアップデー
トされるHTMLへと移行が進んでいます。開発
者はこの流れに注目し、最新の仕様変更にも柔
軟に対応していく必要があるでしょう。

CSSとは

　CSSはスタイルシートともいい、デザインや
レイアウトに関する指定を、HTMLとは別の場
所に定義したものです。以前は、HTML自体に
デザインやレイアウトの指定を行うことが多かっ
たのですが、HTMLにデザインやレイアウトな
どの情報が混ざると、せっかく定義した文書構
造が不明確になってしまうため、現在はHTML

059

本来の考え方に沿って、CSSの使用が一般的になっています。

いったん定義したスタイルは、複数の文書で共有して使えるので、Webサイト全体で同じCSSを使っている場合は、全体のデザインに一貫性を持たせることができ、しかもメンテナンスが容易になります。

CSSを使って、文書の論理構造と表現のルールを分離することで、様々なメリットが生まれます。例えば以下のようなものです。

① 文書全体に一貫したコンセプトに基づくデザインを適用できる
② 複数文書のスタイルを一括管理でき、メンテナンスの効率が大幅に向上する
③ 出力メディアごとに異なるスタイルを設定できる
④ スタイル専用の言語を使うことで、きめ細かなデザインやレイアウト表現ができる

進化を続けるCSSの新機能

CSSもまた、常に進化を続けています。例えばCSS3では、FlexboxやGridといった新しいレイアウト機能が導入されました。これらを活用することで、よりフレキシブルで複雑なレイアウトを、シンプルなコードで実現できるようになります。

また、VariablesやCalcによるCSSの変数や計算機能のサポートにより、メンテナンス性や再利用性が大きく向上。アニメーションやトランジションといった動的な表現を実現する機能も拡張されました。

さらに、Custom Propertiesを使えば開発者が独自のCSS変数を定義でき、Houdiniプロジェクトによって、CSSのパーサーにアクセスしてカスタマイズすることも可能になりつつあります。CSSはまさに「生きた標準」であり、その

可能性は大きく広がり続けているのです。

JavaScriptのフレームワーク

JavaScriptは、Webブラウザ上で動作するプログラミング言語で、動的なWebページを実現するために欠かせない存在です。しかし、大規模なWebアプリケーションを構築する際、JavaScriptをゼロから記述するのは非効率的です。そこで活躍するのがJavaScriptのフレームワークです。

代表的なフレームワークとしては、Angular、React、Vue.jsなどがあげられます。これらのフレームワークは、コンポーネントベースのアーキテクチャを採用しており、再利用可能なUIパーツを組み合わせてアプリケーションを構築できます。また、仮想DOMによる高速なレンダリングや、状態管理のためのデータバインディングなど、モダンなWeb開発に必要な機能を提供してくれます。

例えばReactは、Facebookが開発したライブラリで、シンプルかつ宣言的なコードでUIを記述できる点が特徴です。Vueはより簡単に習得でき、柔軟性も高いことから、急速に人気を獲得しています。AngularはGoogleが開発した堅牢なフレームワークで、TypeScriptとの親和性が高いのが魅力です。

これらのフレームワークを活用することで、生

ステップ	内容
1. デザイン案の作成	ページのデザイン案を作成する
2. 要素の細分化	デザイン案から画像やテキストなどに細分化する
3. HTMLコーディング	HTMLファイルを作成する
4. ブラウザの動作確認	作成したHTMLファイルをブラウザで開き、動作を確認する
5. 必要に応じて修正	動作確認に基づいて、HTMLファイルを修正する
6. 公開	完成したHTMLファイルを公開する

❶ 公開までのコーディングのステップ

産性の高いモダンなWeb開発が可能になります。Web制作に携わる者は、自身の目的やプロジェクトの要件に合わせて、適切なフレームワークを選択し、習得していくことが求められるでしょう。

コーディングの手順

Webサイトを制作する際は、まずページのデザイン案を作成します。この時点では単に一枚の絵です。Webサイトの基本は、ページ同士のリンクが可能なことです。そして、様々な機能をページに埋め込むことで、はじめてWebサイトというメディアの意義が生まれます。

Webサイトの機能を提供するために、決定したデザイン案から画像やテキストなどに細分化していきます。そして細分化された要素を、Webページとしてデザイン案どおりに配置するために、HTMLやXHTML、CSSなどのプログラミング言語を駆使して、Webサイトの設計図となるHTMLファイルを作成します。これがHTMLコーディング作業です❶。

HTMLファイルを読み込んだWebブラウザは、HTMLファイル内で書かれた指示通りに要素を表示したり、要求された機能を提供したりしているのです❷。

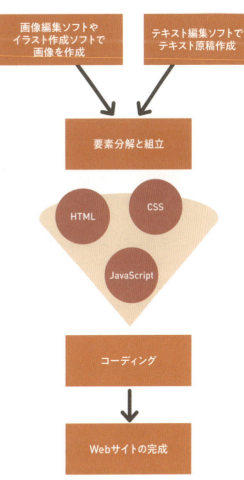

❷ コーディング作業の流れ

Keyword Box

HTML
ハイパーテキストマークアップ言語。Webページを記述するための、タグを用いたマークアップ言語。

CSS
スタイルシートの一種。HTMLとは別ファイルでWebページのスタイルを指定する。

JavaScript
Webブラウザ上で動作する、オブジェクト指向のスクリプト言語。動的なWebページを実現する。

chapter 2

07

CMSを活用する

本項では、Webサイトの運営効率化に欠かせないCMSについて学びます。CMSを活用することで、テキストや画像などのコンテンツを一元管理し、Webサイトを構築・編集できるようになります。CMSの特徴やメリットを理解し、自社のWebサイトにどのように活かせるかを考えてみましょう。

Point

1 テキストや画像、レイアウト情報などを一元的に保存・管理、サイトを構築・編集できる
2 メリットは「コンテンツ」と「デザイン」を分離し、情報をデータベースで管理できること
3 CMSのワークフロー機能を利用すれば、コンテンツ公開までのフローの確立も容易になる

CMSとは何か

CMSは、コンテンツ管理システム（Content Management System）の略で、デジタル化されたテキストや画像を効率的に管理するシステムの総称です。

もともとは企業内に蓄積される、紙の情報を含めた、あらゆる業務情報をデジタル化して管理し、情報の保存、追加、検索などを容易にする仕組みのことを指していました。Web業界では、テキストや画像をデータベースで管理して、Webページを自動的に生成するソフトウェアをCMSと呼びます。業務情報を管理する仕組みについては、Webと区別するため、ECM（Enterprise Content Management）と呼ばれています。

CMSは、コーディングなど技術的な知識がなくても、Webサイトの制作や運営ができるという大きな特徴があります。特に制作面では、テキストや画像などの素材を用意してCMSに登録すれば、テンプレートと呼ばれるデザインのひな型と合体して、自動的にWebページが生成されるので、HTMLを1ページずつ記述する必要がなく、大幅に作業の効率化が図れます。

情報の更新も簡単で、CMS製品の多くは、テキストボックスに文章を入力して、ボタンをクリックするだけで、Webサイトの更新ができる仕組みになっています。

● CMSが必要になった背景

Webサイトのページ数が増大し、掲載すべき情報量が増えるにつれ、サイトの制作や運営に関する技術的な知識やスキルを持たない人でも、簡単にWebサイトを管理・更新できるツールが求められるようになりました。

従来は、Webサイトの制作や更新には、HTMLやCSSなどの専門的な知識が必要でした。しかし、CMSの登場により、そうした技術的なスキルがなくても、誰でも簡単にWebサイトの運営ができるようになったのです。

また、スマートフォンの普及により、Webサイトへのアクセス方法が多様化したことも、CMSが求められる要因となりました。レスポンシブWebデザインへの対応など、デバイスの特性に合わせたサイト構築が必要になる中、手作業での対応は非効率的です。CMSを活用することで、ワンソースマルチユース、つまり一つのコンテンツを複数のデバイスに最適化して配信することが可能になります。

さらに、ソーシャルメディアの台頭により、企業とユーザーのコミュニケーションのあり方も変化しました。ブログやSNSとの連携を視野に入れたタイムリーな情報発信が求められる中、CMSはまさに時代のニーズに合ったソリューションといえるでしょう。

現在、よく日記サイトとして使われているブ

ログのシステムにも、CMSが使われています。

CMSのメリット

CMSのメリットは、「コンテンツ」と「デザイン」を分離し、情報をデータベースで管理することができる点です。CMSを用いれば、サイトの一貫性が保証され、ページ更新のワークフローも簡単に構築できます。

CMSのワークフロー機能を利用すれば、コンテンツ公開までのフローの確立も容易になります。CMSの導入をきっかけにスムーズな運営体制が確立できたというケースも多くあります。

また、CMSのリンク管理機能を使えば、ページのリンク切れや古い情報が放置されることもなくなります。ファイル名の変更もフレキシブルな対応ができますし、リンク先の情報も自動的に書き換えることもできます。また、間違って削除してはいけないデータを削除しようとしたら警告を発したり、外部リンクのリンク切れについても、CMS側で自動的にチェックを行ってくれたりする機能もあります。こうした人的なミス(ヒューマンエラー)を極力排除してくれるのもCMSのメリットです❶。

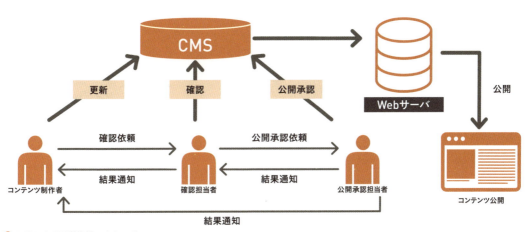

❶ CMSによる運営体制のイメージ

Keyword Box

ワンソースマルチユース
単一の情報源から複数の媒体向けにコンテンツを生成する手法。CMSの利点の一つ。

Movable Type
シックス・アパート社のブログシステム。Webログサイトを生成・管理するサーバーソフト。

WordPress
MySQLをデータベースに利用し、PHPで書かれたオープンソースのブログ/CMSソフトウェア。

● CMSの種類

CMSには、導入費用が数百万円から数千万円の高機能ソフトもあれば、**Movable Type**や**WordPress**など、安価ないしは無料のツールもあります。用途に応じてCMSを使い分けることが重要です。

主なCMSの種類は❷の通りです。

自社のWebサイトにどのCMSを選ぶかは、サイトの規模や用途、予算、要求される機能などを総合的に判断する必要があります。また、セキュリティ面の評価も欠かせません。データの機密性が求められるサイトでは、適切なアクセス制御や暗号化機能を備えたCMSを選定しましょう。

オープンソースのCMSは、コミュニティによって日々機能が拡張されているので、常に最新の技術を取り入れたサイト制作が可能です。ただし、プラグインの脆弱性などに起因するセキュリティリスクについては、十分に注意が必要です。

商用CMSは、ベンダーによるサポートが手厚い反面、カスタマイズの自由度は比較的低くなります。自社の要件に合わせた柔軟なサイト構築を実現するには、エンタープライズ向けの高機能CMSを検討するのも一案でしょう。

いずれにせよ、自社のWebサイト戦略を踏まえつつ、中長期的な視点でCMSを選定することが肝要です。新しいWeb技術への対応力、セキュリティ面での信頼性、将来の機能拡張性など、多角的に評価し、最適なCMSを見極めていきたいものです。

種類	特徴	代表的なツール名
商用CMS	ベンダー企業が開発し、ライセンス販売しているCMS。導入費用は高額になる傾向があるが、手厚いサポートが受けられる。	Movable Type／ShareWith／Blue Monkey／NOREN
オープンソースCMS	ソースコードが公開され、誰でも自由に利用・改変できるCMS。	WordPress／Drupal／Joomla!／Typo3
SaaS型CMS	CMS機能をクラウド上で提供するサービス。初期コストを抑えられ、サーバー管理の手間もかからない。	Wix／Squarespace／Shopify／Webflow
エンタープライズCMS	大規模サイト向けの高機能CMS。多言語対応やワークフロー管理など、企業サイトに必要な機能が充実している。	Sitecore／Adobe Experience Manager／Drupal Commerce／Kentico

❷ CMSの種類

Keyword Box

レスポンシブWebデザイン
PCやスマートフォンなど、閲覧デバイスの画面サイズに応じてレイアウトを最適化する手法。

SaaS
Software as a Serviceの略。ソフトウェアをクラウド経由で提供するサービス形態。

ワークフロー
業務の流れを定義し、プロセス管理を行うこと。コンテンツの承認プロセスなどに用いられる。

chapter 2

08 システム設計・構築

Webサイトのシステム設計・構築においても、ほかのフェーズと同じく「人間中心」に考える必要があります。人間中心のシステム開発の肝は、「利用品質」を高めることです。本項では、利用者の行動分析とシナリオ設定により、利用品質の高いシステム構築が可能になることを学びます。

Point
1. 利用品質とは、「操作方法」「探している情報や機能」などが明確にわかること
2. 人間中心設計がシステム設計・構築にも求められる時代が到来している
3. 利用者の行動分析とシナリオ設定により、利用品質の高いシステム構築が可能になる

利用品質の高まり

近年、Web技術の発展にともない利用状況が多様化していく中で、**利用品質**の高いWebサイトが求められています❶。「操作方法がわからない」「探している情報や機能が見つからない」「なぜエラーなのかがわからない」というのは、"利用品質の悪い" Webサイトということになります。

さらに近年では、年齢や障がいの有無に関わらず、誰もが等しくWebサイトを利用できるよう、アクセシビリティの確保が強く求められるようになりました。日本産業規格のJIS X 8341-3では、高齢者・障がい者など配慮が必要な利用者を念頭に置いたWebコンテンツの設計指針が定められています。

こうしたアクセシビリティ面での品質もまた、利用品質を構成する重要な要素の一つです。音声読み上げへの対応、キーボードのみでの操作性確保、適切な代替テキストの提供など、アクセシビリティに関する知見をシステム設計に反映させることが不可欠といえるでしょう。

Webサイトが様々な機能を搭載し、利用者の要求がどんどん多様化していく中で、制作側と

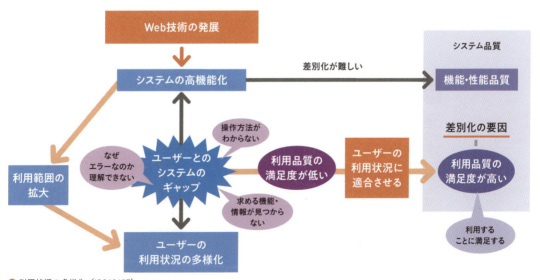

❶ 利用状況の多様化（ISO13407）

利用者間の意識のギャップが生じやすくなっています。

そこで求められるのが、「**人間中心設計**」のシステム構築です。❷がISO 9241-210で定めた、人間中心のシステム設計プロセスです。

人間中心のシステム設計・構築プロセス

人間中心のシステム設計を、「要件定義」、「設計」、「開発」、「運用」の各フェーズに分けたときの手順について解説します❸。

① 要件定義

まず、発注側に、システムが実現すべき目標と、ターゲットとすべき利用者を確認します。そのあと、❹の表に示すような分析方法を用いて、利用者の行動と利用状況を分析します。

そして、**仮想の利用者（ペルソナ）**を設定し、行動シナリオを設定します。こうした仮想の利用者が効率的に情報を検索したり、機能を利用できたり、満足できたりするようなWebサイトの機能やそのコンテンツを定義します❺、❻。

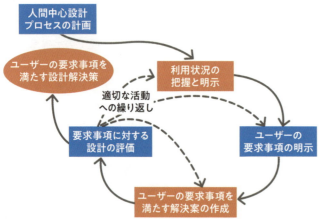

❷ HCD活動の相互関係（ISO9241-210） 人間中心設計の国際規格ISO 9241-210: 2010のポイントより引用（https://www.jstage.jst.go.jp/article/jje/49/Supplement/49_S20/_pdf）

❹ 利用者の行動分析法のいろいろ

❸ 人間中心のシステム設計・構築プロセス

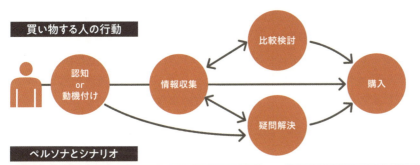
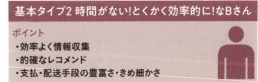

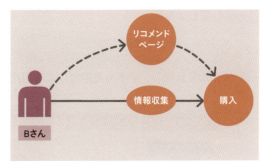

❺ ペルソナとユーザー行動シナリオの例（金融機関のサイトのターゲット利用者を想定）

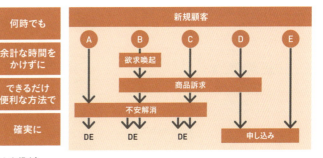

❻ PCサイトの利用者行動の想定例（金融機関のサイトを想定）

Keyword Box

利用品質
特定の利用状況において、指定された目標を達成するために用いられる際の有効さ、効率、利用者の満足度の度合い。

人間中心設計
インタラクション（対話型操作）を行うシステムの開発に当たり、利用者の立場に立って設計を行うこと。

ペルソナ
ターゲットユーザーを具体的な「人物」として想定し、プロフィールを詳細に設定する手法。

067

② 設計

次に利用者の視点を考慮し、利用者の動線の設計と、構造や画面の情報設計を行います。さらに利用者のためのインターフェイスとその仕様をデザインガイドラインにまとめます❼。

③ 開発

ここでは、個別の画面仕様データを作成し、プログラム作成を行います。実テスト時には最終的に操作を確認し、利用品質が確保されていることを確認する必要があります。その際に、「要件定義」のプロセスで述べた様々な行動分析法を、再び活用し、効果が実証できるかを確かめるとよいでしょう。

④ 運用

システムを公開し、実際の利用者による運用が始まったら、利用状況をモニタリングし、システムの改善につなげていきます。アクセス解析により利用者の行動を可視化したり、ユーザーインタビューを通じて生の声を集めたりしながら、PDCAサイクルを回していくことが求められます。

特にアクセシビリティについては、オンラインツールを使った自動チェックと、人力による確認テストの両面から、継続的に品質を担保していく必要があります。Webブラウザのバージョンアップなどにより、アクセシビリティ上の問題が新たに発生するケースもあるため、定期的なチェックを怠らないようにしましょう。

システム開発手法のトレンド

近年のシステム開発では、**アジャイル開発手**

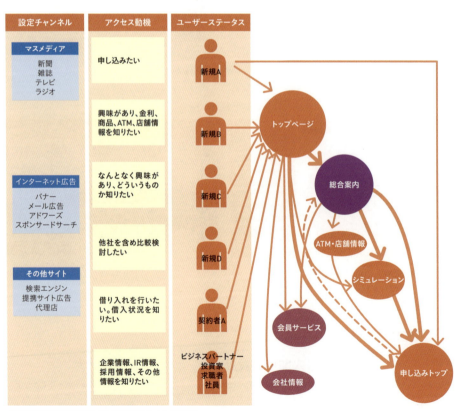

❼ 利用者導線設計の例（金融機関のサイトを想定）

chapter 2　Webサイトの作り方

法が主流となっています。アジャイル開発は、短期間での反復的な開発サイクルを特徴とし、顧客からのフィードバックを得ながら柔軟にシステムを改善していくアプローチです。従来の**ウォーターフォール型開発**が長期間を掛けて順を追って進められるのに対し、アジャイル型では、小さな機能単位で開発とリリースを繰り返します❽。

　このアジャイル開発と親和性が高いのが、**マイクロサービスアーキテクチャ**です。マイクロサービスアーキテクチャは、システムを独立した小さなサービスの集合体として構築する手法です。各サービスは独自のプロセスで動作し、APIを通じて軽量な通信プロトコルで疎結合に連携します。

　疎結合（loose coupling）とは、システム構成要素の依存関係が低く、互いに独立性が高い状態を指します。例えば、あるサービスが変更されても、他のサービスに影響を与えないような設計になっています。これは、従来の「密結合」なシステムとは対照的な考え方です。

　マイクロサービスアーキテクチャは、クラウドネイティブなアーキテクチャと親和性が高く、コンテナ技術やDevOpsの実践とも相性がよいため、今後ますます導入が進むものと見られています。

　コンテナ技術は、ソフトウェアを動作に必要な環境ごとパッケージ化し、仮想的な箱（コンテナ）として扱う技術です。コンテナを使うことで、異なる環境でもソフトウェアを簡単に実行でき、開発環境と本番環境の差分をなくすことができます。

　DevOpsは、開発（Dev）と運用（Ops）を一体化して効率化する考え方です。マイクロサービスとコンテナ技術を組み合わせることで、DevOpsをより効果的に実践することができます。

　Webシステムの設計・構築に携わる者は、常に新しい技術動向にアンテナを張り、システムのあり方を模索し続けることが求められます。その際、常に原点に立ち返るべきは「人間中心設計」の考え方です。利用者視点に立ち、真に価値のあるシステムを追求する姿勢が何より大切といえるでしょう。

項目	アジャイル開発手法	ウォーターフォール型開発
特徴	短期間での反復的な開発サイクル	長期間をかけて順を追って進める
メリット	顧客からのフィードバックを反映しやすい	全体像を把握しやすい
デメリット	全体像の把握が難しい	変更に柔軟に対応しにくい
適したプロジェクト	顧客のニーズが明確に定義されていないプロジェクト	顧客のニーズが明確に定義されているプロジェクト
親和性が高い技術	マイクロサービスアーキテクチャ、コンテナ技術、DevOps	従来のモノリシックアーキテクチャ
今後のトレンド	ますます導入が進むと予想される	従来の開発手法として存在し続ける

❽アジャイル開発手法とウォーターフォール型開発

Keyword Box

アジャイル開発手法
反復的な開発サイクルを通じて、フィードバックを得ながら柔軟にシステムを改善していく開発手法。

マイクロサービスアーキテクチャ
システムを小さな独立したサービスの集合体として構築する手法。

アクセシビリティ
年齢や身体的制約に関わらず、誰もが同じようにWebを利用できること。

chapter 2

09

テスト・公開準備

Webサイトが完成したら、公開準備に備え、発注側が要求したものがきちんとできあがっているか、バグはないか、一定の品質をクリアしているのかなどのテスト・評価を行います。本項では、ユーザビリティテストやセキュリティテストなど、様々な評価手法の種類や特徴について理解を深めます。

Point
1 テストを行う前に、テスト内容、実行順、テスト条件、正しいテスト結果について規定する
2 Webサイトのテストの時期は、規模によっては中間段階と一連の制作作業後の2回に分ける
3 Webサイトのテストの実施では、実装した機能が正常に動作しているかを検証することが大切

テストの意義と計画

Webサイトの制作がひと通り終わったら、それで即Webサイトが公開できるわけではありません。この段階では、誤字脱字やプログラムのバグなど、様々な不具合が残っている可能性があります。そのため、公開前に可能な限りのテストを行うことが必要です。スケジュールにはあらかじめテストのための日程を確保しておいてください。

テストを実施するにあたって、計画段階で以下の項目を事前に検証したり策定したりしておく必要があります。

①「テスト内容」の洗い出し
②「テストの実行手順」の策定

③「テスト条件」の詳細の設定
④「正しいテスト結果」の判断基準の策定

● テストの種類

テストの種類としては、大きく分けて❶のようなものがあります。

機能テストでは、各機能や画面が仕様通りに動作するかを網羅的にチェックします。テストケースを作成し、それに沿って一つひとつ確認していく作業が中心となります。

ユーザビリティテストでは、実際の利用者やその候補者に実際に操作してもらうモニタリングテストと、ユーザビリティの専門家が行うエキスパートレビューがあります。前者では利用者の行動観察や発話思考法などにより問題点を抽出し、後者では**ヒューリスティック評価**など

テストの種類	目的	特徴	主なチェック項目	具体的な方法	課題
機能テスト	要件通りの動作確認	網羅的なチェック	各機能、画面の動作	テストケース作成、実行	テストケース作成に時間と労力
ユーザビリティテスト	使いやすさの評価	実際の利用者視点	操作性、分かりやすさ、満足度	モニタリングテスト、エキスパートレビュー	利用者を集める必要がある
アクセシビリティテスト	アクセス性の確認	障がい者や高齢者を含む利用者	画面表示、操作性、情報伝達	JIS X 8341-3に基づくチェック	専門知識が必要
セキュリティテスト	脆弱性の発見	不正アクセス、情報漏洩の防止	脆弱性診断、攻撃シミュレーション	自動チェック、手動チェック	攻撃パターンの最新化が難しい
パフォーマンステスト	パフォーマンス評価	表示速度、応答速度	ページ表示速度、同時アクセス時の負荷	負荷テストツールを用いた計測	テスト環境構築にコスト

❶ テストの種類と各特徴

の手法でチェックを行います。

アクセシビリティテストでは、JIS X 8341-3に基づくチェックリストを活用するのが一般的です。Webブラウザの支援技術との連携や、キーボード操作での閲覧、音声読み上げへの対応などをチェックします。また、高齢者疑似体験キットなどを用いて、高齢者の閲覧環境を再現してのチェックも有効です。

セキュリティテストでは、サイトに対する不正な入力や攻撃パターンを想定し、脆弱性の有無を診断します。代表的な攻撃としては、**SQLインジェクション**や**クロスサイトスクリプティング**（**XSS**）などがあります。診断ツールを使った自動チェックと、手動での確認を組み合わせるのが一般的です。

パフォーマンステストでは、様々なネットワーク環境や端末からのアクセスを想定し、ページの表示速度や、同時アクセス時の応答速度などを計測します。ボトルネックの特定や、チューニングポイントの洗い出しが主な目的です。LoadNonproやApache JMeterなどの負荷テストツールが活用できます。

テストの時期とテスト環境

Webサイトのテストの時期は、規模によってはプロジェクトの中間段階と、一連の制作作業を終えたあとの2回に分けて行うこともあります。また、制作チーム内部でのテストと、発注者（運営者）側を交えたテストの2種類で行うケースもあります。

① 制作チーム内の内部テスト

実際に制作を担当している制作会社内でテストを行います。基本的にはこの段階でほとんどの不具合を修正し終わっている必要があります。この場合、テストを行う方法には、制作者のマシンで行うローカル環境テスト、制作会社内にあるが公開後のWebサーバとほぼ同じ環境（**ス**テージング環境）で行うテスト、外部のサーバ（リモート環境）にデータを置いて行うテストなどがあります。

② 発注側を交えたテスト

制作チーム内のテストが終わると発注者（運営者）側によるテストが行われます。さらなる不具合の発見と、最終納品物が求めていた要求水準に達しているかの最終確認をすることが目的となります。このケースでは、本番環境と同じローカル環境、またはステージング環境でテストが行われます。

ローカル環境でのテストは、実際のサーバ環境との差異が出る可能性があるため、あくまで机上のチェックと位置付けるべきでしょう。対して、ステージング環境はなるべく本番に近い環境を再現することで、実運用に即したテストが可能になります。

両者の使い分けとしては、中間段階の開発途中では主にローカル環境を使い、実装完了後は本番を意識したステージング環境に移行するのが一般的です。ステージング環境を用意することで、開発中のシステムと、テスト中のシステムを分離でき、公開までの品質管理がしやすくなるメリットがあります。

ただし、ステージング環境の構築・運用にはコストがかかるため、プロジェクトの規模や重要性に応じて、その要否を判断する必要があります。中小規模のサイト制作では、ローカル環境のテストで代替することも多いでしょう。

いずれにせよ、リリース判定前のテストは、なるべく本番に近い環境で入念に行うことが肝心です。環境の差異に起因する不具合を見逃さないよう、テスト計画は綿密に立てたいものです。

テストの実施ポイント

Webサイトのテストにあたっては、実装した

機能が正常に動作しているかどうかを検証することが大切です。一般的に行われているテスト項目を一覧にしましたので参考にしてください❷。

そのほかにも、Webサイトの規模や種類によっては、以下のような項目をテストするケースもあります。

・**コンプライアンス**
第三者に対してや内部でサービスレベル契約（SLA）を定めている部分に関して、使いやすさを保っているかを測定

・ビジネストランザクション
購入・申し込み・登録といったビジネスプロセスが、すべての利用者に対して機能しているかどうかの確認

・競合他社との**ベンチマークテスト**
競合する企業のWebサイトとの比較

・リリース前テスト
正式公開前には、リリース後の状況を想定した全体の性能テストを行う（第5章の第3項を参照）

・障害回復
メインのサーバに障害が発生したときに稼働させるバックアップサーバが適切に準備状態になっているかを監視

・インフラ投資
パフォーマンス向上に対する投資の前に、ネットワークインフラの問題領域を診断

・Webサービス
Webサービスの内容と可用性の検証

テスト項目	主なテスト内容
掲載情報の確認	掲載している情報の誤字脱字や内容の間違いがないかなどを確認する。情報の種類によっては、間違いが重大な問題になることがあるため注意が必要
リンクテスト	Webサイトの中の全リンクが正しく張られているかを確認する
インタラクティブ要素などの動作テスト	すべてのインタラクティブ要素が正常に動作しているかを確認にする
環境別表示・操作テスト	対象としている閲覧環境において正確な表示が行えているかを確認する
フォームなどの入力テスト	フォームへの入力が正確に行えているかを確認する
動的サイトにおける表示テスト	動的コンテンツが様々な条件に合わせて正確に表示されるかを確認する
バックエンドシステムでの動作テスト	販売管理システムや予約システムなど、新たに開発されたり組み込まれたシステムが正常に動作するかを確認する
パフォーマンステスト	様々な接続条件において、実用上問題ないパフォーマンスが得られるか、サーバや回線のパフォーマンスが期待値に達しているかなどを確認する

❷ 一般的なテスト項目の例

Keyword Box

アクセシビリティテスト
高齢者や障がい者など、さまざまな利用者が問題なくWebを利用できるかをチェックするテスト。

パフォーマンステスト
サイトの表示速度や同時アクセス数など、パフォーマンス面の評価を行うテスト。

ステージング環境
本番公開前に、本番環境を模したテスト環境を用意し、そこで最終チェックを行うこと。

chapter 2　Webサイトの作り方

chapter 2

10

効果検証

Webサイトは公開したのちも、運営サイクルを組み立てて効果検証を繰り返す必要があります。それは、Webサイト利用者の満足度を高めて、成果を上げ続けていくためです。本項では、KPI（重要業績評価指標）を用いたWebサイトの効果測定手法について理解を深めます。

Point

1 効果測定では構築前に設定した「目的」や「具体的な目標数値」が達成されたかを評価する
2 KPIは客観的な評価とするために数値目標化する。もっとも一般的なのが「コンバージョン数」
3 アクセス数が悪化した原因の分析が終わったら、改善方法の検証を行う

Webサイトの効果測定のための指標とは

効果測定で必要なことは、サイト構築前に設定した「目的」や「具体的な目標数値」が達成されたかどうかを評価することです。Webサイトが公開されたあとも、この目標数値の達成のために改善を行っていく必要があります。この目標達成を支援するものとしてKPIを活用した管理方法があります。

KPIとは「Key Performance Indicator」の略で、重要業績評価指標のことです。事業の目標達成に向けて進捗状況を計るために設定する定量的な指標で、Webサイトの効果測定においても広く用いられています。

KPIを設定する際は、「SMART原則」に基づくのが効果的だとされています。これは、優れたKPIが備えるべき5つの条件の頭文字をとったもので、以下のような内容です。

・Specific（具体的）：漠然とした目標ではなく、具体的に何を達成するのかを明確に

する
・Measurable（測定可能）：数値化して測定や追跡ができる目標を設定する
・Achievable（達成可能）：現実的に達成可能な目標を設定する
・Relevant（関連性がある）：自社の事業目標と関連性があり、達成する意義のある目標を設定する
・Time-bound（期限付き）：目標達成の期限を設定する

このSMART原則に基づいて、自社のWebサイトにふさわしいKPIを設計していくことが求められます。アクセス数や売上といった定量的なKPIだけでなく、顧客満足度のような定性的なKPIを組み合わせるのも有効でしょう。

KPIの具体的内容とその検証方法

KPIは、業務の達成度合いを定量的に表す指標ですが、Web制作ではより客観的な評価を行うために、達成度合いを数値で表します。Web

Keyword Box

KPI（重要業績評価指標）

事業目標の達成度合いを計る定量的指標。Key Performance Indicatorの略。

コンバージョン

Webサイトにおける最終成果物。購入、会員登録、資料請求など、ユーザーの目的達成を指す。

073

サイトのKPIでもっとも一般的なのが、「コンバージョン」数です。**コンバージョン**とは、Webサイトで最終的に求める成果のことで、購入や会員登録、資料請求など、ユーザーが目的の行動を起こすことを指します。

コンバージョン数は、あらかじめ細分化して、❶のとおり「集客数」と「**コンバージョン率（CVR）**」などに分類しておきます。事前に細分化しておくことで、のちに問題個所を発見しやすくなります。

例えば、あるWebサイトの公開後のアクセスログを分析したときに、Webサイト構築前に目標としていたKPIと比べて、「コンバージョン数」が下がってしまったと判明したとします。次は「集客数」と「コンバージョン率」のどちらが悪化したのかを調べます。さらに、「集客数」が下がっている場合は、「自然検索」「リスティング広告」「バナー広告」「アフィリエイト」に細分化して検証します。また、「コンバージョン率」が下がっている場合は、「直帰率」「入力フォーム遷移率」「入力フォーム離脱率」に細分化して検証します。

コンバージョン数以外にも、Webサイトの目的に応じて様々なKPIを設定できます。例えば、ブランド認知度向上を目的とするサイトであれば、**ページビュー数（PV数）**や滞在時間、離脱率などがKPIになり得ます。また、顧客満足度の向上を目指すサイトなら、顧客アンケートの満足度スコアや、サポートセンターへの問い合わせ数の減少などがKPIの候補です❷。

このように、KPIを適切に設定し、細分化して地道に分析を重ねることが、Webサイトの効果測定には欠かせません。サイトの目的を見失わず、PDCAサイクルを回していくことが成功の秘訣となるでしょう。

効果検証に基づいた改善のための方法

KPIとの比較によるアクセス数悪化の原因分析が終わったら、次は改善が必要になります。改善ポイントを明確化するために、アクセスログ

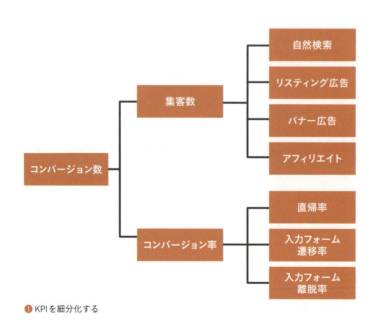

❶ KPIを細分化する

分析とセットにした「ユーザビリティテスト（第3章の第9項を参照）」や「利用者アンケート調査」、**「グループインタビュー」**などを行いましょう。

そこから得られた示唆をもとに、具体的な改善案を立案します。例えばサイト内の導線がわかりづらいことが問題だとわかれば、ナビゲーションやページ構成の見直しを検討します。コンバージョンに至るまでの流れをスムーズにする施策を、優先順位をつけて実行に移していくのです。

改善を実施したら、その効果をもう一度KPIで測定します。狙い通りに数値が改善されているか、副次的な影響は出ていないかなどを確認し、必要であれば軌道修正を行います。このように、仮説検証と改善を繰り返すサイクルを、

PDCAと呼びます。Plan（計画）→Do（実行）→Check（評価）→Act（改善）のステップを回すことで、Webサイトをブラッシュアップしていくわけです。

ただし、改善施策の効果が表れるまでには一定の時間を要します。すぐに成果を求めて短絡的なPDCAを回すと、かえって状況を悪化させてしまうこともあるため、アクセス解析のデータをじっくり観察しつつ、仮説と検証を積み重ねていく姿勢が肝心です。

また、サイトを取り巻く環境変化にも目を配る必要があります。競合サイトの動向、検索エンジンのアルゴリズム変更、インターネット広告の新手法の登場など、Webマーケティングのトレンドは移ろいやすいもの。機敏に情報をキャッチし、自社サイトの戦略に反映させる柔軟さも求められます。

効果検証は、ゴールではなくスタート地点に立つことだといえるでしょう。事業の成果につながる本当の意味でのWebサイト活用は、地道なPDCAの積み重ねから生まれるのです。

KPIの例	SMART原則の例
コンバージョン数	商品購入数：月間100件 資料請求数：月間50件 会員登録数：月間20件
コンバージョン率	全体コンバージョン率：5% 商品購入コンバージョン率：3% 資料請求コンバージョン率：10%
アクセス数	月間アクセス数：10万PV 新規ユーザー数：5万PV リピーター数：5万PV
ページビュー数 （PV数）	平均ページビュー数：5ページ 商品ページ平均PV数：3ページ 記事ページ平均PV数：7ページ
滞在時間	平均滞在時間：5分 商品ページ平均滞在時間：3分 記事ページ平均滞在時間：7分
離脱率	全体離脱率：50%以下
顧客満足度	顧客満足度：80%以上 商品満足度：85%以上 サポート満足度：75%以上

❷ KPIの例とSMART原則の例

Keyword Box

コンバージョン率（CVR）

サイト訪問者数のうち、コンバージョンに至った割合。Webサイトの目標達成度を測る指標。

ページビュー数（PV数）

Webページが閲覧された回数。Webサイトのトラフィック量を測る代表的な指標。

chapter 2

11 リニューアル

Webサイトのリニューアルは、これまでWebサイトの運営で蓄積してきたノウハウをもとに、アクセス数をさらに向上させたり、イメージを刷新したりするチャンスになります。本項では、リニューアルの目的や留意点を理解し、成功に導くためのポイントを学んでいきます。

Point
1 コンテンツやサイト構造、デザインなどを見直し、大幅に改定することをリニューアルという
2 リニューアル効果を最大化するために、実施検討のための情報収集や準備を入念に行う
3 リニューアルで留意すべきポイントは、「視認性」「可読性」「利便性」の3つである

Webサイトのリニューアルとは何か

Webサイトのコンテンツや構造、デザインなど全体を見直し、大幅に改定することを「**リニューアル**」といいます。リニューアルに対して、既存のコンテンツを応用し、レイアウトやデザインの変更を行うだけの場合は、「**リデザイン**」といいます。

Webサイトのリニューアルにはリスクもあります。下手なリニューアルによって、今まで築いてきたブランドイメージやデザインの一貫性が損なわれてしまうこともあります。リニューアルは、新しい利用者を取り込むチャンスであると同時に、既存の利用者を失う可能性もあるのです。

リニューアルの目的

ここでよくあるリニューアルの目的を、いくつかのパターンに分けて紹介します。

① 成果（KPI）直結の改善

Webサイト公開前に定めたKPI（重要業績評価指標）を満たしていないために、リニューアルを行うというケースが少なくありません。現状打破のために思い切ってリニューアルに踏み切るわけです。ただし、この場合に注意してほしいのは、Webサイトそのものに原因があって

成果が不十分なのかどうかという点です。

もしかすると、運営体制の不備が原因でサイトの情報更新が遅れたという、内部環境に原因があるのかもしれません。また、市場の悪化で自社の商品がWebサイト経由で売れなくなったなどの、外部環境に原因があるのかもしれません。

リニューアルを行っても無駄にならないよう、実施検討のための情報収集や準備を入念に行う必要があります。

② 自社商品・サービスの変更

このケースは、自社商品やサービスのラインアップが大幅に増加するため、といった積極的な目的でのリニューアルです。リニューアル実施によって、これまでの古い商品やサービスのブランドイメージを一新する効果が得られるよう、「Webサイトが大きく変わった」と利用者にアピールする必要があります。

③ ユーザーのニーズや行動の変化への対応

時代とともに、ユーザーがWebサイトに求めるものは変化していきます。例えばスマートフォンの普及により、モバイルフレンドリーなサイト設計が求められるようになりました。またコロナ禍をきっかけに、オンラインショッピングやリモートワークが急速に浸透。EC機能の拡充や、オンラインセミナー対応など、ユーザー行

動の変化に合わせたリニューアルが必要とされています。

④ 競合他社との差別化

自社サイトが競合他社と比べて見劣りしていると感じたら、リニューアルによる差別化を検討しましょう。デザインや**UI（ユーザーインターフェイス）**の刷新、コンテンツの拡充など、他社にはない独自の価値を打ち出すことが狙いです。競合調査を入念に行い、自社の強みを最大限に活かせる手段を考えることが肝要となります。

⑤ SEO対策やアクセシビリティの向上

検索エンジンのアルゴリズム変更に伴い、SEOの施策を見直す必要に迫られるケースもあります。Webサイトの構造や、コンテンツの最適化などを通じて、検索順位の向上を目指すわけです。またWebアクセシビリティに関する社会的な意識の高まりを受け、誰もが使いやすいサイトを目指すリニューアルも増えつつあります。音声読み上げ対応や、フォントサイズの調整機能の実装など、アクセシビリティ面の強化は今や必須の取り組みといえるでしょう。

リニューアルのための手順

Webサイトの新規構築とリニューアルとの違いは、「具体性」です。発注側は、すでにWebサイトの構築・運営をひと通り経験したあとなので、すぐに今後の戦略や要件、新しく導入したいアイデアなど、今後の進行のプロセスを可視化し、具体的に意識のすり合わせと妥当性の検証を行います。言葉の上だけで抽象的な議論を重ねることは極力避けることが必要です。

❶は、リニューアルにあたって既存サイトの検証ポイントと、改善が必要なポイントを具体的に

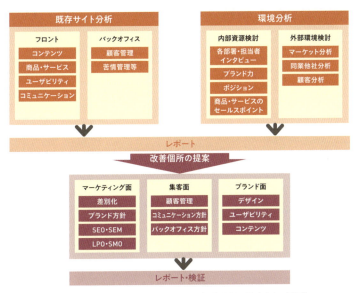

❶ リニューアルが必要なポイントの洗い出しの例（環境分析〜戦略立案・検証）

Keyword Box

リニューアル
Webサイトのコンテンツ、デザイン、機能などを抜本的に見直し、刷新すること。

アクセシビリティ
年齢や身体的な制約に関わらず、誰もがWebサイトを利用できること。

UI（ユーザーインターフェイス）
ユーザーがシステムを操作するための、画面上の情報やボタンなどの仕組み。

洗い出してみた例です。参考にしてください。

リニューアルの留意事項

Webサイトのリニューアルで留意すべき点は、**「視認性」「可読性」「利便性」**です。

この3点が既存サイトではどう評価されていたのか、利用者からの問い合わせや意見、**アクセス解析**、**ユーザビリティテスト**などによって集められたデータを分析して、リニューアルすべきポイントをまとめていきます。この際、発注側の運営担当者や制作側のプロデューサーやディレクターも集め、データを共有しながら、様々な立場の意見から最善の注意を重ねて検討する必要があります。

加えて、以下の2点にも注意が必要です。

① ブランディングやコンセプトの統一

サイトのリニューアルによって、企業のブランドイメージや、Webサイトのコンセプトが損なわれてはいけません。新旧のサイトでデザインの一貫性を保ちつつ、トーンアンドマナーを統一することが大切です。ロゴやカラーの扱いから、文章の語り口に至るまで、ブランドガイドラインに沿った設計が求められます。

② セキュリティや法令の遵守

リニューアルを機に、セキュリティ面の脆弱性をチェックし、必要な対策を講じることが欠かせません。特に個人情報を扱うフォームの入力チェックや、SSLによる通信の暗号化など、ユーザーの情報を守るための措置は万全を期したいところ。また特定商取引法（通販の場合）や薬機法（健康食品やサプリメントの場合）など、自社の事業に関連する法令を再確認。リニューアルを境に法令違反とならないよう、十分な検討と対策が必要不可欠です。

Keyword Box

アクセス解析

Webサイトへのアクセスログを分析し、ユーザーの属性、行動、導線を可視化する手法。

ユーザビリティテスト

実際のユーザーにWebサイトを操作してもらい、使いやすさや問題点を洗い出すテスト手法。

column · 02

WebAssemblyとRustで高速な
Webアプリケーションを開発する

JavaScriptでは対応しきれない高度な要求

Webアプリケーションの高度化・複雑化が進む中、それを支える技術への要求もますます高まっています。例えば、リアルタイム性が求められる映像処理や機械学習、ブロックチェーンなどの分野。膨大な計算を高速に処理する必要がありますが、JavaScriptではパフォーマンスの限界があります。

加えて、大規模なコードベースを適切に管理し、安全性を担保することも重要な課題です。型の歴然性が低く、エラーが実行時まで検出されにくいJavaScriptでは、保守性の面でも不安が残ります。

こうした問題を解決し、Webの可能性をさらに引き出すには、抜本的にアプローチを見直す必要があるのです。

1. パフォーマンスと安全性を両立する革新的ソリューション

Webアプリケーションのボトルネックを打破する切り札として注目を集めているのが、WebAssembly（Wasm）です。Wasmは C、C++、Rustなどの言語から生成されるバイナリ形式で、ブラウザ上で高速に実行できます。

JavaScriptを置き換えるものではありませんが、計算集約型のタスクをWasmに任せることで、アプリケーション全体のパフォーマンスを大幅に向上できます。ネイティブコードに迫る実行速度を、ブラウザの持つ可搬性と安全性を損なわずに実現するのです。

そして、WasmとともにWeb開発を変革するのがRustです。

Mozillaが開発したシステムプログラミング言語であるRustは、C++に匹敵する速度でありながら、強力な型システムによりメモリ安全性を保証します。所有権に基づくリソース管理は、メモリリークや未定義動作を排除。並行処理におけるデータ競合も防ぎます。

Rustの明確で表現力豊かな文法は、可読性と保守性の高いコードを書くのに役立ちます。充実したエコシステムとコミュニティのサポートも、開発者に大きな助けとなるでしょう。こうしたRustの特性は、Wasmとの親和性が非常に高いのです。ゼロコスト抽象化により実行時のオーバーヘッドを最小限に抑え、安全性を損なうことなく最適化されたWasmコードを生成できます。RustとWasmの組み合わせは、まさに次世代のWeb開発にうってつけのソリューションと言えるでしょう。

開発環境のセットアップ

Rustと WebAssemblyの環境を整えることから始めましょう。必要なツールとライブラリをインストールし、スムーズに開発を進められる下地を作ります。

1. Rustツールチェーンのセットアップ

まずは、Rust言語のコンパイラやビルドツールをインストールします。

2. # rustupのインストール

rustupは、Rustツールチェーンのインストールと管理を行うコマンドラインツールです。公式サイトの手順に従って、各OSに合ったインストーラをダウンロード・実行します。

```bash
curl --proto '=https' --tlsv1.2 -sSf
https://sh.rustup.rs | sh
```

正常にインストールされたことを、以下のコマンドで確認しましょう。

```bash
rustc --version
```

Rustコンパイラのバージョンが表示されれば成功です。

3. # wasm-packのインストール

続いて、RustのコードをWasmにコンパイルし、JavaScriptとの連携に必要なファイルを生成するためのツール、wasm-packをインストールします。

```bash
curl https://rustwasm.github.io/wasm-pack/
installer/init.sh -sSf | sh
```

こちらも、バージョン情報を表示してインストールを確認します。

```bash
wasm-pack --version
```

4. フロントエンド開発環境の準備

Wasmを実行するためのJavaScript環境として、Node.jsとnpmを使用します。Node.jsの公式サイトから、各プラットフォーム用のインストーラをダウンロードし、インストールしてください。

```bash
node --version
npm --version
```

これらのコマンドでバージョン番号が出力されたら、Node.jsとnpmの準備は完了です。

5. 統合開発環境のセットアップ

コーディングを快適に行うために、適切なエディタやIDEを用意しましょう。Rustに対応したシンタックスハイライトやコード補完、デバッグ機能などを備えたIDEがおすすめです。

Visual Studio Codeは、Rustの公式拡張機能であるrust-lang.rust と rust-analyzer.rust-analyzerを使うことで、高度なRustプログラミング環境を実現できます。JetBrainsのIntelliJ IDEAも、Rust pluginによる強力なサポートを提供しています。

これらのセットアップが整えば、Rust × Wasmアプリの開発を始める準備は整ったと言えるでしょう。実際のコーディングに移る前に、基本的な開発の流れを確認しておくことをおすすめします。

1. Rustのプロジェクトを作成（cargo new）
2. Rustのコードを記述（src/lib.rs）
3. WasmにコンパイルしJSバインディングを生成（wasm-pack build）
4. HTMLとJavaScriptでフロントエンドを実装
5. WasmモジュールをJSから呼び出す

この流れをイメージしながら、具体的な実装に進んでいきましょう。

階乗計算プログラムの作成

Rustの基本的な機能を押さえつつ、WebAssemblyへのコンパイルがどのように行われるのかを確認するために、シンプルなRustプログラムを作成します。ここでは例として、与えられた数値の階乗を計算する関数を実装してみましょう。

1. プロジェクトの初期化

新しいRustプロジェクトをcargoコマンドで作成します。

```bash
cargo new --lib factorial
cd factorial
```

生成された src/lib.rs ファイルを、テキストエディタまたはIDEで開きます。

2. 階乗計算関数の実装

整数nを受け取り、その階乗n!を計算して返す関数factorialを、以下のように実装します。

```rust
#[no_mangle]
pub extern "C" fn factorial(n: u32) -> u32 {
```

```
    match n {
        0 => 1,
        _ => n * factorial(n - 1),
    }
}
```

ポイントは以下の3つです。

・#[no_mangle] アトリビュートにより、関数名のマングリングを防ぎ、Wasm側からそのままの名前で呼び出せるようにする
・pub extern "C" で、C ABIを使って外部に公開する
・u32型（32ビット符号なし整数）を引数と戻り値の型として使用する

この階乗関数は、0になるまで再帰的に自身を呼び出すことで計算を行います。Rustの強力なパターンマッチ機能を使って、ベースケース（n = 0）を簡潔に表現できます。

3. WebAssembly へのコンパイル

実装した階乗関数をWasmにコンパイルするには、wasm-packコマンドを使用します。

```bash
wasm-pack build --target web
```

--target web オプションにより、Webアプリケーションに適した形式でWasmファイルとJSラッパーを生成します。

コマンドが成功すると、pkgディレクトリ以下に以下のファイルが生成されているはずです。

factorial_bg.wasm	コンパイルされたWebAssemblyバイナリ
factorial.js	WasmをJSから利用するためのラッパーコード
factorial_bg.js	factorial_bg.wasmを読み込むためのグルーコード
factorial.d.ts	TypeScriptの型定義ファイル
package.json	npmパッケージとしての設定ファイル

これらのファイルを使って、JavaScript側からRustの階乗関数を呼び出せるようになりました。

Webアプリへの WebAssembly の組み込み

いよいよ、コンパイルしたWasmをWebアプリケーションに組み込んでいきます。HTMLとJavaScriptを使って、先ほどの階乗関数を呼び出すシンプルなフロントエンドを作成しましょう。

1. HTML ファイルの作成

プロジェクトのルートディレクトリにindex.htmlファイルを作成し、以下のようなHTMLを記述します。

```html
<!DOCTYPE html>
<html>
<head>
    <meta charset="UTF-8">
    <title>Factorial Calculator</title>
</head>
<body>
    <h1>Factorial Calculator</h1>
    <input type="number" id="num" min="0"
value="0">
    <button id="calculate">Calculate</button>
    <p id="result"></p>

    <script src="./bootstrap.js"></script>
</body>
</html>
```

数値入力フィールドと計算ボタン、結果表示領域を配置します。script タグでは、外部のJavaScriptファイル bootstrap.jsを読み込んでいます。

2. JavaScript ファイルの作成

index.htmlと同じ階層にbootstrap.jsファイルを作成します。

```javascript
import init, { factorial } from "./pkg/
factorial.js";
```

```
async function run() {
    await init();

    const calculateBtn = document.
getElementById("calculate");
    const numInput = document.
getElementById("num");
    const resultP = document.
getElementById("result");

    calculateBtn.addEventListener("click", ()
=> {
        const num = parseInt(numInput.value);
        const result = factorial(num);
        resultP.textContent = `${num}! =
${result}`;
    });
}

run();
```

ポイントは以下の通りです。

・pkg/factorial.jsからinit関数とfactorial関数をインポートする
・init関数を呼び出してWasmモジュールを初期化する
・calculateボタンのクリックイベントでfactorial関数を呼び出し、結果を表示する

コンパイル時に生成されたJavaScript APIを通じて、RustのWebAssemblyコードを呼び出せるようになりました。

3. Webサーバの起動とアプリケーションの実行

　ローカルでHTMLファイルを開くだけでは、WebAssemblyを読み込めないため、Webサーバを立ち上げる必要があります。お手軽なWebサーバとしてhttp-serverを使ってみましょう。

```bash
npm install -g http-server
http-server .
```

　ブラウザでhttp://localhost:8080にアクセスすると、先ほど作成した階乗計算アプリケーションが表示されるはずです。数値を入力して「Calculate」ボタンをクリックすると、Rustで実装したWebAssembly関数が呼び出され、計算結果が表示されます。

　これで、RustとWebAssemblyを使った高速なWebアプリケーションの基本的な仕組みを一通り体験できました。実際のアプリケーション開発では、もっと複雑なロジックやデータ構造、外部ライブラリとの連携などが必要になりますが、基本的な考え方は同じです。

　Rustの安全性とパフォーマンスを、WebAssemblyを介してWebアプリケーションに持ち込む。そのための環境構築から実装の流れを一通り見てきました。本格的な開発に取り組む前に、Rustの言語仕様やWebAssemblyの仕組みをさらに深く理解しておくことをおすすめします。

今後の展望

　従来のJavaScriptによる開発では実現が難しかった、計算集約型のタスクや低レイヤのシステムプログラミングを、WebブラウザやWebアプリの中に持ち込めるようになります。それによって、Webプラットフォームの可能性が大きく広がることは間違いありません。例えば、Webブラウザで動く高性能な動画・画像編集ツール、AI・機械学習モデルを使った高度なデータ処理Webアプリ、ブロックチェーンを活用した分散型Webサービスなど、これまではネイティブアプリの独壇場だった分野にも、Webの利点を活かしたソリューションを提供できるようになるでしょう。また、IoTやエッジコンピューティングの分野でも、RustとWebAssemblyの活躍が期待されます。限られたリソースの中で高い信頼性と即応性が求められるIoTデバイスに、Rustの安全性とリアルタイム性は適しています。WebAssemblyをランタイムとして採用することで、IoTにおけるアプリケーション開発の敷居を大幅に下げられる可能性もあります。

　サーバーサイドでのWebAssembly実行環境も、徐々に整備が進んでいます。Rustで書かれたバックエンドをWasmにコンパイルし、ブラウザだけでなくサーバー上でも実行する。そんなフルスタックRust・フルスタックWasmのアーキテクチャが、近い将来の選択肢になるかもしれません。

　とはいえ、RustとWebAssemblyの活用はまだ発展途上の段階です。言語機能や開発ツール、フレームワークなどのエコシステムをさらに成熟させ、様々なユースケースに対応できる基盤を整備していく必要があります。WebAssembly自体の仕様も、GC（ガベージコレクション）のサポートやスレッディングなど、重要な拡張が検討されています。

第3章
Webデザイン

chapter

01 Webデザインの構成要素とトレンド ……… 084
02 ページレイアウト …………………………… 087
03 文字と文章 …………………………………… 090
04 グラフィックス ……………………………… 093
05 色彩計画 ……………………………………… 095
06 客観指標によるデザインテスト …………… 099
07 ナビゲーションデザイン …………………… 103
08 ユーザーインターフェイスデザイン ……… 105
09 ユーザビリティ ……………………………… 107
10 アクセシビリティ …………………………… 109
11 デザインのアンケート分析法 ……………… 112

chapter 3

01

Webデザインの構成要素とトレンド

Webデザインとは、Webサイトの見た目や使いやすさを決定づける要素の組み合わせです。重要な構成要素は、色彩計画、レイアウト、タイポグラフィ、グラフィックス、アニメーションなど。本項では、基本的なパターンと、Webデザインのトレンドを理解し、訴求力の高いWebサイト制作のための知識を身につけます。

Point
1 Webデザインの目的は情報の伝達。積極的に見たくなるようなデザインを施すことが重要
2 「利便性」「文字の可読性」「エンターテインメント性」の高いWebデザインを目指す
3 今後は、世界市場向けの色彩計画、レイアウト策定、フォント選びを行うことが必要

Webデザインを考えるためのポイント

Webデザインの目的は、情報の伝達です。テレビや映画のように、流れてくる情報を受け身な姿勢で視聴するタイプのメディアと違って、Webサイトの利用者は、自ら積極的に見たい情報を探すという姿勢で相対します。このようなWebサイトと利用者との関わり方から、Webサイトのことをインタラクティブ（双方向）メディアと呼びます。デザイナーはこの双方向性を強く意識してデザインしなくてはなりません。

またデザイナーは、Webデザインがもたらす感性に基づいた「印象」についても配慮する必要があります。Webサイトを閲覧することによって、Webサイトの利用者が強く感じる印象とは、主に「利便性」と「文字の可読性」、「エンターテインメント性」の3つです。デザイナーは特にこの3つの印象が、うまくサイトの利用者に伝わるかを意識して作成しなくてはなりません。

Webデザインで重要な要素

Webサイトのデザインで重要な要素は、レイアウト、文字、グラフィックス、色彩計画、アニメーションです。この5つの組み合わせを変化させることで、Webサイトのデザイン傾向をがらりと変えることができます❶。

「レイアウト」については、本章の第2項「ページレイアウト」の中で解説しています。黄金比やグリッドシステムなどを理解することが、直感的に美しいと感じるレイアウトを実現するポ

重要な要素	説明	今後のトレンド
レイアウト	黄金比やグリッドシステムなどを理解し、直感的に美しいと感じられるレイアウトを実現する	レスポンシブデザイン：様々なデバイスに対応できるデザイン
文字	文字の種類や文章の配置によって、見た人の印象が変わることを理解してデザインする	読みやすさ：フォント選び、行間、文字サイズなど
グラフィックス	写真、イラスト、図表などの視覚効果の違いを理解し、テイストや大きさをデザインする	個性化：オリジナルイラスト、アニメーションなど
色彩計画	色の性質や組み合わせによる印象の変化を理解し、色の数やバランスを決める	心理効果：ターゲット層に合わせた色選び
アニメーション	ユーザーの注意を引いたり、楽しい体験を提供したりするために使用	マイクロインタラクション：ちょっとした動きでユーザーを飽きさせない

❶ Webデザインにおける重要な要素

イントになります。

「文字」については、本章の第3項「文字と文章」の中で解説しています。文字の種類や文章の配置が、見た人にどのような印象を与えるかなどを理解してデザインする必要があります。

「グラフィックス」については、本章の第4項「グラフィックス」の中で解説しています。写真やイラスト、図表などが持つ視覚的効果の違いを理解した上で、どのようなテイストや大きさでデザインするのかが、グラフィックスを使う際のポイントになります。

「色彩計画」については、本章の第5項「色彩計画」の中で解説しています。色の性質やその組み合わせ方による印象の変化について理解した上で、Webサイト中で使う色の数やバランスを決める必要があります。

「アニメーション」は、近年のWebデザインで注目されている要素の一つです。ページ内の要素を動かすことで、ユーザーの注意を引いたり、楽しい体験を提供したりすることができます。ただし、動きすぎると逆効果になるので、適度な使用が肝心です。

以上の5つのポイントは、Webデザイナーはもちろん、デザイナー以外の担当者でも、Web制作に携わる者として、確実に身につけておく必要があります。

Webデザインの今後のトレンド

アメリカで10年以上にわたりWebデザインのトレンドを調査しているメディア「designmodo」の調査記事を参考に、2014年から2024年までの

Webデザインのトレンド変遷と特徴を以下にまとめました。

2014年から2016年、2014年から2024年にかけてのWebデザインのトレンドは、テクノロジーの進歩とユーザーニーズの変化に合わせて大きく変化してきました。

2014年から2016年にかけては、**フラットデザイン**（立体的な装飾を排除し、シンプルで平面的なデザインスタイル）、シンプルなアニメーション、カード型のUIなどがトレンドでした。レスポンシブデザインの普及により、様々なデバイスに適応するシンプルで見やすいデザインが求められました。

2017年から2019年は、大胆な**タイポグラフィ**（文字のフォント、サイズ、配置などを調整してデザインする技術）、リッチなアニメーション、没入感のあるビデオヘッダー、背景のダークモードなどが人気を集めました。**VR**（**バーチャルリアリティ**）の台頭もあり、Webサイトにもよりインタラクティブで印象的な体験が求められるようになりました。

2020年以降は、**ミニマリズム**（必要最小限の要素だけを使ってシンプルに表現するデザイン思想）と余白、3Dイラストやアニメーション、AI（人工知能）による**パーソナライズ**（ユーザーの好みや行動に合わせて個別に最適化してコンテンツを提供すること）、スクロール型の**ストーリーテリング**（物語の構成要素を用いて印象的で感情に訴えかけるコンテンツを作ること）などが主流となっています。ユーザー体験を高めるために、動きのあるビジュアルや直感的な操

Keyword Box

リッチメディア
テキストや静止画だけでなく、音声や動画、アニメーションなど表現力の高い（Rich）なコンテンツ。

レスポンシブWebデザイン
PCやスマートフォンなど、閲覧するデバイスの画面サイズに応じて、最適化された表示を可能にするデザイン手法。

作性が重視されています。

そして2024年の特徴としては、以下の点が挙げられます。

1. AI生成コンテンツの活用が進み、ユーザーの好みに合わせて最適化された没入感のあるデザインが実現される。これはAI技術の発展だけでなく、ユーザーのパーソナライズされた体験へのニーズの高まりが背景にある
2. インタラクティブ性（ユーザーの動きに反応して、双方向のやり取りができる性質）とモーション効果（動きのある視覚効果を取り入れたデザイン）がさらに進化し、ユーザーを飽きさせない動的なWebサイトが主流になる
3. Y2K（イヤー2000：2000年前後のインターネット黎明期を懐古するデザインスタイル）など過去のレトロ（古くから親しまれているデザインスタイルを現代風にアレンジしたもの）なスタイルが現代風にアレンジされて復活し、ノスタルジックな雰囲気を求めるユーザーの心をつかむ。こ

れはコロナ禍などの不安定な社会状況下で、人々が心の拠り所を求めている心理的な背景もあると考えられる
4. マキシマリズム（装飾性が高く、複雑で色彩豊かなデザイン思想。ミニマリズムの対極）が台頭し、大胆な色使いやレイアウト、複雑なパターンを用いて、ユニークで印象的なデザインが追求される
5. アクセシビリティとインクルーシブ性（多様な人々を包括し、誰もが排除されないようにデザインすること）がさらに重視され、年齢や障がいの有無に関わらず、誰もが快適に利用できるデザインが当たり前になる

このように、2024年以降のWebデザインは、AI、インタラクティブ性、レトロスタイル、マキシマリズム、アクセシビリティなど、様々な要素が複雑に絡み合いながら進化していくことが予想されます。技術の進歩を取り入れつつ、ユーザーの多様なニーズに応えられるデザインが求められる時代になるでしょう。

Keyword Box

アクセシビリティ
年齢や身体的な制約に関わらず、誰もがWebサイトを利用できること。

サステナビリティ
環境や社会、経済の持続可能性に配慮すること。企業の社会的責任として重視される。

chapter 3　Webデザイン

chapter 3 02 ページレイアウト

Webデザインのレイアウトは、テクノロジーの進歩とユーザー行動の変化に対応しながら進化を続けています。2024年以降は、AI生成コンテンツを活用したパーソナライズされたレイアウトが主流になると予想されます。本項では、これらのトレンドを踏まえたWebデザインレイアウトの可能性について探ります。

Point
1. スマートフォンの普及により、スクロールを活用した縦長のページレイアウトが主流に
2. カード型のUIとモジュールデザインで、見やすく適応性の高いレイアウトを実現
3. AI生成コンテンツを活用し、ユーザーに最適化されたパーソナライズ型のレイアウトが登場

スクロール重視のレイアウト

2014年頃から、スクロールを活用した縦長のページレイアウトが主流になりました。スマートフォンの普及によって、タップよりもスクロールを好むユーザーが増加したことが背景にあります。**パララックスエフェクト**（**視差効果**）などを用いることで、スクロールを促進し、没入感のあるストーリーテリングを実現するデザインが増えました❶。

代表的な事例としては、Apple社のWebサイトが挙げられます❷。iPhoneやMacBookなどの製品ページでは、スクロールに合わせて製品の特徴や機能が次々と表示され、まるで物語を読み進めるような体験ができます。これにより、ユーザーの興味を引き付け、製品の魅力を効果的に伝えることに成功しています。

カード型のUIとモジュールデザイン

2015年以降、カード型のユーザーインターフェイス（UI）が広く採用されるようになりました。情報をカード状のブロックに分割することで、整理された見やすいレイアウトを実現しています。また、これらのカードをモジュール化することで、**レスポンシブデザイン**にも適しています。

カード型UIの代表例としては、Google社のMaterial Designが有名です。検索結果や地図、ニュースなどの情報が、統一感のあるカード形式で表示されます。デバイスの画面サイズに応じて、カードのサイズや配置が最適化されるため、どのような環境でも使いやすいデザインに

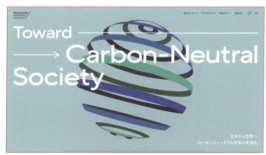

❶ パララックスエフェクトの例
丸の内イノベーションパートナーズ株式会社（https://marunouchi-innovation.com）

❷ パララックスエフェクト
Apple（https://www.apple.com/jp/iphone-15/）

087

なっています。

画面分割レイアウト

2016年頃から、画面を縦や横に分割したレイアウトがトレンドとなりました。異なるコンテンツを同時に表示することで、ユーザーにダイナミックで印象的な体験を提供しています。スクロールに応じて分割部分がインタラクティブに変化するデザインも見られます。

画面分割レイアウトの事例としては、Xbox公式サイトが挙げられます❸。ゲーム機本体とゲームタイトルの情報が、画面の左右に分割して表示されています。スクロールすると、背景のビジュアルが連動して変化し、まるで一つの世界を探索しているような感覚を味わえます。

ミニマリズムとホワイトスペースの活用

2020年以降、シンプルでミニマルなデザインが再評価されています。余白（ホワイトスペース）を十分に取り、コンテンツの階層を明確にすることで、ユーザーを視覚的に誘導し、重要な情報に注目させるレイアウトが主流になりつつあります。

ミニマリズムを活用した事例としては、Appleの公式サイトが代表的です。製品の写真や動画を大きく配置し、余白を十分に確保することで、シンプルながら洗練された印象を与えています。また、重要な情報はコントラストの高い色やボタンで強調し、ユーザーの目を引くデザインになっています。

非対称性（アシンメトリー）とグリッドの破壊

2021年以降、従来の対称的で整然とした**グリッドレイアウト**から脱却し、非対称的でダイナミックなレイアウトが増えています❹。意図

❸ 画面分割レイアウト
Xboxのサイトの例（https://www.xbox.com/ja-JP/）

❹ 対称的（シンメトリー）と非対称（アシンメトリー）

的に要素を斜めに配置したり、重ねたりすることで、視覚的な興奮とエネルギーを生み出しています。

非対称レイアウトの事例としては、Nike公式サイトのランディングページが挙げられます❺。製品の写真や文字情報が、あえて斜めに配置されており、スポーティでダイナミックな印象を与えます。また、要素同士の重なりを活用することで、奥行きのある立体的な構成になっています。

没入型の全画面レイアウト

2022年頃から、画面全体を使った没入感の高いレイアウトが増えています。大胆なビジュアルや動画、インタラクティブな要素を全画面で展開することで、ユーザーを物語の中に引き込むストーリーテリング型のデザインが注目されています。

没入型レイアウトの事例としては、自動車ブランドのランディングページが挙げられます。新型車の発表などでは、全画面を使った迫力のある動画やビジュアルが用いられ、まるでその場にいるかのような体験ができます。スクロールや画面上の操作に応じて、次々と新しい情報が展開されるインタラクティブな演出も効果的です。

AI生成コンテンツとダイナミックレイアウト

2024年には、人工知能（AI）を活用してリアルタイムにコンテンツやレイアウトを生成するWebサイトが登場すると予想されます。ユーザーの行動や嗜好に応じて、パーソナライズされた最適なレイアウトが動的に提供される可能性があります。

AI生成コンテンツを活用したWebデザインの先駆的な事例としては、デザインツールのAdobeが開発したAdobe Senseiが挙げられます。ユーザーの制作物を解析し、最適なレイアウトやデザインを自動生成する機能を備えています。将来的には、Webサイト全体をAIが動的に最適化し、ユーザーごとにカスタマイズされたレイアウトが提供されるようになるかもしれません。

❺ 非対称なWebデザイン
Nikeのサイトの例（https://www.nike.com/jp/nike-by-you）

Keyword Box

パララックスエフェクト
異なる速度で背景と前景が動くことで、奥行きを感じさせる効果。

レスポンシブデザイン
様々な画面サイズに適応し、最適な表示を行うためのデザイン手法。

グリッドレイアウト
縦と横の線で構成される格子状の枠組み。情報を整理するために用いられる。

chapter 3
03

文字と文章

文字を読みやすく、また美しく見せることで、Webサイトの印象や使いやすさに大きな違いが出てきます。本項では、Webデザインにおける文字の選び方や、文章を読ませるためのデザインの考え方を紹介します。フォントの可読性や視認性を高める工夫など、読みやすい文字・文章を作るためのノウハウを身につけましょう。

Point
1 文字を使用するときは、可視性と可読性に配慮する
2 統一感のあるデザインを実現するため、一つのデザインの中でフォントの種類を絞り込む
3 可視性や可読性を高めるために、行間の広さや段落分けのルール、文字の色などに配慮する

Webデザインにおける
フォント指定の現実

印刷物のデザインでは、見出しに極太の**フォント**を使用したり、見出しと本文とで書体を変えたり、本文の中でも和文フォントと欧文フォントを合成して用いるなど、文字だけでもさまざまな表現が可能です。

一方で、Webサイトでは、印刷物と同じような、文字によるデザイン表現が難しいという現実がありました。それは、フォントの指定自体はCSSが行ったとしても、PCやOSなど、利用者側の環境の違いによって、搭載されているフォントが異なるため、指定通りのフォントが利用者側で再現されない可能性があるためです。

しかし、近年ではWebフォントの普及により、この状況はかなり改善されています。Webフォントとは、サーバー上にフォントデータを置き、利用者のブラウザに動的にダウンロードさせる仕組みです。これにより、デザイナーの意図したフォントを、利用者の環境に関係なく表示させることが可能になりました。

また、CSSの進化により、テキストシャドウやグラデーション、アウトラインなど、高度な文字のスタイリングも行えるようになり、印刷物に近い、芸術的なタイポグラフィ表現も、Webの世界で実現できる時代になったのです。

とはいえ、フォントデータの読み込みに時間がかかったり、あまりに装飾的になりすぎると可読性が損なわれたりするなど、留意点もあります。次項以降で説明する基本原則を踏まえつつ、新しい技術を効果的に活用していくことが求められます。

文字の性質「可視性」と「可読性」

文字の性質に「可視性」と「可読性」があります。可視性は文字の認識のしやすさのことで、可読性は、文章にしたときの読みやすさのことです。

可視性の高い文字は、書体の傾向でいえば**サンセリフ体**（ゴシック体）になります。主に見出しやロゴ、ボタンの文字などに用います。

セリフ体（明朝体）は可読性が高いといわれ、本文の文字に採用するのがデザインの定石です。ただし、Webサイトの場合は、後述するPCのディスプレイの特性により、セリフ体のような繊細な形状の書体は読みづらくなるため、本文の文字にもサンセリフ体を指定したほうが効果的です。

ディスプレイの特性を考慮した
文字の指定

PCのディスプレイは印刷物に比べて解像度が低く、雑誌などの商業印刷媒体で行われている

chapter 3　Webデザイン

ような細かな表現ができません。技術的にいうと、PCのディスプレイは電光掲示板のような仕組みで文字を表示しているので、文字のエッジが階段状になっています❶。この階段状の部分は**エイリアス**といい、これを滑らかな表示にして、エイリアスを抑える技術を**アンチエイリアス**といいます。アンチエイリアスのおかげで、解像度が低いディスプレイでも、文字が読みやすくなっています。

しかし、アンチエイリアス機能は、文字が小さくなると効果がありません。可読性を考えると、文字が小さくなる設定は行わないほうがよいでしょう。

ほかに文字選択の注意点として、統一感のあるデザインを実現するために、一つのWebサイトの中で、フォントの種類を多用しないようにすべきです。特に文字画像を使う場合、本文で使うフォントとミスマッチなフォントを選ばないように注意しましょう。

文章の注意点

文字が集合すると文章になります。ここでは、文章（文字組み）の可読性を高めるための注意点を説明します。

● **行間、行長、段落の調整**

欧文書体では、文字の上下にわずかにスペースが設けられています。そのため欧文書体は、特に**行間**などの指定を行わなくても、さほど読みづらさは感じられません。日本語の書体（和文書体）は文字の上限にスペースがないため、読みやすい文章にするには、必ず行間の指定が必要です。また、行内の一文があまりに長すぎると、Webサイトでは可読性が落ちますので、CSSなどで調整が必要になってきます。

段落についても同じで、1段落に文字があまりに多いと、読みにくさのあまり最後まで読み進めてもらえない傾向が高まります。5行程度を目安に必ず段落変えを行うなど、可読性に配慮したルールを設定する必要があります。

● **文字色と背景色**

文字の可読性を決定づける要素の一つに、文字色と背景色があります。読みやすさという点においては、文字色と背景色の明度の対比（コントラスト）が低いほうが目に優しいので、文章などは読み進めやすいといえます。しかし、ボタンの文字や見出しの文字などは、コントラストが低いと見落とされかねませんので、この場合はコントラストを高くします。文字の用途によって色の強弱、コントラストを使い分けてください。

● **文字間隔の調整**

印刷物のグラフィックデザインでは、文字間隔の調整が必須です。WebサイトでもCSSで文字間隔を指定することが可能ですが、ブラウザ

❶ 電光掲示板のようなPCのディスプレイ上に表示された文字の例

Keyword Box

フォント
書体のこと。ゴシック体や明朝体など、文字の形状の系統を指す。

サンセリフ体
セリフのない書体。ゴシック体など。視認性が高い。

セリフ体
文字の端にある飾り（セリフ）が付いた書体。明朝体など。可読性が高い。

091

によってはレイアウトが崩れるケースもあり、見出しなど部分的に適用する程度に止めておきましょう。

また、フォントの種類の一つに、文字幅を自動調整する**プロポーショナルフォント**があります。ただしこれを使っても、必ず文字間隔が調整されるわけではありません。例えば「・」などの記号が文字に入ると、HTMLの場合は調整ができません。このような場合は、文字を画像化するなどの対処が必要です。

ただし、CSSのプロパティであるtext-align:justifyやtext-justify:inter-ideographを使えば、HTMLでも文字間隔を調整できるようになります。最新の仕様を理解し、効果的に活用していくことが大切ですね。

AIを活用した文章生成と最適化

最新のAI技術により、Webサイトの文章作成プロセスが大きく変わりつつあります。自然言語処理（NLP）を用いたAI文章生成ツールが登場し、SEOに最適化された下書きを短時間で作成できるようになりました。

また、AIによる文章分析ツールを使用することで、読みやすさや表現の一貫性、ターゲット層への適合度などを自動的に評価し、改善提案を受けられます。さらに、多言語翻訳AIの進化により、高品質な多言語コンテンツの効率的な制作が可能になっています。

ただし、AIが生成した文章は人間による編集や監修が不可欠です。ブランドの独自性や価値観を反映させ、より魅力的で説得力のある文章に仕上げるには、人間のクリエイティビティが重要な役割を果たします。AIと人間のスキルを効果的に組み合わせることで、高品質なWebコンテンツを効率的に制作できるのです。

Keyword Box

アンチエイリアス
ギザギザのエッジを滑らかにする技術。文字を読みやすくする。

行間
1行と次の行との間隔。読みやすさに直結する重要な要素。

プロポーショナルフォント
文字によって幅が異なるフォント。読みやすいが、間隔調整は難しい。

chapter 3　Webデザイン

chapter 3 04 グラフィックス

Webサイトの要素で文字と並んで重要なのが、写真やイラストなどのグラフィックス要素です。ここでは、Webサイトでグラフィックス要素を用いる場合の注意点について解説します。画像は、Webサイトの印象を左右する重要な要素、写真は臨場感を、イラストは特徴を誇張して表現できるなど、各要素の役割を理解しましょう。

Point
1　グラフィックス要素は、利用者が短時間でサイトの価値を判断するための材料となる
2　イラストは誇張表現が可能で、写真よりも利用者のイメージを膨らませられることができる
3　情報やデータを表にする際、同じグループに色分け、同じ書体を使うなどの工夫が必要

グラフィックスがWebサイト開発において果たす重要な役割

Webサイト開発において、**グラフィックデザイン**は様々な側面で重要な役割を果たします❶。

1. 第一印象

グラフィックデザインは、Webサイトに視覚的に魅力的でプロフェッショナルな外観を与えるために不可欠です。訪問者の注目を集め、ポジティブな第一印象を与えることは、ユーザーがWebサイトの信頼性と品質をどのように認識するかに大きく影響します。

2. ユーザーエクスペリエンス（UX）

優れたグラフィックデザインは、Webサイトを簡単にナビゲートし、視覚的に魅力的で直感的に使用できるようにすることで、全体的な**ユーザーエクスペリエンス（UX）**を向上させます。明確で視覚的に魅力的なレイアウト、タイポグラフィ、色、画像は、ユーザーをコンテンツに誘導し、探しているものを効率的に見つけるのに役立ちます。

3. ブランドアイデンティティ

グラフィックデザインは、Webサイトの**ブランドアイデンティティ**を確立し、強化する上で重要な役割を果たします。色、タイポグラフィ、ロゴ、その他の視覚要素を一貫して使用するこ

項目	内容	効果
第一印象	視覚的に魅力的でプロフェッショナルな外観で、ユーザーにポジティブな第一印象を与える	信頼性、品質の印象に影響を与える
ユーザーエクスペリエンス（UX）	ユーザーが簡単にナビゲートでき、視覚的に魅力的で直感的に使えるようにする	明確で魅力的なレイアウト、タイポグラフィ、色、画像
ブランドアイデンティティ	一貫した視覚要素で、ブランドイメージを確立・強化する	色、タイポグラフィ、ロゴ、その他の要素
コミュニケーション	画像、アイコン、インフォグラフィック、ビデオなどを活用して、情報を効果的に伝える	視覚的に魅力的でわかりやすい方法でメッセージ、概念、データを伝える
感情的なつながり	適切なデザインで、感情を呼び起こし、視聴者とのつながりを生み出す	色、画像、その他の要素で、Webサイトのトーンや雰囲気を伝える
差別化	競合他社から際立つ、ユニークでクリエイティブなデザイン要素	印象に残り、同じ業界の他のサイトと差別化できる
一貫性	すべてのページで一貫したデザインを使用することで、統一感のあるユーザー体験を実現する	ブランドアイデンティティの強化、洗練されたプロフェッショナルな印象

❶ グラフィックデザインの役割

093

とで、ユーザーがWebサイトや会社を認識し、関連付けることができる、一貫性のあるブランドイメージを作成できます。

4. コミュニケーション

画像、アイコン、インフォグラフィック、ビデオなどの視覚要素は、テキストのみよりも効果的に情報を伝えられます。グラフィックデザインは、視覚的にわかりやすい方法でメッセージ、概念、データを伝えるのに役立ちます。

5. 感情的なつながり

適切にデザインされたグラフィックは、感情を呼び起こし、視聴者とのつながりを生み出します。色、画像、その他のデザイン要素は、Webサイトのトーンや雰囲気を設定するのに役立ち、ユーザーがコンテンツに対してどのように感じ、どのように関与するかに影響を与えます。

6. 差別化

競争の激しいオンライン市場では、優れたグラフィックデザインにより、Webサイトを競合他社から際立たせることができます。ユニークでクリエイティブなデザイン要素により、Webサイトが印象に残り、同じ業界の他のサイトと差別化が可能です。

7. 一貫性

Webサイトのすべてのページで一貫したグラフィックデザインを使用すると、統一されたまとまりのあるUXを実現できます。また、ブランドアイデンティティが強化され、Webサイトが洗練されてプロフェッショナルに見えます。

グラフィックスの視覚効果の高め方

Webでよく使われるグラフィックスについて、視覚効果を高める方法を解説します。

● 図表

Webサイトでは、利用者が文章を読む時間が限られています。短時間で情報を理解してもらうために、図や表、グラフを活用しましょう。データを表にする際には、情報をグループ化し色分けすることで、見やすく比較しやすくなります。地図を使う場合は、初めてその場所を訪れる人でも迷わないように、ランドマークや道順を明示しましょう。

● 写真

視覚的な情報を一目で伝えたい場合には、写真を使います。ECサイトの商品写真のように、質の高い写真を選びましょう。例えば、食べ物の写真は美味しそうに見えるものを選ぶと効果的です。また、360度写真や3D写真などインタラクティブな写真も注目されています。

● イラスト

イラストは、情報を直接伝えるよりも、利用者のイメージを豊かにするために使います。写真よりも特徴を誇張して表現でき、雰囲気作りに優れています。**インフォグラフィックス**では、難しい概念を視覚的に説明するのにイラストが役立ち、キャラクターイラストを使ってWebサイトを親しみやすくする例も増えています。イラストは理想やメッセージ性を込められるため、その特性を理解し効果的に活用することが大切です。

Keyword Box

グラフィックス
視覚的表現の総称。写真、イラスト、図表、アイコンなどを指す。

インフォグラフィックス
情報、データ、知識などをビジュアル的に表現する図表。

色彩計画

chapter 3
05

色彩計画とは、色の持つ力を戦略的に活用し、ユーザーの感情や行動に影響を与える戦略的アプローチです。色の三属性を意図的に操作することで、Webサイトのブランディングやユーザビリティ、マーケティング効果を高めることができます。つまり、色の力をビジネスに活かすセンスと知識が必要とされているのです。

Point
1 色彩計画は、色の三属性を操作し、ユーザーの印象や行動に働きかける戦略的アプローチ
2 色彩心理学の知見を活かし、企業やブランドの個性を色で表現することが重要
3 デザインの美しさ、使いやすさ、アクセシビリティとのバランスを取ることが求められる

色の力を活用する色彩心理学

色は単なる視覚情報ではなく、人の感情や行動に大きな影響を及ぼします。赤は情熱や興奮、青は冷静さや信頼、緑は自然や安らぎを連想させるなど、色にはそれぞれ固有のイメージや心理的効果があるのです。

色彩心理学は、こうした色の持つ力を解明し、活用するための学問分野です。マーケティングやブランディング、製品デザインなど、様々な領域で色彩心理学の知見が活かされています。

Webデザインにおいても、色彩心理学の理解は欠かせません。サイトの目的やターゲットユーザーに合わせて、適切な色を選ぶことが求められるからです。

企業サイトで信頼感を与えたいなら青系の色を、エンタメ系のサイトで楽しさを演出したいなら赤やオレンジを基調にする。そんな戦略的な色選びが、説得力のあるWebデザインを生み出すのです。

色の組み合わせによる心理的効果も、押さえておくべきポイントです。類似色の組み合わせは調和を生み、対照色の組み合わせは緊張感を生む。こうした色の関係性を理解することで、より洗練された色彩計画が可能になります❶。

色彩心理学の知識は、Webデザイナーの強力な武器となるはずです。色の力を味方につけることで、ユーザーの心に響くデザインを生み出せるからです。

色の三属性（色相、明度、彩度）

ここでは、色彩計画によく使われる用語の整理をします。

赤（あか）	情熱、危険、興奮、革命、歓喜
橙（だいだい）	平和、健康、快活、愉快
黄（き）	快活、希望、軽快、陽気、愉快
緑（みどり）	平和、新鮮、希望、安全、自然
青（あお）	鎮静、清涼、清純、爽快、冷淡
紫（むらさき）	高貴、優雅、気品、不安、威厳
白（しろ）	平和、清潔、清楚、潔白
灰（はい）	平凡、憂鬱、鎮静、冷静
黒（くろ）	未来、永遠、沈着、深淵

❶ 色から受ける印象の例

● 色相

　色相とは色味を示し、赤はR（Red）、黄色はY（Yellow）、緑はG（Green）、青はB（Blue）、紫はP（Purple）のようにして、5色を表示しています。どれも英語の頭文字です。これを基本色として、それぞれの間に2次色を作り10色とし、10色をさらに10分割して色相の位置を決めています❷。

● 明度

　明度とは、色の明るさを示し、数値が10に近いほど明るい色、0に近いほど暗い色を表示します❸。

● 彩度

　彩度とは、色の鮮やかさを示し、無彩色を彩度0として、数値が増えるほど鮮やかな色を表示します❹。マンセル・カラー・システムでは彩度段階に相違があり、赤の純色（5R）が14段階であるのに対して青緑（5BG）の純色は6段階です。

　これらの色彩の三属性は、色を表現したり伝えたりする際の共通言語として、デザインに携わる者は理解しておく必要があります。色彩計画においては、色相や明度、彩度を意識的にコントロールすることで、狙った印象を演出することができるのです。

　例えば、Webサイトのアクションボタンに、高彩度の色を使うことで、その部分を目立たせ、クリックを促すことができます。逆に、背景色に低彩度の色を使えば、落ち着いた雰囲気を演出できるでしょう。

　また、企業のコーポレートカラーを決める際にも、色相や明度、彩度の観点から、その企業の理念や個性に合った色を選定していくことになります。色彩計画は、デザインにおける重要な意思決定の一つなのです。

❷ マンセル・カラー・システム

❸ 明度

❹ 彩度

色彩計画のプロセスと手法

それでは、実際のWebデザインにおける色彩計画は、どのように進めればよいのでしょうか。ここでは、色彩計画の基本的なプロセスと手法を解説します❺。

① サイトのトーンとコンセプトを決める

色彩計画の第一歩は、サイト全体の雰囲気、すなわちトーンを決めることです。「明るく元気」「シックで大人っぽい」「シャープでモダン」など、サイトのコンセプトに合ったトーンを言葉で表現します。

このトーンこそが、色選びの指針となります。明るく元気なサイトなら暖色を、シックで大人っぽいサイトなら深みのある色を選ぶ、といった具合です。

② 色の三属性を調整する

次に、色相、明度、彩度の三属性を調整していきます。トーンに合わせて色相を選んだら、明度と彩度を調整して、より適切な色を探ります。

メインカラーは明度を高めに、アクセントカラーは彩度を高めにするなど、色の役割に応じて三属性をコントロールするのがポイントです。背景色と文字色の明度差にも気を配り、十分なコントラストを確保しましょう。

③ 配色パターンを決める

色の組み合わせ方、すなわち配色パターンを決めるのも重要なプロセスです。モノクロ、類似色、対照色、トライアド、テトラードなど、様々な配色パターンがあり、それぞれに固有の効果と雰囲気があります。

類似色の配色は穏やかで優しい印象を与え、対照色の配色は活発で印象的。トライアドやテトラードは、複雑で洗練された印象を生みます。サイトのトーンに合った配色パターンを選び、色の組み合わせを考えていきましょう。

④ カラーパレットを作る

色が決まったら、サイトで使用する色を一覧化したカラーパレットを作成します。メインカラー、サブカラー、アクセントカラーなど、色

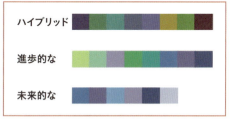

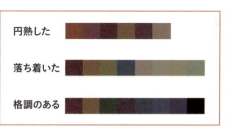

❺ 色彩計画の例

の役割を明確にし、色のコード（16進数やRGB）とともに示すのが一般的です。

このカラーパレットは、サイトの制作・運用における色の管理ツールとなります。サイト内の色使いを統一し、ブランドイメージを守るためにも、カラーパレットの共有は欠かせません。

以上が、色彩計画の基本的なプロセスです。もちろん、実際にはもっと複雑で多様なアプローチがあり得ますが、この流れを押さえておくことが、戦略的な色彩計画の第一歩となるでしょう。

最新のWebデザインカラートレンド

色彩計画を立てる際は、最新のWebデザインのトレンドを把握しておくことも大切です。旬の色使いを取り入れることで、サイトの印象をアップデートできるからです。

近年のWebデザインでは、グラデーションカラーの活用が大きなトレンドとなっています。2色以上の色を滑らかに変化させることで、動きや奥行きを表現できるグラデーション。その多彩な表情が、Webサイトに新鮮な彩りを添えているのです。

ビビッドな原色を大胆に使うデザインも増えています❻。スマートフォンの普及で、より小さな画面での視認性が求められるようになった今、色の訴求力を高めることが重要になっているのです。

一方で、黒や濃紺をベースとした**ダークモード**のデザインも台頭中❻。目に優しく、シックで洗練された印象を与えるダークカラー。OSレベルでのダークモード対応も、この流れに拍車をかけています。

こうしたトレンドを意識しつつ、自社のサイトにふさわしい色使いを追求していく。それが、時代に合ったWebデザインを生み出すための色彩計画だと言えるでしょう。

❻ ビビッドカラーとダークカラー

Keyword Box

ビビッドカラー
鮮やかで明るい色調。Webデザインでは、インパクトや訴求力を高めるために活用される。

ダークモード
OSやアプリのユーザーインターフェイスを黒や濃色ベースにした表示モード。目に優しく、モダンな印象が特徴。

カラーブランディング
色を戦略的に活用し、ブランドの個性や価値観を視覚的に訴求する手法。一貫したカラーイメージの確立が重要となる。

chapter 3　Webデザイン

客観指標によるデザインテスト

chapter 3 / 06

ここまでに何度か人間中心の感性に根ざしたデザインについて触れてきました。ここでは、さらにそのデザインを評価するための客観評価テストについて、掘り下げて解説します。本項では、HDT（ヒューマンデザインテクノロジー）の考え方に基づいて、デザインの評価を主観から客観へと導く手法を学びます。

Point
1. デザインテストを行うポイントは、主観的な評価をいかに客観的にテストできるか
2. 主観評価を客観的に評価するには、定量化手法が実用的である
3. Webデザインの評価では、利用者の持つ「感性」のアンテナと一致した設計かを見る

HDTによる制作のステップ

　ヒューマンデザインテクノロジー（HDT）は、人間工学や統計分析などの様々な手法を統合して、直感的にしか評価できなかったものを数値化して、できるだけ定量的に判断できるようにした技術です。Web制作でHDTを使えば、これまでデザイナーの直感的な判断に頼って作られてきたデザインのよしあしが、確かな基準で判断できるため、ユーザーのニーズにぶれのないデザインづくりを可能にします。

　HDTは、「ユーザーニーズを収集・分析」→「ポジショニング」→「Webサイトのコンセプトを構築」→「設計・デザイン原案」→「評価」→「使用実態調査」といった、6つのステップでWebサイトの開発を進めます❶。

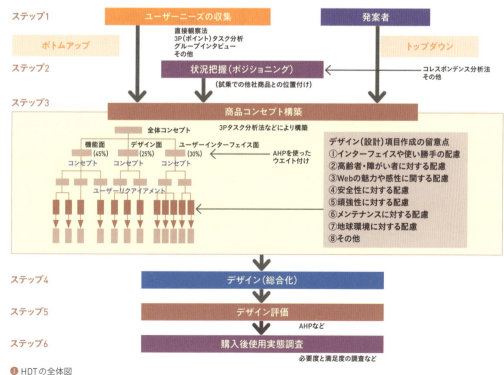

❶ HDTの全体図

企業におけるWebサイト制作では、Webサイトを公開したあとに、サイトの発注側や利用者によって、デザインテストが行われます。

HDTが必要な背景とHDTの特徴

HDTがWeb開発において必要になってきた背景をまとめると、下記の通りとなります。

① 感性に基づく主観的な判断を必要とするデザインが増えてきている
② Web制作会社間のコーディングなどの技術力に差がなくなってきたので、制作会社としてはWebサイトの開発力を立証することが重要になってきた
③ 調査、企画、デザイン、評価などWebサイト開発の上流の段階で、専門性が高まり情報の共有化が困難になってきた
④ 使いやすさのよしあしや利用者の感性に適したデザインになっているかどうかが、訴求要素、差別化要素として重視されてきている
⑤ 高齢者や障がい者に対する配慮など、アクセシビリティに対応したユニバーサルデザインの視点が重要になってきている
⑥ コロナ禍によるオンライン化の進展に伴い、Webサイトの利用頻度や時間が増加し、ユーザーの満足度や快適度が重視されている

ここで、HDTの特徴をまとめると以下のようになります。

・利用者のニーズに基づく、人間中心の開発手法であること
・ステップ化による短期開発が実現できること
・使いやすい手法で習得が楽であること
・コンセプトの構築（体系化）で的確な開発

が可能になること
・簡単な統計手法による定量評価（客観評価）が可能であること

感性による主観評価を客観評価するには

では、HDTに基づくテスト手法について具体的に説明していきます。

「好き」「嫌い」「おもしろそう」といった感性による主観評価は、当事者以外の第三者にとってつかみどころがないのが欠点です。

客観指標によるWebサイトのデザインテストの手法として知られているものに、「アイトラッキング」という手法があります。アイトラッキングは、眼球の動きを追跡する特別な装置を用いて、人間の視線の動きを追跡・分析する手法です。また「直接観察法」という、実際に利用者がWebサイトを操作するのを調査員が実際に観察するという方法もあります。

これらの手法は、利用者が見ているWebサイトの「部位」や見ている「順序」と関連づけ、デザイン上の注目点の抽出や、ユーザーインターフェイスの設計、レイアウトの客観的な検証に役立てることができます。ただしこれらの手法は、比較的大がかりで手間も費用もかかります。

近年では、顔表情や心拍数、脳波などのバイオメトリクスを用いて、ユーザーの感情や興味を測定する**生体反応測定**の手法や、AIを活用して、ユーザーの行動や反応を自動的に分析し、最適なデザインを提案する手法なども注目されています。

本書では、より気軽かつ実用的な調査手法として、主観評価を数値による指標へ変換することで、机上で客観的に検証できる方法を紹介します。なお、主観評価を数値化することを統計学の世界では「定量化する」といいます。

客観指標によるデザインテストの手法

デザインを**定量化**して分析する手法には、本章の第11項で説明するSDインタビューという「**SD法**」や、第2章第5項で説明した「3Pタスク分析」、「AHP法」など様々なものがあります。

ここでは、3Pタスク分析とAHP法とは別に、「簡単に評価でき、分析に時間がかからない」「コストがかからず実現性が高い」「HDTのプロセスに適している」という観点から、「レパートリーグリッド発展手法」と「平均順位法」を紹介します。ただし、これらの手法は比較的単純であるため、複雑なデザインの評価には向きません。

SD法などの多変量解析の手法のほうが、感性評価の細かいニュアンスを捉えることができます。ただし、統計の専門的な知識が必要になるというデメリットもあります。

レパートリーグリッド発展手法

レパートリーグリッド発展手法は、評価項目（コンセプト）を使い、比較Webサイトとデザイン原案を評価します。この方法では、次の評価基準を用います。例えば、評価項目がいちばん悪ければ「0」、もっともよければ「9」とし、10段階で評価します。ただし、理想としてもっともよいものが「9」としにくい場合には、例えば「8」以下にして評価項目の基準を調整します。

また、評価項目ごとに重み付けを変えて評価することもできます。この事例では同じ重み付けで評価しています。

評価基準：（悪い）0 ― 1 ― 2 ― 3 ― 4 ― 5 ― 6 ― 7 ― 8 ― 9 （よい）

＜評価手順1＞

各評価項目の理想値を決めます。次に評価基準を用いて評価項目ごとに評価していきます❷。

＜評価手順2＞

評価手順1での数値に重み付けを行い総合評価します。計算式は「（理想―各Webデザインの数値）×重み」で行います。理想値が9ではない場合には、「（理想―各Webデザインの数値）×（9÷理想値）×重み」で計算します。計算した結果例を❸に示しています。重み付けを変え

	Webデザイン1	Webデザイン2	Webデザイン3	Webデザイン4	デザイン原案	理想
ファッション性	4	2	4	3	7	7
造形性	4	4	3	4	5	7
基本機能	7	6	5	6	5	9
オプション機能	3	5	5	3	8	9
視認性	5	1	8	6	8	9
娯楽性	8	6	4	8	6	9

❷ 評価手順1

	Webデザイン1	Webデザイン2	Webデザイン3	Webデザイン4	デザイン原案	理想
ファッション性	39	64	39	51	0	10
造形性	39	39	51	39	26	10
基本機能	20	30	40	30	40	10
オプション機能	60	40	40	60	10	10
視認性	34	79	11	56	11	10
娯楽性	10	30	50	10	30	10
総合得点	202	282	231	246	117	

❸ 評価手順2。高い評価は数字が小さくなります

Keyword Box

生体反応測定
脳波や心拍、発汗、眼球運動など、人の生理的反応を計測し、感情や興味を定量化する手法。

定量化
対象とする事象を数値で表すこと。主観的な評価を客観的な尺度に置き換える作業。

SD法（semantic differential method）
言葉の意味を測定する心理学の手法。形容詞対を用いて印象を定量化する。

て評価することもできますが、ここでは、例として同じ重み付けで評価しています。

　以上の結果から、各Webデザインの評価ができます。

【評価結果の見方】
・原案が、比較Webデザインに比べ評価が高い
　特に、ファッション性、オプション機能、視認性で高い評価が出ている

平均順位法

　平均順位法は、再現性に苦労する場合もありますが、いちばん簡単なので手軽に評価を行えます。評価方法を、図を使って説明します。
　ここでは、デザイン原案を含めて5つのWebデザインを比較します。これを高い評価順に順位付けします。同順位の場合には、順位番号を足した平均を割り付けます。❹の表では被験者Aの人がWebデザイン4と原案を同順位に見ています。この場合2位と3位ですので、両Webデザインを2.5位とします。したがって、被験者ごとに横の合計が必ず15になります。

	Webデザイン1	Webデザイン2	Webデザイン3	Webデザイン4	デザイン原案
被験者A	1	5	4	2.5	2.5
被験者B	3	4	5	2	1
被験者C	3	4	5	2	1
総合得点	7	13	14	6.5	4.5
総合順位	3位	4位	5位	2位	1位

❹ 平均順位法。高い評価は数字が小さくなります

　以上の結果から、各Webデザインの評価ができます。

【評価結果の見方】
・原案が、比較Webデザインに比べ評価が高い
　（1位）
・単純にWebデザインの全体イメージしか評価できないが、手軽に利用できる

新しい評価手法の可能性

　従来のレパートリーグリッド発展手法やSD法は、あくまでも静的な画面のデザインを評価するものでした。しかし、現在のWebサイトは、インタラクティブでダイナミックな特性を持っています。
　そのため、ユーザーの行動や感情に影響を与えるWebデザインの評価には、より動的で総合的な評価手法が求められるようになってきました。具体的には、生体反応測定や人工知能を活用した分析など、ユーザーの無意識的な反応をリアルタイムに捉える手法が有望視されています。
　また、VRやARなどの**没入型インターフェイス**の普及に伴い、従来とは異なる評価軸が必要になると考えられます。没入感や実在感など、新しい評価指標の開発も進められています。
　Webサイト制作の現場では、こうした最新の動向にも注目しつつ、プロジェクトの規模や予算、目的に応じて、適切な評価手法を選択していくことが求められるでしょう。柔軟な思考と、たゆまぬ学習が、よりよいWebデザインにつながるはずです。

Keyword Box

レパートリーグリッド発展手法
商品やサービスの評価構造を階層的に分析する手法。評価グリッド法ともいう。

没入型インターフェイス
VRやARなど、ユーザーを仮想環境に没入させるタイプのユーザーインターフェイス。

chapter 3 Webデザイン

ナビゲーションデザイン

chapter 3 07

本項では、利用者がWebサイト上の情報やサービスに迷わずたどり着くためのナビゲーションデザインの重要性と、具体的な設計手法について学びます。最新のトレンドを踏まえつつ、利用者視点に立ったナビゲーションの設計方法を理解しましょう。

Point
1 ナビゲーションデザインの目的は、利用者を目的の情報やサービスへスムーズに誘導すること
2 グローバルナビゲーション、ローカルナビゲーションなど、多様な手法を組み合わせる
3 利用者の行動パターンや心理を考慮し、直感的でわかりやすいナビゲーションを設計する

Webサイトにおけるナビゲーションの重要性

ナビゲーションとは、利用者がWebサイト内の目的の情報やサービスに到達するための道しるべです。Webサイトに掲載されているコンテンツが充実していても、そこにたどり着く経路がわかりにくければ、利用者は求める情報を入手できず、Webサイトの価値は半減してしまいます。

したがって、利用者の目的達成を支援し、快適なユーザー体験を提供するためには、適切な**ナビゲーションデザイン**が不可欠です。ナビゲーションは、利用者とWebサイトのコンテンツをつなぐ重要な架け橋なのです。

ナビゲーションデザインの要素

Webサイトのナビゲーションを設計する際には、❶のような要素を適切に組み合わせることが重要です。

これらのナビゲーション要素を、利用者の行動パターンや心理を考慮しながら適切に配置し、デザインすることが求められます。

ナビゲーションデザインの原則

ナビゲーションをデザインする際には、❷の

グローバルナビゲーション	Webサイト全体の主要なコンテンツへのリンクを提供
ローカルナビゲーション	現在閲覧中のページに関連するコンテンツへのリンクを提供
サイトマップ	Webサイトの全体構造を一覧できる、目次のような機能
検索機能	キーワードからコンテンツを探せる機能
パンくずリスト	現在位置を確認でき、上位階層へ移動できる機能。利用者のナビゲーションを助け、サイト内の構造を理解しやすくする
タグ・カテゴリ	コンテンツを分類し、関連するページへのリンクを提供
ガイダンス	初めての利用者向けの案内や、次の行動への誘導。プログレスバーやステップナンバーなどで、現在の進捗状況を視覚的に伝える

❶ ナビゲーションの要素

一貫性	すべてのページで、ナビゲーションの位置や見た目が統一されている
シンプルさ	過剰な装飾を避け、シンプルでわかりやすい表現を心がける
予測可能性	リンク先が予測でき、行き先を選びやすい
柔軟性	様々な利用者の行動パターンに対応できる
アクセシビリティ	すべての利用者が使いやすく、アクセスしやすい
レスポンシブ	多様なデバイスやスクリーンサイズに最適化されている

❷ ナビゲーションデザインの原則

103

ような原則を意識しましょう。

これらの原則を踏まえつつ、利用者視点に立ったナビゲーションを設計することが重要です。

ナビゲーションデザインのトレンド

近年のナビゲーションデザインのトレンドとしては、❸のような特徴が見られます。

これらの最新トレンドを取り入れつつ、利用者にとって使いやすく、ストレスのないナビゲーションを設計することが、これからのWebサイト制作には求められています。

ナビゲーションの継続的改善

ナビゲーションデザインは、一度設計したら終わりではありません。Webサイトは常に進化し、コンテンツも増加していきます。それに合わせて、ナビゲーションも継続的に見直し、改善していく必要があります。

特に、アクセス解析などのデータを活用し、利用者がどのようにナビゲーションを使っているかを把握することが重要です。クリック率の低いリンクや、離脱率の高いページを特定し、ナビゲーションの改善ポイントを発見しましょう。

また、ユーザビリティテストを実施し、実際の利用者の声を反映させることも効果的です。利用者の意見や要望を取り入れながら、より使いやすいナビゲーションへと進化させていくことが求められます。

ナビゲーションデザインは、Webサイトの使いやすさを左右する重要な要素です。利用者視点に立ち、最新のトレンドも取り入れつつ、継続的な改善を重ねることで、より価値の高いWebサイトへと成長させていきましょう。

ハンバーガーメニュー	省スペースで多様なリンクを提供できるアイコン
メガメニュー	大規模なリンク集を階層的に整理して表示
フルスクリーンナビゲーション	全画面を使った没入感のあるナビゲーション
インタラクティブなナビゲーション	アニメーションや効果音などを用いた演出
パーソナライズドナビゲーション	利用者の属性や行動履歴に応じたカスタマイズ
音声ナビゲーション	音声アシスタントと連携した音声操作
AR・VRナビゲーション	拡張現実・仮想現実を活用した新しい誘導方式
ボタン型ナビゲーション	視覚的に目立ち、クリックやタップを促すCTA（コール・トゥ・アクション）としても機能

❸ ナビゲーションデザインのトレンド

Keyword Box

インフォメーション アーキテクチャ（IA）

情報の構造化と分類を行い、利用者が必要な情報に効率的にアクセスできるようにすること。ナビゲーション設計の基盤となる考え方。

ナビゲーションの持続性

利用者がWebサイト内の現在位置を把握し、次の目的地へスムーズに移動できるように配慮すること。迷子にならない設計が重要。

ナビゲーションの一貫性

Webサイト全体で、ナビゲーションの配置や見た目、動作を統一し、利用者の学習コストを下げること。ブランドイメージの向上にも寄与。

chapter 3 Webデザイン

chapter 3

08 ユーザーインターフェイスデザイン

本項では、Webサイトにおけるユーザーインターフェイス（UI）の重要性と、利用者視点に立った設計方法について学びます。UIを構成する要素や、最新のトレンドを理解し、あらゆるデバイスに対応した使いやすいUIの設計手法を身につけましょう。

Point

1　UIデザインは、利用者とWebサイトのコミュニケーションを最適化するための設計
2　PCやスマートフォン、ウェアラブルデバイスなど、多様なデバイスに対応したUIが必要
3　利用者の行動や心理を理解し、直感的で快適な操作性を実現することが重要

ユーザーインターフェイスとは

ユーザーインターフェイス（UI）とは、人間とコンピュータがやりとりするための接点や仕組みのことを指します。WebサイトにおけるUIは、Webブラウザに表示されるWebサイトの画面そのもので、Webサイトとやりとりするのは、主にナビゲーション要素を操作するということになります。

つまり、WebサイトのUIデザインとは、画面が見やすいかどうか、要素を識別しやすいレイアウトになっているかどうか、操作しやすいナビゲーションになっているかどうかなどを設計することを意味します。

多様なデバイスに対応するUI

WebサイトのUIデザインを考える際には、パソコンやスマートフォンだけでなく、タブレットやスマートウォッチ、スマートスピーカーなど、多様なデバイスへの対応が求められます。

それぞれのデバイスには固有の特性があり、画面サイズや入力方式、利用シーンが異なります。したがって、デバイスごとに最適化されたUIを設計することが重要です。**レスポンシブデザイン**やアダプティブデザインなどの手法を活用し、あらゆる環境で快適に利用できるUIを目指しましょう。

利用者の行動と心理を考慮したUI

優れたUIを設計するためには、利用者の行動パターンや心理を深く理解することが欠かせません。どのような目的でWebサイトを訪れるのか、どのように情報を探すのか、どんな操作に戸惑うのかなど、利用者の視点に立って考える必要があります。

ペルソナ（仮想の利用者像）を設定し、そのペルソナがWebサイトを使う様子をシナリオ化することで、利用者の行動をイメージしやすくなります。また、アイトラッキングやヒートマップなどのツールを活用し、実際の利用者の動きを分析することも有効です。

こうした利用者理解に基づいて、直感的でストレスのないUIを設計していくことが求められます。

105

UIデザインのトレンド

近年のUIデザインでは、❶のようなトレンドが見られます。

これらのトレンドを取り入れつつ、ブランドの個性や目的に合ったUIデザインを追求していくことが大切です。

継続的なUI改善

UIデザインは、一度設計したら終わりではありません。利用者のニーズや環境は常に変化し、新しいデバイスも登場します。それに合わせて、UIも継続的に改善していく必要があります。

ユーザビリティテストやアクセス解析、利用者からのフィードバックなどを通して、UIの問題点や改善点を発見し、よりよいUIへと進化させていきましょう。

UIデザインは、Webサイトの使いやすさを左右する重要な要素です。利用者視点に立ち、最新のトレンドを取り入れながら、デバイスの多様性にも対応できるUIを設計し、継続的に改善することが求められています。

AIが変革するUIデザインの未来

最新のAI技術がUIデザインの領域に革新をもたらしています。生成AI（Generative AI）を活用したデザインツールの登場により、デザインプロセスが大きく変わりつつあります。

例えば、テキストプロンプトからUIデザインを自動生成するAIツールが開発され、デザイナーの創造性を拡張し、制作時間を大幅に短縮することが可能になりました。これらのツールは、ブランドガイドラインや最新のデザイントレンドを学習し、一貫性のあるデザインを提案します。

また、ユーザーの行動データをリアルタイムで分析し、個々のユーザーに最適化されたパーソナライズドUIを自動生成するAIシステムも登場しています。これにより、ユーザーエクスペリエンスの向上と同時に、コンバージョン率の改善が期待できます。

さらに、AIによる画像認識技術を活用し、アクセシビリティに配慮したUI要素の自動提案や、視覚障がい者向けの代替テキストの自動生成なども可能です。

音声インターフェイスの分野でも、自然言語処理の進化により、より自然で直感的な対話型UIの設計が可能になっています。

このように、AIとデザイナーの共創により、これまでにない新しいUIの形が生まれていくことが期待されます。

ダークモード	目に優しく、バッテリー消費を抑えられる暗色系のデザイン
没入型3D	立体的で現実感のあるビジュアルで、没入感を高めるデザイン
クレイモーフィズム	現実の素材感を再現した柔らかく温かみのあるデザイン
インタラクションデザイン	アニメーションやマイクロインタラクションで、楽しく心地よい操作感を演出
インクルーシブデザイン	多様な利用者の状況を考慮し、アクセシビリティに配慮したデザイン

❶ UIデザインのトレンド

Keyword Box

レスポンシブデザイン

画面サイズに応じてレイアウトを自動調整するデザイン手法。マルチデバイス対応に有効。

ユーザビリティテスト

実際の利用者にUIを使ってもらい、操作性や理解度を評価する手法。UIの問題点を発見し改善につなげる。

chapter 3 Webデザイン

chapter 3

09 ユーザビリティ

本項では、Webサイトのユーザビリティの重要性と、その評価方法について学びます。最新のISO規格に基づいたユーザビリティの定義を理解し、Webデザインのトレンドや評価手法を身につけることで、利用者にとって使いやすいWebサイトを設計する力を養いましょう。

Point
1 ユーザビリティは、Webサイトの使いやすさを示し、利用者の満足度や目標達成に直結する
2 ユーザビリティの向上には、レスポンシブデザインやインクルーシブデザインなどの手法が有効
3 ユーザビリティテストやユーザーフィードバックを通して、継続的な改善を図ることが重要

ユーザビリティの定義

ISO 9241-210:2019によると、**ユーザビリティ**とは「特定の利用状況において、特定の利用者が、効果的に、効率的に、満足して、特定の目標を達成できる度合い」と定義されています。つまり、Webサイトが利用者にとって使いやすく、目的の達成を支援できているかどうかを示す指標といえます。

ユーザビリティは、Webサイトの価値を大きく左右する要素です。使いにくいWebサイトは、利用者の満足度を下げ、目的の達成を妨げ、ビジネスの機会損失にもつながります。したがって、Webサイトの設計においては、常にユーザビリティの向上を意識することが求められます。

ユーザビリティと アクセシビリティの違い

アクセシビリティとユーザビリティはどちらもWebサイトの使いやすさに関わる概念ですが、その目的と対象に違いがあります❶。

ユーザビリティが「効率性」「効果性」「満足度」などの使いやすさに重点を置いているのに対し、アクセシビリティは「アクセスのしやすさ」「利用機会の平等性」に重点を置いています。また、ユーザビリティがWebサイトの主要なターゲットユーザーを対象とするのに対し、アクセシビリティは障がいのある人や高齢者など、より多様な利用者を対象とする点も異なります。

ただし、この2つの概念は相互に関連しており、アクセシビリティの向上はユーザビリティの向上にもつながります。アクセシビリティに

項目	ユーザビリティ	アクセシビリティ
目的	効率性、効果性、満足度などの使いやすさ	アクセスのしやすさ、利用機会の平等性
対象	Webサイトの主要なターゲットユーザー	障がいのある人、高齢者など、より多様な利用者
焦点	特定のタスクを効率的に達成できる	誰でもWebサイトを利用できる
評価方法	ユーザーテスト	アクセシビリティガイドラインに基づく評価
関連性	アクセシビリティの向上はユーザビリティの向上にもつながる	ユーザビリティの高いWebサイトはアクセシビリティの向上にもつながる
例	・わかりやすいナビゲーション ・必要な情報へのスムーズなアクセス ・ストレスを感じない操作	・音声読み上げ機能 ・キーボード操作のみで利用可能 ・代替テキスト

❶ ユーザビリティとアクセシビリティの違い

107

配慮したWebサイトは、結果的にすべての利用者にとって使いやすくなるのです。

ユーザビリティを高める Webデザインのトレンド

近年のWebデザインでは、ユーザビリティの向上を目指す様々なトレンドが見られます❷。

これらのトレンドを取り入れつつ、利用者視点に立ったWebデザインを追求することが、ユーザビリティの向上につながります。

ユーザビリティの評価と改善

Webサイトのユーザビリティを評価し改善するためには、様々な手法を活用します❸。

これらの手法を適切に組み合わせ、継続的にユーザビリティを評価・改善していくことが重要です。Webサイトは、利用者のニーズや環境の変化に合わせて、常に進化し続ける必要があるのです。

ユーザビリティは、Webサイトの成否を分けるほどに重要な要素です。最新の知見を取り入れ、利用者視点に立った設計と継続的な改善を通して、誰もが使いやすく価値あるWebサイトを目指しましょう。

トレンド	内容	詳細
レスポンシブデザイン	様々なデバイスや画面サイズに適応し、最適な表示を提供	スマートフォン、タブレット、PCなど、様々なデバイスで快適に閲覧できる
インクルーシブデザイン	多様な利用者を考慮し、誰もが使いやすいデザインを追求	アクセシビリティに配慮し、年齢、障がい、言語、文化などの違いに関わらず誰もが利用可能
マイクロインタラクション	UIの細部に動きや変化を加え、心地よい操作感を演出	ボタンクリック時のアニメーションや、スクロール時の視覚効果など
ボイスユーザーインターフェイス	音声認識や音声合成を活用し、音声でのインタラクションを可能に	音声で操作できる機能を提供することで、視覚障害者や手が不自由な人にも使いやすい
コンテンツファースト	情報設計を重視し、利用者が求める情報に素早くたどり着けるようにする	ユーザーニーズに沿った情報構造を構築し、目的に合致した情報を見つけやすくする

❷ ユーザビリティ向上のためのトレンド

手法	内容	詳細
ユーザビリティテスト	実際の利用者に協力してもらい、タスクの達成度や満足度を測定	代表的なタスクを実際に利用者に実行してもらい、問題点や改善点を発見
アクセス解析	Webサイトの利用状況をデータで把握し、問題点や改善点を発見	アクセス数、閲覧ページ、離脱率などを分析
ヒートマップ	利用者のクリックやスクロールの集中箇所を可視化し、デザインの最適化に活かす	クリックが多い箇所、スクロールが止まる箇所などを分析
アイトラッキング	利用者の視線の動きを追跡し、情報の理解度や注目度を分析	どの情報に注目しているのか、理解できていない箇所はないかを分析
ユーザーフィードバック	アンケートやインタビューを通して、利用者の意見や要望を直接聞き出す	利用者のニーズや課題を直接把握

❸ ユーザビリティの評価と改善の手法

Keyword Box

エフェクティブネス
Webサイトが利用者の目標達成を支援する度合い。ユーザビリティを構成する要素の一つ。

エフィシエンシー
Webサイトが利用者の目標達成を効率的に支援する度合い。時間や手間の少なさを示す。

サティスファクション
Webサイトの使用による利用者の主観的な満足度。心地よさや楽しさなども含む。

chapter 3　Webデザイン

chapter 3

アクセシビリティ

chapter 3
10

本項では、Webアクセシビリティの重要性と、その実現のための指針や手法について学びます。最新の国際規格であるWCAG 2.2に基づいたアクセシビリティの考え方を理解し、ユーザビリティとの違いを明確にしながら、誰もが使いやすいWebサイトの設計手法を身につけましょう。

Point
1　アクセシビリティは、「すべての人が同等にアクセスできること」を目指す指標である
2　WCAG 2.2は、知覚可能性、操作可能性、理解可能性、堅牢性から成るアクセシビリティのガイドライン

アクセシビリティの定義

Webアクセシビリティとは、障がいのある人や高齢者を含む、すべての人がWebサイトにアクセスし、利用できるようにすることを指します。W3Cの定義では、「インターネット上に公開されたWebページ、Webアプリケーション、Webサービスが、どのような環境でも、どのような利用者層でも、支障なくアクセスし、利用できること」とされています。

アクセシビリティは、単に障がいのある人への配慮というだけでなく、誰もが情報にアクセスできる機会を平等に提供するという、Webの基本理念にも通じる重要な価値です。

アクセシビリティを向上させるためのユーザビリティ

Webサイトの使いやすさを追求する上で、アクセシビリティとユーザビリティは密接に関連しています。アクセシビリティは、障がいのある人や高齢者など、多様な利用者がWebサイトにアクセスしやすく、平等に利用できることを目的としています。一方、ユーザビリティは、主要なターゲットユーザーに対して、効率性、効果性、満足度など、総合的な使いやすさを追求するものです。

しかし、アクセシビリティに配慮したWebサイトは、結果的にすべての利用者にとってユーザビリティの高いものになります。例えば、適切な色のコントラストや文字サイズは、視覚障がいのある人だけでなく、すべての利用者にとって読みやすく、ストレスなくコンテンツを理解できるようになります。また、キーボードのみでの操作に対応することは、身体的な障がいのある人だけでなく、マウスを使用しない環境でも円滑にナビゲーションできるようになります。

このように、アクセシビリティの向上は、ユーザビリティの向上にもつながります。多様な利用者のニーズを考慮し、誰もが使いやすいWebサイトを設計することが重要です。Webサイトの制作者は、アクセシビリティとユーザビリティの両方の概念を理解し、それらを組み合わせることで、より多くの人に利用しやすいWebサイトを提供できるでしょう。

chapter 1　chapter 2　chapter 3　chapter 4　chapter 5　chapter 6　chapter 7　chapter 8　chapter 9　chapter 10　chapter 11

109

WCAG 2.2に基づくアクセシビリティ指針

Webアクセシビリティの国際的なガイドラインとして、W3CのWCAG（Web Content Accessibility Guidelines）が広く知られています[9]。2021年に公開されたWCAG 2.2は、❶の4つの原則から成ります。

これらの原則に基づいて、具体的なガイドラインとして、**代替テキスト**、キーボード操作、ナビゲーションの支援、読みやすさの確保、予測可能性、入力支援、互換性など、多岐にわたる項目が定められています。

アクセシビリティに配慮したデザイン

アクセシビリティに配慮したWebデザインを行うためには、以下のような点に注意が必要です❷。

・セマンティックなマークアップによる構造化
・十分なコントラスト比の確保

---

[9]　https://waic.jp/translations/WCAG22/

・キーボードでの操作が可能であること
・適切な代替テキストの提供
・明確なフォーカスインジケーター
・わかりやすいリンクテキスト
・単純明快なレイアウトとナビゲーション

これらは、WCAG 2.2の達成基準に対応するだけでなく、最新のWebデザインのトレンドとしても重要な要素です。**レスポンシブデザイン**、**インクルーシブデザイン**、**マイクロインタラクション**などの手法を適切に取り入れることで、アクセシビリティとユーザビリティの両立を図ることができます。

また、アクセシビリティは設計段階だけでなく、実装や検証の段階でも常に意識する必要があります。コードレベルでのチェックや、支援技術を使ったテストなども欠かせません。

Webアクセシビリティは、単なる配慮ではなく、すべての人に価値あるWebサイトを提供するための基本条件です。WCAG 2.2を指針としつつ、ユーザビリティとの相乗効果を生み出す設計を追求することで、真に誰もが使えるWebサイトを目指しましょう。

原則	内容	ガイドライン例
知覚可能性	情報やUIコンポーネントは、利用者が知覚できる方法で提示される	テキストによる代替、音声による代替、マルチメディアの代替、色覚のコントラスト
操作可能性	UIコンポーネントとナビゲーションは、利用者が操作可能でなければならない	キーボード操作、フォーカス管理、タイムアウト設定、ナビゲーションの支援
理解可能性	情報とUIの操作は、利用者が理解できるものでなければならない	読みやすさの確保、分かりやすい言語の使用、エラーメッセージの明確化
堅牢性	コンテンツは、支援技術を含む様々なユーザーエージェントが確実に解釈できるように十分に堅牢でなければならない	マークアップの適切な使用、コードの検証、支援技術との互換性

❶ WCAG2.2のアクセシビリティ4つの原則

AIを活用した
Webアクセシビリティの革新

最新のAI技術がWebアクセシビリティの分野に大きな変革をもたらしています。AIを活用することで、より包括的で使いやすいWebサイトの実現が可能になっています。

例えば、機械学習を用いたAI画像認識技術により、画像の自動代替テキスト生成が高度化しています。これにより、視覚障がい者にとってより正確で詳細な画像情報の提供が可能になりました。

また、自然言語処理技術を活用したAIツールにより、複雑な文章を自動的に簡略化し、認知障がいのあるユーザーにも理解しやすいコンテンツを生成できるようになっています。

音声認識と合成技術の進歩により、リアルタイムで字幕を生成したり、手話をテキストや音声に変換したりすることが可能になり、聴覚障がい者のWebアクセシビリティが大幅に向上しています。

さらに、AIを用いたアクセシビリティ診断ツールにより、従来の自動チェックでは検出が難しかった複雑なアクセシビリティ問題も特定できるようになりました。これにより、開発者はより効率的にアクセシビリティ改善を行えます。

ただし、AIはあくまでも補助ツールであり、人間の判断や創造性が重要であることを忘れてはいけません。AIと人間の専門知識を組み合わせることで、すべての人にとってより使いやすいWebサイトの実現が期待できます。

項目	内容	詳細
セマンティックなマークアップによる構造化	HTML要素を意味のあるように記述	<h1>〜<h6>、<p>、<ul>、<ol>などの要素を適切に使用
十分なコントラスト比の確保	文字と背景のコントラストを十分に確保	WCAG 2.2では、4.5:1以上のコントラスト比が推奨
キーボードでの操作が可能であること	マウスを使わずにすべての機能が操作できる	すべての操作をキーボードで行えるようにショートカットキーを設定
適切な代替テキストの提供	画像や動画には代替テキストを提供	画像の内容をテキストで説明
明確なフォーカスインジケーター	どの要素が選択されているかが分かるようにする	フォーカスされた要素に枠線を表示する
わかりやすいリンクテキスト	リンク先の内容が分かるテキストを使用	「こちらをクリック」ではなく、「詳細はこちら」のように具体的な内容を記述
単純明快なレイアウトとナビゲーション	シンプルでわかりやすいレイアウトとナビゲーション	見出しやサブタイトルを適切に使用し、パンくずリストを設置

❷ アクセシビリティに配慮する際の注意点

Keyword Box

代替テキスト
画像に付加するテキストの説明。画像を見ることができない利用者にとって重要な情報となる。

インクルーシブデザイン
年齢、障がい、環境などの違いに関わらず、できる限り多くの人に使いやすいデザインを目指すアプローチ。

フォーカスインジケーター
現在キーボードフォーカスがあたっている要素を視覚的に示すもの。キーボード操作の利便性を高める。

chapter 3　11　デザインのアンケート分析法

本項では、Webデザインのアンケート分析手法について学んでいきます。デザイナーの感性を大切にしつつ、ユーザーの視点やデータに基づいた客観的なアプローチの重要性を理解しましょう。ユーザー中心設計（UCD）の考え方に基づき、最新の分析手法を使いこなし、説得力のあるデザインを目指します。

Point
1. デザイナーの感性とユーザーの視点をバランスよく取り入れることが大切
2. ユーザビリティテストやアイトラッキングで、ユーザーの行動や感情を客観的に分析
3. 生成AIを活用することで、より創造的なデザイン分析が可能になる

デザイナー視点とユーザー視点の融合

デザイナーは自分の感性や経験を頼りにデザインを考えがちですが、それだけではユーザーの感性やニーズとのズレが生じてしまうことがあります。そこで大切になるのが、**ユーザー中心設計**（UCD）の考え方です。ユーザーの実態を客観的につかみ、それをデザインに反映させていく。そうすることで、ユーザーに寄り添った使いやすいデザインが生まれるのです。

● コンセプトマップからワードクラウドへ

デザイナーの感性だけで**コンセプトマップ**を作るのではなく、ユーザーのニーズを分析したり、ペルソナを設定したりするなど、UCDの手法を取り入れるとよいでしょう。また最近は、コンセプトマップの代わりに**ワードクラウド**というツールを使うことも増えてきました❶。ユーザーの生の言葉を直接反映できるので、より共感を得やすいデザインにつながります。

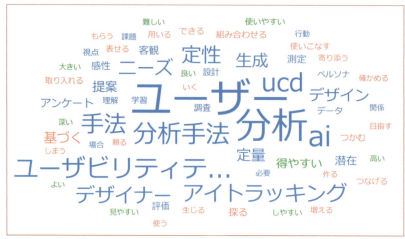

❶ ワードクラウド

● ユーザー調査の重要性

アンケートやインタビューを通して、ユーザーがどんな人で、どんな場面でサイトを使い、どんな課題を抱えているのかを具体的に知ることが大切です。ユーザーを代表する「ペルソナ」を作ったり、その人の利用シーンを「ユーザーストーリー」としてまとめたりすると、客観的に評価しやすくなります❷。

ユーザビリティテストとアイトラッキング

実際のユーザーにデザインを使ってもらい、操作のしやすさや見やすさをチェックするのが「**ユーザビリティテスト**」です。また「**アイトラッキング**」という技術を使えば、ユーザーがどこを見ているかを可視化することもできます。

このように、ユーザーの行動を客観的にデータとして集めることで、デザインの改善につなげられるのです。

定量調査と定性調査の組み合わせ

データには大きく分けて2種類あります。数値で表せる「**定量データ**」と、言葉で表現する「**定性データ**」です。アンケートなどで全体的な傾向をつかむのが定量調査、インタビューなどで具体的な理由を探るのが定性調査といえます。この2つをバランスよく組み合わせることで、ユーザーをより立体的に理解できるようになります。

● 代表的なアンケート分析手法

アンケートの分析には、いくつかの代表的な手法があります❸。

❷ アンケートによるデザインアプローチ方法の例

SDインタビュー	形容詞対を使ってWebデザインの印象を評価
因子分析	ユーザーの潜在的なニーズやブランドイメージを探る

❸ アンケート分析手法

113

● 最新の分析手法

最近は、より総合的な体験の質を測定する「UX評価」や、脳波や視線から無意識の感情を探る「ニューロマーケティング」なども注目されています。デザインを深く理解するための選択肢が増えつつあります❹。

生成AIによるユーザーアンケート分析

従来のユーザーアンケート分析は、デザイナーの経験や感覚に頼る部分が大きく、客観性や再現性の高い分析が難しいという課題がありました。しかし、生成AIの登場により、この課題を克服し、より効率的で効果的な分析が可能になりつつあります。

生成AIは、過去のアンケートデータやデザイン実績を学習し、ユーザーにとって最適なデザインパターンを提案することができます。これは、デザイナーの経験や感覚に左右されることなく、客観的な分析に基づいたデザイン提案を実現するものです。

さらに、生成AIは、アンケート結果からユーザーのニーズや嗜好を自動的に抽出することができます。これにより、デザイナーはユーザーのニーズをより深く理解し、より的確なデザイン提案を行うことが可能になります。

しかし、生成AIによるデザイン提案には、いくつかの注意点があります。

手法	概要	利点	欠点	サイト評価への応用
SDインタビュー	自由記述回答を分析し、共通するテーマや意見を抽出する手法。	深い洞察が得られる	分析者のスキルに依存する	ユーザーの言葉や感情を直接的に理解できる
因子分析	複数の質問項目から、背後にある潜在的な要因(因子)を抽出する手法。	データ構造を理解できる	解釈が難しい場合がある	ユーザーのニーズや価値観を構造的に把握できる
共分散分析	2つの変数間の関係を、他の変数の影響を除いて分析する手法。	因果関係を推定できる	複雑な計算が必要	特定の機能やデザインがユーザーの行動に与える影響を分析できる
回帰分析	1つの従属変数と1つ以上の独立変数の関係をモデル化する手法。	予測モデルを作成できる	誤った解釈のリスクがある	ユーザーの属性や行動を予測できる
クラスター分析	回答者をいくつかのグループ(クラスター)に分類する手法。	潜在的な顧客層を発見できる	解釈が難しい場合がある	ユーザーのタイプやペルソナを分類できる
多重尺度法	複数の質問項目から、回答者の潜在的な態度や価値観を測定する手法。	深層心理を分析できる	複雑な計算が必要	ユーザーの心理や感情を理解できる
テキストマイニング	自由記述回答から、キーワードや共起関係などを分析する手法。	隠れたニーズや課題を発見できる	分析者のスキルに依存する	ユーザーの声や意見を分析できる
ソーシャルネットワーク分析	回答者間の関係を分析する手法。	コミュニティ構造や影響力のある人物を特定できる	データ収集が難しい	ユーザー間の影響関係やコミュニティ構造を分析できる
UX評価	ユーザーの視点から製品やサービスの使いやすさ、満足度などを評価する手法。	ユーザーのニーズや課題を理解できる	評価方法が複雑になる場合がある	ユーザーの総合的な体験の質を測定できる
ニューロマーケティング	脳波や視線などの生理指標から、ユーザーの無意識の反応を分析する手法。	従来のアンケートでは把握できない情報を収集できる	費用が高額になる場合がある	ユーザーの無意識の反応を分析できる

❹ アンケート分析の最新手法

注意点1　提案の理由付け

AIが提案したデザインパターンを採用するかどうかは、最終的にはデザイナーが判断する必要があります。そのため、デザイナーは、AIがなぜそのデザインを提案したのか、その理由をしっかりと理解する必要があります。

注意点2　クリエイティビティの喪失

生成AIに頼りすぎると、デザイナー自身のクリエイティビティが低下する可能性があります。AIはあくまでもツールであり、デザイナー自身の創造性も活かして、よりよいデザインを目指していくことが重要です。

注意点3　説明責任

AIが提案したデザインを採用した場合、クライアントに対してその理由を説明する責任はデザイナーにあります。AIがどのように判断し、どのようなデザインを提案したのかを、クライアントに理解してもらう必要があります。

注意点4　データの偏り

生成AIは、学習データに基づいてデザインを提案します。そのため、学習データに偏りがあると、提案されるデザインも偏ってしまう可能性があります。

注意点5　倫理的な問題

生成AIが提案したデザインが、倫理的に問題のあるものではないかどうかを判断する必要があります。

これらの注意点に留意しながら、生成AIを活用することで、より効率的で効果的なユーザーアンケート分析が可能になります。

Keyword Box

アイトラッキング

ユーザーの視線の動きを追跡し、どこを見ているかを可視化する技術のことです。

UX（ユーザーエクスペリエンス）評価

ユーザーの感想や意見を収集し、定性評価と定量評価の手法を組み合わせて、総合的にユーザーのニーズや問題点を発見する手法です。

ニューロマーケティング

脳波計を用いて、被験者がデザインを提示された際の脳波を測定することで、デザインに対する無意識の反応を分析することができます。

column · 03

PWAとAMPでモバイルフレンドリーな
Webサイトを構築する

モバイルフレンドリーはもはや必須の条件

　スマートフォンの普及は、Webサイトの利用形態を大きく変えつつあります。日本においても、2016年にはスマートフォン経由のインターネット利用時間がPCを上回ったといわれています。サイトへのアクセスもモバイルシフトが鮮明で、ECサイトなどではもはやスマートフォンからの訪問者が過半数を占めるケースも珍しくありません。

　こうした中、サイトをモバイルフレンドリーにすることは、もはや選択肢ではなく必須の条件といえるでしょう。スマートフォンで快適に閲覧できないサイトは、アクセスした瞬間に見限られ、二度と訪れてもらえない可能性すらあります。検索エンジンの評価においても、モバイルフレンドリー度は重要な指標の一つとなっています。

1. 求められるアプリ並みのユーザー体験

　従来の「PCサイトをスマホの小さな画面に無理やり詰め込む」ようなレスポンシブデザインだけでは、もはや不十分といわざるを得ません。スマートフォンユーザーの期待値は日増しに高まっており、ネイティブアプリで提供されるようなリッチな機能性と使い勝手を、Webサイトにも求めるようになっているのです。例えば、オフラインでも使えること、プッシュ通知によるリマインドができること、ホーム画面に追加できること。こうした機能は、アプリならでは、と思われていましたが、最新のWebテクノロジーを活用すれば、Webサイトでも同等の体験を提供できるようになりました。

2. 表示速度と使いやすさの追求

　モバイル環境では表示速度がより重視されます。スマートフォンはPCに比べて通信速度が遅く、容量制限もあるため、表示に時間がかかるサイトでは多くのユーザーが離脱してしまうのです。つまり、「速く、軽く、使いやすく」。それがモバイルサイトに求められる本質だといえるでしょう。この点においても、従来のレスポンシブ対応だけでは限界があります。モバイルに最適化された専用の仕組みが必要不可欠なのです。

　こうした背景から、モバイルフレンドリーの新たな形として注目を集めているのが、PWAとAMPという2つのアプローチです。以下では、それぞれの特徴と効果を詳しく見ていきましょう。

PWAが切り拓くWebとアプリの融合

1. PWAとは何か

　PWA（Progressive Web Apps）とは、Webサイトでありながら、ネイティブアプリのようなユーザー体験を提供する新しいWebアプリケーションの形です。Alex RussellとFrances Berrimanの両氏によって提唱された概念で、「アプリ風のUIと操作感」「オフラインでも動作」「プッシュ通知の配信」「ホーム画面へのインストール」という特徴を備えています[10]。

　つまりPWAは、Webサイトの「速くて、軽くて、リンクを共有しやすい」という長所と、ネイティブアプリの「リッチで使いやすい」という長所を組み合わせた、ハイブリッドなアプリケーションモデルだといえます。

[10] https://press.monaca.io/bryan/1912

2. PWAを構成する技術要素

　PWAを実現するために不可欠なのが、次の3つの技術要素です。

① Web App Manifest

　Web App ManifestはWebアプリケーションの名前やアイコン、起動時の画面サイズなどを定義するJSON形式のファイルです。これにより、スマートフォンのホーム画面にPWAを追加したり、アプリのように全画面表示させたりすることができます。

② Service Worker

　Service WorkerはWebページとは別にバックグラウンドで動作するスクリプトで、Webサイトの表示速度改善や、オフライン対応を実現する上で重要な役割を果たします。具体的には、よく使う画像などの静的リソースをキャッシュしたり、オフラインでも表示できる専用の画面を用意したりといった

ことが可能になります。

③ Push API & Notification API

Push API と Notification API の組み合わせにより、サーバーからプッシュ通知を配信し、ユーザーに適切なタイミングで情報を届けることができます。アプリのようにリアルタイムでユーザーとコミュニケーションを取れるのは、エンゲージメント向上に大きく貢献するでしょう。

3. PWAの導入事例と効果

PWAの先進的な取り組みは、国内外で多くの企業が導入し、大きな成果を上げています [11]。海外の事例では、スターバックスがWeb上に注文システムのPWAを構築しました。オフラインモードでも機能するため、接続性が不安定な地域の顧客でも利用しやすくなっています。その結果、PWAアプリはiOSアプリよりも99.84％小さいにもかかわらず、全ユーザー間でお気に入りになり、毎日注文を行うWebユーザーの数が2倍になりました。

また、BMWもPWAアプリを導入し、高解像度の画像とビデオを即座に表示することで、ユーザーに優れた体験を提供しています。PWAアプリに変更後、ホームページからBMW販売サイトへのクリック数が4倍に増加し、モバイルユーザーが50％成長、サイト訪問数も49％増加しました。

国内では、不動産・住宅サイト「SUUMO（スーモ）」がスマートフォン用WebサイトにWebブラウザの最新技術「Service Worker」を利用したプッシュ通知機能を実装・公開しました。その結果、ページの読み込み時間が75％減少し、プッシュ通知の開封率は31％にまで達しました。

既存のWebサイトをPWA化するだけで、これだけの効果が見込めるのは驚きです。ユーザーにとって使いやすく、事業者にとっても大きなメリットのあるPWA。モバイル戦略を練る上で、もはや無視できない選択肢といえるでしょう。

---

[11] https://miichisoft.com/2023-12-pwa-progressive-web-apps-examples/

AMP によるモバイルページの高速化

1. AMPとは何か

AMP（Accelerated Mobile Pages）は、Googleが中心となって開発を進めているオープンソースのフレームワークです。その名の通り、モバイルページの表示速度改善に特化した仕組みで、HTMLやJavaScriptに一定の制約を設けることでページ容量を最小化し、高速表示を実現しています。

通常のHTMLページの場合、サーバーから取得したHTMLファイルをパースしてからページをレンダリングするのに時間がかかります。これに対しAMPでは、あらかじめAMP用に最適化されたHTMLを配信することで、ブラウザでのレンダリング時間を大幅に短縮するのです。

2. AMPの基本ルール

具体的には、以下のようなルールに従ってAMPページを制作します。

・CSS（スタイルシート）のインライン化
・サードパーティ製JavaScriptの使用禁止
・画像やメディアの遅延ロード
・カスタムタグの使用

通常のHTMLとは異なる書き方が求められるため、学習コストはある程度発生します。しかし、その分高速化の効果は絶大。Googleの調査では、AMPを導入したニュース系メディアのページ表示時間は平均で2秒から0.7秒に短縮されたそうです。

3. AMPのメリットと活用場面

AMPの何より大きなメリットは、検索エンジン経由の流入増加が見込めることです。GoogleはAMPで配信されるページを検索結果ページのトップに「AMPカルーセル」という形で表示。他のページよりも目立つ形で優遇しているのです。特にニュースサイトや情報系メディアでは、AMPの導入が必須ともいえる状況。これまでもメディア各社でAMP対応が進んでいますが、今後はECサイトなどでも普及が進むことが予想されます。

一方で、広告やアフィリエイト、アクセス解析など、一部の機能に制限があることには注意が必要です。自社サイトの役割と照らし合わせ、AMPに適しているかをよく見極めることが大切でしょう。

PWAとAMPを組み合わせる

先に紹介したPWAとAMPは、それぞれ独立した技術であり、単体でも大きな効果が期待できるものです。しかし、2つを組み合わせることでより大きなシナジーを生み出せる可能性があります。PWAの機能性とAMPの高速性を兼ね備えたサイト。それこそが、モバイルフレンドリーの理想形といえるかもしれません。

1. ベストな組み合わせ方

PWAとAMPを効果的に組み合わせる方法の1つが、AMPを
PWAのエントリーポイントとして活用することです。つまり、
最初のランディングページをAMPで表示し、そこからPWA
に誘導するという流れです。

例えば、商品ページをAMPで構築して検索流入を増やし、
サイト内の他のページはPWAで機能を拡充する。こうするこ
とで、サイト全体としての表示速度と使い勝手を両立できる
でしょう。

2. 実装の工夫次第で可能性は無限大

AMPの要素をPWA内に部分的に取り入れることも可能で
す。AMP対応のコンポーネントをPWAに差し込むことで、よ
りインタラクティブな機能を実装したり、オフラインでも動
作するAMPページを作成したりといった応用も考えられます。

PWAとAMPはどちらもまだ新しい技術で、ベストプラク
ティスが確立されているとはいえません。しかし、その分実
装の工夫次第で、他社にない独自の体験を生み出せる余地が
大きいのも事実。モバイルフレンドリーの新たな地平を切り
拓くチャンスだといえるでしょう。

第4章
コーディング

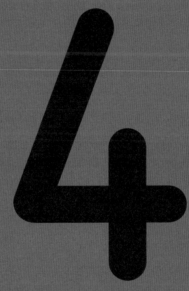
chapter 4

01	コーディングの手順	120
02	HTMLとは	123
03	CSSとは	127
04	Web標準とは	130
05	JavaScriptとは	132
06	Ajax	135
07	リッチな表現力を実現するコーディング	138
08	フロントエンドとバックエンド	141
09	プログラミング言語	143
10	データベースについて	145
11	Web APIの活用	148
12	ASPの活用	150
13	クラウドサービスの活用	153

chapter 4

01 コーディングの手順

本項では、Web制作におけるコーディング作業の流れを丁寧に解説します。コーディングに必要なツールの最新動向を押さえつつ、レスポンシブデザインやアクセシビリティ、SEOなど、現在のWeb制作に欠かせない要素を考慮に入れたコーディングの手順をわかりやすくお伝えします。

Point
1　テキストエディタやオーサリングソフトの選択肢が広がっている
2　レスポンシブデザイン、アクセシビリティ、SEOは、Webサイト制作に欠かせない要素
3　HTML5やCSS3の新機能を活用し、より意味のある構造的なコードを書く

コーディングに必要なソフトの最新情報

　コーディングに使うツールには大きく分けて、「テキストエディタ」と「オーサリングソフト」の2種類があります❶。

　テキストエディタは、HTMLやCSSなどのコードを直接記述するためのシンプルなソフトウェアです。最近はVisual Studio CodeやSublime Text、Atomなどが人気を集めています。これらのエディタには、シンタックスハイライトや入力補完など、コーディングを効率化するための様々な機能が備わっています。自分に合ったエディタを見つけることが、快適なコーディング環境を整える第一歩だといえるでしょう。

　一方、**オーサリングソフト**は、コーディングだけでなくデザイン作業もある程度カバーできる、総合的な開発ツールです。Adobe社のDreamweaverが長年にわたって定番として使われてきましたが、最近はFigmaやAdobe XD、Sketchなども台頭してきました。これらのツールの特徴は、デザインデータとコーディングのプロセスをシームレスに連携できる点にあります。デザインとコーディングの往復作業を効率化できるので、制作のスピードアップが期待できます。

コーディングの手順の最新トレンド

　実際のコーディングの手順を見ていきましょう。従来の手順をベースにしつつ、昨今のWeb制作で重要視されている要素を盛り込んでいきます。

項目	テキストエディタ	オーサリングソフト
主な機能	コード記述	コード記述、デザイン
代表的なツール	Visual Studio Code, Sublime Text, Atom	Dreamweaver, Figma, Adobe XD, Sketch
特徴	シンプル、軽量、機能豊富	総合的、デザインとコーディング連携
メリット	動作が軽い、カスタマイズ性が高い	作業効率が向上、デザインとコーディングを統一
デメリット	デザイン機能が弱い	動作が重い、習得難易度が高い
向いている人	コーディングに集中したい人	デザインとコーディング両方を効率化したい人
選び方のポイント	必要な機能、使いやすさ、価格	デザイン機能、連携機能、拡張性

❶ テキストエディタとオーサリングソフト

① HTMLコーディングの準備段階では、＜h1＞＜h2＞＜h3＞などの見出しタグや、＜li＞といったリスト用のタグを使ってアウトラインを構造化する

② 基本的なマークアップが完成したら、＜div＞タグを使って、関連する要素をグループ化していく。始まりと終わりのタグで要素を囲うことで、適切なグルーピングを行う

③ CSSコーディングに入る前に、ブラウザが持つデフォルトのスタイル指定をリセットしておく

④ レスポンシブデザインに対応するため、メディアクエリを使って、様々なデバイス幅に合わせたスタイル指定を行う

⑤ アクセシビリティの向上を図るため、alt属性の設定や、見出しタグの適切な使用など、Webアクセシビリティ・ガイドラインに沿ったマークアップを心がける

⑥ SEO対策の観点から、＜title＞タグやメタディスクリプション、見出しタグの適切な使用を意識したコーディングを行う

⑦ CSS3の新しいプロパティを活用しながら、書体や見出し、要素の幅などの指定を行う

⑧ 必要に応じて、段組みを表現するためのスタイル指定にも注意を払う

⑨ 対象とするWebブラウザで表示を確認。ブラウザ間の差異を吸収するために、ベンダープレフィックスを使い分ける場合もある

⑩ 最後に、自分の定めたコーディングガイドライン（アクセシビリティガイドラインを含む）に照らし合わせて、品質チェックを行う

　以上のように、従来の手順に加えて、レスポンシブデザイン・アクセシビリティ・SEOといった要素を考慮に入れることが、現在のWeb制作には欠かせません。

HTML5とCSS3の基本をおさらい

　コーディングを行う上で、HTML5とCSS3の基本をおさえておくことは大変重要です。

　HTML5では、＜header＞＜nav＞＜main＞＜article＞＜aside＞＜footer＞など、文書の構造を明示するための新しい要素が多数追加されました。これらセマンティックな要素を適切に使い分けることで、よりわかりやすく保守性の高いマークアップが可能になります。

　また、マルチメディアコンテンツを扱うための＜video＞や＜audio＞要素、グラフィックを描画するための＜canvas＞要素なども、HTML5の重要な特徴の一つです。

Keyword Box

テキストエディタ
HTMLやCSSなどのコードを記述するためのシンプルなソフトウェア。

オーサリングソフト
Webサイトのデザインとコーディングを連携して行うことができる総合的な開発ツール。

ベンダープレフィックス
新しいCSSプロパティを、特定のブラウザで利用可能にするための接頭辞。

一方、**CSS3**では、Webページのレイアウトを柔軟に制御するためのFlexboxやGridといった機能や、要素に様々なエフェクトを付けるためのアニメーション、グラデーション、シャドウなどのプロパティが使えるようになりました。これらを効果的に使うことで、よりリッチで表現力豊かなデザインを実現できます。

また、CSS3の**メディアクエリ**を使えば、様々なデバイス幅に合わせたレスポンシブデザインを実装することも可能です。

マークアップを行う際は、単に見た目を整えるだけでなく、検索エンジンや支援技術にも意味が伝わるような「セマンティックなマークアップ」を心がける必要があります。具体的には、適切な見出しタグの使用や、リンクテキストの記述、画像への代替テキストの指定などが挙げられます。

このように、HTML5とCSS3の新機能を活用し、セマンティックなマークアップを行うことで、アクセシビリティとSEOにも配慮した、より堅牢で意味のあるコーディングが可能になるのです。

なお、コード上でのDOCTYPE宣言は、HTML5では以下のようにシンプルになりました。

```
<!DOCTYPE html>
```

以前は、DTDの種類や属性を細かく指定する必要がありましたが、HTML5ではこの1行だけでスッキリと書けるようになっています。

Keyword Box

アクセシビリティ
障がいのある人を含め、あらゆる人がWebコンテンツを利用できるようにするための指針やテクニック。

セマンティックなマークアップ
見た目だけでなく意味も伝わるようなHTMLの書き方。

chapter 4　コーディング

HTML とは

chapter 4
02

本項では、Webページの構造を記述するためのマークアップ言語であるHTMLについて、より深く理解を深めていきます。適切なHTMLの使い方を身につけることで、誰にでも使いやすく、検索エンジンにもフレンドリーなWebサイトを作ることができるようになるでしょう。

Point

1　HTML5ではDOCTYPE宣言がシンプルになり、新しい要素や属性が追加された
2　レスポンシブデザインやアクセシビリティ、SEO対策のためのHTMLの書き方を意識する
3　見た目だけでなく、Webページの構造や意味を適切に表現することが、現代は求められている

HTMLとCSSの違い

初心者の方にとって、HTMLとCSSの違いがわかりにくいというお話をよく聞きます。それもそのはず、HTMLとCSSは密接に関係しているので、混同してしまいがちなのです。

そこでまず、HTMLとCSSの役割の違いを整理してみましょう❶。

HTML は HyperText Markup Language の略で、Webページの構造や内容を記述するための言語です。文書の見出しや段落、リストなどの構成要素を、＜h1＞＜p＞＜ul＞といったタグを使って明示的に記述していきます。

一方、**CSS** は Cascading Style Sheets の略で、HTMLで作られた文書の見た目を装飾するための言語です。文字の色やサイズ、背景、レイアウトなどのスタイルを、セレクタと呼ばれるルールに基づいて適用していきます。

つまり、HTMLが文書の骨格を作り、CSSがその骨格に肉付けをしていく、という関係にあるのです。

例えるなら、HTMLが家の基礎工事や躯体工事だとすれば、CSSはクロスや塗装、インテリアといった仕上げ工事にあたります。HTMLなしではWebページは存在しえませんが、CSSを使わなくてもHTMLだけで文書としての体裁は整えられます。

もちろん、現代のWebサイトでは、HTMLとCSSは切っても切れない関係にあります。HTMLの各要素にCSSでスタイルを適用することで、より洗練されたデザインのページを作ることができるのです。

項目	HTML	CSS
役割	Webページの構造や内容を記述する	Webページの見た目を装飾する
具体的な役割	・見出し、段落、リストなどの構成要素を記述する ・文書全体の基本的な構造を定義する	・文字の色、サイズ、背景、レイアウトなどのスタイルを定義する ・文書の見栄えを装飾する
ファイル形式	.html	.css
使用方法	HTMLタグで要素を記述する	セレクタで要素を選択し、スタイルを記述する
例	<h1>これは見出しです</h1>	h1 { color: red; font-size: 24px; }
関係性	HTMLが文書の骨格、CSSがその肉付け	家の基礎工事と仕上げ工事
独立性	HTML単独で文書としての体裁を整えられる	CSS単独では文書を作成できない
現代のWebサイト	HTMLとCSSは密接に関係している	両方を使うことで洗練されたデザインのページを作れる

❶ HTMLとCSSの違い

123

HTML5における変更点

まずは、HTML4.01からHTML5への移行に伴う変更点を確認しておきましょう。

HTML5ではDOCTYPE宣言が以下のようにシンプルになりました。

```
<!DOCTYPE html>
```

以前のようにDTDを指定する必要がなくなり、この1行だけで済むようになっています。

また、HTML5では＜header＞＜nav＞＜main＞＜article＞＜section＞＜aside＞＜footer＞といった、文書の構造を明示するための新しい要素が追加されました。一方で、＜font＞＜center＞などの表示に関する要素や、align属性などは廃止されています。

これは、HTMLはあくまで文書の構造を記述するためのものであり、見た目に関する指定はCSSで行うべきという考え方に基づいています。HTML5ではこの考え方がより徹底され、構造と見た目の分離が進んでいます。

よって、コーディングを行う際は、古い仕様に基づいた記述方法は避け、常に最新の**HTML Living Standard**を参照するようにしましょう。

レスポンシブデザインに対応するCSS

次に、レスポンシブデザインを実現するためのHTMLとCSSの書き方について見ていきます。**レスポンシブデザイン**とは、様々なデバイスの画面サイズに応じて、Webサイトのレイアウトを最適化する手法のことです。その中核となるのが、CSSの**メディアクエリ**です。

メディアクエリを使うことで、画面幅に応じて異なるスタイルを適用することができます。例えば、以下のようなCSSを書くことで、画面幅が600px以下の場合に、特定のクラスを持つ要素の幅を100%にするといったことが可能にな

ります。

```css
@media screen and (max-width:
600px) {
  .example {
    width: 100%;
  }
}
```

こうしたメディアクエリを効果的に使うことで、1つのHTMLファイルで様々なデバイスに対応したレイアウトを実現できるのです。

また、レスポンシブデザインを実装する際には、＜meta＞タグのviewport属性を使って、表示領域の幅や初期倍率を指定することも重要です。例えば以下のように書くことで、デバイスの画面幅に合わせてページが表示されるようになります。

```html
<meta name="viewport"
content="width=device-width,
initial-scale=1">
```

アクセシビリティとSEOのためのテクニック

アクセシビリティの向上とSEO対策は、今やWebサイト制作に欠かせない要素となっています。ここでは、そのためのHTMLの書き方をいくつか紹介します。

まず、画像には必ずalt属性を付けて**代替テキスト**を記述しましょう。これは、画像が表示できない環境での利用や、スクリーンリーダーなどの支援技術でページを読み上げる際に重要な役割を果たします。

```html
<img src="example.jpg" alt="代替テキストを記述">
```

また、見出しタグ（＜h1＞〜＜h6＞）は、適切な階層構造で使うことが大切です。＜h1＞は1ページに1つだけ使い、そこからページ内の構造に従って＜h2＞以下の見出しを配置していきます。

リンクテキストも、単に「こちら」などとせず、リンク先の内容がわかるような具体的な表現にします。アンカーテキストと呼ばれるこの部分は、検索エンジンがページの内容を理解する手がかりにもなります。

```
<a href="contact.html">お問い合わせ
はこちら</a>
```

SEOのためには、＜title＞タグや＜meta＞タグのdescription属性を有効に使うことも重要です。＜title＞タグには、そのページの内容を端的に表したタイトルを、description属性には、ページの概要を記述します。どちらもユーザーがSERPで目にする重要な情報になります。

```
<head>
  <title>ページのタイトル</title>
  <meta name="description"
content="ページの概要を記述">
</head>
```

このほか、ページ内のコンテンツにおいても、関連性の高いキーワードを適切に盛り込んだり、他のページへの外部リンクを張ったりすることで、検索エンジンにページの内容をよりよく伝えることができます。

ただし、キーワードを無闇に詰め込んだり、無関係なページへのリンクを大量に張ったりするのはかえって逆効果です。あくまでもユーザーにとって有益で自然な情報提供を心がけることが肝要です。

以上のようなことを意識しながらHTMLを書いていくことで、アクセシビリティとSEOの両面で優れたWebサイトを作ることができるでしょう。

構造と意味を明示するセマンティックなマークアップ

最後に、セマンティックなマークアップについても触れておきます。**セマンティックなマークアップ**とは、HTMLを使って文書の構造と意味を明示的に記述することを指します。

例えば、＜header＞＜main＞＜footer＞といった要素を使って、ページのヘッダーやメインコンテンツ、フッターといった大まかな構成を示したり、＜section＞や＜article＞で記事やセクションといった、より細かい意味のまとまりを表現したりします。

こうしたセマンティックな要素を適切に使い分けることで、ページの構造を明確にマークアップすることができます。これは、検索エンジンのクローラーが内容を理解しやすくなるというSEO上のメリットにもつながります。

また、Webページ同士を関連付けるためのタグとして、＜link＞タグの**rel属性**も活用しましょう。rel属性を使って、そのページと他の

Keyword Box

HTML Living Standard
WHATWG（Web Hypertext Application Technology Working Group）が策定している、HTMLの仕様の最新版。

レスポンシブデザイン
様々なデバイスの画面サイズに適応するように、レイアウトをフレキシブルに変更するデザインのアプローチ。

メディアクエリ
CSSにおいて、デバイスの画面サイズなどの条件に応じて異なるスタイルを適用するための記法。

ページとの関係性を示すことができます。以下はその一例です。

```
<link rel="canonical"
href="https://example.com/page">
<!--正規のURLを指定-->
<link rel="alternate"
href="https://m.example.com/page"
media="only screen and
(max-width: 640px)"> <!--モバイル版
のURLを指定-->
<link rel="prev" href="https://
example.com/previous-page"> <!--前
のページを指定-->
<link rel="next" href="https://
example.com/next-page"> <!--次の
ページを指定-->
```

このようにrel属性を適切に使うことで、検索エンジンにページ間の関係性をうまく伝えることができるのです。

HTMLは、単にWebページの見た目を整えるだけのものではありません。文書の構造を明示し、その意味するところを適切にマークアップすることこそが、アクセシブルでSEOフレンドリーなサイト制作への第一歩なのです。

Keyword Box

アクセシビリティ
障がいのある人を含め、誰もがWebコンテンツにアクセスして利用できること。

rel属性
＜link＞タグや＜a＞タグで、そのリンクと現在のページとの関係性を示すための属性。

chapter 4　コーディング

chapter 4

03

CSSとは

本項では、HTMLで作成された文書のデザインや体裁を指定するための言語である CSS について学んでいきます。CSSの基本的な構文や主要な概念を理解することで、Webページのレイアウトや装飾を自在にコントロールできるようになるでしょう。

Point
1　CSSの構文は、セレクタとプロパティと値で構成されている
2　CSSは外部スタイルシートとして別ファイルで記述し、複数のHTMLファイルから読み込む
3　CSS3では、Flexboxやグリッドレイアウト、アニメーションなどの新しい機能が使える

CSSの基本的な構文と概念

CSSは、HTMLで記述された文書の見た目を装飾するための言語です。CSSを使うことで、文字の色やサイズ、背景、余白、レイアウトなどを自由に指定することができます。

CSSの基本的な構文は以下のようになっています。

```
セレクタ {
  プロパティ: 値;
  プロパティ: 値;
}
```

セレクタは、スタイルを適用する対象となるHTML要素を指定するためのものです。タグ名やclass属性、id属性などを使って、どの要素にスタイルを適用するかを決めます。

プロパティは、指定するスタイルの種類を表します。font-sizeであれば文字サイズ、colorであれば文字色、background-colorであれば背景色などを指定できます。

値は、そのプロパティにどのような値を設定するかを決めるものです。font-sizeであれば「16px」や「1.2em」といったように具体的なサイズを、colorであれば「#ff0000」や「red」といったように色を指定します。

例えば、以下のようなCSSを書くことで、<p>タグで囲まれたテキストを赤色にすることができます。

```
p {
  color: red;
}
```

このように、セレクタとプロパティと値を組み合わせることで、様々なスタイルを指定していくのがCSSの基本です。

また、CSSには「継承」と「優先度」という重要な概念があります。

継承とは、ある要素に指定されたスタイルが、その子要素や孫要素にも引き継がれることを指します。例えば、<body>タグにfont-familyを指定すれば、特に指定のない限りページ内のすべての要素がそのフォントで表示されるようになります。

優先度とは、同じ要素に対して複数のスタイルが指定された場合に、どのスタイルが適用されるかを決める仕組みのことです。基本的には、より具体的なセレクタが優先されます。例えば、タグ名よりもclass、classよりもidを使ったセレクタが優先されます。

こうした継承と優先度のルールを理解しておくことで、効率的でメンテナンス性の高いCSS

を書けるようになります。

CSS の記述方法と使い分け

CSS は、大きく分けて3つの方法で記述することができます。

① インラインスタイル

style 属性を使って、HTML 要素に直接スタイルを指定する方法

```
<p style="color: red;">こんにちは</p>
```

② 内部スタイルシート

<style> タグを使って、HTML ファイルの <head> 内に CSS を記述する方法

```
<head>
  <style>
    p { color: red; }
  </style>
</head>
```

③ 外部スタイルシート

CSS を別ファイル（拡張子は .css）として作成し、<link> タグを使って HTML から読み込む方法

```
<head>
  <link rel="stylesheet"
href="style.css">
</head>
```

一般的には、外部スタイルシートを使うのがもっとも推奨される方法です。外部ファイルに CSS をまとめることで、複数のページで同じスタイルを共有でき、サイト全体の見た目の一貫性を保ちやすくなります。また HTML と CSS を分離することで、コードの読みやすさやメンテナンス性も高まります。

ただし、ページ固有のスタイルを適用したい場合は、内部スタイルシートを使うこともあります。またメールのテンプレートなど、HTML ファイルを単体で扱う必要がある場合は、インラインスタイルが活躍することもあるでしょう。

状況に応じて使い分けることが重要ですが、基本的には外部スタイルシートを軸に、必要に応じて内部スタイルシートを併用するのがよい方法だといえます。

CSS3の新機能

CSS3は、CSS の最新バージョンです。CSS2.1 までの機能を包含しつつ、様々な新機能が追加されています❶。

● セレクタの拡張

従来の要素型セレクタや class セレクタ、id セレクタに加えて、属性セレクタや擬似クラスが大幅に拡張されました。これにより、より柔軟で詳細な要素の選択が可能になっています。

● Flexbox レイアウト

要素を横並びにしたり、均等に配置したりするのに便利な機能です。親要素に「display: flex;」を指定するだけで、子要素のレイアウトを柔軟にコントロールできます。

● グリッドレイアウト

ページ全体をグリッド（格子状）のレイアウトで構成するための機能です。二次元的な配置が必要な場合に威力を発揮します。

● アニメーション

要素の動きや変化を、CSS だけで表現できるようになりました。@keyframes ルールを使って、複雑なアニメーションシーケンスを定義することができます。

chapter 4　コーディング

● グラデーション

2色以上の色を滑らかに変化させる、グラデーションを背景に指定できます。「linear-gradient()」関数や「radial-gradient()」関数を使うことで、美しいグラデーションを簡単に実現できます。

● メディアクエリ

デバイスの画面サイズなどの条件に応じて、異なるスタイルを適用するための仕組みです。「@media」ルールを使うことで、レスポンシブデザインを実現するための強力なツールとなります。

こうしたCSS3の新機能を活用することで、Webデザインの表現力は大きく広がりました。

特にメディアクエリは、スマートフォンの普及に伴い必須の機能となっています。

ただし、CSS3の新機能は比較的新しいため、古いブラウザでは対応していない場合があります。必要に応じて、新しいCSSプロパティを、特定のブラウザで利用可能にするための接頭辞であるベンダープレフィックスを使うなどの対策を講じる必要があるでしょう。

また、新機能を使いこなすには、ある程度の学習が必要です。しかし、一度マスターしてしまえば、よりリッチで魅力的なWebデザインを効率よく実現できるようになるはずです。

HTML5と合わせて、CSS3の新機能をぜひ活用してみてください。モダンなWeb制作に欠かせないスキルとなっています。

機能名	概要	詳細
セレクタの拡張	属性セレクタや擬似クラスなど、より柔軟で詳細な要素の選択が可能	・子孫セレクタ：> ・隣接兄弟セレクタ：+ ・一般兄弟セレクタ：~ ・擬似クラス：:hover, :focus, :active
Flexboxレイアウト	要素を横並びにしたり、均等に配置したりする	親要素に display: flex; を指定 ・子要素の配置を柔軟にコントロール
グリッドレイアウト	ページ全体をグリッドレイアウトで構成	二次元的な配置が必要な場合に威力を発揮 ・列と行を定義 ・要素をグリッドセルに配置
アニメーション	要素の動きや変化をCSSだけで表現	@keyframesルールでアニメーションシーケンスを定義 ・複雑な動きも可能
グラデーション	2色以上の色を滑らかに変化させる	linear-gradient(), radial-gradient() 関数 ・美しいグラデーションを簡単に実現
メディアクエリ	デバイスの画面サイズなどに応じて異なるスタイルを適用	@media ルールでレスポンシブデザインを実現 ・スマートフォン対応に必須

❶ CSS3の新機能

Keyword Box

セレクタ
CSSでスタイルを適用する対象となるHTML要素を指定するためのもの。

プロパティ
CSSで指定できるスタイルの種類。文字のサイズや色、背景、余白などを指定する。

継承
ある要素に指定されたスタイルが、子要素や孫要素に引き継がれること。

優先度
複数のスタイルが衝突した際に、どのスタイルが適用されるかを決めるルール。

chapter 4

04

Web標準とは

本項では、Webサイト制作において欠かせない「Web標準」について学んでいきます。Web標準とは、主要な標準化団体が定めたWeb技術の仕様やガイドラインのことを指します。常に進化し続けるWeb標準の動向をキャッチアップし、標準準拠の高品質なWebサイトを構築するスキルを磨いていきましょう。

Point

1 Web標準とは、主要な標準化団体が定めたWeb技術の仕様やガイドラインのこと
2 HTML5やCSS3など、最新のWeb標準仕様に準拠したサイト制作が求められる
3 Web標準に準拠することで、アクセシビリティやSEO、メンテナンス性が向上する

Web標準とは何か

Web標準（Web Standards）とは、「Webで標準的に利用される技術の総称」を指します。その代表的な標準化団体が、W3C（World Wide Web Consortium）です。

W3Cは、Webに関する情報の提供、研究開発の促進、新技術の実装などに取り組んでおり、特にW3Cが策定する仕様書（Specifications）はWeb標準として広く認められています。HTML、XHTML、CSSなどのフロントエンド言語の仕様が、その代表例といえるでしょう。

W3C以外の標準化団体にも注目

しかし近年は、W3C以外の標準化団体の存在感も増してきています。

例えばWHATWG（Web Hypertext Application Technology Working Group）は、HTMLの新しい仕様を策定するために設立されました。AppleやGoogle、MozillaなどのブラウザベンダーがPどなり、よりモダンなWeb開発に適したHTML仕様の策定を進めています。

またECMA Internationalは、JavaScriptの標準仕様であるECMAScriptの標準化を進める団体です。ECMAScriptは、JavaScriptがより高度な記述を可能にする上で欠かせない存在となっています。

リビングスタンダードの台頭

さらに最近では、従来の仕様策定プロセスとは一線を画す「リビングスタンダード」というアプローチも広まりつつあります。

HTML Living Standard や CSS Snapshots がその代表例です。これは、仕様をバージョン管理するのではなく、常に最新の仕様を参照するという考え方です。ブラウザベンダーと標準化団体が共同で仕様を更新し、より迅速に新しい機能を導入できるメリットがあります。

Web標準準拠のメリット

では、なぜWeb標準に準拠することが重要なのでしょうか。Web標準は強制ルールではありませんが、これに準拠することで以下のようなメリットが得られます。

● アクセシビリティの向上

Web標準に則ったマークアップは、スクリーンリーダーなどの支援技術との親和性が高く、誰もがアクセスしやすいサイトにつながります。

● 検索エンジン対策（SEO）

セマンティックなHTMLの構造は、検索エンジンにとって理解しやすく、検索結果の上位表示に有利に働きます。

chapter 4 コーディング

● メンテナンス性の向上

Web標準に基づいたサイトは、長期的に安定して運用でき、メンテナンスのコストを抑えることができます。

● デバイス間の互換性

モバイル端末の普及などで、様々なデバイスへの対応が求められる中、標準準拠のサイトは汎用性が高く、幅広い環境で問題なく表示されます。

このように、Web標準は単なるルールではなく、より良質なWebサイトを構築するための指針といえるのです❶。

HTML5とCSS3

現在のWeb制作では、HTML5とCSS3が主流の標準規格となっています。

HTML5では、よりセマンティックで意味的な文書構造を表現できるようになりました。例えば、<header>、<nav>、<article>といった新しい要素が追加され、文書の意味的な構造を明示的に記述できるようになっています。

CSS3では、Webフォント、アニメーション、フレックスボックスレイアウトなど、Webデザインの表現力を大きく広げる機能が実装されました。JavaScriptなどを使わずとも、リッチなインタラクションを実現できるようになったのです。

変化していくWeb標準

Web標準は、Webサイト制作に携わるすべての人にとって理解しておくべき重要なトピックです。

新人のうちから、Web標準の意義と最新動向をしっかりと把握しておきましょう。常に変化し続けるWeb標準の世界を追いかけ、より使いやすく価値の高いWebサイト作りを心がけることが求められます。

Web標準はWebサイトの品質を支える土台であり、Web制作者の必須リテラシーといえるでしょう。この基礎知識を武器に、World Wide Webの可能性を切り拓いていってください。

項目	内容	詳細
定義	Webで標準的に利用される技術の総称	HTML、XHTML、CSSなどのフロントエンド言語
代表的な標準化団体	W3C (World Wide Web Consortium)	HTML、CSSなどの仕様書を策定
W3C以外の団体	WHATWG (Web Hypertext Application Technology Working Group)	よりモダンなWeb開発に適したHTML仕様
リビングスタンダード	バージョン管理ではなく常に最新の仕様を参照	HTML Living Standard、CSS Snapshots
メリット	ブラウザベンダーと標準化団体が共同で仕様を更新	より迅速に新しい機能を導入できる

❶ Web標準とその特徴

Keyword Box

W3C
World Wide Webで利用される技術の標準化を進める国際的な非営利団体。

HTML5
より意味論的でリッチな文書構造を実現する、最新のHTML仕様。

CSS3
Webデザインの表現力を飛躍的に高める、最新のCSSの仕様。

JavaScript とは

本項では、Webサイトに動的な機能を実装するための言語である「JavaScript」を学びます。JavaScriptは、ブラウザ上で動作するクライアントサイドのプログラミング言語であり、幅広い用途に活用されています。JavaScriptの特性と可能性、留意点を理解し、ユーザー体験を向上させるスキルを身につけましょう。

Point
1. JavaScriptは、Webサイトに動的な機能を実装するための言語である
2. クライアントサイドで動作するため、サーバへの負荷を軽減できる
3. 過度な使用は、パフォーマンスやユーザビリティを損なう恐れがある

JavaScript とは

JavaScriptは、Webブラウザ上で動作するプログラミング言語です。HTMLやCSSでは実現できない動的な機能を、Webサイトに実装するために用いられます。

具体的な用途としては、以下のようなものが挙げられます。

・フォームの入力チェック
・ボタンクリック時の動作制御
・アニメーションの実装
・Ajaxを用いた非同期通信
・動的なコンテンツの生成

JavaScriptは、HTMLファイル内に直接記述することも、外部ファイルとして読み込むこともできます。外部ファイル化することで、複数のHTMLファイルから同一のJavaScriptを参照できるため、コードの再利用性や管理性が向上します❶。

さらに近年は、WebpackやParcelなどのバンドラーを用いて、複数のJavaScriptファイルを1つにまとめる(**バンドル化**する)ことも一般的

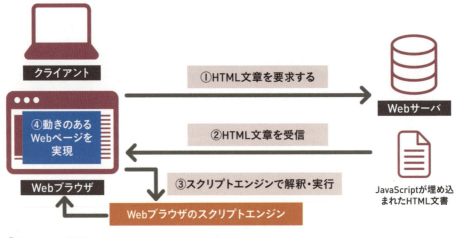

❶ JavaScriptの仕組み

になっています。これにより、ファイルの読み込み回数を減らし、Webサイトのパフォーマンスを改善できます。

JavaScriptの特徴

JavaScriptには、以下のような特徴があります❷。

● クライアントサイドで動作

JavaScriptはブラウザ上で実行されるため、サーバの負荷を増やすことなく、動的な機能を実装できます。

● オブジェクト指向プログラミングが可能

JavaScriptはオブジェクト指向言語であり、クラスやオブジェクトを用いた柔軟なプログラミングが可能です。

● イベント駆動型言語

マウスクリックやキー入力など、ユーザーの操作をイベントとしてとらえ、それに応じた処理を実行します。

● 豊富なライブラリ・フレームワーク

jQueryをはじめ、React、Vue.js、Angularなど、多様なライブラリやフレームワークが提供されており、生産性の高い開発が可能です。

JavaScriptとユーザビリティ

JavaScriptを活用することで、Webサイトのインタラクション性を高め、ユーザー体験を向上させることができます。

項目	内容	詳細
動作環境	クライアントサイド	ブラウザ上で実行されるため、サーバの負荷を増やすことなく、動的な機能を実装できる
プログラミングパラダイム	オブジェクト指向	クラスやオブジェクトを用いた柔軟なプログラミングが可能
イベント駆動型	ユーザーの操作をイベントとして処理	マウスクリック、キー入力など
ライブラリ・フレームワーク	豊富	jQuery、React、Vue.js、Angularなど、多様なライブラリやフレームワークが提供されており、生産性の高い開発が可能
ユーザビリティ	インタラクション性向上	フォーム入力時のバリデーション、Ajaxによるページ遷移など
ユーザビリティへの影響	過度な使用は注意	ページ読み込み速度低下、JavaScript無効環境での機能不全、アクセシビリティ問題
バランス	必要最小限の利用	Progressive Enhancement
最新のJavaScript	ES2015以降	アロー関数、クラス構文、モジュールシステムなど
トランスパイラ	古いブラウザ向け	Babelなど
型付き言語	TypeScript	安全で効率的なコーディング

❷ JavaScriptの特徴

Keyword Box

バンドル

Webpackなどのツールを用いて、複数のJavaScriptファイルを1つにまとめること。ファイルの読み込み回数を減らせる。

Ajax

Asynchronous JavaScript + XMLの略。JavaScriptを用いて、非同期にサーバとデータをやりとりする通信手法。

例えば、フォーム入力時のリアルタイムバリデーションや、**Ajax**を用いたシームレスなページ遷移など、JavaScriptならではの機能によって、ユーザーのストレスを軽減できるでしょう。

ただし、過度なJavaScriptの使用は、かえってユーザビリティを損なう恐れもあります。

● ページの読み込み速度が低下

大量のJavaScriptを読み込むことで、ページの表示が遅くなる可能性があります。

● JavaScriptが無効な環境では機能しない

ユーザーがJavaScriptを無効化している場合、せっかくの機能が利用できなくなってしまいます。

● アクセシビリティへの配慮が必要

JavaScriptを多用すると、スクリーンリーダーなどの支援技術との親和性が低下する恐れがあります。

したがって、JavaScriptの利用は必要最小限にとどめ、ユーザビリティとのバランスを考えながら実装することが大切です。**Progressive Enhancement**の考え方に基づき、JavaScriptがなくても基本的な機能は利用できるようにしておくことが望ましいでしょう。

最新のJavaScript事情

近年のJavaScriptは、ES2015（ES6）以降の新しい仕様によって、大きく進化を遂げています。

アロー関数、クラス構文、モジュールシステムなど、他の言語にも引けを取らない高度な機能が実装されました。これらの新機能を積極的に取り入れることで、より保守性の高いコードを書くことができます。ただし、古いブラウザでは新しい構文がサポートされていない場合があるため、**トランスパイラ**（Babel等）を用いて、古い構文に変換する必要があります。また、**TypeScript**のような型付きのJavaScriptスーパーセットを利用することで、大規模開発でも安全で効率的なコーディングが可能になるでしょう。

Keyword Box

トランスパイル
新しい構文で書かれたコードを、古い構文に変換すること。Babelなどのツールが使われる。

TypeScript
JavaScriptに静的型付けを導入した言語。大規模開発での利用に適している。

DOM
Document Object Modelの略。HTMLやXMLの文書構造を、オブジェクトのツリー構造として表現したもの。

イベントドリブン
ユーザーの操作など、特定のイベントを契機として処理が実行されるプログラミングのパラダイム。

chapter 4　コーディング

Ajax

本項では、Webアプリケーションを構築する上で欠かせない「Ajax」について解説します。Ajaxは、Webページの一部分だけを更新する非同期通信を実現、サーバーとのやりとりを効率化、ユーザー体験を向上させることができます。Ajaxの基本概念から最新動向まで、Web開発者が押さえるべきポイントを整理します。

Point
1　Ajaxは、JavaScriptとXML・JSONなどを組み合わせた非同期通信技術である
2　サーバーとの通信を効率化し、シームレスなユーザー体験を実現できる
3　5GやWebAssemblyなど、最新技術と組み合わせることでさらなる可能性が拓ける

Ajaxとは

Ajaxは、Asynchronous JavaScript + XMLの略称です。Webブラウザ上で動作するJavaScriptを使って、サーバーとの間でXMLやJSONなどのデータを非同期にやりとりする技術を指します。

従来のWebアプリケーションでは、ユーザーの操作に応じてサーバーへリクエストを送信し、ページ全体を再読み込みする必要がありました。これに対しAjaxでは、必要なデータだけをバックグラウンドで取得・更新できるため、ページ全体の再描画を伴わずに動的なコンテンツの表示が可能になります。

Ajaxの特徴と仕組み

Ajaxの大きな特徴は、**「非同期通信」**にあります。従来の同期的な通信では、サーバーからのレスポンスが返ってくるまで、ユーザーは待たされることになります。しかしAjaxでは、サーバーとの通信を裏で行いつつ、ユーザーはWebページ上の他の操作を継続できます❶。

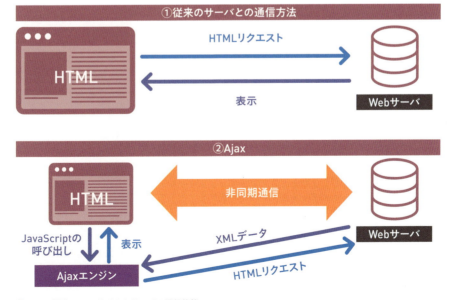

❶ Ajaxの場合のWebサイトとサーバの通信状態

135

その仕組みは以下のようになっています。

1. ユーザーの操作をトリガーに、JavaScript が Ajax エンジンを呼び出す
2. Ajax エンジンは、XMLHttpRequest オブジェクトを使ってサーバーへ非同期リクエストを送信
3. サーバーは受け取ったリクエストを処理し、XML や JSON 形式でデータを返す
4. Ajax エンジンはレスポンスを受け取ると、JavaScript を通じて Web ページの必要な部分だけを更新

このようにして、ユーザーにとってはストレスの少ない「シームレス」なインタラクションが実現されるわけです。

進化する Ajax の活用シーン

かつては、ページ遷移のない動的な Web サイトを実現するために Ajax が用いられることが多くありました。Google マップや Gmail など、Ajax を活用した革新的なサービスが登場し、Web アプリケーションのあり方を大きく変えました。

しかし今日では、Ajax はもはや Web 開発に欠かせない基本技術の一つとなっています。単にページ遷移をなくすだけでなく、より高度なインタラクティブ性を追求するために、Ajax の応用範囲は拡大し続けているのです。

例えば、SNS における自動更新のタイムラインや、EC サイトでの在庫の動的チェックなど、ユーザーの操作性を高める様々な場面で Ajax が活躍しています。バックエンドで複雑な処理を行いつつ、フロントエンドではその結果をスムーズに反映させる。そんな Web アプリケーションアーキテクチャを支える重要な要素として、Ajax は不可欠な存在となったといえるでしょう。

Ajax と最新テクノロジーの融合

近年は、**5G 通信網**の普及や **WebAssembly**（Wasm）など、新たなテクノロジーの登場により、Ajax を取り巻く環境にも変化が訪れています❷。

技術	概要	役割	具体例
Ajax	AsynchronousJavaScript + XML の略称。JavaScript を使って、サーバーとの間で XML や JSON などのデータを非同期にやりとりする技術	サーバーとの通信を効率化し、シームレスなユーザー体験を実現	Google マップ、Gmail、SNS の自動更新タイムライン、EC サイトの在庫動的チェック
JavaScript	Web ページ上で動作するプログラミング言語。Ajax の主要な構成要素	ユーザー操作を受け取り、Ajax エンジンを呼び出す	ページ遷移、データの取得・更新、UI 操作など
XMLHttp Request	JavaScript でサーバーとの通信を行うためのオブジェクト。Ajax エンジンで使用される	非同期通信でサーバーへリクエストを送信し、レスポンスを受け取る	データの送受信、エラー処理など
XML	データを表すためのマークアップ言語。Ajax の初期によく使われていたデータフォーマット	構造化されたデータをサーバーとやりとりする	ニュース記事、商品情報など
JSON	JavaScript Object Notation の略称。軽量で扱いやすいデータフォーマット。現在 Ajax で主流	オブジェクト形式でデータをエンコード・デコードする	ユーザー情報、設定データなど
5G	第5世代移動通信システム。超高速・大容量、かつ低遅延な通信を実現	Ajax の通信速度を向上させ、リアルタイム性を高める	高精細動画配信、VR/AR アプリケーションなど
WebAssembly	Web ブラウザ上で動作する新しいプログラミング言語。JavaScript よりも高速に動作	Ajax アプリケーションのパフォーマンスを向上させる	3D ゲーム、画像処理、機械学習など

❷ Ajax とその他の技術

chapter 4　コーディング

　超高速・大容量、かつ低遅延な5Gの通信特性を活かせば、サーバーとのデータ通信がよりリアルタイムに近づきます。つまりAjaxを活用したWebアプリケーションの表現力が、さらに拡張されるのです。

　一方WebAssemblyは、JavaScriptに比べて高速に動作する新しいプログラミング言語です。ネイティブアプリケーションに匹敵する性能を、Webブラウザ上で実現できる可能性を秘めています。WebAssemblyは現在、C++、Rust、C#などの言語からコンパイルできるだけでなく、ガベージコレクション機能も実装されつつあります。これにより、より多くの言語やアプリケーションタイプがWebブラウザ上で高速に動作できるようになっています。

　こうしたテクノロジーとAjaxを組み合わせることで、これまでは実現が難しかった高度なインタラクションや、リッチなUI表現が可能になりつつあります。Web開発者にとって、Ajaxはさらなる進化を遂げるための基盤技術といえるでしょう。

　Ajaxは、Webアプリケーションの利便性とユーザー体験を大きく向上させた革新的な技術です。サーバーとクライアントの非同期通信を実現することで、シームレスなインタラクションを可能にしました。

　今日では、5GやWebAssemblyなど新たなテクノロジーの登場によって、Ajaxの可能性はさらに広がっています。「リアルタイム性」と「高いパフォーマンス」。そうしたキーワードを実現するための根幹をなす技術として、Ajaxの重要性は増すばかりです。

　ユーザーにとって価値あるWebアプリケーションを構築するために、Web開発者はこうした最新動向を常に意識しながら、Ajaxの活用方法を模索していくことが求められます。Ajaxの深い理解と柔軟な発想が、これからのフロントエンド開発を大きく左右するでしょう。

Keyword Box

XMLHttpRequest
Ajaxの中核をなすJavaScriptのオブジェクト。HTTPリクエストを非同期に行える。

JSON
JavaScript Object Notationの略。構造化されたデータを表現するテキストベースのフォーマット。

5G
第5世代移動通信システム。超高速、大容量、低遅延な通信を実現する次世代の通信規格。

WebAssembly
ブラウザ上で動作する新しいプログラミング言語。JavaScriptを超える高速性が特徴。

137

リッチな表現力を実現するコーディング

chapter 4
07

HTML5、CSS3、JavaScript の登場で、Web サイトの表現力は飛躍的に向上しました。描画機能とスタイリング技術を駆使し、プラグインに頼らずにリッチなユーザー体験を提供できます。本項では、最新のフロントエンド技術を適切に使い、ユーザーを魅了する Web サイトを制作するためのポイントを整理します。

Point
1 HTML5、CSS3、JavaScript を組み合わせることで、プラグイン無しでリッチな表現が可能に
2 Canvas、SVG、WebGL など、目的に応じて適切な描画方法を選択する
3 アニメーションは控えめに。パフォーマンスとアクセシビリティへの配慮が重要

HTML5時代のリッチコンテンツ表現

かつてリッチコンテンツの表示には、Flash やSilverlight といったプラグインが必要でした。しかし HTML5 の登場により、プラグインなしでも高度なマルチメディア表現が可能になりました。

HTML5 の <video> 要素や <audio>要素を使えば、動画や音声をシームレスに再生できます。Canvas を活用すれば、JavaScript でビットマップ画像を自在に描画できます。さらに、ドラッグ＆ドロップやジオロケーションといった API の追加により、Web サイトとユーザーのインタラクションはよりダイナミックなものへと進化しました。

Web アプリケーション開発の文脈では、こうした HTML5 の新機能を総称して「**HTML5 API**」と呼ぶことも少なくありません。Web サイトに高度な機能を実装するための強力なツール群として、フロントエンドデベロッパーは習熟が求められるのです。

2D グラフィックスの描画方法

Web サイト上で2D グラフィックスを描画する代表的な方法には、「Canvas」と「SVG」の2つがあります❶。

Canvas はビットマップベースの描画が可能な<canvas> 要素を指し、JavaScript を使って自在にグラフィックスを描けます。パフォーマンスに優れ、動的コンテンツの生成に適しています。一方、拡大縮小で画質が劣化するのが

項目	Canvas	SVG
描画方式	ビットマップベース	ベクターベース
要素	<canvas>	<svg>
プログラミング言語	JavaScript	JavaScript, CSS
パフォーマンス	高速	低速
拡大縮小	画質劣化	画質劣化なし
用途	動的コンテンツ、ゲーム	イラスト、アイコン
メリット	自由度の高い描画	高画質、拡大縮小に強い
デメリット	画質劣化、複雑な処理	仕様が複雑、パフォーマンス

❶ Canvas と SVG の特徴

弱点といえるでしょう。

　SVGはベクターベースの画像フォーマットで、<svg>要素とその配下のタグを組み合わせることで画像を構成します。拡大してもクオリティを保てる点が魅力ですが、仕様が複雑でCanvasほどのパフォーマンスは出しにくいというデメリットもあります。

　用途に応じて適切な方式を選ぶことが、リッチコンテンツ制作の肝となります。基本的なイラストにはSVG、ダイナミックな表現が必要な場面ではCanvasを使い分けるのが得策でしょう。

3Dグラフィックスの可能性

　近年は3Dグラフィックスの分野でも、Web技術の活用が進んでいます。「WebGL」は、ブラウザ上でハードウェアアクセラレーションを利用した3Dレンダリングを可能にするJavaScript API群の呼称です。

　DirectXやOpenGLといったネイティブの3D APIをベースとしつつ、JavaScriptから手軽に利用できるよう設計された点が特徴といえます。ゲームエンジンの「Unity」がWebGLへの出力に対応したこともあり、ブラウザを舞台にした3Dコンテンツ開発が活発化しています。

　没入感の高いWebVRコンテンツや、インタラクティブな3Dプロダクトビューアなど、Webサイトの表現力を押し上げる一つの選択肢として、WebGLにも注目が集まっています❷。

CSS3とアニメーション表現

　一方、ビジュアル面でのリッチ表現を支えるのが、CSS3です。グラデーション、ボックスシャドウ、ボーダーラディウスなど、以前は画像に頼らざるを得なかったデザインがCSSのみで再現できるようになりました。

　中でもCSS3の目玉とも言える機能が「アニメーション」です。@keyframesルールを用いた細やかなタイミング制御や、イージングの指定、アニメーションの方向や繰り返し回数の設定など、CSS記述だけで本格的なアニメーショ

項目	内容	詳細
技術	WebGL	JavaScript API群
機能	ブラウザ上で3Dレンダリング	ハードウェアアクセラレーション利用
ベース	DirectX、OpenGL	ネイティブ3D API
特徴	JavaScriptから手軽に利用可能	Unityとの連携も可能
用途	3Dゲーム、VRコンテンツ、3Dプロダクトビューア	没入感の高い体験、インタラクティブな表現
メリット	表現力向上、ユーザーエンゲージメント向上	新しいユーザー体験
デメリット	開発難易度、ブラウザの対応状況	技術的な知識が必要
今後の展望	ブラウザの性能向上、WebVRの普及	より身近な技術になる

❷ 3DグラフィックスにおけるWebGL

Keyword Box

HTML5 API
HTML5で追加された、Webサイトに高度な機能を実装するためのJavaScript API群の総称。

Canvas
JavaScriptからビットマップベースのグラフィックスを描画するための<canvas>要素。

SVG
ベクター形式の画像を表現するためのマークアップ言語。<svg>要素を用いて記述する。

ン表現が可能になっています。

　ただし、アニメーションの多用はサイトのパフォーマンス低下を招く恐れもあります。過剰な演出は控え、ユーザーの直感的な理解を助けるためのアニメーションに絞るなど、適切なバランス感覚が求められるでしょう。アクセシビリティへの配慮も忘れてはなりません。

　同様に、CSSによるレイアウト技術も大きく進化しました。Flexboxに代表される新しいレイアウト方式により、柔軟でメンテナンス性の高いレイアウトが実現できるようになりました。レスポンシブデザインを実装する上でも強力な武器となっています。

パフォーマンスと
ユーザビリティを忘れずに

　このように、HTML5/CSS3/JavaScriptを駆使することで、プラグインに頼ることなく、Webサイトのリッチ化を推し進められるようになりました。

　アニメーションからインタラクション、3Dグラフィックスに至るまで、Webサイトに実装できる表現は飛躍的に広がっています。

　しかし、そうした技術を使いこなす上で忘れてはならないのが、「パフォーマンス」と「ユーザビリティ」の視点です。

　高度な表現を盛り込むほど、サイトの読み込み速度は低下しがちです。ハイエンドなデバイスでなければ、快適に閲覧できない事態も起こり得ます。常にユーザーの利用環境を想定し、適切な表現の落とし所を見極めることが肝心だといえるでしょう。

　また、あまりにも凝ったデザインは、かえってユーザーの操作性を損ねる危険性もあります。「使いやすさ」を犠牲にしてまで、リッチな表現を追求するのは本末転倒といわざるを得ません。アクセシビリティガイドラインなども参考にしつつ、**インクルーシブなデザイン**を心がける必要があります。

　こうした「適度さ」を見極める感覚こそが、真のフロントエンドデベロッパーの資質といえるのかもしれません。

Keyword Box

WebGL
ブラウザ上で3Dグラフィックスを描画するためのJavaScript API。

CSS アニメーション
CSSの記述だけでアニメーション表現を実装できる仕組み。@keyframesルールを用いる。

インクルーシブデザイン
年齢、性別、障がいの有無などに関わらず、あらゆる人が快適に利用できるデザイン手法。

chapter 4 コーディング

chapter 4
08
フロントエンドとバックエンド

Webサイト制作に用いられる技術は、大きく「フロントエンド」と「バックエンド」に分かれていましたが、昨今はフルスタックエンジニアの台頭や、両者をつなぐツール・フレームワークの充実により、その境界は曖昧になりつつあります。本項では、フロントエンドとバックエンドの役割、求められるスキルについて整理します。

Point

1 フロントエンドは、UIやUX、アクセシビリティなど、ユーザーにとっての価値を生み出す
2 バックエンドは、サーバーサイドの処理やデータ管理など、Webサイトの基盤を支える役割
3 フロントエンドとバックエンドの境界は曖昧化しつつあり、両者をつなぐ技術や人材が重要に

Webサイト制作における
フロントエンドの役割

フロントエンドとは、Webサイトにおいてユーザーが直接触れる部分の設計と実装を担当する領域を指します❶。具体的には、HTMLやCSS、JavaScriptを用いたUI開発や、ユーザビリティの向上、アクセシビリティへの配慮などが主な仕事となります。

ここで重要なのは、単に見栄えのよいデザインを作ることだけがフロントエンドの仕事ではない、という点です。むしろ、ユーザーにとって価値のある体験を提供することこそが、フロントエンドに課された使命といえるでしょう。

そのためには、ユーザー心理を理解し、直感的な操作性を追求することが欠かせません。加えて、障がい者や高齢者など、あらゆる人が快適にWebサイトを利用できるよう、アクセシビリティに配慮する必要もあります。

また近年は、JavaScriptの進化に伴い、フロントエンドの守備範囲も大きく広がりを見せています。単なる見た目の調整だけでなく、Ajaxを用いた非同期通信や**WebSocket**を利用したリアルタイム性の高いUIなど、Webアプリケーションに近い高度な実装もフロントエンドの仕事として求められるようになりました。

こうした背景から、フロントエンド開発には幅広い知識とスキルが必要とされています。デザインセンスはもちろん、しっかりとしたプログラミング能力、そしてユーザー視点に立った問題解決力が、真のフロントエンドエンジニアの条件だといえるでしょう。

項目	フロントエンド
役割	ユーザーが直接触れる部分の設計・実装
担当技術	HTML、CSS、JavaScript
重要ポイント	ユーザー体験、ユーザビリティ、アクセシビリティ
近年の変化	JavaScriptの進化により高度な実装
求められるスキル	デザインセンス、プログラミング能力、問題解決力
具体的な例	UIデザイン、アニメーション、非同期通信

❶ フロントエンド

141

バックエンドの役割と
フロントエンドとの関係性

一方、Webサイトのサーバーサイドを担当するのが**バックエンド**です。具体的には、サーバーの構築や、データベース設計、APIの開発などが主な仕事となります❷。フロントエンドで作られたUIを通して集められたデータを適切に管理し、ビジネスロジックに基づいて処理を行うため、バックエンドはまさにWebサイトを支える縁の下の力持ち的な存在といえます。

セキュリティ対策もバックエンドの重要な役割の一つです。**クロスサイトスクリプティング**（XSS）や**SQLインジェクション**といった脆弱性を突かれぬよう、入念なセキュリティ設計が求められます。

また、トラフィックの増大に耐えうるようなサーバーのスケーラビリティ確保や、負荷分散の仕組み作りなども、バックエンドエンジニアの腕の見せ所だといえるでしょう。

従来、フロントエンドとバックエンドは明確に分業されており、両者の間にはある種の壁が存在していました。しかし近年は、バックエンドの知識を備えたフロントエンドエンジニアや、その逆のスキルセットを持つバックエンドエンジニアなど、両者を兼ね備えた「**フルスタックエンジニア**」の存在感が増しています。

加えて、**Node.js**をはじめとするJavaScript系のサーバーサイド技術の台頭によって、フロントエンドとバックエンドの連携はよりシームレスになりつつあります。

こうした流れを受け、かつてのようにモックアップの段階からフロントエンド・バックエンドが分断されるのではなく、アプリケーション全体のアーキテクチャを踏まえた設計が求められるようになってきました。フロントエンドとバックエンド、双方の知見を融合させ、ユーザーにとって最適な体験を生み出すこと。それが、現代のWebサイト制作に求められる理想の姿だといえるでしょう。

項目	バックエンド
役割	サーバーサイド処理
担当技術	プログラミング言語、データベース、API
重要ポイント	データ管理、ビジネスロジック、セキュリティ
近年の変化	Node.jsなどの台頭で連携強化
求められるスキル	サーバーサイド知識、データベース知識、セキュリティ知識
具体的な例	データベース操作、ユーザー認証、API開発

❷ バックエンド

Keyword Box

WebSocket
双方向のリアルタイム通信を実現するための技術。チャットアプリなどに用いられる。

フルスタックエンジニア
フロントエンドとバックエンドの両方のスキルを備えたエンジニアのこと。

Node.js
JavaScriptをサーバーサイドで動かすための環境。フロントエンドとバックエンドの連携を容易にする。

chapter 4 コーディング

chapter 4
09

プログラミング言語

Webサイトの開発に用いられるプログラミング言語には、大きく分けてクライアントサイドとサーバーサイドの2種類があります。さまざまな言語の特徴と近年のトレンドを理解することがWebサイト開発には欠かせません。本項では、クライアントサイド・サーバーサイドそれぞれの言語の基本的な知識と最新動向を整理します。

Point
1 クライアントサイドプログラムは、ユーザーの端末上で動作し、JavaScriptが代表的
2 サーバーサイドプログラムは、Webアプリケーションの処理を担う
3 各言語の特性を理解し、適材適所で使い分けることが重要

クライアントサイドと
サーバーサイドの違い

Webサイトの開発には、クライアントサイドとサーバーサイドの2種類のプログラミング言語が使われます❶。

クライアントサイドプログラムは、ユーザーのWebブラウザ内で動作し、UIの制御や単純なデータ処理を行います。代表的な言語はJavaScriptです。

一方、**サーバーサイドプログラム**は、Webサーバー上で実行され、データベースとのやりとりや複雑な計算処理などを担当します。代表的な言語には、PHP、Ruby、Pythonなどがあります。

JavaScriptの現在

クライアントサイドの代表格であるJavaScriptは、かつては単純なフォームのバリデーションや、ちょっとした演出程度にしか用いられていませんでした。しかし、Ajax（Asynchronous JavaScript + XML）の登場により、JavaScriptの役割は大きく広がります。

Ajaxを用いることで、Webページの一部分だけを非同期に書き換えられるようになりました。これにより、ユーザーのアクションに合わせてダイナミックにUIを変化させる、インタラクティブなWebサイトが実現可能になったのです。

さらに近年は、ReactやAngular、Vue.jsと

項目	クライアントサイド	サーバーサイド
実行場所	ユーザーの端末	Webサーバー
代表的な言語	JavaScript	Perl、PHP、Ruby、Python
役割	UI制御、データ処理	ビジネスロジック、データベース操作
特徴	ユーザー体験に影響	セキュリティ、パフォーマンス
処理速度	比較的遅い	比較的速い
費用	比較的安価	比較的高価
具体的な例	アニメーション、入力チェック	ユーザー認証、データ保存

❶ クライアントサイドとサーバーサイド

いった JavaScript フレームワークの台頭により、Web アプリケーション開発の中心的な役割を担うまでになっています。これらのフレームワークを用いることで、複雑なロジックを伴うインタラクティブな UI を、効率的に開発できるようになりました。

また、Node.js の登場により、JavaScript はサーバーサイドでも動作できるようになっています。つまり、フロントエンドとバックエンドを、同一言語で開発できるようになったわけです。こうした環境の変化により、JavaScript は Web サイト開発に欠かせない言語となりました❷。

サーバーサイド言語の現在

一方、サーバーサイド言語も、それぞれ独自の進化を遂げています。

Perl は、テキスト処理の強力さから、古くからCGI プログラムの記述に用いられてきました。豊富なモジュールが利用可能な「CPAN」の存在も、Perl の大きな強みです。

PHP は、比較的シンプルな文法と、Web アプリケーション開発に適した機能を備えていることから、多くの Web サイトで採用されています。代表的な CMS である「**WordPress**」も、PHP で書かれています。

Ruby は、シンプルで読みやすい文法が特徴の言語です。フレームワークの「**Ruby on Rails**」の登場により、生産性の高い Web アプリケーション開発が可能になりました。GitHub など、有名な Web サービスでも採用されています。

また、Python は AI やデータ解析分野で広く使われている言語ですが、**Django** 等のフレームワークにより、Web アプリケーション開発でも存在感を増しています❸。

項目	内容	詳細
過去の役割	フォームバリデーション、演出	シンプルな機能
Ajaxの登場	非同期通信	部分的なページ書き換え
影響	インタラクティブなWebサイト	ユーザー体験向上
近年の変化	フレームワークの台頭	React、Angular、Vue.jsなど
フレームワークの利点	複雑なロジックの効率的な開発	インタラクティブなUI
Node.js	サーバーサイドでのJavaScript実行	フロントエンドとバックエンドの統一
現在の状況	Webサイト開発に欠かせない言語	幅広い用途

❷ JavaScript の変遷

言語	特徴	強み	代表的な用途
Perl	テキスト処理	CPAN	CGIプログラム
PHP	シンプルな文法	Webアプリケーション開発	WordPress
Ruby	読みやすい文法	Ruby on Rails	GitHub
Python	AI、データ解析	Django	Webアプリケーション開発

❸ サーバーサイド言語

Keyword Box

WordPress
世界的に有名な CMS（コンテンツ管理システム）。PHP で開発されている。

Ruby on Rails
Ruby のフレームワーク。生産性の高い Web アプリケーション開発を可能にする。

Django
Python の代表的な Web アプリケーションフレームワーク。

データベースについて

Webサイトの開発において、データの保存と管理は欠かせない要素です。その中心的な役割を担うのが、データベース管理システムです。中でもRDBは、表形式のデータを複数の表（テーブル）の関連性で管理する手法として広く用いられています。本項では、RDBの基本概念、SQLによるデータ操作の基礎を学びます。

Point
1. リレーショナルデータベースは、複数のテーブルを関連づけて効率的にデータを管理する
2. SQLはRDBを操作するための言語。データの検索、挿入、更新、削除などが可能
3. データベースを適切に設計することで、Webサイトの性能と保守性が向上する

リレーショナルデータベースとは

Webサイトで扱うデータの多くは、ユーザー情報や商品情報、記事コンテンツなど、表形式で表現できるものです。こうした表形式のデータを管理するために用いられるのが、**リレーショナルデータベース**（RDB）です。

RDBでは、データを「**テーブル**」と呼ばれる表形式で管理します。テーブルは、「列」でデータの項目を、「行」で各データの値を表現します。そして、複数のテーブルの間に「リレーションシップ（関連性）」を定義することで、データ同士を関連づけて管理できるのです。

例えば、ユーザーテーブルと注文テーブルがあるとします。両者をユーザーIDで関連づけることで、「あるユーザーがどの商品を注文したか」といった情報を、効率的に管理できるわけです。こうしたテーブル間の関連性は、ある列の値の一致によって表現されます❶。

RDBを用いることで、大量のデータを整理し、複雑な条件で検索したり、関連するデータを取得したりすることが容易になります。このことから、Webサイトのバックエンドを支える重要な技術として、広く普及しているのです。

SQLの基本

RDBを操作するために用いられるのが、**SQL**（Structured Query Language）です。SQLは、

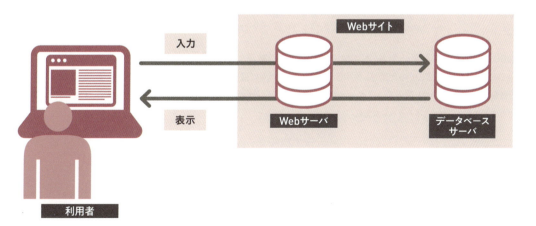

❶ Webサーバとデータベースサーバの位置関係。Webサーバ（Webアプリケーション）は、利用者の入力に応じてデータベースからデータを引き出す

IBM社によって開発されたデータベース言語であり、RDBの操作に特化したプログラミング言語の一種です。

SQLによるデータ操作の基本は、以下の4つのキーワードで表されます。

- SELECT：データの検索
- INSERT：データの挿入
- UPDATE：データの更新
- DELETE：データの削除

これらを組み合わせることで、データベース内のデータを自在に操れるわけです。

例えば、ユーザーテーブルから、特定の条件を満たすユーザーのデータを取得するには、以下のようなSQLを実行します。

```
SELECT * FROM users WHERE age >=
20 AND age < 30;
```

このように、SQLを用いることで、データベースに対する複雑な問い合わせを、比較的シンプルに表現できるのです。

データベース設計の重要性

Webサイトの開発において、データベース設計は非常に重要な工程です。適切に設計されたデータベースは、Webサイトのパフォーマンスを高め、保守性を向上させます。逆に、設計に不備があると、データの不整合や処理の非効率化を招くことになります。

データベース設計では、「**正規化**」という手法がよく用いられます。正規化とは、データの重複を排除し、一貫性と効率性を高めるための手法です。具体的には、第1正規形から第5正規形までの段階的な正規化が知られていますが、実際には第3正規形程度までが一般的とされています。

ただし、正規化を進めすぎると、かえって複雑になりすぎるというデメリットもあります。実際のデータベース設計では、正規化とパフォーマンスのバランスを取ることが肝要だといえるでしょう。

Webサイトでよく使われるデータベース

Webサイトの開発で実際に用いられるデータベース製品には、❷のようなものがあります。

名称	特徴	代表的な利用例
MySQL	オープンソースのRDBで、Webアプリケーションでの採用事例が多い	WordPress、Drupal
PostgreSQL	オープンソースのRDBで、高機能かつ高性能	ECサイト、基幹システム
SQLite	ファイルベースの軽量RDB。PHPをはじめ、多くの言語・環境で使用される	プロトタイピング、組み込みシステム
MongoDB	ドキュメント指向のNoSQLデータベース。柔軟なスキーマが特徴	SNS、IoT
Oracle Database	商用RDBの代表格。大規模システムでの利用に適する	金融機関、製造業
Amazon RDS	クラウド型のデータベースサービス。MySQL、PostgreSQLなどを提供	中小企業、スタートアップ

❷ Webサイトの開発で使われるデータベース製品

Keyword Box

リレーショナルデータベース（RDB）

表形式のデータを、表間の関連性で管理するデータベース。

テーブル

RDBにおけるデータの基本単位。行と列から構成される。

SQL

RDBを操作するための言語。データの検索、挿入、更新、削除などが可能。

chapter 4 コーディング

データベースの選定にあたっては、Webサイトの規模や要件、採用する言語やフレームワークとの親和性などを総合的に判断する必要があります。

中でもMySQLは、PHPとの相性のよさなどから、Webアプリケーションでの採用が非常に多い製品です。一方、高度な機能や性能が求められる場合は、PostgreSQLが選ばれることも少なくありません。

また、SQLiteのようなファイルベースのRDBは、軽量で扱いやすいことから、開発段階でのプロトタイピングなどでよく用いられます。

近年は、MongoDBに代表される**NoSQLデータベース**の台頭も目覚ましいものがあります。従来のRDBとは異なるアプローチで、柔軟性と拡張性を実現しています。用途に応じて、NoSQLの採用も視野に入れるとよいでしょう。

以上、Webサイトにおけるデータベースの基礎について解説しました。データベースは、Webアプリケーションの重要な基盤を成すものです。RDBの基本概念とSQL、そして正規化などの設計手法を理解することが、データベースを活用する上での第一歩となります。

その上で、MySQLをはじめとする具体的なデータベース製品の特性を把握し、要件に合わせて適切に選定・導入することが求められるでしょう。

Webサイトの機能と価値を支えるデータベース。その重要性を認識し、適切に設計・運用することが、Webエンジニアに課された重要な使命だといえます。

Keyword Box

正規化
データの重複を排除し、一貫性と効率性を高めるための設計手法。

NoSQL
Not Only SQLの略。RDBとは異なるアプローチでデータを管理するデータベースの総称。

ACID特性
データベースの信頼性を表す指標。Atomicity（原子性）、Consistency（一貫性）、Isolation（独立性）、Durability（永続性）の頭文字。

chapter 4 11 Web APIの活用

Web APIは、Webサイトの機能をプログラムから利用するための仕組みで、既存のサービスが持つ機能を自社のサイトに組み込んだり、複数のサービスを連携させて新しい価値を生み出したりすることができます。本項では、Web APIの基本的な仕組みに加え、実際のサービスで提供されているAPIの事例を紹介します。

Point

1. Web APIを使えば、他社の機能をプログラムから利用できる
2. Web APIでは、XMLやJSONなどの形式でデータがやりとりされる
3. 複数のWeb APIを組み合わせるマッシュアップという開発手法がある

Web APIとは

Web APIとは、Webサイトの機能をプログラムから利用するためのインターフェイスのことです。APIは「Application Programming Interface」の略で、ソフトウェアの機能を外部から利用するための手順やデータ形式などを定めたもので、Web APIはそのAPIをWeb上で提供する仕組みを指します。

一般に、WebサイトはHTMLで記述され、ブラウザから閲覧することを想定しています。これに対しWeb APIは、プログラムからのリクエストに対し、XMLやJSONといったデータ形式で**レスポンス**を返します。つまり、UIを持たない裏側の機能を、プログラムに開放しているのです。

Web APIを使うことで、自社のWebサイトに他社の機能を組み込むことが容易になります。例えば、Googleマップの地図データや、AmazonのEC機能など、自前で用意するのが難しい機能でも、APIを通じて利用可能になるのです。

また、Web APIは、Webサイトの機能拡張以外にも、データ分析やシステム連携など、幅広い用途で活用されています。大量のデータを効率よく収集したり、異なるサービス間でデータをやりとりしたりといったことが、Web APIを介して実現できるわけです❶。

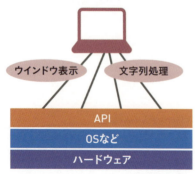
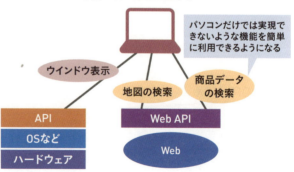

❶ 従来のプログラミングスタイルと、Web APIを利用したプログラミングスタイルの違い

Web APIの具体例

Web APIは、多くのWebサービスで提供されています。ここでは、代表的なWeb APIの事例を紹介しましょう。❷の表をご覧ください。

Webサービスの多くがAPIを提供しており、その活用の幅は非常に広いものになっています。

APIのデータ形式

Web APIでやりとりされるデータの形式は、サービスによって異なります。代表的なのは、XMLとJSONの2つのフォーマットです。

XMLはタグを使ってデータの構造を表現するマークアップ言語。古くからあるフォーマットで、汎用性が高いのが特徴です。ただし、データ量が大きくなりがちで、人間にとっての可読性は高くありません。

一方、**JSON**はJavaScriptのオブジェクト表記から派生したデータフォーマット。XMLよりもシンプルで軽量であり、人間にとっても読みやすいのが特徴。近年のWeb APIではJSONが主流になりつつあります。

他にも、固有のデータフォーマットを採用し

ているAPIもあります。利用にあたっては、各APIのドキュメントを確認し、適切な形式でデータをやりとりする必要があります。

マッシュアップ

Web APIの特徴を活かした開発手法に、**「マッシュアップ」**というものがあります。マッシュアップとは、複数のWeb APIを組み合わせて、新しいWebサービスを作り上げることを指します。

例えば、GoogleマップのAPIで取得した地図上に、Twitter APIで収集したツイートを表示するといったWebサービスなどがよい例です。

マッシュアップにより、それぞれのAPIが持つデータやサービスを組み合わせて、新しい価値を生み出すことが可能になります。既存のサービスの機能を再利用できることから、スクラッチで開発するよりも効率的にサービスを立ち上げられるのも大きな利点といえます。

近年では、マッシュアップは一般的なシステム連携の手法として広く用いられています。企業システムの連携などにおいても、Web APIを介したマッシュアップ的なアプローチが主流になりつつあります。

名称	機能	利用例
Google Maps API	Googleが提供する地図サービス「Googleマップ」の機能を、自社のWebサイトに組み込むためのAPI。地図の表示だけでなく、経路検索や店舗検索など、多彩な機能が利用可能	自社サイトに地図を埋め込む、観光案内サイト
Twitter API	Xが提供するAPI。ツイートの検索や投稿、ユーザー情報の取得など、Xのほとんどの機能をプログラムから利用できる	Twitter分析、自動投稿ツール
Amazon Product Advertising API	Amazonの商品データベースにアクセスするためのAPI。商品検索や価格情報の取得、アフィリエイトリンクの生成などが可能	商品情報サイト、価格比較サイト
楽天ウェブサービス	楽天が提供する各種のサービスをAPIで利用できる。楽天市場の商品検索、楽天トラベルの宿泊施設検索など、多岐にわたる	商品情報サイト、旅行予約サイト

❷ Web APIの事例

Keyword Box

API

Application Programming Interfaceの略。プログラムから機能を利用するための手順やデータ形式のこと。

XML

eXtensible Markup Languageの略。データの構造を表現するためのマークアップ言語。

JSON

JavaScript Object Notationの略。JavaScriptのオブジェクト表記に由来するデータフォーマット。

chapter 4

12

ASPの活用

ASPとはビジネス用アプリケーションをインターネット経由で提供するサービスのことです。ASPを利用することで、自社でシステムを構築することなく、必要な機能をすぐに利用開始できるというメリットがあります。本項では、ASPの基本的な仕組み、具体的な活用事例など、ASPサービスの特徴と利用する際の注意点を解説します。

Point

1　ASPのサービスは、すぐにテストや導入が可能、開発コスト、期間の面でメリットがある
2　ASPサービスの具体例としては、ショッピングカート機能、会員管理機能、CMS、などがある
3　ASPを利用する際は、セキュリティ対策やデータ保護体制などを事前に確認しておくこと

ASPとは何か

ASP（Application Service Provider）とは、ビジネス用のアプリケーションソフトを、インターネットを通じて顧客に提供する事業者のことを指します。ユーザーは、Webブラウザなどを通じて、ASP事業者が管理するサーバーにインストールされたアプリケーションを利用する形になります。

つまりASPは、ソフトウェアの機能をサービスとして提供するわけです。これを「SaaS（Software as a Service）」とも呼びます。ASPとSaaSは厳密には異なる概念ですが、実質的にはほぼ同義と捉えて問題ありません。

ASPを利用するメリットは、自社でシステムを一から開発したり、サーバーを用意したりする必要がないことです。初期投資を抑えられるだけでなく、運用負荷も大幅に軽減できます。また、ASP事業者側で常に最新バージョンのアプリケーションを提供してくれるため、バージョンアップへの対応も不要になります。

一方、注意点としては、カスタマイズの自由度が低いことが挙げられます。パッケージソフトのように、ある程度の範囲内でしか、機能のカスタマイズができません。自社の業務プロセスに合わせた柔軟なシステム構築を行いたい場合には、ASPよりも自社開発や委託開発を選択

したほうがよいかもしれません。

また、ASPはインターネット経由のサービスなので、ネットワーク障害が発生するとサービスが停止してしまうリスクがあります。重要な基幹業務にASPを用いるのは慎重になる必要がありそうです。

ASPサービスの具体例

では実際に、ASPとしてどのようなサービスが提供されているのか見ていきましょう。代表的なものとしては、❶のようなサービスが挙げられます。

これらの機能を一から開発するのは、コストも時間もかかります。その点、ASPであれば導入が容易で、すぐに利用を開始できるのが大きなメリットです。

例えば、ECサイトを立ち上げる際に「ショッピングカート機能」や「決済機能」のASPを利用すれば、自前でシステムを用意することなく、スムーズにサービス提供が可能になります。会員制のWebサイトなら「会員管理機能」のASPを使うことで、会員情報をセキュアに管理できるでしょう。

他にも「メールマガジン配信」や「アクセス解析」など、Webサイト運営に必要な機能の多くがASPとして提供されているのです。

150

ASPのメリットとデメリット

ここで改めて、ASPのメリットとデメリットを整理しておきましょう。

ASPの最大のメリットは、システム構築にかかるコストと時間を大幅に削減できることです。パッケージソフトの導入と比べても、初期費用を抑えられるケースが多いでしょう。また、ITの専門知識がなくても、簡単に利用開始できるのも魅力の一つといえます。

また、バージョンアップやセキュリティ対策なども、ASP事業者側で行ってくれるのがポイントです。自社でメンテナンスする必要がないため、運用管理の手間を省けます。アプリケーションの保守運用に詳しい人材を社内に確保しておく必要もありません。

一方、デメリットとしては、カスタマイズの制約があることは先述の通りです。細かい機能要件を満たすようなシステムは、ASPでは実現が難しいかもしれません。

また、**ベンダーロックイン**のリスクもあります。つまり、特定のASP事業者のサービスに依存してしまい、他の事業者のサービスに乗り換えられなくなる恐れがあるのです。将来的な移

機能	説明	用途	導入メリット
ショッピングカート機能	商品購入手続きを簡潔に	ECサイト	開発コスト削減、迅速な導入
決済機能	クレジットカード等で安全に決済	ECサイト、予約システム	セキュリティ強化、運用コスト削減
レコメンド機能	ユーザーに関連商品を推薦	ECサイト、動画配信サービス	顧客満足度向上、売上向上
アンケート機能	ユーザーの声を収集	マーケティング、顧客満足度向上	データ分析、商品開発に役立つ
会員管理機能	会員情報を安全に管理	会員制サイト	セキュリティ強化、運用コスト削減
動画配信機能	動画コンテンツを配信	動画サイト、オンライン教育	顧客エンゲージメント向上、収益化
CMS（コンテンツ管理システム）	簡単な操作でWebサイト作成	情報発信サイト、ブログ	専門知識不要、更新作業の効率化
ブログ	記事を投稿して情報発信	情報発信サイト、個人ブログ	顧客とのコミュニケーション、情報共有
メールマガジン配信機能	メールマガジン配信	顧客とのコミュニケーション	顧客エンゲージメント向上、リピーター獲得
ニュースリリース配信機能	ニュースリリース配信	情報発信、メディアリレーション	ブランディング、認知度向上
RSS配信機能	最新情報を配信	情報発信サイト、ニュースサイト	顧客への最新情報提供、利便性向上
サイト内検索機能	サイト内検索	情報検索サイト、ECサイト	顧客の利便性向上、コンバージョン率向上
アクセス解析機能	サイトのアクセス状況を分析	マーケティング、改善策の検討	顧客行動の分析、効果的な施策実行

❶ ASPサービス

Keyword Box

SaaS（Software as a Service）

ソフトウェアをサービスとして提供する形態。必要な機能を必要な分だけ利用できるクラウドサービスの一種。

パッケージソフト

CD-ROMなどのメディアで提供される、パッケージ化された完成品ソフトのこと。機能は固定されており、カスタマイズの余地は少ない。

ベンダーロックイン

特定ベンダーの製品やサービスに依存してしまい、他社製品への移行が困難になること。ベンダー変更のリスクを考慮して製品選定する必要がある。

行可能性なども考慮に入れ、慎重にASPを選定する必要があるでしょう❷。

ASP選定の際の注意点

ASPを利用する際は、まずサービス内容を吟味し、自社の要件に適したサービスを選ぶことが大切です。機能面だけでなく、提供事業者の信頼性などもチェックしておきたいポイントです。

中でも、セキュリティ対策には十分注意を払う必要があります。SSLなどによる通信の暗号化はもちろん、不正アクセス対策やデータの**バックアップ**体制なども確認しておくべきでしょう。個人情報を扱うASPであれば、プライバシー

マークの取得状況なども見ておくとよいかもしれません。

また、**サービスレベルアグリーメント**（SLA）の内容も重要です。サービス稼働率や障害発生時の対応などが規定されているはずなので、そこをしっかりチェックすることをおすすめします。万が一のトラブルに備えて、補償内容なども把握しておく必要があります。

そして、長期的な視点で見たときのコストパフォーマンスも検討しましょう。ASPは月額課金制のことが多いので、ランニングコストが思った以上にかさむケースもあります。長期的に見て、パッケージ導入や自社開発よりも割安になるのか、トータルコストで比較検討することが大切です。

ASPとSaaSの違い

最後に、ASPとSaaSの違いについて触れておきましょう。厳密にいえば、ASPとSaaSは同じものではありません。

ASPはパッケージソフトをそのままネット経由で提供するサービス形態で、比較的長期の契約となることが一般的です。対してSaaSは、ソフトの機能を部品化して提供する形で、必要な機能を必要な分だけ利用できるのが特徴。契約期間も短期間から可能なことが多いです❸。

つまり、ASPよりもSaaSのほうが、よりクラウド型のサービス形態といえるでしょう。ただ、最近ではASPの事業者がSaaSを名乗るケースも多く、その違いは曖昧になりつつあります。利用者側としては、両者の違いをそれほど意識する必要はないかもしれません。

	メリット	デメリット
品質(Q)	・必要な機能は一応揃っている ・品質が安定している ・セキュリティ対策が充実 ・試しに使ってみることができる	・かゆいところに手が届かない ・通信回線異常時に使用できない
コスト(C)	・個別開発と比べると初期費用は劇的に安い ・維持が容易(サーバの保守が不要)	・利用端末数が多いと、維持経費がかさむ ・高速常時接続の通信回線が必要
納期(D)	・すぐに使える	

❷ QCDで分析したASPのメリット・デメリット

項目	ASP	SaaS
提供形態	パッケージソフト	部品化された機能
契約期間	比較的長期	短期間から可能
クラウド型	簡易	より高度
近年の傾向	SaaSを名乗るケースも	利用者側は意識する必要は薄い

❸ ASPとSaaSの違い

Keyword Box

SSL
Secure Sockets Layerの略。インターネット上で情報を暗号化して送受信するプロトコルの一つ。

バックアップ
システムやデータを予備のストレージなどにコピーしておくこと。障害発生時のデータ復旧に備える。

サービスレベルアグリーメント（SLA）
サービス提供者が利用者に対して提示するサービスの品質保証指標。稼働率や障害復旧時間などを規定する。

chapter 4　クラウドサービスの活用

chapter 4
13

クラウドコンピューティングは、インターネットを通じてITリソースをオンデマンドで利用できる新しいコンピュータの形態です。クラウドによって、システムの構築や運用管理にかかる負担を軽減できます。本項では、クラウドコンピューティングの基本概念をおさえつつ、代表的なクラウドサービスの事例を紹介します。

Point
1　クラウドは、インターネットなどのネットワークを通じ、ITリソースを必要に応じて利用する
2　初期費用を抑えられる、アプリケーションの常時最新化、どこからでもアクセスできる
3　代表的なクラウドサービスとして、Amazon Web ServicesやSalesforce.comなどがある

クラウドコンピューティングとは

クラウドコンピューティングとは、インターネットなどのネットワークを通じて、コンピュータリソースを必要に応じて利用する形態のことです。アプリケーションやデータをネットワーク経由で利用するため、個人のPCのスペックにとらわれることなく、高度な処理が可能になります❶。

従来、企業の情報システムは、自社でサーバーやソフトウェアを用意して、社内で管理運用するのが一般的でした。しかしクラウドコンピューティングでは、ハードウェアからアプリケーションまでを、ネットワーク経由のサービスとして利用します。自社での設備投資が不要になり、コストを大幅に削減できるのです。

また、運用管理の手間も大幅に省けるのがポイントです。バージョンアップやセキュリティ対策なども、サービス提供側で行ってくれます。社内の限られたIT人材を、より付加価値の高い業務に振り向けられるようになります。

近年はインターネットの高速化やスマートフォンの普及により、どこからでもクラウドの恩恵にあずかれるようになりました。ユーザーは、手元のデバイスの機能に制限されることなく、サーバー上の高度な機能を利用できる。まさに、コンピューティングのあり方を変える革新的な技術だといえるでしょう。

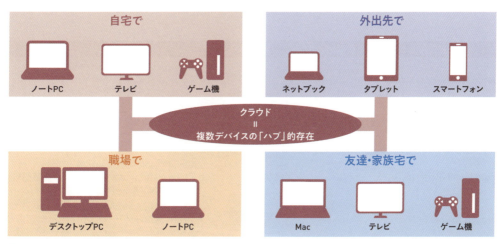

❶ クラウドサービスの全体像

クラウドサービスの具体例

クラウドコンピューティングを実現するサービスは、数多く存在しています。その代表例を見ていきましょう❷。

Amazon Web Service（AWS）は、Amazonが提供するクラウド基盤サービスです。2006年のサービス開始以来、多くの企業に利用されています。Amazon自身の強固なインフラを活かし、幅広いサービスラインナップを誇ります。例えば、「Amazon S3」は、大容量のデータストレージサービス。Webサイトの画像や動画などを格納するのに適しています。

Salesforce.comは、1998年に設立された、世界で初めてのSaaS型CRMサービス。顧客管理に必要な機能を幅広く提供しているのが特徴です。営業支援システム、マーケティングオートメーション、カスタマーサポート、データ分析など、ビジネスのデジタル化に欠かせないアプリケーション群が揃っています。

Google Cloud Platform（GCP）は、Googleが提供するクラウド基盤サービス。機械学習やデータ分析などの先進的な機能を、手軽に利用できるのが魅力です。例えば、「Cloud Vision API」を使えば、画像認識の機能を簡単にアプリケーションに組み込めます。

Microsoft Azureは、Microsoftが提供するクラウドプラットフォーム。Windows Serverなど、既存のMicrosoft製品との連係が容易なのが特徴。オンプレミスとクラウドのハイブリッド環境を構築しやすくなっています。

このように、クラウドサービスは各社が独自の強みを活かしながら展開しています。コスト、可用性、信頼性、グローバル性など、様々な観点から比較検討し、自社に最適なサービスを選定することが重要です。

クラウドサービスの最新動向

クラウドの世界では常に新たな技術やアイデアが生まれています。現在注目を集めているキーワードをいくつか取り上げてみましょう❸。

● ハイブリッドクラウド

ハイブリッドクラウドは、オンプレミス（自社運用）環境とクラウドサービスを組み合わせたITインフラの形態です。オンプレミス環境は、自社内にサーバーなどを設置して運用する従来型のIT環境です。一方、クラウドサービスは、インターネット経由で利用できるITサービスです。

サービス名	提供元	特徴	代表的なサービス
Amazon Web Services（AWS）	Amazon	幅広いサービスラインナップ	・Amazon S3（データストレージ） ・Amazon EC2（仮想サーバー） ・Amazon RDS（データベース）
Salesforce.com	Salesforce	CRMに特化	・営業支援システム ・マーケティングオートメーション ・カスタマーサポート ・データ分析
Google Cloud Platform（GCP）	Google	先進的な機能	・Cloud Vision API（画像認識） ・Cloud Natural Language API（自然言語処理） ・Cloud Speech-to-Text API（音声認識）
Microsoft Azure	Microsoft	Windows Serverとの連係	・Azure Virtual Machines（仮想サーバー） ・Azure Storage（データストレージ） ・Azure SQL Database（データベース）

❷ クラウドサービスの代表例

chapter 4　コーディング

● エッジコンピューティング

　エッジコンピューティングは、従来のクラウドコンピューティングとは異なり、データ処理をクラウドではなく、ネットワークの末端（エッジ）側で行う分散処理の形態です。エッジとは、スマートフォンやウェアラブルデバイスなど、ネットワークの末端にある機器を指します。

● サーバーレスコンピューティング

　アプリケーションロジックを関数（function）単位で実行できるサービスとして、AWSの「**Lambda**」などが有名です。サーバーの管理や運用を意識することなく、コード（プログラム）を実行できるクラウドサービスです。従来のクラウドサービスでは、サーバーのインスタンスを立ち上げ、OSやミドルウェアをインストールして、アプリケーションを開発・運用する必要がありました。しかし、**サーバーレスコンピュー**ティングでは、これらの作業は不要です。

● AI（人工知能）

　AI（人工知能）は、人間のように学習し、判断できるコンピュータシステムです。近年、ディープラーニングと呼ばれる技術の発展により、AIの性能は飛躍的に向上しています。クラウドサービスとAIは、非常に親和性が高いです。AIの学習に必要な大量のデータや計算資源を、クラウドサービスで提供できます。また、学習済みのAIモデルをクラウドサービス上で公開することで、誰でも簡単にAI機能を利用できます。

　クラウドを活用すれば、こうした最新テクノロジーの恩恵を、低コストで享受できます。自社システムとの組み合わせ方を模索しつつ、競争力の源泉としていくことが求められるでしょう。

サービス名	特徴	メリット	デメリット	導入事例
ハイブリッドクラウド	オンプレミスとクラウドの双方を適材適所で使い分ける	・柔軟なシステム構成 ・コスト最適化 ・セキュリティ強化	・運用管理の複雑化 ・ベンダーロックインのリスク	・金融機関：オンプレミスで顧客情報管理、クラウドでWebシステム ・製造業：オンプレミスで基幹系システム、クラウドでデータ分析
エッジコンピューティング	ネットワークの末端で処理・判断を行う	・リアルタイム性の向上 ・データ通信量の削減 ・セキュリティ強化	・エッジデバイスの管理 ・開発コスト増加	・小売業：店舗での在庫管理 ・製造業：設備の異常検知 ・物流業：車両の追跡管理
サーバーレスコンピューティング	サーバーの存在を意識せず、必要な処理だけを実行	・コスト削減 ・開発効率向上 ・スケーラビリティ	・ベンダーロックイン（特定ベンダー依存）のリスク ・複雑なデバッグ	・メディア企業：画像処理 ・ゲーム会社：ゲームサーバー ・金融機関：リアルタイム決済
AI（人工知能）	学習済みのAIモデルをクラウド上で利用	・開発効率向上 ・コスト削減 ・高度な機能の利用	・専門知識が必要 ・データの安全性	・医療機関：診断支援 ・製造業：品質管理 ・小売業：顧客分析

❸ クラウド分野の最新サービス

Keyword Box

クラウドコンピューティング

ネットワーク経由で、コンピューターリソースを利用する形態。ハードウェアやソフトウェアの管理負担を軽減できる。

IaaS（Infrastructure as a Service）

サーバーやストレージ、ネットワークなどのインフラをクラウド経由で提供するサービス。

PaaS(Platform as a Service)

アプリケーション実行環境をクラウド経由で提供するサービス。開発者はアプリケーションの開発に集中できる。

クラウドセキュリティの重要性

　一方、クラウドを活用する上で忘れてはならないのが、セキュリティ対策です。大事なデータをクラウド上に預ける以上、その保護には細心の注意を払う必要があります。

　特に、外部委託先の従業員がデータにアクセスできる状況になっているケースが問題視されています。クラウド事業者の信頼性の見極めが重要であると同時に、委託元企業側でのアクセス制御・暗号化なども重要になってきます。

　クラウド利用にあたっては、次のようなポイントに留意しましょう。

・クラウド事業者の情報セキュリティ対策状況を確認する
・機密情報は、社内で暗号化してからクラウドに保存する
・クラウド上のアクセス権限を、必要最小限の範囲に限定する

・クラウド利用に関するガイドラインを策定し、安全な利用を徹底する
・大切なデータは、クラウドだけでなくオンプレミスにもバックアップを保存する

　クラウドのメリットを活かしつつ、リスクへの対策も怠らない。そうしたバランス感覚が、クラウド時代を生き抜く企業には求められているのです。

　以上、クラウドサービスについて解説してきました。クラウドは、システム構築の選択肢を大きく広げるものであり、Web関連事業に携わる者にとって不可欠の知識といえるでしょう。

　本質的な理解を深めつつ、自社の競争力につなげるべく、クラウドの活用を前向きに検討していきたいものです。変化の激しいクラウドの世界では、サービスの進化や新たなトレンドにも常にアンテナを張り、学び続ける姿勢が肝要だといえます。読者の皆さんも、ぜひ最新動向にご注目ください。

Keyword Box

ハイブリッドクラウド
オンプレミス（自社運用）とクラウドを組み合わせたシステム環境。両者の長所を活かした、戦略的なITインフラの構築が可能。

DevOps
Development（開発）とOperation（運用）を統合的に進めるという考え方。アプリケーションの開発から運用までを、自動化の力を活かしながら、シームレスに行う。

Docker
アプリケーションをコンテナ化する技術。環境の違いを吸収し、実行可能なアプリケーションパッケージを作成できる。クラウド環境との親和性が高い。

chapter 4　コーディング

column・04

Web制作担当必須のドメインに関する知識と Webマーケティングへの活用方法

ドメインの知識は必須

　Webマーケティングの成功には、Webサイトの設計と運用が大きく影響します。特に、ドメインの選定は重要な要素の一つです。ドメインの種類や構成要素を理解し、ユーザーにとってわかりやすく、サイトの内容を適切に表現するドメイン名を設定することが求められます。また、ドメインはSEOにも影響するため、キーワードを意識したディレクトリ構造の設計も重要です。Webサイトの制作に携わる担当者は、ドメインの知識を身につけ、マーケティングの視点を持ってサイト設計に臨むことが不可欠です[12]。

[12]　https://shareway.jp/wannabe-academy/blog/domein/

1. ドメインとは何か

　ドメインとは、インターネット上でWebサイトやメールアドレスを識別するための、文字列による名前のことです。IPアドレスという数字の羅列を、人間にも理解しやすい形に変換したものといえるでしょう。ドメインはURLの一部を構成しており、Webサイトの住所のような役割を果たしています。例えば、https://www.example.com というURLの場合、example.comの部分がドメインに当たります。

2. ドメインとURLの違い

　ドメインとURLは似た概念ですが、厳密には異なるものです。URLは、インターネット上の特定のリソース（Webページやファイルなど）の場所を示す文字列の総称。一方、ドメインはURLのうち、Webサイトやメールアドレスを識別するための部分を指します。つまり、ドメインはURLの一部であり、URLはドメインを含むより広い概念だといえます。Webサイトの運営に携わる者は、この違いを正しく理解しておく必要があるでしょう。

ドメインの構成要素

　ドメインは、いくつかの要素から構成されています。ここでは、主要な4つの要素について解説します。

1. 独自ドメイン

　独自ドメインとは、自分で自由に名前を決められるドメインのことです。通常、世界中で一意の名前になります。独自ドメインを取得するには、レジストラと呼ばれるドメイン登録業者を通じて申請・購入する必要があります。

例：example.com

2. サブドメイン

　サブドメインとは、独自ドメインの下に作られる、追加のドメインのことです。独自ドメインを分割して、異なるコンテンツやサービスを提供するのに使われます。

例：blog.example.com

3. トップレベルドメイン（TLD）

　トップレベルドメイン（TLD）は、ドメインの最上位に位置する部分です。.comや.net、.jpなどがこれに当たります。TLDには、分野別や国別のものがあり、サイトの目的に合わせて選ぶ必要があります。

例：.com, .net, .jp

4. ディレクトリ（サブディレクトリ）

　ディレクトリは、ドメインの下層に設けられる階層構造のことで、Webサイトのコンテンツを整理するために使われます。ディレクトリは、同一テーマのページを展開する際に使うのが一般的です。

例：example.com/products/〇〇〇

トップレベルドメイン（TLD）の種類

　TLDには、大きく分けて3つの種類があります。それぞれの特徴を理解し、自分のWebサイトに適したTLDを選ぶことが重要です。

1. 分野別トップレベルドメイン(gTLD)

　gTLDは、特定の分野や業種に関連付けられたTLDです。.com（商用）、.net（ネットワーク）、.org（非営利団体）などが代表的です。登録に特別な制限はなく、誰でも取得できるのが特徴です。

2. 国別コードトップレベルドメイン（ccTLD）

　ccTLDは、国や地域に割り当てられたTLDです。日本の.jp、アメリカの.usなどがこれに当たります。自社のサービス展開地域に合わせて、ccTLDを選ぶのが一般的な使い方です。

3. 属性別JPドメイン

　属性別JPドメインは、日本の法人や組織に割り当てられる特別なTLDです。.co.jp（株式会社）、.or.jp（一般社団法人）、.ac.jp（大学）などがあります。信頼性の高いドメインとして認識されています。

ドメインとSEOの関係性

　ドメインの選定は、SEO（検索エンジン最適化）戦略とも密接に関わってきます。ドメイン自体がSEOに直接影響するわけではありませんが、適切なドメイン名を設定することで、間接的にSEO効果を高められる可能性があります。

1. ユーザーにとってわかりやすいドメイン名

　ドメイン名は、そのWebサイトの内容を端的に表現するものであるべきです。キーワードを含み、かつ簡潔で覚えやすい名前を付けることで、ユーザーに対してサイトの存在をアピールできます。これは、検索エンジンにもプラスの影響を与えます。

2. ディレクトリ構造とSEOキーワード

　ディレクトリ名にも、SEOのためのキーワードを盛り込むことが有効です。各ディレクトリがどのようなコンテンツを含むのかを明確にし、一貫性のある構造設計を心がけましょう。これにより、検索エンジンはサイトの内容をより正確に理解できるようになります。

　ただし、ドメインやディレクトリのnamingはあくまでもSEO施策の一部です。より重要なのは、そのサイトがユーザーにとって価値のあるコンテンツを提供できているか、という点です。ドメイン選定は、総合的なSEO戦略の中で検討していく必要があります。

第5章
公開前テスト

01 ブラウザチェック ……………………………… 160
02 カラーマネジメント …………………………… 163
03 アクセステストとパフォーマンステスト ……… 166

chapter 5 01 ブラウザチェック

Webブラウザは種類やバージョンの違いにより、HTMLやCSSの解釈が異なる場合があり、その違いの把握、適切にブラウザチェックを行うことが、Webサイトの品質を担保する上で重要です。本項では、主要ブラウザの特徴とシェア動向を踏まえ、クロスブラウザ検証を効率的に進めるためのツールや手法を学びます。

Point
1. Webブラウザには、それぞれ固有のバグ等の問題があるため、開発前から留意すること
2. ブラウザに関する利用者環境として、事前に「推奨環境」と「準推奨環境」を考えて制作する
3. 利用者環境は、Webサイトの目的を支障なく達成できるかどうかの視点で決定されるべき

ブラウザごとに異なるソース再現性

WebブラウザにはHTMLやCSSを読み取る、**HTMLレンダリングエンジン**が搭載されています。このレンダリングエンジンの違いによって、HTMLやCSSの解釈の仕方が異なるため、同じソースでも表示内容が同一にならないことがあります。

特に、かつてのInternet Explorerは独自仕様を多く含んでおり、他ブラウザとの互換性に問題がありました。現在はEdgeへと移行し、**Chromium**ベースのエンジンを採用したことでこの問題は解消されつつあります。しかし、企業などで古いバージョンのIEが使われているケースもあるため、クロスブラウザ対応の重要性は依然として高いといえるでしょう。

Webブラウザには、ユーザーシェアの高いGoogle ChromeやSafari、Firefox、Edgeの4つがあります。StatCounterのデータによると、2024年7月時点の世界の全プラットフォームにおけるブラウザシェアはChromeが65.4%、Safariが18.4%、Edgeが5.2%、Firefoxが2.7%と続いています❶。デスクトップブラウザシェアは、Chromeが約65.77%で最も高く、次いでEdge、Safari、Firefox、Operaの順に続きます。モバイル市場ではChromeが約65.29%でトップを維持し、Safari、Samsung Internet、Opera、UC Browser、Firefoxがその後に続いています[13]。

Webサイト制作においては、これらの主要ブラウザでの表示確認が必須といえます。さらに、シェアは低いものの、Android向けのFirefox、iOS向けのChromeなど、プラットフォーム固有のブラウザにも目を配っておく必要があるで

[13] https://gs.statcounter.com/browser-market-share/mobile/worldwide

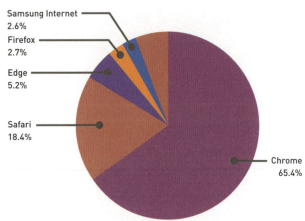

❶ 世界の全プラットフォームにおけるブラウザシェア

推奨環境の設定

クロスブラウザ対応を進める上で重要なのが、「**推奨環境**」の設定です。制作するWebサイトにおいて、どのOSとブラウザのバージョンまでをサポート対象とするか、事前に方針を定めておくのです。

一般的なWebサイトであれば、❷のような推奨環境が考えられます。

これに加えて、社内業務システムなど、利用者や用途が限定されるケースでは、Internet Explorer 11などのレガシーブラウザもサポート対象に含める場合があります。

また、推奨環境に加えて「**準推奨環境**」を設定しておくのも有効です。最新から数世代前のバージョンなど、できる限りのサポートを目指す環境を「準推奨」とし、基本的なアクセスが可能なレベルを担保するのです。表示崩れなどの多少の不具合は許容するといった割り切りも必要になるでしょう。

いずれにしても、どこまでをサポートするかは、Webサイトの目的や対象ユーザーを踏まえて慎重に判断したいところです。アクセス解析などの過去データを参考にしつつ、費用対効果も考慮に入れて最適解を探るというアプローチが求められます。

効率的なブラウザチェックのために

さて、実際にクロスブラウザ検証を行う際、すべての組み合わせを手作業でチェックしていくのは大変な手間です。効率的にブラウザチェックを進めるために、役立つツールを活用しましょう。

● Browsershots

複数のOSやブラウザで、Webページのスクリーンショットを撮影してくれる無料のオンラインサービスです。最新のものから、やや古めのブラウザまで幅広くカバーしているのが特徴。

● Responsinator

レスポンシブWebデザインの表示確認に便利なツール。スマートフォンやタブレット、PCの画面サイズを切り替えながら、各デバイスでの見え方をチェックできます。無料で利用可能。

Windows	Google Chrome、Microsoft Edge、Firefox（いずれも最新版および一つ前のメジャーバージョン）
macOS	Google Chrome、Safari、Firefox（いずれも最新版および一つ前のメジャーバージョン）
iOS	Safari（最新版および一つ前のメジャーバージョン）
Android	Google Chrome（最新版および一つ前のメジャーバージョン）

❷ Webブラウザと推奨環境

Keyword Box

レンダリングエンジン
ブラウザがHTMLやCSSを解釈し、ページを表示するためのプログラム。Blink（Chrome）、Gecko（Firefox）、WebKit（Safari）など。

Chromium
Googleが中心となって開発しているオープンソースのブラウザプロジェクト。ChromeやEdgeなど、多くのブラウザで採用されている。

グレースフル・デグラデーション
古いブラウザなどで機能が利用できない場合でも、基本的な閲覧は可能にしておく設計手法。

● Sizzy

様々なデバイスでのレイアウトを一括でプレビューできるサービス。横並びで同時にチェックできるため、レスポンシブデザインの検証に最適です。無料プランも用意されています。

● Polypane

ローカル環境でサイトを開きつつ、マルチデバイスでの表示を一度に確認できるデスクトップアプリ。アクセシビリティやSEO、パフォーマンスの診断機能なども備えた高機能ツールです。

いずれのツールも、実際のデバイスによる最終チェックを完全に代替するものではありませんが、制作中の簡易的な確認には十分役立つはずです。

また、**エミュレーター**を活用するのも手です。PCにモバイルデバイスの動作環境を再現できるXcodeシミュレータ（iOS）、Android Emulator（Android）などを利用すれば、実機を用意しなくてもある程度の検証が可能です。

仮想環境やクラウドブラウザの活用

手元の環境で多様なブラウザを用意するのが難しい場合は、クラウド上の仮想環境を利用するのも一つの方法です。

Amazon Web Services（AWS）や Microsoft Azure などのクラウドサービスでは、様々なOSとブラウザがプリインストールされた仮想マシンのイメージが提供されています。これを利用すれば、各種ブラウザでの表示確認をクラウド上で行えるのです。

また、BrowserStack、LambdaTest、Sauce Labs といった、クラウドブラウザを提供するサービスを活用するのもおすすめです。実機と同等の検証環境をブラウザ経由で利用でき、スクリーンショットやビデオ録画なども可能。クロスブラウザテストを大幅に効率化できるでしょう。

ただし、いずれも利用には一定のコストがかかります。プロジェクトの規模や予算に応じて、賢く使い分けていくことが肝要です。

Keyword Box

ベンダープレフィックス
CSSの新機能を、特定ブラウザで先行して利用するために付ける接頭辞。-webkit-（Safari, Chrome）、-moz-（Firefox）など。

ポリフィル
古いブラウザでは対応していない機能を、代替となる JavaScript などで実現する仕組み。

ユーザーエージェント
ブラウザがサーバーに送信する、ブラウザの種類やバージョンなどの情報文字列。UA判定に利用される。

chapter 5　公開前テスト

chapter 5
02

カラーマネジメント

Webサイトでは、OSやブラウザの特性により色表現が変わるため、色空間の設定が重要です。色空間とは、表示・印刷できる色の範囲やその表現方式のことで、sRGBやAdobe RGBなどのタイプがあります。本項では、色の管理を行うカラーマネジメントの基本的な考え方について学びます。

Point

1　カラーマネジメントの目的は、共通した色空間で各種カラー情報を統一的に利用する環境作り
2　Webサイトでは、OSやブラウザの特性により色表示が変わるため、色空間の設定が重要
3　色空間とは、表示・印刷できる色の範囲やその表現方式のこと

カラーマネジメントシステムとは

近年のデジタル画像処理の発達により、色彩評価の手段が大きく変わりました。かつては、印刷物の色校正には「色見本」が用いられていましたが、今日ではデジタルデータに基づく管理が主流です。

デジタルカメラで撮影した画像を、編集ソフトで加工し、Webサイトやプレゼン資料に使うといったことが、誰でも気軽にできるようになりました。しかし、ここで問題になるのがデバイス間の色の不一致です。例えば、制作時のモニター上では美しく見えた色が、Webブラウザやほかのパソコンではイメージ通りに再現されないといったトラブルは珍しくありません。

こうした問題に対処するため、色を適切に管理する**カラーマネジメントシステム**（CMS：Color Management System）の重要性が高まっています。CMSは、異なるデバイス間であっても、統一した色空間に基づきデータをやりとりすることで、色を正確に再現する仕組みです。OSやアプリケーション、ハードウェアメーカーが連携し、オープンな標準技術として発展を続けています。

Webブラウザの カラーマネジメント対応の現状

かつては、ブラウザのカラーマネジメント対応は不十分で、制作者の意図した色が再現できないという問題がありました。しかし近年は、主要ブラウザのカラーマネジメント機能が大幅に進化。現在の最新バージョンでは、❶のような対応状況となっています。

このように、ブラウザのカラーマネジメント

Google Chrome（Ver.109〜）	sRGB, DisplayP3の色域に対応。Wide Gamut画像の自動色補正をサポート
Firefox（Ver.100〜）	sRGB, DisplayP3をサポート。カラープロファイルの埋め込みに対応
Safari（Ver.16〜）	sRGB, DisplayP3の色域に対応。Safari独自の広色域フォーマットをサポート
Microsoft Edge（Ver.109〜）	sRGBに加え、Wide Color Gamut画像の表示に対応

❶ 主要ブラウザのカラーマネジメント対応状況

機能は着実に進化を遂げています。プロファイル埋め込み画像への対応など、制作者の意図した色を忠実に再現できる環境が整いつつあるのです。

ただし、すべてのブラウザが必ずしも同じ挙動をするわけではありません。異なるレンダリングエンジンに起因するわずかな色差が生じることもあるでしょう。可能な限りブラウザ間の表示を統一するためにも、Web制作ではしっかりとしたカラーマネジメントのワークフローが求められます。

標準の色空間「sRGB」を軸にする

Webコンテンツの色空間については、W3Cの仕様で定められています。現行の仕様であるCSS Color Module Level 4では、規定の色空間は「sRGB」とされています。sRGBは、1996年にHP社とMicrosoft社が共同で策定した国際標準規格。パソコンでの表示に最適化された色域で、今日のWebの標準となっています。

例えばCSSでは、#000000 や rgba(0,0,0) といった表記は、すべてsRGBの色空間で処理されます。加えてLevel 4からは、lab(), lch(), color() といった、より柔軟な色指定も可能になっています。ただし現時点では、主要ブラウザがこれらの新しい色関数を完全にサポートしているわけではありません。

当面は、sRGBを基本として制作を進めるのが無難でしょう。その上で、画像フォーマットにはsRGBのプロファイルを必ず埋め込むよう徹底します。ICCプロファイルを正しく付与することで、どのデバイスでも色を統一的に扱えるようになるのです。

広色域化の波と、より高度な色管理へ

近年、ハイエンドのデバイスを中心に、Adobe RGBなど、sRGBよりも広い色域への対応が進んでいます。スマートフォンのOLEDディスプレイでは、DCI-P3などのWide Gamut規格が一般的になりつつあります❷。

こうした広色域デバイスでは、sRGBでは表現できないより鮮やかな色を再現可能。クリエイターの表現の幅を大きく広げる技術といえるでしょう。一方で、色域が異なるデバイス間では、sRGBをはるかに超える高度なカラーマネジメントが必要になります。ICCプロファイルによる色変換など、より緻密な色合わせ作業が求められるのです。

とはいえ当面は、まだまだsRGBが基準であることに変わりはありません。最新のブラウザでは色域の判別・自動最適化機能も進んでいるので、sRGBを軸に制作しつつ、必要に応じて広色域に対応する。そんな柔軟な姿勢が、今のWebデザイナーには必要とされています。

色空間	特徴	メリット	デメリット	用途	対応デバイス
sRGB	Web標準の色空間	・多くのデバイスで対応 ・インターネットでの閲覧に最適	・色域が狭い ・鮮やかな色表現が難しい	Webコンテンツ、一般的な画像	パソコン、スマートフォン、タブレット
Adobe RGB	広色域の色空間	・鮮やかな色表現が可能 ・印刷や写真編集に最適	・対応デバイスが少ない ・Webブラウザで正確に表示されない可能性がある	印刷、写真編集	ハイエンドなディスプレイ、一部のスマートフォン
DCI-P3	デジタルシネマの色空間	・映画やビデオ編集に最適 ・非常に広い色域	・対応デバイスが少ない ・sRGBよりも暗い色表現になる場合がある	デジタルシネマ、ビデオ編集	ハイエンドなディスプレイ、一部のスマートフォン

❷ 色空間と各特徴

色合わせのポイントとアドバイス

最後に、色を適切に管理・運用していく上でのアドバイスをまとめておきましょう。

- カンプデザイン作成時は、Lab色空間を用いる。RGBに比べデバイスに依存しない正確な色を指定できる❸
- CSSでの色指定は、要素に合わせて最適化する。使用する色数は必要最小限に抑える
- 画像は必ずsRGBで書き出す。Adobe RGBなどほかの色空間は極力使わない
- ユーザー環境に左右されない配色設計を心がける(大きな明度差のある色使い、シンプルな色数など)
- コーポレートカラーなどの企業指定色は、色見本を元にLab値で厳密に管理しておく
- モニターのキャリブレーションを欠かさず、常に精度の高い色管理環境を整える

色のつながりを意識し、デザインデータから納品までトータルに色を管理する。そんな姿勢こそが、プロのWebデザイナーには求められているのです。

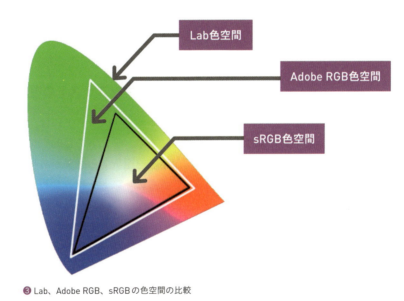

❸ Lab、Adobe RGB、sRGBの色空間の比較

Keyword Box

Wide Color Gamut (WCG)
sRGBの色域を超える、より広い色再現領域を持つデバイスやフォーマットの総称。

カラープロファイル
デバイスの色再現特性を記述したデータセット。ICCプロファイルが代表的。

Lab
CIE 1976で定義された知覚的に均等な色空間。機器に依存しない色指定が可能。

chapter 5

03 アクセステストとパフォーマンステスト

Webサイトの速度や処理能力を評価するために、アクセステストとパフォーマンステストが行われます。本項では、アクセステストとパフォーマンステストの目的や実施方法、ツールの選定について解説します。Webサイトの品質を保証し、快適な利用体験を提供するために、これらのテストの重要性を理解しましょう。

Point

1 アクセステストは、Webサイトへのアクセスが問題なく行われるかを確認するテスト
2 パフォーマンステストは、高負荷状態でのWebサイトの応答速度や安定性を評価するテスト
3 テスト実施にはツールを活用するが、目的に合ったツールを適切に選ぶ必要がある

アクセステストとパフォーマンステストの違い

アクセステストとパフォーマンステストは、どちらもWebサイトの性能を評価するテストですが、その目的と方法は異なります。

アクセステストは、Webサイトに想定した利用者数がアクセスした場合に、問題なくページが表示されるかどうかを確認するテストです。具体的には、ユーザーシミュレーションツールを使って、同時にアクセスを行います。すべての利用者に対して、適切にコンテンツが配信されるかを検証するのが目的です。

これに対し、**パフォーマンステスト**は、高負荷の状態でWebサイトがどの程度の応答速度と安定性を維持できるかを評価するテストです。大量のアクセスが集中した場合や、複雑な処理が実行された場合など、厳しい条件下でのサイトのパフォーマンスを測定します。応答速度の低下や、エラーの発生がないかを確認するのが目的となります。

つまり、アクセステストが通常の利用を想定しているのに対し、パフォーマンステストは過酷な条件を課すという違いがあるのです。利用シーンに応じて、適切なテストを行うことが求められます。

パフォーマンステストの種類

パフォーマンステストには、❶のような種類があります。テストの目的や対象に応じて、適切な手法を選択する必要があります。

これらのテストを組み合わせることで、さまざまな角度からシステムの性能を検証できます。網羅的なパフォーマンステストを行うことが、信頼性の高いWebサイトを構築するためには不可欠なのです。

負荷テスト	アクセス数を徐々に増やしていき、システムの限界点を探るテスト。サーバーのキャパシティを測定するために用いられる
ストレステスト	極端に高い負荷をかけ続け、システムの挙動を確認するテスト。障害対策の観点から行われることが多い
スパイクテスト	アクセスが急激に増減する状況を再現し、その影響を調べるテスト。突発的なアクセス集中への耐性を診断できる
エンデュランステスト	長時間にわたって一定の負荷をかけ続けるテスト。システムが安定して稼働し続けられるかを確認できる

❶ パフォーマンステストの種類

パフォーマンステストのツール

パフォーマンステストを行うためには、専用のツールを活用するのが一般的です。テストの目的や規模に合わせて、適切なツールを選定することが重要になります。

代表的なパフォーマンステストツールとしては、❷のようなものが挙げられます。

どのツールにも一長一短があるため、自社の環境や目的に合うものを選ぶ必要があります。また、ツールの使い方をマスターするには、一定の学習コストがかかることも念頭に置いておくべきでしょう。

パフォーマンステストの実施ポイント

パフォーマンステストを実施する際は、❸のような点に注意が必要です。

これらを適切に行うことで、パフォーマンステストは大きな効果を発揮します。専門的な知識と経験が求められる分野ではありますが、確実にシステムの品質向上に寄与するはずです。

Apache JMeter	Apacheが提供するオープンソースのテストツール。WebアプリケーションからFTPサーバーまで、幅広くテストできる
LoadRunner	Micro Focusが提供する商用ツール。大規模なシステムに対応しており、企業での利用実績が豊富
WebLOAD	Radviewが開発したツール。GUIによる直感的な操作が特徴。負荷テストに主眼を置いている
Gatling	Scalaで実装されたオープンソースのツール。シナリオの記述にコーディングが必要だが、高い拡張性を持つ

❷ パフォーマンステストのツール

適切な指標を設定する	応答速度や同時接続数など、システムの性能を測る指標を適切に定義する。
現実的なテストシナリオを用意する	実際の利用を反映したテストシナリオを作成し、現実に即した検証を行う
段階的に負荷をかける	初めから過度の負荷をかけるのではなく、徐々に負荷を増やしていき、システムの変化を観察する
ボトルネックを特定する	パフォーマンスの劣化箇所を突き止め、改善すべきポイントを明らかにする
テスト結果を分析する	単にテストをこなすだけでなく、結果の考察を行い、システム改善に活かす

❸ パフォーマンステストの注意点

Keyword Box

シナリオ
テストで実行する一連の操作を記述したもの。テストの手順書のようなもの。

ボトルネック
システムのパフォーマンスを妨げている要因。速度低下の原因となる箇所。

スケーラビリティ
負荷に応じてシステムの処理能力を拡張できる性質。Webシステムに求められる重要な特性。

column · 05

ソーシャルコマースと
ライブコマースを活用する

ソーシャルコマースの基本と活用方法

ソーシャルコマースとは、ソーシャルメディア上で商品の販売を行う手法の総称です。SNSが購買行動の起点となり、商品の発見から購入までをワンストップで完結できるのが特徴です。

従来のECサイトでは、ユーザーは能動的に商品を探しにいく必要がありました。一方、ソーシャルコマースでは、SNSのタイムラインに自然と現れる投稿から購買へとつながります。「友達が買っているから」「フォローしているインフルエンサーが使っているから」といった、他者からの影響を受けて購入を決める、まさにソーシャルメディアならではの購買体験といえるでしょう。

1. 多様なソーシャルコマースの形態

ソーシャルコマースには、使用するプラットフォームやサービス形態によって、様々なバリエーションがあります。代表的なものは下記の表の通りです。企業がソーシャルコマースに取り組む際は、自社の商品特性やターゲット層に合わせて、最適なプラットフォームや手法を選択することが重要です。

形態	特徴
SNS・ソーシャルメディア型	Instagram、Facebook、PinterestなどのSNSで商品販売を行う
CtoCマーケットプレイス型	メルカリ、ラクマなどのフリマアプリで個人間の売買を仲介
レコメンド型	Amazonのレビュー機能のように、ユーザーのレビューや口コミを販売促進に活かす
ユーザー参加型	CAMPFIREなどのクラウドファンディングで企画段階から資金調達を行う

2. ソーシャルコマースを活用するメリット

ソーシャルコマースに取り組むメリットは、大きく分けて2つあります。

1つ目は、自社ECサイトへの送客効果です。SNSでの投稿から直接自社サイトへ誘導することで、認知拡大とともに購買につなげられます。商品紹介に加えてブランドストーリーを発信することで、ECサイトだけでは伝えきれない世界観を訴求することも可能でしょう。

2つ目は、運用の手軽さです。自前でECサイトを構築する場合、初期費用も運用コストもかかりますが、ソーシャルコマース活用なら、既存のSNSアカウントを使って比較的容易に始められます。商品ラインナップが少ない段階でも、実験的に販売を始めやすいのは大きな利点と言えます。

一方で、ソーシャルコマースにはデメリットもあります。ECサイトに比べるとデザインの自由度が低く、ブランドイメージを十分に制御できない点には注意が必要です。また、購入者情報もSNS事業者に握られるため、自社の顧客データとして蓄積しづらいのも悩ましい点でしょう。

ライブコマースの特性と実践のポイント

ライブコマースとは、ライブ配信を通じて商品を販売する手法です。配信者と視聴者がリアルタイムでコミュニケーションを取りながら、商品の魅力を伝えていきます。

テレビショッピングのように一方的な説明ではなく、視聴者の反応を見ながら柔軟に商品の紹介を進められるのがライブコマースの強みです。「サイズ感はどうですか？」「他の色はありますか？」といった視聴者の質問にその場で答えることで、リアルな店頭での接客に近い体験を提供できます。また、配信者の表情や話し方から、商品への思い入れや人となりが伝わるのもライブ配信ならではの効果。「同じ商品を使っているこの人になら買ってもいい」と感じさせることで、購買意欲を高めることができるでしょう。

1. ライブコマースを成功に導くポイント

ライブコマースを実践する上でまず重要なのが、魅力的な配信者の起用です。商品知識が豊富で、且つ視聴者を飽きさせない話術を持っている人物を選ぶことが欠かせません。社内の適任者を育成するのはもちろん、インフルエンサーなど外部の専門家に協力を仰ぐのも一つの手です。

配信内容や商品選定も工夫が必要です。単に商品の機能を説明するだけでは視聴者の心を掴めません。ストーリー性を持たせた展開や、視聴者参加型の企画など、エンタメ性を意識した構成を心がけましょう。扱う商品も、ライブ配信になじみやすいものを選ぶ必要があります。

視聴者とのコミュニケーションを活性化させる施策も重要です。視聴中のコメントに積極的に反応したり、プレゼント企画を用意したりと、参加意欲を高める仕掛けを盛り込みましょう。購入者の声を次回の配信で紹介するなど、視聴者と配信をつなぐ工夫も効果的です。

配信後のフォローも欠かせません。アーカイブ動画をSNSで展開し、見逃した人へのアプローチを継続することで、購入者の裾野を広げられます。質問や感想へのフィードバックを通じて、ファンとの関係性を築いていくことも大切でしょう。

ソーシャルコマースとライブコマースの連携

ソーシャルコマースとライブコマースは、それぞれに独自の強みを持つ販売手法ですが、両者を組み合わせることでさらなる相乗効果も期待できます。例えば、Instagramのフィードでソーシャルコマースのための商品投稿を展開しつつ、ストーリーズでライブコマースを実施するといった形です。商品を魅力的に見せるクリエイティブな投稿で興味を引き、ライブ配信でより詳細な情報と臨場感を伝えることで、購買へとつなげていく。このように、両者のよさを掛け合わせた多角的なアプローチが可能になります。

ソーシャルコマースで築いたファン層にライブコマースへの参加を呼びかけたり、ライブコマースの視聴者をソーシャルコマースでのリピート購入に誘導したり。相互送客による購買体験の充実も目指せるでしょう。

---

column・06

Web制作で使えるオープンソース
プラットフォームの種類

オープンソースCMSの代表格

Web制作に役立つオープンソースソフトウェアは数多く存在します。CMS（コンテンツ管理システム）では、WordPress、Joomla!、Drupalなどが有名で、高機能でありながら無料で利用できるのが特徴です。販売管理や顧客管理、動画配信、オンライン会議など、Webサービスに必要な機能を担うオープンソースも充実しています。これらのツールを活用することで、低コストかつ自由度の高いWeb制作が可能になります。

Webサイト制作の基盤となるCMSは、オープンソース界隈で最も活況を呈している分野の1つです。中でも定番といえるのが、以下の3つのCMSでしょう。

1. WordPress

世界でも圧倒的なシェアを誇る、オープンソースCMSの王様的存在です。ブログからコーポレートサイト、ポータルサイトまで、あらゆるWebサイトを構築できる汎用性の高さが特徴。豊富なプラグインとテーマにより、デザインも機能拡張も自在です。初心者にも使いやすいのが人気の理由です。

2. Joomla!

直感的な管理画面とユーザー権限の細かな設定が可能な点が評価されています。コンポーネントと呼ばれる拡張機能も豊富で、ECサイトや会員制サイトなども構築可能。多言語対応にも優れ、グローバル展開を視野に入れたサイト作りに適しています。

3. Drupal

柔軟性とセキュリティの高さを武器に、政府系や大学、非営利団体のサイトでの採用事例が目立ちます。他のCMSに比べると習得難易度がやや高いものの、複雑で大規模なコンテンツ構造を設計できるのが強み。最近はヘッドレスCMSとしての用途でも注目を集めています。

ECサイト構築に適したオープンソース

オープンソースのECプラットフォームを活用すれば、初期費用を抑えつつ、自社色の強いオンラインストアを構築できます。定番の3つをピックアップしてみましょう。

1. Magento

大規模ECサイトの構築に実績の多い、PHP製のECプラットフォームです。マルチストア機能により、1つのバックエンドで複数のストアフロントを管理できるのが特徴。高い拡張性とカスタマイズ性を備えていますが、習得に時間がかかるのがネックです。

2. PrestaShop

フランス発のECプラットフォームで、ヨーロッパを中心に人気を博しています。シンプルでありながら必要十分な機能を備え、カスタマイズも比較的容易。テンプレートも豊富で、デザイン性の高いストア構築に向いています。

3. WooCommerce

WordPress用のECプラグインですが、単体でも十分に通用する機能を持っています。WordPressの知識があれば扱いやすく、既存のWordPressサイトにストア機能を追加するのにも便利です。

業務用途に特化したオープンソース

Web制作に直結するツール以外にも、販売管理や顧客管理、動画配信など、Webサービス運営に欠かせない業務をサポートするオープンソースが充実しています。代表的なものを見てみましょう。

1. SalesCube（販売管理）

在庫管理や受発注、入出金処理などをカバーする、中小企業向けの販売管理システムです。機能の取捨選択や帳票のカスタマイズが可能で、自社の業務フローに合わせて柔軟に対応できます。

2. SugarCRM（顧客管理）

営業支援に必要な機能を網羅した、本格的なCRMシステムです。商談管理やリードの育成、キャンペーンの展開など、顧客との関係構築に役立つ機能が満載。クラウド版とオンプレミス版を選べるのも魅力です。

3. Kaltura（動画配信）

動画の編集・管理・配信を一元的に行えるビデオプラットフォームです。デバイスを問わない再生環境の提供や、視聴分析まで可能。教育機関での利用実績も豊富で、動画を軸にしたサービス展開に最適といえます。

4. BigBlueButton（Web会議）

ブラウザベースで手軽に使えるオンライン会議システムです。資料や画面の共有、グループでのブレイクアウトルームなど、一通りの会議機能を備えます。商用サービスに比べると見劣りしない完成度の高さも注目点です。

第6章
集客・マーケティング

chapter

01	新しい時代のマーケティング手法	172
02	AI時代のネット広告	176
03	マーケティングリサーチ	179
04	複数メディアとの連携による集客	182
05	スマートフォンとの連携による集客	185
06	クチコミマーケティング	188
07	SNSマーケティング	191

chapter 6
01 新しい時代のマーケティング手法

デジタル技術の急速な発展と社会の複雑化に伴い、マーケティングのあり方は変革期を迎えています。生活者一人ひとりの個別ニーズを捉え、共感を通じて新たな価値を共創することが必要です。本項では、価値共創を重視する「価値主導のマーケティング」の考え方と、有効なWebサイトの活用方法について解説します。

Point
1. 一方的な価値の押し付けから、生活者との共感を通じた価値共創へ
2. 生成AIを活用し、データから得られる深い顧客理解とパーソナライゼーションを実現
3. Webを介してデジタルとリアルを融合し、一人ひとりに寄り添うシームレスな顧客体験を提供

マーケティングを取り巻く環境変化

マーケティングは、時代とともに大きな進化を遂げてきました。世界的なマーケティングの権威であるフィリップ・コトラー氏は、この進化の過程を5つの段階に分けて解説しています❶。

マーケティング1.0から3.0までは、製品中心から消費者志向、そして価値主導へと移行していきました。売り込み型の手法からデジタルマーケティングへと変化し、企業と消費者の共感を通じた価値創造が重視されるようになったのです。

マーケティング4.0では、消費者の自己実現を支援することがテーマとなり、共創とパーソナライゼーションがキーワードになりました。そして現在のマーケティング5.0では、AI、ビッグデータ解析、IoT、ブロックチェーンなどの最新テクノロジーを活用し、パーソナライゼーションと価値共創を極限まで追求する時代へと突入

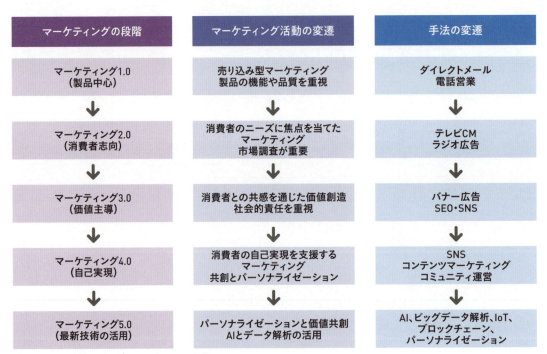

❶ コトラーが分類するマーケティングの5つの段階

しています。

デジタル技術の目覚ましい進歩は、マーケティングのあり方そのものを変えつつあります。特にAIは、膨大なデータから洞察を引き出し、新たな価値を生み出す可能性を秘めており、マーケティングの世界でもその影響力は日々大きくなっています。

2024年に発表された日本マーケティング協会の新しい定義では、マーケティングを「顧客や社会と共に価値を創造し、その価値を広く浸透させることによって、ステークホルダーとの関係性を醸成し、より豊かで持続可能な社会を実現するための構想でありプロセス」と捉えています[14]。つまり、マーケティングは「売り込み」から「共創」へと大きくシフトしているのです。

これからのマーケターは、テクノロジーの力を借りながらも、人間らしい共感や創造性を発揮し、顧客や社会と共に新しい価値を生み出していくことが求められます。AIなどのテクノロジーを適切に活用しつつ、マーケティングの本質である価値創造を見失わないこと。それが、マーケティング5.0時代を生き抜くための鍵となるでしょう。

コトラー氏の提唱するマーケティングの進化の概念は、テクノロジーの発展と密接に関わっています。マーケティング1.0から5.0までの変遷を理解し、テクノロジーの力を取り入れながら、人間中心の価値創造を追求すること。それ

[14] https://www.jma2-jp.org/jma/aboutjma/jmaorganization

こそが、これからのマーケティングに求められる重要な視点ではないでしょうか。私たちは、技術と人間性の調和を図りながら、より豊かで持続可能な社会の実現に向けて歩んでいく必要があるのです。

価値共創マーケティングの時代へ

生成AIに代表されるデジタル技術の進化により、膨大なデータの収集と分析が可能になりました。オンライン上の行動履歴や購買データ、ソーシャルメディア上の発言など、生活者の声を様々な形で取り込むことができるのです。しかし、それだけでは表層的な理解にとどまってしまいます。

大切なのは、そのデータに表れる生活者の心の動きを汲み取ること。AIによるデータ解析に加え、生活者との直接的なコミュニケーションを重ね、共感を通じて深い**インサイト**を引き出していく。そうした「データ×共感」のアプローチにより、一人ひとりのコンテクストに即した真の顧客理解が可能になるのです。

● シームレスな顧客体験の設計

デジタルシフトが進む中、オンラインとオフラインの垣根はますます曖昧になりつつあります。生活者は、Webサイトでの情報収集から実店舗での購買、SNSでの口コミ発信まで、実にシームレスに行動しています。この動きを捉え、一貫した顧客体験を提供することが重要です。

例えば、ECサイトでの閲覧履歴をもとに、店頭で最適な商品を提案したり、アプリで事前注

Keyword Box

インサイト
生活者の深層心理や潜在ニーズ、購買行動の背景にある本質的な理由のこと。

シームレスな顧客体験
オンラインとオフラインの垣根を越え、一貫性のある価値提供を行うこと。

OMO
Online Merges with Offline の略。Webと実店舗の体験を融合させる概念。

文した商品を店舗で受け取ったりといった、オンラインとオフラインを融合した**OMO**（Online Merges with Offline）の取り組みが注目されています。こうした施策により、生活者に寄り添った価値提供が可能になるのです。

● 人間味あふれるコミュニケーション

AIなどのデジタル技術を活用する一方で、忘れてはならないのが、人と人との絆の大切さです。ブランドの個性を表現し、生活者の心に響くストーリーを紡ぐ。そして、一人ひとりとの丁寧な対話を通じて、信頼関係を築いていく。そうしたアナログな価値こそ、これからのマーケティングに欠かせない要素と言えるでしょう。

デジタルとアナログ、機械と人間、データと共感。それぞれの強みを活かし、ベストミックスを追求すること。それこそが、これからの価値共創マーケティングに求められる視点だと考えます。

Webサイトを中心とした施策の可能性

価値共創マーケティングを実践する上で、Webサイトは大きな役割を果たします。単なる情報発信の場を超えて、生活者との接点を生み出し、共創を促進するプラットフォームとしての機能が期待されているのです。ここからは、Webサイトを中心に展開できる施策について考えてみましょう。

● パーソナライズされたレコメンデーション

生成AIを活用することで、一人ひとりの趣味嗜好に合わせたコンテンツやサービスを提案することができます。Webサイト上の行動履歴や購買データをリアルタイムで分析し、最適なレコメンドを行う。そうしたパーソナライゼーションにより、顧客ロイヤルティの向上につなげることができるのです。

● 没入感のあるブランド体験の演出

インタラクティブなデザインや**ゲーミフィケーション**の手法を取り入れることで、Webサイト上で印象的なブランド体験を提供することができます。ストーリー性のあるコンテンツや、五感に訴求するような表現で、ブランドの世界観を伝えていく。そうした没入感のある体験により、ブランドへの共感や愛着を深めることができるでしょう。

● シェアしたくなる魅力的なコンテンツ

Webサイト上で、生活者の心を掴むような良質なコンテンツを発信することも重要です。単なる商品説明にとどまらず、生活者の関心事に寄り添った記事や動画、**インフォグラフィックス**など、多様なフォーマットでの情報発信が求められます。魅力的なコンテンツは、ソーシャルメディアでのシェアを促し、ブランドのファン獲得にもつながるのです。

● オンラインとオフラインを融合する OMOの展開

Webサイト上での情報発信や販売促進と、リアル店舗での体験を連動させることで、シームレスな顧客体験を提供することができます。例えば、オンラインストアで注文した商品を店舗で受け取れるようにしたり、店頭で試着した商品をその場で注文できるようにしたり。オンラインとオフラインのメリットを掛け合わせることで、利便性と満足度の高いサービスが実現できるのです❷。

Webサイトを軸としたデジタルマーケティングの可能性は、まだまだ無限大。生成AIをはじめとする最新テクノロジーを効果的に活用しつつ、生活者一人ひとりの心に響くコミュニケーションを図っていく。そうしたWebマーケティングの高度化を通じ、新たな価値創造につなげていくことが、これからのWebサイト制作や

マーケティング担当者に求められているのではないでしょうか。

　マーケティングの本質は、生活者の心をつかむこと。そのための手段は時代とともに変化を続けます。大切なのは、生活者に寄り添い続ける姿勢を保ちつつ、新しい価値を生み出す創造性を発揮し続けること。AIによって加速するデジタル変革を味方につけながら、アナログな感性を大切にする。人間らしさと機械的合理性のベストバランスを追求する。そこに、これからのマーケティングの活路があるのだと信じています。

項目	具体例	詳細
パーソナライズされたレコメンデーション	1. 過去の購入履歴に基づいて、おすすめの商品を表示する	ECサイトで、ユーザーが過去に購入した商品と関連性の高い商品を表示する
	2. ユーザーの閲覧履歴に基づいて、おすすめのコンテンツを表示する	ニュースサイトで、ユーザーが過去に閲覧した記事と関連性の高い記事を表示する
	3. ユーザーの行動データに基づいて、おすすめのキャンペーン情報を表示する	旅行予約サイトで、ユーザーの検索履歴に基づいて、おすすめの旅行プランを表示する
没入感のあるブランド体験の演出	1. インタラクティブなコンテンツで、ユーザーの参加を促す	クイズやゲームなどのインタラクティブなコンテンツで、ユーザーを楽しませながらブランドを訴求する
	2. ストーリー性のあるコンテンツで、ブランドの世界観を伝える	ブランドの歴史や理念をストーリー形式で伝えることで、ユーザーの共感を呼ぶ
	3. 五感に訴求するような表現で、ブランドの魅力を伝える	動画や音楽、画像などを活用して、ユーザーの五感に訴求する
シェアしたくなる魅力的なコンテンツ	1. 生活者の関心事に寄り添った記事を発信する	トレンドやライフハックに関する記事で、ユーザーの役に立つ情報を提供する
	2. 高品質な動画を制作して、ユーザーの興味を引く	商品紹介動画やインタビュー動画など、ユーザーの興味を引くような動画を制作する
	3. インフォグラフィックスで、情報を分かりやすく伝える	統計データなどをインフォグラフィックスで可視化することで、ユーザーに情報を分かりやすく伝える
オンラインとオフラインを融合するOMOの展開	1. オンラインストアで注文した商品を店舗で受け取れるようにする	ECサイトで注文した商品を、近くの店舗で受け取ることができるようにする
	2. 店舗で試着した商品をその場で注文できるようにする	店舗で試着した商品を、スマートフォンでその場で注文することができるようにする
	3. オンラインとオフラインの顧客データを統合して、より効果的なマーケティングを行う	オンラインストアと店舗の顧客データを統合することで、顧客の購買行動をより深く理解し、効果的なマーケティング施策を実行する

❷ Webサイトを中心とした施策

Keyword Box

ゲーミフィケーション

ゲーム的な要素を取り入れることで、ユーザーの自発的な参加を促す手法。

インフォグラフィックス

情報やデータを視覚的に表現したグラフィックコンテンツ。

ペルソナ

ターゲットユーザーの特徴を人物像として定義したもの。

chapter 6
02

AI時代のネット広告

インターネットの普及とともに、企業のマーケティング活動におけるネット広告の重要性が高まっています。ネット広告とは、インターネット上で広告主がWebサイトなどの広告メディアを通じてメッセージを配信し、対価を得るサービスのことです。本項では、ネット広告市場の現状と具体的な種類について解説します。

Point
1. 国内のネット広告市場は拡大を続けており、2024年度には3兆円ほどになる見通し
2. ディスプレイ広告や検索連動型広告など、ネット広告には多様な種類と特徴がある
3. 動画広告やインフルエンサー広告など、よりパーソナライズされた新しい広告手法に注目

ネット広告市場の現状

電通グループ4社（CCI／電通／電通デジタル／セプテーニ）の共同調査によると、2023年の日本の総広告費は前年比103.0％の7兆3,167億円となり、過去最高を更新しました。その中でもインターネット広告費は堅調に伸長し、前年比107.8％の3兆3,330億円と過去最高を記録。日本の総広告費全体の45.5％を占めるまでになりました。

インターネット広告費からインターネット広告制作費および物販系ECプラットフォーム広告費を除いたインターネット広告媒体費は、ビデオ（動画）広告やデジタル販促の伸長により、前年比108.3％の2兆6,870億円となっています。

2024年のインターネット広告媒体費は前年比108.4％の2兆9,124億円へ増加すると予測されており、引き続き拡大傾向が見込まれます❶。特にビデオ（動画）広告は2023年に前年比115.9％の6,860億円と高い成長率を記録し、2024年も前年比112.2％の7,697億円へ伸長すると予想されています[15]。

企業のデジタルシフトが加速する中、インターネット広告は今やマーケティング活動に不可欠

---
[15] https://www.dentsu.co.jp/news/release/2024/0312-010700.html

❶ インターネット広告媒体費総額の推移（予測）
出典：「2023年 日本の広告費 インターネット広告媒体費 詳細分析」株式会社電通

な存在となっており、今後もさらなる成長が期待されます。

前項で述べたように、現代のマーケティングでは、企業と顧客、そして社会が共に価値を創造していくことが重要なテーマとなっています。その中にあって、ネット広告は、Webサイトを通じたコミュニケーションの起点として、大きな役割を果たします。ターゲットとなる顧客に適切なメッセージを届け、興味関心を喚起する。そして、Webサイト上での体験を通じて、ブランドへの共感や信頼を醸成する。ネット広告は、

そうした価値共創のプロセスに不可欠な要素なのです。

ネット広告の種類と特徴

ネット広告には、様々な種類があります。❷に代表的な広告手法を挙げていきます。

これらの広告手法は、目的や対象に応じて、単独あるいは組み合わせて用いられます。近年は、動画広告やソーシャル広告、インフルエンサー広告など、生活者の能動的な関与を促す手法への注目が高まっています。広告とコンテンツの境

種類	概要	効果	代表的な媒体
ディスプレイ広告	Webサイトに表示されるバナー広告などの画像や動画による広告	ブランド認知度向上、訴求	Webサイト、アプリ
リスティング広告（検索連動型広告）	Google等の検索エンジンの検索結果画面に表示されるテキスト広告	費用対効果、顧客獲得	検索エンジン
動画広告	YouTubeなどの動画共有サイトやストリーミング広告における動画広告。動画の視聴前・視聴中・視聴後に挿入されるプレロール・ミッドロール・ポストロール広告などがある	訴求力、エンゲージメント	YouTube、ストリーミングサービス
ソーシャル広告	FacebookやX、Instagramなどのソーシャルメディア上で展開するテキストや画像、動画広告	ターゲティング、エンゲージメント	Facebook、X、Instagram
ネイティブ広告	Webサイトのコンテンツに溶け込んだ形で表示される広告。記事広告やレコメンド型広告などが含まれる	違和感の少ない自然な訴求	ニュースサイト、ECサイト
メール広告	ターゲティングメールやメールマガジンに掲載されるテキストや画像広告	セグメントされたアプローチ	メルマガ、顧客リスト
アフィリエイト広告	成果報酬型のテキスト、画像、バナーの広告モデル。商品購入や会員登録などの成果が発生した場合にのみ広告費が発生	成果報酬型	ブログ、アフィリエイトサイト
音声広告	ポッドキャスト、ストリーミングサービス、スマートスピーカーなど音声コンテンツ接触時に流れる広告	浸透性、新たなチャネル	ポッドキャスト、スマートスピーカー
デジタルサイネージ広告	電子看板など屋外の大型ディスプレイで表示されるデジタル広告	ロケーションターゲティング	駅、商業施設
インフルエンサー広告	インスタグラマーやYouTuberなどのSNS上で影響力を持つインフルエンサーを活用した広告手法	信頼性、口コミ	SNSインフルエンサー

❷ ネット広告の代表的な手法

Keyword Box

ダイナミック・クリエイティブ・オプティマイゼーション（DCO）

プログラマティック広告の一種で、リアルタイム・テクノロジーを用いて広告クリエイティブを出し分け、パフォーマンスの最適化を可能にするもの。

ROAS（広告支出収益率）

広告に投下した費用に対し、どれだけの売上や収益を得られたかを示す指標。

界が曖昧になりつつある中、いかに自然な形で
ブランドの価値を伝えていけるか、それが現代
の広告クリエイティブに求められているのです。

　ネット広告は、マス広告では難しかった、個
別化された広告メッセージの配信を可能にしま
す。Webサイトでのユーザー行動履歴などのデー
タを活用し、パーソナライズされたメッセージ
を届ける。そうしたオンライン上での見込み顧
客の育成が、オフラインでの購買行動やブラン
ド・ロイヤルティにつながっていく。デジタル
とリアルの融合を見据えたマーケティング戦略
の中で、ネット広告の役割はますます大きくな
るでしょう。

　一方で、ネット広告の課題として、広告ブロッ
クやアドフラウド、ブランドセーフティなどの
問題も指摘されています。ユーザーにとって価
値ある広告体験を提供し、適切に運用管理して
いくことが、広告主とメディア、そしてマーケ
ターに求められているのです。

生成AIを活用した
ターゲティング広告の事例と可能性

　近年、生成AI技術の発展に伴い、ネット広告
におけるパーソナライゼーションがさらに進化
しています。生成AIを活用することで、ユーザー
の興味関心や行動履歴に基づいた、よりターゲッ
トを絞り込んだ広告配信が可能になるのです。

　例えば、米国の広告テクノロジー企業Persado
は、生成AIを用いて広告コピーを自動生成する
サービスを提供しています。ユーザーの属性や
行動データを分析し、最適なメッセージを生成・

配信することで、広告のクリック率や購入率の
向上につなげています。また、Googleが開発し
たCreative AI Betaというツールは、ユーザー
の検索クエリに合わせて、リアルタイムで広告
バナーのデザインを自動生成。パーソナライズ
された広告クリエイティブの配信を実現してい
ます。

　今後、生成AIを活用した**ダイナミック・クリ
エイティブ・オプティマイゼーション**（**DCO**）の
手法がさらに進化していくことが予想されます。
ユーザーの反応をリアルタイムで分析し、よりエ
ンゲージメントの高い広告表現を自動的に生成・
配信する。そうした**One to One マーケティング**
がデジタル広告の主流になっていくでしょう。

　また、AIを活用した動画広告の自動生成にも
注目が集まっています。膨大な映像素材の中か
ら最適なシーンを選択し、ユーザーの属性に合
わせた動画広告を自動編集する。そうした技術
により、動画制作にかかるコストと時間を大幅
に削減しつつ、高い広告効果を狙うことができ
ます。

　一方で、生成AIを用いたターゲティング広告
には、プライバシーの観点からの懸念も指摘さ
れています。ユーザーのデータを適切に管理し、
説明責任を果たしていくことが広告主に求めら
れます。また、AIによって生成された広告表現
が、ときに不適切なものになってしまうリスク
もあります。広告クリエイティブの質を担保し
つつ、倫理的な配慮を怠らないことが肝要だと
いえるでしょう。

Keyword Box

ブランドリフト
広告接触によるブランド認知や好意度の変
化。ブランディング効果の指標。

ビューアビリティ
ユーザーが実際に広告を見られる機会が
あったかどうかを測定する指標。

サードパーティデータ
外部データプロバイダから提供される、オー
ディエンスの人口統計や行動履歴などの
データ。

chapter 6　集客・マーケティング

マーケティングリサーチ

chapter 6
03

マーケティングリサーチは、Web制作に限らず、あらゆるビジネスの意思決定に不可欠な情報収集活動です。本項では、マーケティングリサーチの目的と種類、具体的な調査ステップについて解説します。定量調査と定性調査の特徴と相補的な関係性を理解し、生成AIを活用した最新の調査手法についても触れていきます。

Point
1　マーケティングリサーチは、ユーザーニーズの把握やマーケティング戦略の立案に不可欠
2　定量調査と定性調査を適切に組み合わせることで、客観的かつ深層的な顧客理解が可能に
3　生成AIを活用することで、調査の効率化と高度化が進んでいる

マーケティングリサーチとは

　マーケティングリサーチとは、企業が製品やサービスに関する意思決定を行う際に必要な情報を収集・分析し、問題解決や機会発見につなげる一連の活動のことを指します。Webサイトの制作や運用においても、ユーザーニーズを的確に捉え、よりよいユーザー体験を提供していくために、マーケティングリサーチは欠かせません。

　具体的には、以下のような目的でマーケティングリサーチが行われます。

・顧客ニーズや市場トレンドの把握
・競合他社の動向分析
・新製品・サービスの開発や改善
・マーケティング施策の効果測定
・ブランドイメージの評価

　こうした情報収集を通じて、自社の強みと弱みを認識し、市場における自社のポジショニングを明確化する。それが、マーケティング戦略の立案につながっていくのです。

マーケティングリサーチの種類

　マーケティングリサーチは、大きく定量調査と定性調査の2つに分類されます。

① 定量調査

　数値化されたデータを収集・分析する調査手法。アンケート調査や購買データ分析などが含まれます。サンプル数が多いため、結果の一般化が可能です。一方で、表面的な情報しか得られないという欠点もあります。

② 定性調査

　言葉や行動から質的なデータを収集・分析する調査手法。インタビューやグループディスカッション、**エスノグラフィ**などが含まれます。深層心理やニーズの背景にある価値観などを探ることができます。ただし、サンプル数が少ないため、結果の一般化には注意が必要です。

　定量調査と定性調査は、互いの欠点を補完し合う関係にあります。例えば、定量調査で顕在化したニーズの背景を、定性調査で深掘りする。あるいは、定性調査で得られた仮説を、定量調査で検証する。両者を適切に組み合わせることで、より立体的な顧客理解が可能になるのです。

マーケティングリサーチのステップ

　次に、マーケティングリサーチの具体的なステップを見ていきましょう。一般的に、以下の5つのステップで進められ、これらのステップを着実に進めていくことで、マーケティングリサー

179

チの成果を最大化することができるのです❶。

① 課題の明確化

まず、何のために調査を行うのか、その目的を明確にします。漠然とした問題意識ではなく、具体的な課題を設定することが重要です。

② 調査設計

目的に応じて、調査の対象者や手法、サンプル数、質問項目などを設計します。定量調査と定性調査のどちらを採用するか、あるいは両者を組み合わせるかも検討します。調査の信頼性と妥当性を担保するための設計が求められます。

③ データ収集

設計に基づいて、実際にデータを収集します。アンケートの配布・回収やインタビューの実施など、手法に応じた適切な運用が必要です。

④ データ分析

収集したデータを集計・分析します。単純集計だけでなく、クロス集計やデータマイニングなども行います。定性データについては、**テキストマイニング**や**KJ法**などの手法を用いて、パターンや構造を見出していきます。

⑤ レポーティング

分析結果を報告書にまとめ、意思決定者に提供します。数値データだけでなく、図表やグラフを用いてわかりやすく可視化することが大切です。

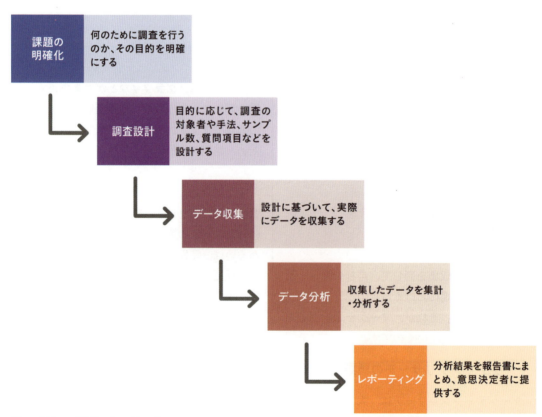

❶ マーケティングリサーチのステップ

生成AIを活用した最新のマーケティングリサーチ

近年、生成AI技術の発展に伴い、マーケティングリサーチの手法も大きく変化しつつあります。特に注目されているのが、自然言語処理を用いた定性データの分析です。

従来、インタビューやアンケートの自由回答欄など、非構造化テキストデータの分析は、手作業に頼らざるを得ませんでした。しかし、ChatGPTのような大規模言語モデルを用いることで、膨大なテキストデータから自動的にインサイトを抽出することが可能になっています。

例えば、回答者の感情や意図を自動的に判定し、肯定的・否定的な意見を分類するだけでなく、頻出するトピックや関連語も抽出。これにより、従来は見落とされがちだった顧客の声を、効率的に拾い上げることができるのです。

また、ChatGPTなどの対話型AIを用いたインタビューも、新たな定性調査の手法として注目されています。人間のインタビュアーでは引き出せないような本音や深層心理を、AIとの自然な対話の中から見出す。そうしたアプローチにより、これまでにない質的データの収集が期待されています。実際に、Microsoftとハーバードビジネス大学院の研究グループ発表の論文によると「GPTに消費者として商品選択に関する質問をすると、経済理論と整合的な回答が得られる」ことが判明しています[16]。

生成AIは、マーケティングリサーチにおける"ブラックボックス"を開く鍵となるかもしれません。大量の非構造化データから価値ある情報を取り出し、より深い顧客理解につなげる。そうしたデータドリブンなマーケティングリサーチが、これからの主流になっていくでしょう。

ただし、AIによる分析結果をそのまま鵜呑みにするのは危険です。あくまで人間の解釈や判断が必要不可欠であり、AIはその支援ツールに過ぎません。倫理的な配慮を忘れず、適切な活用を心がけることが大切だといえるでしょう。

マーケティングリサーチは、ユーザー起点の価値創造を実現するための第一歩です。定量と定性、人間とAI。様々なアプローチを組み合わせながら、顧客理解を深めていく。それが、これからのマーケターに求められる視点なのです。

[16] https://www.hbs.edu/ris/Publication%20Files/23-062_b8fbedcd-ade4-49d6-8bb7-d216650ff3bd.pdf

Keyword Box

エスノグラフィ
人々の実際の行動を観察し、社会的・文化的文脈を理解する定性調査手法。

テキストマイニング
自然言語で書かれたテキストデータから、有益な情報を抽出する技術。

KJ法
グループで行うアイデア発想法。類似性に基づいてデータをグループ化し、構造を見出す。

chapter 6
04 複数メディアとの連携による集客

本項では、クロスメディア戦略の考え方と実践のポイントについて解説します。オムニチャネルの視点から、Webサイトを中心としたメディア横断的な顧客体験設計の重要性を学ぶとともに、コンタクトポイントとカスタマージャーニーの概念を理解し、戦略的な集客手法を習得しましょう。

Point
1 クロスメディア戦略とは、複数のメディアを組み合わせて相乗効果を狙うマーケティング手法
2 Webサイトは、他メディアとの連携で購買前から購買後まで一貫した顧客体験を提供できる
3 オムニチャネルの視点から、Webサイトはカスタマージャーニー全体の設計に貢献する

複数メディアの連携で生まれる相乗効果

クロスメディア戦略とは、テレビ、新聞、雑誌、ラジオなどの従来型メディアと、Webサイトやソーシャルメディアなどのデジタルメディアを組み合わせ、相乗効果を生み出すマーケティング手法です。

それぞれのメディアの特性を活かし、潜在顧客に対して複数回、多角的にアプローチすることで、効果的にメッセージを届け、顧客とのエンゲージメントを高めることができます。

近年では、消費者が情報収集やコミュニケーションを積極的に行うことから、「**タッチポイント**」という言葉が使われるようになりました。これは、企業からの一方的な情報発信である「コンタクトポイント」とは異なり、消費者との双方向のやりとりを重視する考えを表しています。

クロスメディア戦略は、タッチポイントを最大限に活用することで、顧客との深い関係を築き、ビジネスの成長を加速させることができるのです。

RsEsPsモデルのフェーズ	タッチポイント	説明
Recognition（認識フェーズ）	検索エンジン	SEO対策やリスティング広告で商品・サービスを効果的に認知させる
	ソーシャルメディア	インフルエンサーや口コミを活用し、商品・サービスを拡散する
	広告	ターゲティングとクリエイティブの工夫で効率的にリーチする
	PR	メディア露出や広報活動で認知度を高める
Experience（体験フェーズ）	商品ページ	画像、動画、レビューを充実させ、購買意欲を高める
	レビュー	レビューの質を高め、購入検討の参考にしてもらう
	体験イベント	商品・サービスの体験機会を設け、購買意欲を高める
	サンプル・クーポン	期間限定キャンペーンなどで試用を促進し、購買意欲を高める
Purchase（購買フェーズ）	オンラインショップ	決済・配送方法を充実させ、購買を促進する
	実店舗	接客・店内レイアウトを工夫し、顧客満足度を高める
	顧客サポート	迅速・丁寧な対応で顧客満足度を高める
Search・Share・Spread（検索・共有・拡散）	口コミ	顧客満足度を高め、好意的な口コミを促進する
	ソーシャルメディア	SNS映えする商品・サービスを開発し、拡散を促進する
	ブログ・レビューサイト	インフルエンサーやブロガーのレビューで効果的に拡散する
	メディア記事	プレスリリースやメディアリレーションで記事化を促進する

● RsEsPs モデル

Webサイトを中心とする購買行動モデル

Webサイトは、顧客との接点において多様な役割を果たし、購買行動を促進する重要な存在です。テレビCMで興味を持った顧客がWebサイトを訪れたり、Webサイトで情報収集した後に実店舗に足を運んだり、様々なメディアを横断する中で、一貫した顧客体験を提供します。

従来のAIDMAモデルは、マス広告で顧客の関心を高め購買行動につなげることを目的としていました。しかし、インターネット普及により情報収集力が向上した現代、AIDMAモデルだけでは顧客行動を十分に説明できません。

そこで登場したのが、AISASモデルをはじめとするインターネット時代の購買行動モデルです。これらのモデルでは、能動的に情報を探索する消費者の行動を重視し、Webサイトはその検索行動を支える重要な役割を担います。さらに、購買後の満足度を共有する場としても、Webサイトは大きな役割を果たします。

近年では、コンテンツマーケティングの重要性が高まり、共感を得られるようなコンテンツで顧客との関係を築くVISASモデルやSIPSモデルなども提唱されています。

最新のRsEsPsモデルは、Recognition（認識）、Experience（体験）、Purchase（購買）、Search・Share・Spread（検索・共有・拡散）の4つのフェーズで構成されています❶。このモデルの特徴は、各フェーズで検索・共有・拡散が行われる点です。

従来のモデルと比較すると、基本的な流れは大きく変わりませんが、RsEsPsモデルでは各フェーズにおける検索・共有・拡散の重要性が強調されています❷。つまり、今後のマーケティング戦略では、各フェーズで顧客が自発的に情報を検索、共有、拡散するような施策を立案することが重要となります。

クロスメディア戦略を立てる際にも、RsEsPsモデルを踏まえ、各フェーズでの顧客行動を促すような感情に訴求するコンテンツやキャンペーンを展開することが求められるでしょう。

購買行動モデル	特徴	詳細
AIDMA	マス広告によって消費者の関心を引き、購買行動に結びつける	注意→興味→欲求→記憶→行動
AISAS	能動的に情報を探索する消費者の購買行動を説明	注意→興味→検索→行動→共有
VISAS	コンテンツマーケティングの重要性を強調	認知→興味→検索→行動→満足
SIPS	共感を得るようなコンテンツの重要性を強調	共感→興味→参加→共有
RsEsPs	認識・体験・購買の各フェーズで検索・共有・拡散が起こる	認識フェーズ→体験フェーズ→購買フェーズ→検索・共有・拡散

❷ 購買行動モデルとその特徴

Keyword Box

クロスメディア戦略
複数のメディアを組み合わせて相乗効果を狙うマーケティング手法。

タッチポイント
能動的な消費者との接点。双方向のやりとりを重視。

AISASモデル
インターネット時代の購買行動モデル。検索や共有の役割を重視。

オムニチャネル時代の
カスタマージャーニー設計

クロスメディア戦略を考える上で欠かせないのが、**カスタマージャーニー**です。これは、顧客が商品やサービスと出会い、購入を経て愛顧者になるまでの道のりを指します。従来の購買行動モデルとは異なり、購買前から購買後までの長期的な視点に立っています。

Webサイトは、このカスタマージャーニーのあらゆる局面で重要な役割を果たします。商品の検討段階での情報提供、購入時の利便性の向上、購入後のサポートやコミュニティの提供など、Webサイトがカスタマージャーニー全体の設計に貢献することが求められます。

オムニチャネル戦略とも深く関わるこの考え方は、実店舗とオンラインストアの垣根を越えて、あらゆるチャネルを統合的に捉えるものです。Webサイトには、店舗などの他チャネルとの連携を図り、シームレスな顧客体験を実現することが期待されています。

クロスメディア戦略の企画・制作においては、単に思いつきのアイデアを積み上げるのではなく、顧客の動線を設計する視点が重要です。

・街中の看板や店舗の商品POPにQRコードを設置し、モバイルサイトに誘導する
・Webサイト上でクーポンを発行し、店舗での購買を促進する
・店舗で配布したチラシから特設サイトに誘導し、コンテンツで関与を深める

このように、メディアの特性を踏まえながら顧客の行動を想定し、計画的な仕掛けを施していく必要があります。

従来の「待ち伏せ」的な発想から、能動的な情報探索を行う消費者の行動を起点とした「動線設計」の発想へと、クロスメディア戦略は進化しています。Web担当者には、単なるWebサイトの制作者ではなく、メディア横断的な顧客体験の設計者としての役割が求められているのです。

メディア横断的な視点で
顧客体験を設計する

クロスメディア戦略において、Webサイトは他メディアとの連携の要となり、カスタマージャーニー全体に貢献することが重要です。マーケターは常に消費者の視点に立ち、Webサイトを中心としたメディア横断的な顧客体験を設計していく必要があります。

デジタル化の波は、従来のメディア区分を溶解させ、Webサイト、ソーシャルメディア、スマートフォン、デジタルサイネージ、IoTデバイスなど、あらゆる接点がシームレスにつながる時代を築き上げました。

Web制作者やマーケターには、メディアの垣根を越えて顧客との関係性を構築していく、新たな発想が求められています。

Keyword Box

カスタマージャーニー
顧客が商品と出会ってから愛顧者になるまでの一連のプロセス。

オムニチャネル
実店舗とオンラインの垣根を越えてチャネルを統合的に捉える考え方。

QRコード
モバイルサイトへの誘導などに用いる二次元バーコード。

chapter 6 05 スマートフォンとの連携による集客

スマートフォンの普及により、モバイルマーケティングが企業にとって不可欠な戦略となっています。本項では、スマートフォンユーザーの特性を理解した上で、モバイルフレンドリーなWebサイト、SMS、モバイルアプリ、位置情報、ソーシャルメディアなどを活用した集客のポイントについて解説します。

Point
1. スマートフォンユーザーは量的にも質的にもビジネスにとって重要なターゲット層である
2. モバイルフレンドリーなWebサイト、アプリなどを組み合わせたスマートフォンならではの集客
3. ユーザーのプライバシーとニーズに配慮し、最適なモバイルマーケティング戦略を設計

モバイル市場の急成長がマーケティングに変革をもたらす

NTTドコモ モバイル社会研究所によると、スマートフォン所有比率は2010年には4％程度でしたが、2015年に5割、2019年に8割、2021年に9割を超えて2023年は96.3％となっています。スマートフォンユーザーは情報感度が高く、アクティブに情報を発信するなど、企業にとって魅力的なターゲット層です。また、総務省の2023年度の統計によると、2023年のインターネット利用率（個人）は86.2％となっており、端末別のインターネット利用率（個人）は、「スマートフォン」（72.9％）が「パソコン」（47.4％）を大きく上回っています[17]❶。

[17] https://www.soumu.go.jp/johotsusintokei/statistics/data/240607_1.pdf

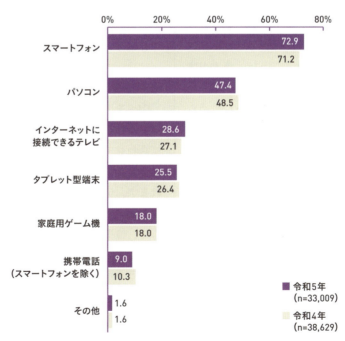

❶ 端末別インターネットの利用状況（個人）
出典：「令和5年通信利用動向調査の結果」総務省

こうしたスマートフォンを筆頭とするモバイル市場の急成長は、企業のマーケティング戦略に大きな変革をもたらしています。ターゲットとなる顧客に届くためには、スマートフォンやモバイル端末を通じたアプローチが欠かせません。加えて、モバイルユーザーは、手軽なシェア機能を通じて、企業のコンテンツを拡散する力も持っています。モバイルマーケティングは、バイラルマーケティングとの親和性が高いのです。

つまり、あらゆる業界・業種において、モバイルマーケティング戦略の立案が急務となっているのです。本項では、そのための具体的な手法を見ていきます。

モバイルフレンドリーなWebサイトの構築

モバイルマーケティングにおける第一歩は、**モバイルフレンドリー**なWebサイトの構築です。スマートフォンの小さな画面やタッチインターフェイスに最適化されたWebサイトは、ユーザビリティの向上だけでなく、検索エンジンでの評価にも影響します。Googleはモバイルフレンドリーなサイトを検索結果で優遇するため、自社サイトをモバイル対応することは、集客力強化に直結するのです。

モバイルフレンドリーなWebサイトに求められるのは、シンプルなナビゲーション、タッチ操作に適した設計、高速な読み込み速度などです。コンテンツも、モバイル閲覧に適したフォーマットで提供する必要があります。レスポンシブデザインの採用や、**AMP**の導入なども検討すべきでしょう。自社サイトがモバイルフレンドリーかどうかは、Googleの提供するテストツールなどを活用して確認しておくことが重要です。

多彩なモバイルマーケティングの手法

モバイルマーケティングには様々なものがあり、以下が代表的なものです。

● SMSマーケティング

SMSは、テキストメッセージを通じたダイレクトなマーケティング手法です。ユーザーがオプトインした上で、パーソナライズされたプロモーションやオファーを配信することができます。セグメンテーションにより、ターゲットを絞ったアプローチが可能なことが強みです。ただし、メッセージ量が増えすぎるとスパムと見なされる恐れもあるため、配信頻度やコンテンツの質には十分注意が必要です。

● モバイルアプリの活用

モバイルアプリは、没入感のあるユーザー体験を提供できる点が魅力です。アプリ経由での購買や予約、クーポン配信などが可能になるほか、プッシュ通知を活用した継続的なコミュニケーションにも活用できます。アプリ開発には一定のコストがかかりますが、機能的なメリットとブランドロイヤルティ向上の効果を考慮に入れて検討したいところです。最近ではアプリ開発の敷居も下がってきているので、自社にとってのROIを冷静に見極めることが肝要といえるでしょう。

● 位置情報マーケティング

GPSを活用した位置情報マーケティングも、モバイルならではの手法です。ユーザーの現在地に合わせて、近隣の店舗情報やクーポンを配信することで、リアル店舗への送客にもつなげられます。デリバリーサービスや**O2O（Online to Offline）**ビジネスとの相性もよいでしょう。一方で、位置情報の取得にはユーザーの同意が不可欠です。オプトイン方式を採用し、ユーザーのプライバシーに最大限配慮する姿勢が求められます。

● ソーシャルメディアの活用

ソーシャルメディアの利用者の約71%がモバ

chapter 6　集客・マーケティング

イル経由でアクセスしています。特に若年層ではその傾向が顕著で、InstagramやTikTokといったビジュアル系プラットフォームの利用が拡大しています。自社のターゲット像を見据えた上で、最適なSNSを選定し、モバイルに最適化されたコンテンツを配信していくことが重要です。インフルエンサーマーケティングとの組み合わせも効果的でしょう。

プライバシーと利便性のバランスがカギ

　モバイルマーケティングは、プッシュ型のダイレクトなアプローチが強みである一方で、ユーザーのプライバシーへの配慮が何より重要です。位置情報の活用や、アプリのプッシュ通知など、ユーザーにとって過剰と感じられるようなアプローチは慎むべきでしょう。**パーミッションマーケティング**の考え方に基づき、ユーザーの同意と、オプトアウトの自由を常に担保しておく必要があります。

　一方で、**DX**が加速する中、モバイルは単なる広告チャネルではなく、ユーザーの日常生活に欠かせないツールとなりつつあります。モバイルを通じた利便性の向上が、ひいてはユーザーとのエンゲージメントや信頼関係の構築につながるのです。マスマーケティングの発想ではなく、一人ひとりのユーザーに寄り添い、その体験をどう向上できるかを考える。そんなユーザー目線のモバイルマーケティング戦略が、今後ますます重要になるでしょう。

スマートフォン時代の マーケティングに求められるもの

　モバイルマーケティングの本質は、スマートフォンというデバイスの特性を理解し、そこから生まれる新しいユーザー体験を設計することにあります。そのためには、単なるプロモーションの発想ではなく、**UI/UXデザイン**の視点が不可欠です。モバイル技術の進化をキャッチアップするのはもちろん、ユーザー像の変化やニーズの多様化にも敏感でいる必要があります。

　加えて、スマートウォッチやIoT、AIアシスタントの普及など、モバイルデバイスを取り巻く環境変化にも目を配るべきでしょう。音声検索への最適化や、ウェアラブルデバイス向けの**マイクロコンテンツ**の提供など、新たな技術トレンドを先取りした戦略も求められます。

　モバイルマーケティングのゴールは、スマートフォンを通じてユーザーとつながり、ユーザーに選ばれるブランドになることです。それは、ユーザー一人ひとりにパーソナルベストな体験を提供することでしか実現できません。かつてのマスマーケティングの時代とは異なり、顧客起点のマーケティング発想が問われているのです。

　スマートフォンは、今やマーケティングにおける最重要のタッチポイントといえます。これから先、技術の進化とともに、さらに多様なモバイルマーケティングのかたちが生まれていくでしょう。変化の波をチャンスと捉え、ユーザーの声に耳を傾ける。それが、スマートフォン時代を勝ち抜くマーケターに求められる資質だといえるのではないでしょうか。

Keyword Box

AMP
モバイルでの高速表示に最適化されたHTMLページのための技術仕様。

O2O (Online to Offline)
Online to Offlineの略。オンラインとオフラインを融合させたビジネスモデル。

パーミッションマーケティング
ユーザーの明示的な同意を前提としたマーケティング手法。

chapter 6

06

クチコミマーケティング

ソーシャルメディアの台頭により、クチコミの重要性が再認識されています。本項では、クチコミマーケティングの定義と特徴を解説するとともに、Webやモバイルサイトを活用したクチコミの活用方法について学びます。マスマーケティングとの違いを理解し、共感を生むコンテンツの設計、SNSの活用方法などを検討します。

Point

1 クチコミマーケティングは、Webサイトなどを通じて、消費者の自発的な情報拡散を活用する手法
2 共感を呼ぶコンテンツの設計と、SNSを活用した仕掛けづくりが重要
3 生成AIを用いたパーソナライズされたクチコミ生成など、最新の手法にも注目

クチコミマーケティングとは

クチコミマーケティングとは、消費者が自発的に情報を拡散する力を活用したマーケティング手法です。従来のマーケティングが企業発信の価値を広く浸透させることに対し、クチコミマーケティングは、より自然発生的な**共創**を通じて、商品やサービスの価値を社会に広めていくことを目指します。

近年、Webサイトやモバイルアプリを通じて、消費者が商品やサービスについて気軽に意見交換できる環境が整い、クチコミマーケティングの重要性が高まっています。企業は、消費者との継続的な関係構築を図り、自然発生的なクチコミを生み出すことが求められます。

バズマーケティングは、インフルエンサーなどを活用して意図的に話題化させる手法です。一方、**バイラルマーケティング**は、Webページのシェアボタンなどを通じて、自然発生的にクチコミを拡散させる手法です。

リファーラルマーケティングは、顧客からの紹介を促進する手法で、クチコミマーケティングよりも狭義の概念です。紹介プログラムなどを活用し、既存顧客に新規顧客を紹介してもらうことを促します。

クチコミマーケティングは、消費者の声を重視し、共創を通じて価値を創造していく、まさに現代的なマーケティング手法といえるでしょう❶。

項目	クチコミマーケティング	リファーラル マーケティング	バイラル マーケティング	バズマーケティング
定義	消費者による自発的な情報拡散	顧客からの紹介促進	自然発生的なクチコミ	意図的な話題化
目的	商品・サービスの認知度向上、販売促進	新規顧客獲得	認知度向上、販売促進	認知度向上、販売促進
特徴	自発的	ワンツーワンの促進	自然発生	意図的な仕掛け
手法	Webサイト、モバイルアプリ、イベントなど	紹介プログラム、インセンティブ	ソーシャルメディア、口コミサイトなど	インフルエンサーマーケティング、コンテンツマーケティングなど
メリット	低コスト、高い信頼性	確実な新規顧客獲得	拡散力	注目度、話題性
デメリット	コントロールが難しい	拡散の保証がない	拡散の制御が難しい	炎上リスク
代表的な事例	口コミサイト、レビューサイト	紹介キャンペーン、ポイント制度	ソーシャルメディアでのシェア	インフルエンサーマーケティング

❶ クチコミマーケティングとその他のマーケティング

chapter 6　集客・マーケティング

SNSを活用したクチコミの誘発

　Webやモバイルの普及により、SNSがクチコミを生み出す場として注目を集めています。X（旧Twitter）のようなリアルタイム性の高いSNSでは、一瞬で情報が拡散する可能性があります。Instagramのようなビジュアル系SNSでは、写真や動画を通じて商品の魅力を直感的に伝えられます。それぞれのSNSの特性を活かし、自然な形でクチコミを誘発することが求められます❷。

　例えば、Instagramで商品の利用シーンを印象的に切り取ったフォトコンテストを展開したり、Xでユーザーの率直な意見を募る投票を実施したりすることが効果的です。Webやモバイルサイト上で参加型コンテンツを設計し、ユーザーの自発的な発信を促しつつ、ブランドとの絆を深める双方向のコミュニケーション設計が重要です。

生成AIを用いた最新のクチコミマーケティング

　近年、**生成AI**の飛躍的な進化により、クチコミマーケティングにも新たな可能性が広がっています。

　ChatGPTのような**大規模言語モデル**を活用することで、個々の消費者の嗜好に合わせたパーソナライズされたクチコミを生成することが可能になります。Webサイトやモバイルアプリ上で、ユーザーごとに最適化されたレビューやコメントを表示することで、よりインパクトのあるクチコミ体験を提供できるでしょう。

　さらに、**画像生成AI**を活用して、商品の使用イメージを消費者ごとにカスタマイズすることも考えられます。ユーザーの興味関心に合わせた視覚的な訴求によって、クチコミを誘発しやすくなります。

　Webとモバイルの双方向性と、生成AIのパー

SNSプラットフォーム	特性	クチコミ誘発の具体例
LINE	メッセージアプリで、直接的なコミュニケーションが可能	クーポンやキャンペーン情報を直接配信し、購買を促進する
YouTube	動画コンテンツを中心に、長時間の視聴が可能	商品のレビュー動画を投稿し、詳細な情報を提供する
X(旧Twitter)	リアルタイム性が高く、一瞬で情報が拡散する可能性がある	リアルタイム投票を実施し、ユーザーの率直な意見を募る
Instagram	ビジュアル系SNSで、写真や動画を通じて商品の魅力を直感的に伝えられる	フォトコンテストを展開し、商品の利用シーンを印象的に切り取る
Facebook	幅広いユーザー層を持ち、コミュニティ機能が充実している	コミュニティグループを作り、ユーザー同士の交流を促進する
TikTok	短い動画で若年層に強い影響力を持つ	チャレンジ企画を展開し、ユーザーによる創作動画を促す

❷ クチコミにおけるSNSの特性

Keyword Box

共創
企業と消費者が共に価値を創造すること。クチコミマーケティングの基本的な考え方。

リファーラルマーケティング
人を介したサービスや商品「紹介」に着目したマーケティングのこと。

ステークホルダー
企業活動に利害関係を持つ人々。顧客、従業員、株主、地域社会など。

ソナライゼーション機能を掛け合わせることで、従来の枠組みを超えた、より効果的なクチコミマーケティングが実現できる可能性を秘めているのです。

信頼と共感が生み出す持続的な関係

クチコミマーケティングの本質は、消費者との信頼関係の構築にあります。Webやモバイルサイトを通じて共感を生むコンテンツやサービスを提供し、ファンを増やすことが持続的なクチコミの源泉となります。そのためには、商品の売り手ではなく、価値の提供者としての姿勢が求められます。

Webサイトやアプリ上で届いた顧客の声に真摯に耳を傾け、それを品質改善やサービス向上に活かすことで、クチコミを通じた共感の輪が広がります。Webやモバイルの発達により、消費者同士のつながりはますます影響力を持つようになりました。その影響力をどうマーケティングに活かすか、クチコミの特性を理解し丁寧

に設計することがこれからのマーケターに求められます。押し付けではなく、対話から生まれる「共感」。これがクチコミマーケティングのキーワードです。

AIを活用した次世代のクチコミマーケティング

AIの発展により、クチコミマーケティングの手法が大きく進化しています。自然言語処理技術を用いたAIツールにより、SNS上の膨大なクチコミデータをリアルタイムで分析し、ブランドに関する感情や傾向を瞬時に把握することが可能になりました。

また、AIによる個人化されたインフルエンサーマッチングシステムにより、ブランドと最適なインフルエンサーのマッチングが効率化されています。さらに、生成AIを活用して、パーソナライズされたクチコミ促進メッセージを自動生成する取り組みも始まっています。

Keyword Box

パーソナライゼーション
個々のユーザーの特性に合わせて、コンテンツや体験をカスタマイズすること。

言語モデル
大量のテキストデータから言語の特徴を学習したAIモデル。GPT-3などが代表例。

画像生成AI
テキストの入力から、それに沿った画像を生成するAI技術。DALL-EやStable Diffusionなどが有名。

chapter 6　集客・マーケティング

chapter 6
07
SNSマーケティング

ソーシャルメディアの台頭により、SNSマーケティングは企業にとって重要な施策となっています。本項では、SNSマーケティングの定義と基本的な考え方について解説するとともに、日本で主流のLINE、YouTube、X、Instagram、Facebookなど各SNSの特性を理解し、効果的なマーケティング手法や最新事例を学びます。

Point
1. SNSマーケティングでは、各SNSの特性を理解し、適切なコミュニケーション設計が重要
2. LINE、YouTube、X、Instagram、TikTokなど、SNSを活用したマーケティング事例が増加
3. 生成AIとSNSを連動させることで、パーソナライズされたマーケティングが可能になる

SNSマーケティングとは

SNSマーケティングとは、ソーシャルネットワーキングサービス（SNS）を活用して行うマーケティング手法のことです。企業は自社のアカウントを通じて情報発信を行い、ユーザーとのコミュニケーションを図ることで、ブランド認知や商品・サービスの訴求、顧客との関係性構築などを目指します。

SNSの最大の特徴は、ユーザー同士のつながりにあります。一人のユーザーの発信が友人・知人に伝播し、さらにその先のユーザーへと情報が拡散していきます。この「クチコミ効果」を活かすことがSNSマーケティングの基本的な考え方といえるでしょう。

また、SNSではユーザーのプロフィールや行動履歴などから詳細なターゲティングが可能です。適切なユーザーに適切なメッセージを届けることで、効率的なマーケティングを行うことができます❶。

1. 目的設定 ブランド認知向上、商品・サービス訴求、顧客関係構築など		2. プラットフォーム選定 目的に合った主要SNS（例：X、Instagram、Facebook、YouTube、TikTok、LINE）を選ぶ		3. ターゲットオーディエンス特定 SNSユーザーデータを分析し、ターゲット顧客層を明確にする
6. 詳細なターゲティング 広告機能を活用し、ターゲットに適切なメッセージを届ける（プロフィール、行動履歴に基づく広告カスタマイズ）		5. クチコミ効果活用 ユーザー間の拡散を促進する仕掛け（フォトコンテスト、投票、UGC促進キャンペーン）		4. コンテンツ戦略策定 ターゲットに響くコンテンツを計画し、形式や投稿頻度、タイミングを設定
7. エンゲージメント促進 投稿へのコメント・メッセージ返信、フォロワーとの直接対話による信頼関係構築		8. パフォーマンス測定・分析 分析ツールで投稿パフォーマンスやユーザー反応を定期的にチェック		9. 戦略最適化 分析結果に基づきコンテンツ・広告戦略を調整・改善し、成功事例を継続・改善点を反映

❶ SNSを用いたプラットフォーム戦略

国内主要SNSの特性と
マーケティング事例

日本国内の主要なSNSは、最近の利用者数が多い順に見ていくと、1位はLINEで9,500万人、2位はYouTubeで7,120万人、3位はX（旧Twitter）で6,658万人、そしてInstagram3,300万人、Facebook2,600万人、TikTok950万人と続きます[18]。それぞれの特性を理解し、適切なマーケティング施策を講じることが重要です❷。

● LINE

LINEは日本で最も利用者数の多い**メッセージングアプリ**で、9,500万人以上のユーザーを抱えています。1対1のコミュニケーションだけでなく、企業アカウントによる情報配信やユーザーとのインタラクションが可能です。

例えば、アサヒ飲料はLINE公式アカウントを通じてアンケートに回答してくれたユーザーに、プレゼントを提供するシンプルなキャンペーンを実施しました。また友人にシェアすることで当選確率を上げる仕組みを取り入れ、新規フォロワーの獲得も実現しています[19]。

[18] https://www.hottolink.co.jp/column/20240214_114872/
[19] https://www.meltwater.com/jp/blog/sns-campaign

LINEでは**スタンプマーケティング**も注目されています。企業オリジナルのスタンプを制作し、ユーザーに配布することで、ブランドの認知度向上や親しみやすいイメージの構築につなげることができます。

● YouTube

動画共有プラットフォームの**YouTube**は、長尺の動画コンテンツに適していますが、**YouTubeショート**という60秒以下の短い時間の縦型動画フォーマットも用意しています。TikTokやInstagram同様、スマートフォンを使って、短時間で動画を取捨選択して楽しむ層を狙った**ショート動画**が配信できます。

アサヒ飲料では、拡散力が高いYouTubeショートを活用して、ドデカミンが実施している「ドデカ民応援キャンペーン」をお笑いコンビ「ぺこぱ」の2人がPRしており、20秒程度の短い動画の中で簡潔にキャンペーン内容が紹介されています。次から次へと動画が流れるショート動画で視聴者を逃さない工夫をし、キャンペーンの認知度向上に大きく貢献しています[20]。

[20] https://find-model.jp/insta-lab/social-media-advertising-campaign-youtube/

SNS	主な機能	強み	弱み	利用者数
LINE	メッセージ、音声通話、ビデオ通話、タイムライン投稿	圧倒的な利用者数、高いエンゲージメント	ビジネス利用は比較的限定的	9,500万人
YouTube	動画投稿、視聴	長尺動画、ライブ配信、広告収益	競争が激しい、制作コストがかかる	7,120万人
X	短文投稿、リアルタイム情報共有	拡散力、トレンド分析、顧客サポート	炎上リスク、情報過多	6,658万人
Instagram	写真・動画投稿、ストーリー投稿	ビジュアル訴求、インフルエンサーマーケティング	テキスト情報が少ない	3,300万人
Facebook	個人・企業ページ、グループ、イベント	幅広い年齢層、コミュニティ形成	ユーザーの減少、アルゴリズム変更の影響を受けやすい	2,600万人
TikTok	ショート動画投稿	エンターテイメント性、Z世代へのリーチ	コンテンツの質が重要、短命サイクル	950万人

❷ 国内主要SNSの機能と特徴

chapter 6 集客・マーケティング

● X

X（旧Twitter）は、リアルタイム性の高い情報共有に適したSNSです。**ハッシュタグ**を活用したトレンド分析やユーザーとのコミュニケーションが可能です。

例えば、パナソニックは「#わが家の鍋自慢」というハッシュタグキャンペーンを実施し、ユーザー参加型のコンテンツマーケティングを展開しました。ユーザーが自慢の鍋料理の写真をXに投稿し、優秀作品には商品が贈呈されるという企画で、多くのユーザーの関心を集めました。

Xでは顧客サポートツールも充実しています。Xは、X Proという有料プランを開設しています。X Proでは、特定のキーワードを含むツイートだけでなく、特定の言語や特定の日付範囲のツイートを検索することができます。この高度な検索機能により、ユーザーはより精度の高い情報収集を行うことが可能です。例えば、特定のイベントに関連するツイートを特定の期間で絞り込むことができ、時間的な文脈を持って情報を分析することが可能になります[21]。

また、**Brandwatch**などのツールを使えば、自社ブランドに関するXでの発言を分析し、ユーザーの反応をリアルタイムに把握することができます。マーケティング施策の効果測定やブランドイメージの評価に役立てることができるでしょう。

● Instagram

写真や動画を中心とするコミュニケーションが特徴の**Instagram**は、ビジュアル訴求に適したSNSです。ハッシュタグを活用したユーザー投稿の促進や、**インフルエンサーマーケティング**が効果的です。

Nikeは、Instagramにおいて、スポーツとインスピレーションをテーマにしたキャンペーン「#JustDoIt」を展開しました。このキャンペーンでは、有名なアスリートやインスピレーショナルフィギュアが自身のストーリーズでNikeの製品やスポーツイベントに関連するコンテンツを共有しました[22]。

Instagramではショッピング機能も提供されており、商品写真にタグ付けをすることで、ユーザーがそのままInstagramから購入できるようになっています。ブランドの魅力的な写真とともに商品を訴求することができます。

● Facebook

Facebookは日本で5番目に利用者数が多いSNSですが、幅広い年齢層から支持されているのが特徴です。個人間のつながりに加えて、企業やブランドのファンページを通じたコミュニケーションが活発に行われています。

大塚製薬は、Facebookのファンページを通じてポカリスエットのリピート促進を目的としたキャンペーンとなっており、思い出を投稿してもらうことでコミュニケーションの場として

---

[21] https://it-success.net/x-pro/#index_id0

[22] https://next-report.jp/sns/3954/

Keyword Box

メッセージングアプリ
LINEのようにユーザー同士でメッセージのやりとりができるアプリケーションの総称。

スタンプマーケティング
LINEのスタンプを活用したマーケティング手法。オリジナルスタンプを制作・配布することでブランド認知度の向上などを狙う。

ショート動画
1分程度の短い動画コンテンツ。TikTokの普及により注目されている。

も機能させています。ファンページ上でユーザー参加型のキャンペーンを実施することで、ユーザーの**エンゲージメント**を高め、ブランドとの親和性を深めています[23]。

また、FacebookではInstagramと同様にショッピング機能が提供されており、商品の販売促進にも活用できます。商品の魅力を伝える投稿とともにショッピング機能を活用することで、シームレスな購買体験を提供することができるでしょう。

● TikTok

ショート動画プラットフォームの**TikTok**は、Z世代を中心に急速に利用者を伸ばしています。音楽に合わせたダンスや、ユーモラスな企画動画など、エンターテインメント性の高いコンテンツが人気を集めています。

化粧品ブランドの日本ロレアル株式会社は「#落ちないリップチャレンジ」というハッシュタグチャレンジを実施しました[24]。ハッシュタグがついたこの動画の総再生回数は1,000万回を超えています。ユーザー参加型のキャンペーンで、商品の訴求とブランドエンゲージメントの向上

---

[23] https://www.meltwater.com/jp/blog/sns-campaign
[24] https://service.aainc.co.jp/product/letrostudio/article/what-is-tiktok-ads

を図りました。

生成AIを活用したSNSマーケティング

近年、生成AIの発達により、SNSマーケティングにも新しい可能性が生まれつつあります。GPT-3のような大規模言語モデルを活用することで、ユーザー一人ひとりに最適化されたメッセージを自動生成することができます。

例えば、ユーザーの投稿内容や過去の行動履歴をAIで分析し、興味関心に合わせたパーソナライズされたコメントをSNS上で自動的に返信する、といった施策が考えられます。ユーザーに寄り添ったコミュニケーションを大規模に展開することで、ブランドとの親和性を高めることができるでしょう。

また、AIを活用して大量のSNS投稿を分析し、ユーザーのインサイトを発見することも可能です。トレンドの予測や、ブランドイメージの変化の兆しをいち早く捉えることで、先行したマーケティング施策を打つことができます。

SNSマーケティングにおいてもAIの活用が進むことで、よりユーザー理解に基づいた戦略的なマーケティングが可能になっていくと考えられます。AIを効果的に活用しながら、ユーザーとの関係性構築を図っていくことが求められるでしょう。

Keyword Box

ハッシュタグ
SNS上で特定のトピックを示すために使われるタグ。「#」に続けてキーワードを記載する。

インフルエンサーマーケティング
SNS上で影響力のあるユーザー（インフルエンサー）を活用したマーケティング手法。

エンゲージメント
ユーザーとブランドとの絆やつながりの度合い。コメントやシェアなどのユーザーアクションが多いほど、エンゲージメントは高いとされる。

第7章
最適化施策

chapter 7

01 検索エンジンの特性 ……………………… 196
02 SEOの内部要因と外部要因 …………… 198
03 SEO施策実施のポイント ……………… 200
04 SEM ………………………………………… 202
05 LPO ………………………………………… 205
06 CRO（コンバージョン率最適化）……… 208

chapter 7

01

検索エンジンの特性

検索エンジンの仕組みとSEO対策の基本を理解することは、Webサイトの集客力を高める上で欠かせません。本項では、GoogleやYahoo!などの主要な検索エンジンの特性、AIの発展に伴う検索エンジンの進化について触れます。適切なSEO対策で、検索エンジンからの流入を増やし、Webサイトの価値を高めましょう。

Point

1 検索エンジンはAIと融合することで進化し、ユーザーの検索意図をより深く理解できる
2 現在のSEOでは、ユーザー体験を重視した総合的なアプローチが求められている
3 SEOの本質は「ユーザーファースト」の思想にあり、ユーザーに価値を提供することが重要

検索エンジンの役割

皆さんは普段、インターネットで情報を探すときに、どのような方法を使っているでしょうか。おそらく大半の人が、GoogleやYahoo!などの検索エンジンを利用していると思います。**検索エンジン**は、膨大なWebページの中から、ユーザーが求める情報を見つけ出すための強力なツールです。

しかし、検索エンジンがどのようにしてWebページを評価し、検索結果の順位を決めているのか、詳しく知っている人は少ないかもしれません。実は検索エンジンには、それぞれ独自の**アルゴリズム**（計算手順）があり、そのアルゴリズムに基づいてWebページのランキングが決定されているのです。

主要な検索エンジンの特徴

世界的に見ると、Googleが圧倒的なシェアを占めています。Googleは高度で複雑なアルゴリズムを使っており、コンテンツの質や関連性、Webサイトの構造、外部リンクの評価など、200以上もの要素を考慮してランキングを決めているとされています。つまり、GoogleにとってSEOによいとされる要素を多く取り入れたWebサイトほど、上位に表示されやすいということです。

一方、Yahoo!はもともとディレクトリ型の検索サービスとしてスタートしましたが、現在は独自の検索エンジンを持っています。Yahoo!の検索アルゴリズムは、Googleほど複雑ではありませんが、コンテンツの質や関連性に加えて、Webサイトの人気度や信頼性なども重視する傾向があります。

また、MicrosoftのBingは、コンテンツの新鮮さやソーシャルメディアとの連携を重視しているのが特徴です。例えば、FacebookやXでシェアされた回数が多いWebページは、Bingの検索結果でも上位に表示されやすくなっています。

検索エンジンとAIの融合

さて、ここ数年で検索エンジンに大きな変化が起きています。それは、**AI（人工知能）**技術との融合です。機械学習やディープラーニングを活用することで、検索エンジンはユーザーの検索意図をより深く理解できるようになってきました。

代表的な例として、Google検索の新機能である生成AIを活用した**SGE（Search Generative Experience）**があります。SGEは、検索ワードの概要と追加質問の候補を提示し、チャット形式でユーザーが自然に検索できるようにします。

さらに最近では、GoogleやMicrosoftが生成AIと連携した新しいサービスを始めました。

Googleの「Gemini」やMicrosoftの「Copilot」は、ユーザーの質問に対して直接回答を生成することができる対話型AIです❶。これにより、ユーザーは自然な言葉で質問をすれば、欲しい情報をダイレクトに得られるようになりつつあります。

現代のSEOに求められるもの

このように検索エンジンが進化する中で、SEOのあり方も変化してきています。かつては、キーワードを詰め込んだり、裏技的な手法を使ったりすることで、検索順位を上げることができました。しかし、現在のSEOでは、そうした表面的な対策ではなく、**ユーザーエクスペリエンス（UX）** を重視した本質的なアプローチが求められているのです。

具体的には、以下のような点が重要になります。

- ユーザーにとって価値のあるコンテンツを提供する
- Webサイトの構造をわかりやすく整理する
- スマートフォンでの閲覧のしやすさ（モバイルフレンドリー）を高める
- ページの表示速度を改善する

つまり、「ユーザーファースト」の視点に立ち、利用者に良質な体験を提供することが、SEOの基本となるのです。

また、自社サイトのコンテンツを充実させるだけでなく、外部メディアでの情報発信やSNSでの拡散なども積極的に行うことが効果的です。これらの活動を通じて、自然な形で被リンク（外部サイトからのリンク）を獲得することができれば、検索エンジンからの評価も高まります。

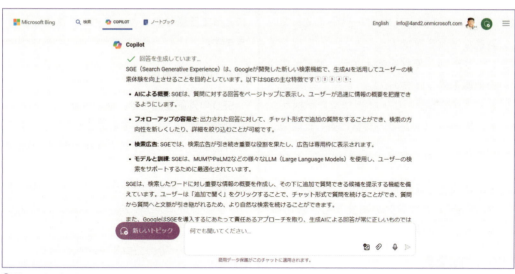

❶ MicrosoftのCopilot

Keyword Box

AI（人工知能）
機械学習やディープラーニングなどの技術を用いて、人間のような知的な情報処理を行うコンピュータシステムのこと。

SGE (Search Generative Experience)
Googleが発表した、生成AIと検索を融合させる新たな検索体験。

ユーザーエクスペリエンス（UX）
Webサイトの使いやすさや情報の見つけやすさなど、ユーザーがサイトを利用する際の総合的な体験の質を指す。

chapter 7

02

SEOの内部要因と外部要因

SEO（Search Engine Optimization）は、検索エンジンの上位表示を目指すための最適化施策です。SEOには、Webサイトの内部要因と外部要因があり、それぞれに適切な対策を行うことが重要です。特に、コンテンツの質を高め、ユーザーの利便性を向上させ、モバイルフレンドリーな設計を心がけることが求められています。

Point

1　SEOの内部要因とは、Webサイトの内部に含まれる最適化要素のことを指す
2　SEOの外部要因とは、他のWebサイトからの評価や影響力に関する要素のことを指す
3　検索エンジンのアルゴリズムは常に進化しており、AIの活用が加速している

SEOとは

　SEO（Search Engine Optimization）とは、検索エンジンの検索結果で自社のWebサイトを上位に表示させるための最適化施策のことを指します。SEOを行う目的は、主に以下の3つです。

① コンテンツの質を高め、ユーザーにとって有益な情報を提供する
② ユーザーの利便性を向上させ、サイト内の情報を見つけやすくする
③ モバイルフレンドリーなデザインを採用し、スマートフォンでの閲覧に適した構成にする

　これらの目的を達成するためには、Webサイトの内部要因と外部要因の両面から、適切なSEO対策を行う必要があります。

SEOの内部要因

　SEOの**内部要因**とは、Webサイトの内部に含まれる最適化要素のことを指します。具体的には、以下のような点が挙げられます。

・タイトルタグやメタディスクリプションの最適化
・見出しタグ（h1, h2, h3など）の適切な使用

・コンテンツの質の向上と更新頻度の維持
・内部リンク構造の最適化
・画像の圧縮とalt属性の設定
・ページの表示速度の改善

　これらの内部要因を適切に最適化することで、検索エンジンにとってわかりやすく、ユーザーにとって価値のあるWebサイトを作ることができます。

SEOの外部要因

　SEOの**外部要因**とは、他のWebサイトからの評価や影響力に関する要素のことを指します。主な外部要因には、以下のようなものがあります。

・被リンク（外部サイトからのリンク）の数と質
・ソーシャルメディアでのシェア数やエンゲージメント
・オンラインでの口コミやレビュー
・オーソリティ（権威性）の高いサイトからの被リンク

　これらの外部要因は、自社サイトの信頼性や権威性を高めるために重要な役割を果たします。特に、質の高い被リンクを多く獲得することが、SEOの効果を高めるための鍵となります❶。

検索エンジンの進化とAIの活用

Googleは2015年に、機械学習を導入したRankBrainというシステムを導入しました。これにより、ユーザーの検索意図をより深く理解し、関連性の高い検索結果を表示できるようになりました。

さらに2019年には、**BERT**と呼ばれる最新の自然言語処理技術を導入しました。BERTは文脈を理解する能力に優れ、ユーザーが体感する価値の高いサイトがより評価されやすくなり、検索体験も人との会話に近づいてきました。

そして2023年5月、Googleは生成AIと検索が融合する「**SGE（Search Generative Experience）**」を発表し、試験運用を開始しました。これにより、検索クエリに対して一部生成AIが回答を返す仕様になることが予測されています。

SEOの手法もより高度化していき、単にキーワードを詰め込むだけでなく、ユーザー体験を重視したコンテンツ作りや、AIを活用した新たなSEO手法も注目されているのです。

SEOの効果検証とデータの信頼性

SEO対策の効果を測定するには、アクセス解析ツールを使い、検索エンジンからの流入数や順位の変化をトラッキングすることが重要です。

ただし、SEOの効果検証には長期的な観測が必要であり、短期的な変化だけでは判断できないことが多いのです。

信頼できるデータを得るためには、複数の解析ツールを用いて相互に検証したり、業界の専門家に意見を求めたりすることが大切です。また、自社サイトの状況に合わせて、適切な評価指標を設定することも重要なポイントとなります。

外部要因の要素	Google SEO	Bing SEO	Google 優先度	Bing 優先度
バックリンクとリンクペナルティ	バックリンクをページの人気と関連性の指標として使用	バックリンクをコンテンツの信頼性と質の指標として考慮。ただし、少ないが権威のあるバックリンクを好み、購入リンクに対しても操作的でなければペナルティを課さない	高	高
ソーシャルシグナル	公式にはソーシャルシグナルをランキング要因としない	ソーシャルメディアでのコンテンツのパフォーマンスを考慮	中	高
ドメインの年齢	古いドメインを高く評価する傾向	古いドメインを信頼性が高いと考える	中	高
ブランド力	ブランド検索からのトラフィックを評価	現時点で大きな影響を与える証拠なし	中	該当なし
ドメインの権威	ドメインの権威を複雑に評価	ドメインの全体的な権威を考慮	高	高
ドメイン名とURLにおけるキーワードの使用	キーワードを含むドメインに小さなブーストを与えるが、アルゴリズム全体のごく一部	関連キーワードを含むドメインやURLを好む	低	高
メタタグ	コンテンツの理解とスニペット生成のためにメタタグを使用	ランキングにおいてメタタグの使用を考慮。メタキーワードタグも考慮	中	高
アンカーテキスト	ランキングシグナルとしてアンカーテキストを使用	内部リンクおよび外部リンクでの関連アンカーテキストを考慮	中	高
関連性	検索クエリに対するコンテンツの関連性を考慮	検索クエリに対するコンテンツの関連性を考慮、メタデータに大きく依存	中	高

❶ Google SEOとBing SEOの外部要因アルゴリズム比較　※英国のデジタルエージェンシーOpace社の調査に基づく

Keyword Box

BERT
Googleが採用した自然言語処理の技術。文脈を理解する能力に優れ、検索の質を大きく向上させた。

SGE（Search Generative Experience）
Googleが発表した、生成AIと検索を融合させる新たな検索体験。

chapter 7

03 SEO施策実施のポイント

SEO施策を実施する上では、キーワードの適切な使用、被リンクの質、E-E-A-T の考え方、モバイル対応など、様々な要素を考慮する必要があります。SEO の ゴールは検索順位を上げることではなく、ユーザーに価値を提供し続けること。 そのための努力を地道に積み重ねていくことが、長期的な成果につながるのです。

Point

1 キーワードは適切な密度で配置し、E-E-A-Tの考え方に基づいた質の高いコンテンツを作成する
2 被リンクは信頼性の高いサイトからの獲得を重視、モバイルフレンドリーなサイト設計を
3 AIを活用した新しいSEO手法に注目しつつ、ユーザーファーストの視点を忘れずに

キーワードの使用について

まず、キーワードの使用について改めて説明 します。SEOにおいて、キーワードは重要な要 素ですが、過剰に詰め込みすぎると逆効果にな ることがあります。GoogleをはじめとするSEO 対策では、「スパム行為」とみなしてペナルティ の対象になる可能性があるからです。

大切なのは、キーワードを自然に適切な密度 で使用することです。タイトル、見出し、本文 の冒頭など重要なエリアには必要な分だけキー ワードを配置しつつ、むやみに繰り返さないよ うに注意しましょう。あまりキーワードにこだ わると、ぎこちない文章になってしまいかねま せん。ユーザーファーストの観点から、人が読 んで意味が通じる自然な文章を心がけることが 肝要です。

メタキーワードタグについては、かつてSEO 対策でよく使われていましたが、現在のGoogle ではあまり意味がありません。スパムとみなさ れるリスクもあるため、メタキーワードタグの 使用は避けるか、ごく少数の本当に必要なキー ワードに絞るのがよいでしょう。

被リンクの質の重要性

次に、被リンクについて説明します。被リン クとは、他のWebサイトから自サイトへのリン クのことを指します。被リンクが多いほどSEO によい影響を与えると思われがちですが、実は その「質」のほうが重要なのです。

検索エンジンは、被リンク元のサイトの信頼 性や関連性を考慮してランキングを決定してい ます。例えば、大学や政府機関、著名なメディ アサイトからのリンクは、オーソリティが高い と判断されます。また、自社サイトの内容と関 連性の高いサイトからのリンクも評価が高くな る傾向にあります。

一方で、SEOを目的に大量の被リンクを獲得 しようとしたり、スパムサイトからのリンクを 増やしたりすることは、ペナルティのリスクが あります。リンクの「量」の追求ではなく、「質」 を重視した施策が求められているのです。

E-E-A-Tとモバイル対応の重要性

続いて、E-E-A-Tとモバイルフレンドリーな SEO対策について説明します。E-E-A-Tとは、 Experience（実体験）、Expertise（専門性）、 Authoritativeness（権威性）、Trustworthiness （信頼性）の頭文字で、Googleが重視するコン テンツ品質の指標です。

自社の専門知識を活かし、ユーザーの悩みに 真摯に向き合ったコンテンツを作ることが、E-E- A-Tの高いコンテンツにつながります。同時に、 競合サイトにはない独自の情報や視点を盛り込

むことで、オリジナリティを発揮することも重要です。

　加えて、スマートフォンの普及に伴い、モバイルフレンドリーなサイト設計がSEOにおいても欠かせなくなりました。Googleの**モバイルファーストインデックス**では、モバイル版のサイトをもとにインデックスが構築されます。レスポンシブデザインの採用やAMPの活用など、モバイルユーザーにとって使いやすいサイト設計を心がけましょう❶。

AIを活用した新しいSEO手法

　最後に、AIを活用した新しいSEO手法について触れておきます。Googleの検索アルゴリズムにおいても、AIの比重が高まっています。BERTと呼ばれる自然言語処理技術の導入により、検索エンジンは文脈を理解し、ユーザーの検索意図をより的確に捉えられるようになりました。

　そうした中で注目されているのが、AIを用いたコンテンツ最適化の手法です。**AIライティングアシスタント**は、文章の改善点を提案し、読みやすさや関連性を高めてくれます。自動要約ツールは、メタディスクリプションの作成に役立ちます。感情分析ツールを使えば、コンテンツがユーザーに与える印象を測定できます。

　AIはあくまでも補助的な役割ですが、これらのツールを効果的に活用することで、E-E-A-Tの高いコンテンツをより効率的に生み出せるようになるでしょう。常に新しい技術動向にアンテナを張り、SEO施策に取り入れていく姿勢が求められています。

SEOの真の目的を見失わない

　ここまで見てきたように、SEOには考慮すべき要素がたくさんあります。キーワード、被リンク、E-E-A-T、モバイル対応、AI活用…。しかし、本当に大切なのは、SEOの目的を見失わないことです。

　SEOの真の目的は、検索順位を上げることではありません。あくまでも、ユーザーにとって価値のあるコンテンツを届け、満足度を高めること。E-E-A-Tの理念は、まさにこの点を突いています。サイトの評価を上げるためには、ユーザーの信頼を得られる良質なコンテンツを地道に作り続けることが何より重要なのです。

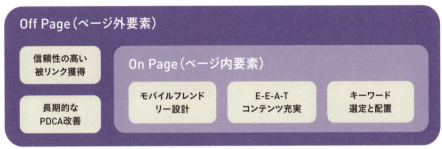

❶ E-E-A-Tとモバイルフレンドリーの立ち位置

Keyword Box

キーワード密度
ページ内のテキストに占めるキーワードの割合。適切な密度を保つことが重要。

E-E-A-T
Experience（実体験）、Expertise（専門性）、Authoritativeness（権威性）、Trustworthiness（信頼性）の頭文字。Googleが高品質なコンテンツを評価する際の基準。

モバイルファーストインデックス
モバイル版のサイトをもとにインデックスを構築する方式。モバイルフレンドリーなサイト設計がSEOにおいても重要。

chapter 7 04 SEM

SEMは、検索エンジンマーケティングの手法で、検索連動型広告を活用して自社のWebサイトへの訪問者を増やすことを目的としており、広告枠を購入することで即効性のある集客を実現します。適切なキーワード選定と広告文の作成、入札単価の調整などを行い、費用対効果の高いSEM施策を実行しましょう。

> Point
> 1　SEMは検索連動型広告を活用し、即効性のある集客を実現する手法である
> 2　SEOが自然検索結果での上位表示を目指すのに対し、SEMは広告枠を購入することで実現する
> 3　キーワード選定と広告文の作成、入札単価の調整が、SEM施策の成功の鍵を握る

SEMとは何か

SEM（Search Engine Marketing）は、検索エンジンマーケティングの手法の一つで、**検索連動型広告**を活用して自社のWebサイトへの訪問者を増やすことを目的としています。検索エンジンの検索結果ページに広告を掲載し、クリックされた際に広告主が広告費を支払うというモデルが一般的です❶。

SEMは、SEOとは異なる手法だと理解しておく必要があります。SEOが検索エンジンの**自然検索結果（オーガニック検索結果）**での上位表示を目指すのに対し、SEMは広告枠を購入することで実現する手法です。SEOは長期的な施策が必要になりますが、SEMは即効性があるのが特徴といえるでしょう。

代表的なSEMのプラットフォームとしては、**Google広告**（旧Google AdWords）やYahoo!広告（旧Yahoo!プロモーション広告）などがあります❷。これらのプラットフォームでは、オークション形式で広告枠が売買されており、入札価格と広告の**クオリティスコア**などに基づいて広告の掲載順位が決定されます。

SEM施策のポイント

SEM施策を実施する上では、いくつかのポイントを押さえておく必要があります。

① 適切なキーワードの選定

自社の製品やサービスに関連し、かつユーザーが実際に検索しそうなキーワードを選ぶことが重要です。キーワードプランナーなどのツールを活用し、検索ボリュームや競合の状況を分析しながら、最適なキーワードを選定していきましょう。

❶ 検索連動型広告のサービスの仕組み

② 広告文の作成

ユーザーの関心を惹く、クリックしてもらえるような魅力的な広告文を書く必要があります。広告の目的や特徴、メリットなどを明確に伝え、行動を促すような表現を心がけましょう。また、広告文には選定したキーワードを自然な形で織り込むことも大切です。

③ 入札単価の調整

キーワードごとに入札単価を設定することで、広告の掲載順位をコントロールすることができます。高い入札単価を設定すれば上位に表示されやすくなりますが、その分コストもかかります。予算と目標に合わせて、適切な入札単価を設定することが求められます。

④ 複合キーワードを活用

複合キーワードとは、複数の単語を組み合わせたキーワードのことを指します。例えば、「ランニングシューズ」というキーワードよりも、「ランニングシューズ メンズ 軽量」といった具体的なキーワードのほうが、ユーザーの検索意図により合致しているため、クリック率や成約率が高くなる傾向にあります。ただし、複合キー

ワードを使う際は、検索ボリュームが少なくなりすぎないよう注意が必要です。ニッチすぎるキーワードでは、そもそも検索されている人数が限られてしまうため、広告が表示される機会も減ってしまいます。適度に絞り込みつつ、一定の検索ボリュームが見込めるキーワードを選ぶことが大切だといえるでしょう。

SEMの運用とPDCAサイクル

SEMは一度設定しておしまいというものではありません。日々変化する検索トレンドやユーザーの行動に合わせて、継続的に運用していく必要があります。そこで重要になるのが、PDCAサイクル（詳しくは2章参照）です。SEM施策においても、このPDCAサイクルを回していくことが求められます。

まずは、適切なKPI（重要業績評価指標）を設定し、達成すべき目標を明確にします（Plan）。そして、選定したキーワードで広告を出稿し、運用を開始します（Do）。一定期間運用した後は、広告のクリック率や費用対効果、サイトでの成約率などを分析し、施策の評価を行います（Check）。評価結果を踏まえ、キーワードの見直しや広告文の修正、入札単価の調整などの改

SEMプラット フォーム	主な特徴	強み	弱み	おすすめ利用者
Google広告	世界最大の検索エンジンであるGoogleの検索結果画面に広告を表示	圧倒的なリーチ	競争が激しい	幅広い業種・規模の企業
Yahoo!広告	Yahoo! JAPANの検索結果画面や関連サイトに広告を表示	Google広告よりも競争率が低い	検索エンジンシェアがGoogleよりも低い	中小規模の企業
Microsoft Advertising	Bing、Yahoo! JAPAN、DuckDuckGoなどの検索結果画面に広告を表示	Google広告とYahoo!広告の補完的な役割	日本語でのサポートが限定的	グローバル展開する企業
Amazon広告	Amazonの検索結果画面や商品ページに広告を表示	商品購入意欲の高いユーザーにアプローチ	Amazon以外では利用できない	ECサイト運営者
Facebook 広告	Facebook、Instagramなどのソーシャルメディアに広告を表示	ターゲティング精度が高い	広告効果が限定的な場合がある	ブランド認知度向上を目指す企業
X広告	Xに広告を表示	短時間で多くのユーザーにリーチ	広告効果が限定的な場合がある	話題性のある商品・サービスをPRしたい企業

❷ SEMプラットフォームと各特徴

善を実施します（Act）。

このサイクルを繰り返し回していくことで、SEM施策の精度を高めていくことができるのです。

また、SEM施策の運用には、自動入札などの**オートメーション機能**も活用できます。AIを活用した自動入札では、ユーザーのWebサイト上での行動などを分析し、最適な入札単価を自動的に調整してくれます。手動での運用と比べ、効率的で高度な運用が可能になるでしょう。

SEMとSEOの使い分け

SEMとSEOは、どちらも検索エンジンマーケティングの手法ですが、役割や特性が異なります。SEMは即効性があり、短期的な集客に適しています。新商品の発売時やキャンペーン期間中など、一時的に検索需要が高まる時期に活用するのに向いています。

一方、SEOは長期的な視点で取り組む必要がありますが、一度上位表示を獲得すれば、広告費をかけずに安定的にアクセスを獲得できるようになります。SEOとSEMを適切に組み合わせ、時期や目的に応じて使い分けていくことが重要だといえるでしょう。

SEM施策を実施する際は、単にクリック数を追うのではなく、最終的な成果につなげることを意識しましょう。獲得した訪問者を成約に結び付けるためには、ランディングページの最適化や、サイト内導線の設計なども欠かせません。SEMを入り口として、Webサイト全体での戦略的な施策につなげていくことが求められます。

常に変化し続ける検索市場において、SEMのスキルは今後ますます重要性を増していくでしょう。PDCAサイクルを回しながら、仮説検証を繰り返し、ノウハウを蓄積していく。そうした地道な努力の積み重ねが、SEMのプロフェッショナルへの道を切り拓くのです。

Keyword Box

SEM

Search Engine Marketingの略。検索連動型広告を活用して、Webサイトへの訪問者を増やすことを目的とした手法。

Google広告

Googleが提供する検索連動型広告のプラットフォーム。旧称はGoogle AdWords。

クオリティスコア

Google広告において、広告の品質を表す指標。広告の関連性や期待されるクリック率などで算出される。

chapter 7　最適化施策

LPO

05

LPOは、Webサイト全体の改善を目的とした施策で、ランディングページのユーザビリティ向上だけでなく、コンバージョン率などの重要指標の改善にも寄与します。ランディングページの作成では、ユーザーの行動心理を理解し、適切な情報設計やデザインを行うことが求められます。

Point
1. LPOはランディングページのユーザビリティ向上、Webサイト全体の改善を目的とする
2. LPOの導入では、まずページの改修を行い、その後に効果検証とPDCAサイクルを回していく
3. 最新のAI技術やマルチメディアを活用することで、より高度なLPOを実現することが可能

LPOとは何か

LPO（Landing Page Optimization）は、**ランディングページ最適化**と呼ばれる施策です。ランディングページとは、検索エンジンの検索結果やオンライン広告からユーザーが最初に訪れるWebページのことを指します。LPOは、このランディングページのユーザビリティを向上させ、**コンバージョン率**（CVR）などの重要指標を改善することを目的としています。

ただし、LPOはランディングページの改善だけにとどまるものではありません。Webサイト全体の設計や構成、導線などを見直し、ユーザーにとって最適な体験を提供することも、LPOの重要な目的だといえるでしょう。離脱率の低下やページ滞在時間の増加、顧客満足度の向上など、様々な指標の改善につなげていくことが求められます❶。

以前は、**EFO**（Entry Form Optimization）という言葉が使われることもありましたが、最近ではLPOの一環として捉えられることが多くなっています。エントリーフォームはランディングページの重要な要素の一つであり、LPOの中で適切に最適化していく必要があるでしょう。

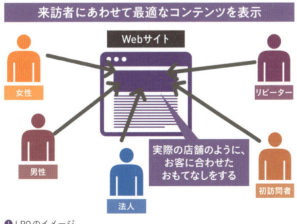

❶ LPOのイメージ

205

LPOの導入ステップ

LPOを導入する際のステップは、以下のようになります。

① ランディングページの現状分析と課題抽出
② ページの改修とユーザビリティの向上
③ 効果検証とPDCAサイクルの実施

まずは、Googleアナリティクスなどのツールを用いて、現状のランディングページの課題を明確にします。離脱率が高い、フォームの離脱が多い、目標のコンバージョンに至っていないなど、具体的な問題点を洗い出しましょう。

次に、洗い出した課題をもとに、ページの改修を行います。例えば、以下のような施策が考えられます。

・ページ上部にキャッチコピーや価値提案を明確に提示する
・ユーザーアクションを促すCTAボタンを最適な位置に配置する
・フォームのステップ数を減らし、入力項目を最小限に抑える
・モバイルフレンドリーなレスポンシブデザインを採用する

こうしたユーザビリティの向上策を実施した上で、効果検証を行います。Webサイト内の重要指標の変化を確認し、施策の効果を測定するのです。効果が見られない場合は、さらなる改善策を検討し、PDCAサイクルを回していきます。仮説と検証を繰り返しながら、継続的にランディングページを最適化していくことが重要です。

LPOの応用

LPOの応用として、最新テクノロジーの活用が挙げられます。例えば、AIを用いたランディングページの最適化は、大きな可能性を秘めています。ユーザーの行動データを機械学習で分析し、パーソナライズされたランディングページを自動生成する。そんな高度なLPOも、近い将来実現するかもしれません。

また、動画やインタラクティブなコンテンツを取り入れることで、没入感のあるランディングページを作成することも可能です。没入感が高まれば、ユーザーの滞在時間も長くなり、コンバージョンにつながりやすくなるでしょう。VRやARなどの新しい技術を活用することで、これまでにない体験価値を提供することもできるかもしれません。

さらに、ヒートマップツールやセッション録画ツールなどを用いることで、ユーザーの行動をより詳細に分析することも重要です。スクロールの深さ、クリック位置、マウスの動きなどを可視化し、ランディングページの改善ポイントを探る。そうしたデータドリブンなアプローチは、LPOに欠かせない視点です。

ランディングページ（LP）作成のポイント

最後に、ランディングページを作成する上でのポイントをいくつか紹介しておきます❷。

・ユーザーの目的や課題を明確にし、それを解決するための情報を提供する
・シンプルで見やすいデザインを心がけ、重要な情報を目立たせる
・ユーザーの不安を払拭し、信頼を醸成するような要素を盛り込む
・エントリーフォームはできるだけシンプルにし、入力の手間を最小限に抑える
・スマートフォンでも読みやすい、レスポンシブデザインを採用する

ランディングページの本質は、ユーザーのコンバージョンを促すこと。そのためには、ユーザーの行動心理を理解し、適切な情報設計とデザインが求められます。ユーザーの選択肢を増やしすぎず、明確なゴールへと導くこと。そして、ユーザーが求める情報を過不足なく提供すること。そうした基本を押さえつつ、継続的な改善を重ねていくことが大切です。

LPOは、Webサイトの成果を大きく左右する重要な施策です。データに基づいた仮説構築と、仮説を検証するPDCAサイクルの実践。そして、最新の技術トレンドを取り入れながら、ユーザー体験を最適化していく。そうした地道な取り組みの積み重ねが、LPOのプロフェッショナルへの道を切り拓くのです。

ポイント	内容	詳細
ユーザー視点	ユーザーの目的や課題を明確にし、それを解決するための情報を提供する	ユーザーのニーズに合致したコンテンツを用意する
デザイン	シンプルで見やすいデザインを心がけ、重要な情報を目立たせる	余白をうまく活用し、読みやすいレイアウトにする
信頼感	ユーザーの不安を払拭し、信頼を醸成するような要素を盛り込む	顧客の声や実績を掲載する
入力フォーム	エントリーフォームはできるだけシンプルにし、入力の手間を最小限に抑える	必須項目を絞り、入力しやすいデザインにする
レスポンシブデザイン	スマートフォンでも読みやすい、レスポンシブデザインを採用する	マルチデバイス対応のテンプレートを利用する

❷ ランディングページ作成のポイント

Keyword Box

ランディングページ
検索エンジンの検索結果やオンライン広告から、ユーザーが最初に訪れるWebページのこと。

LPO
Landing Page Optimizationの略。ランディングページの最適化を行い、コンバージョン率などの指標を改善するための施策。

コンバージョン率（CVR）
Webサイトの目標となる行動（商品の購入、資料請求など）を達成した割合。

EFO
Entry Form Optimizationの略。エントリーフォームの最適化を指す言葉だが、最近ではLPOの一部として捉えられることが多い。

chapter 7

06

CRO（コンバージョン率最適化）

Webサイトを通じてビジネスを行う上で、コンバージョンを最大化することは非常に重要です。この章では、CRO（コンバージョン率最適化）の基本的な概念と、実践的な手法について学んでいきましょう。CROの本質を理解し、Webサイトの成果を向上させるためのノウハウを身につけることを目指します。

Point

1 CROとは、Webサイトのコンバージョン率を改善し、ビジネス目標達成に貢献する施策の総称
2 コンバージョンとは、Webサイト上で訪問者が企業の意図する最終的な成果を達成すること
3 CROでは、データ分析とユーザー理解に基づいて、仮説検証サイクルを回すことが重要

CROって何？ 基礎から理解しよう

はじめに、CROの基本的な概念について整理しておきましょう。**CRO**とは「Conversion Rate Optimization」の略で、日本語では「**コンバージョン率最適化**」と訳されます。

コンバージョン（CV）とは、一般的に「転換」や「変換」といった意味を持ちますが、Webマーケティングの文脈では、サイト訪問者が企業の意図する行動を取ることを指します。具体的には、ECサイトでの商品購入、資料請求、会員登録、ニュースレターへの登録などが挙げら

れます。

CVR（コンバージョン率）は、サイトへの訪問者数に対するコンバージョン数の割合のことです。この値が高いほど、訪問者を顧客へと転換できていることを意味します。CROの目的は、このコンバージョン率を高めることで、ビジネス上の成果を最大化することにあります。

サイトのCVRが低い理由を見極める

CROに取り組む際に重要なのは、現状のCVRが低い理由を特定することです。CVRが低迷している原因を見極められなければ、施策の方向

分野	内容	詳細
キーワード選定	検索連動型広告などで使うキーワードは、見込み客を効率的に集客するために重要な要素。CVRが高いキーワードを見極め、ネガティブキーワードの設定などで無駄な経費を削減する	キーワード選定ツール、競合分析などを活用
CTA最適化	コンバージョンにつなげるための要となるのが、CTA（Call to Action）の設計。行動喚起を促すボタンやバナーの配置や訴求力を高めることで、CVRの向上が期待できる	ボタンの色や大きさ、文言などをテスト
事例紹介	サービスの利用事例を魅力的に伝えることで、コンバージョンへの心理的ハードルを下げることができる。訴求力の高い事例を選定し、見せ方を工夫する	顧客の声、導入事例などを掲載
価格表示	料金体系をわかりやすく伝えることは、CVRを高める上で欠かせない。料金シミュレーションの機能など、ユーザーが求める情報を過不足なく提供することが肝要	料金プランをシンプルにする
広告最適化	サイト流入の入口となる広告は、適切なターゲティングがなされ、訴求力の高いクリエイティブであることが求められる。効果の高い広告ソースを見極める	ターゲティング設定、広告文・画像のテスト
ランディングページ最適化(LPO)	ランディングページの最適化は、CROにおける重要な施策の一つ。ページの訴求力やユーザビリティを高めることで、CVRの向上につなげることができる	A/Bテスト、ヒートマップ分析などを活用
入力フォーム最適化(EFO)	入力フォームは、ユーザーにとって心理的・物理的な負荷が小さくなるよう設計する。フォームの簡略化などが有効な施策となる	必須項目を絞り込む、入力の手順を簡略化する

● CROで押さえる7つの分野

208

性を見誤ってしまう恐れがあります。

　分析の切り口としては、大きく分けて2つあります。1つ目は、サイト上の問題点を発見することです。これには、Web解析ツールを用いて、CVに至る過程でユーザーがどこで離脱しているかを把握することが有効です。離脱率の高いページやフローを特定し、改善の糸口を探ります。

　2つ目は、サイトへの流入経路の観点から分析することです。例えば、オーガニック検索から来訪した層のCVRが低い場合、サイトのコンテンツが検索ユーザーのニーズにマッチしていない可能性があります。広告経由の訪問者についても、広告とランディングページの連動性などをチェックする必要があるでしょう。

主要7分野の最適化でCVRを高める

　CROを実践する上で、押さえておくべき主要分野が7つあります。❶の表をご覧ください。その内容と詳細について確認しておきましょう。

CROを進めるための実践的フロー

　CROは、サイクルを回すことで効果を高めていくことができます。CROを効果的に進めるための一般的なフローは、次の4つのステップで構成されます❷。

● ステップ1　仮説立案

　サイトの現状分析に基づき、CVR向上のための仮説を立てます。定量・定性の両面からデータを読み取り、優先順位の高い施策を立案しましょう。

● ステップ2　A/Bテストの実行

　立てた仮説の検証には、A/Bテストが有効です。オリジナルのページと、変更を加えたバージョンを用意し、CVRの差を見極めます。

● ステップ3　ユーザビリティテストの実施

　実際のユーザーの行動を観察することで、サイトの使い勝手における課題を発見することができます。ユーザーの生の声に耳を傾けることが大切です。

● ステップ4　検証と改善

　テストの結果から、仮説の妥当性を検証します。効果が確認された施策は実装し、新たな課題が見つかれば、さらなる改善に向けて仮説を立てていきます。

CROの成功事例に学ぶ

　最後に、CROの実践によって成果を上げた事例を2つ紹介します。

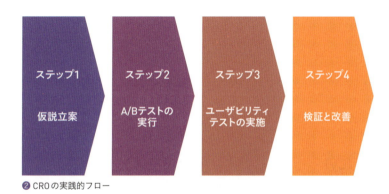

❷ CROの実践的フロー

アパレルブランド「INSECT COLLECTION」では、新作アイテムの購買促進・新規顧客獲得を目的に「インタラクティブ動画」を導入。気になる箇所をタップすると「ポップアップ機能」でアイテム詳細が表示され、さらにそこからタップでECサイトへ遷移し、そのまま購入できる流れになっています。SNS広告とECサイトの間にインタラクティブ動画を設置した結果、CVRは2.15%をマーク。ネット広告からECサイトに流入するユーザーのCVRは通常1%未満といわれている中、高い効果を上げることができました[25]。

日本の大手フォトスタジオ「スタジオマリオ」では、LPOによってCVRを28.9%改善しています。カメラのキタムラ社が運営するこのサイトでは、料金ページのメインビジュアルを男女で出し分けするなど、ユーザーの属性に合わせた最適化を図り、大きな効果を生み出しました[26]。

[25] https://blog.mil.movie/marketing/20446.html
[26] https://dlpo.jp/casestudy/studio-mario.php

Keyword Box

コンバージョン（CV）

Webサイトにおける最終的な成果。購入や申し込みなど、企業の目的に沿ったアクション。

A/Bテスト

オリジナルのページと変更を加えたページを比較して、より効果の高いパターンを見極める手法。

第8章
効果測定・品質管理

chapter

01 アクセスログ解析とは ……………………… 212
02 アクセス解析ツールの選び方 ……………… 215
03 アクセス解析結果の見方 …………………… 219
04 Webサイトの品質管理 ……………………… 221

chapter 8 01 アクセスログ解析とは

この章では、Webサイトの効果測定と品質管理について学びます。本項では、アクセスログ解析の基本的な概念と、その重要性を理解することを目指します。アクセスログから得られる情報と、それを活用するための方法論を身につけましょう。

Point
1. アクセスログを解析することで、サイト訪問者の属性や行動を把握できる
2. アクセスログ解析の目的は、サイトの課題発見と改善施策の立案に役立てること
3. 解析ツールの選定では、データの取得方式や機能面での特性を理解することが重要

アクセスログ解析とは

　Webサイトの最大の強みは、利用者の行動を数値化して把握できる点にあります。それを実現するのが、アクセスログ解析です。この項では、**アクセスログ解析**に必要な知識と、効果的な実践方法について見ていきましょう。

アクセスログの基本を理解しよう

　アクセスログとは、Webサーバーに蓄積される、サイトへのアクセス記録のことです。Webサーバーは、サイトへのリクエストがあるたびに、そのアクセス情報をログファイルに記録しています。

　具体的には、アクセス元のIPアドレスやリファラー（参照元ページ）、リクエストされたページのURL、アクセス日時などの情報が、以下のようなフォーマットで記録されます。

```
203.0.113.25 - - [22/Apr/2023:
11:34:56 +0900] "GET /index.html
HTTP/1.1" 200 2000 "https://www.
example.com/referrer.html"
"Mozilla/5.0 (Windows NT 10.0;
Win64; x64) AppleWebKit/537.36
(KHTML, like Gecko) Chrome/
112.0.0.0 Safari/537.36"
```

　このように、生のアクセスログは人間にとって解釈が難しい形式で記録されているため、それをわかりやすく可視化したり、統計的な分析を行ったりするためのツールが必要となります。それが**アクセスログ解析ツール**です❶。

❶ アクセスログ解析ツール「Google Analytics」の表示例

なぜアクセスログ解析が重要？

アクセスログは、サイト訪問者の属性や行動を知る上で欠かせない情報源です。解析を通じて得られるデータは、❷のような観点から、サイト運営の意思決定に役立てることができます。

このように、アクセスログは、サイトの運営を「ログベース（データ基盤型）」のものに進化させる上で、非常に重要な役割を担っているのです。

解析ツールの種類と選び方

アクセスログ解析ツールには大きく分けて3つの方式があります。各方式には一長一短があるため、自社の状況やニーズに合わせて適切なツールを選ぶ必要があります❸。

広く使われているツールには、Google AnalyticsやAdobe Analyticsなどの**Webビーコン型**の総合解析ツールがあります。ただし、Google AnalyticsはGoogleタグマネージャー経由でWebサイトに設置され、解析はGoogleのサーバーで行われるため、アクセスログを直接解析するツールではないことに注意が必要です。

アクセスログ解析の導入ステップ

アクセスログ解析を始めるためのステップを見ていきましょう。ここでは、Google Analytics 4（GA4）の導入方法を解説します。

1. GA4プロパティの作成

Google Analyticsのコンソールから新しいプロパティを作成し、「データストリーム」の設定を行い、Webサイトと紐付けます。

2. タグの設置

トラッキングコードを生成し、サイトのすべてのページのhead要素内に設置します。Googleタグマネージャー（GTM）を利用する場合は、GTMコンテナにGAタグを実装します。

3. イベントトラッキングの設定

GA4ではデータ収集がイベントベースとなっ

サイトへのアクセス状況の把握	サイトへの訪問者数や、ページビュー数などの基本指標から、サイトの流行りや成長性を測ることができる
ユーザーの属性理解	アクセスログから得られる属性情報（デバイスやブラウザ、地域性など）に基づいて、ユーザー像の理解を深められる
改善施策の効果検証	サイトリニューアルやコンテンツ施策の前後でデータを比較し、その効果を定量的に把握することに役立つ
マーケティング施策の最適化	アクセス解析と広告効果測定ツールを組み合わせることで、サイト流入の入口となる広告の最適化に活かせる

❷ アクセスログを見る際のポイント

方式	特徴	メリット	デメリット	代表的なツール
サーバーログ取得型	Webサーバーのログファイルを直接読み取って解析する方式。解析の自由度は高いが、サーバー負荷への影響や、解析作業の手間が大きい	解析の自由度が高い	サーバー負荷への影響が大きい	AWStats
Webビーコン型	HTMLファイルに埋め込んだタグ（ビーコン）によって、ページ閲覧データを外部のツールに送信し、解析する方式。導入は比較的容易で、ページ表示に関する詳細なデータが取れる	導入が比較的容易	詳細なデータが取れる	Googleアナリティクス、Adobe Analytics
パケットキャプチャ型	サーバーに出入りするネットワークパケットを直接キャプチャし、それを解析する方式。サイト規模が大きく、リアルタイム性の高い解析が求められる際に有効	リアルタイム性の高い解析	導入・運用が複雑	Piwik PRO

❸ アクセスログ解析ツールの方式

ています。必要に応じて、カスタムイベントや
コンバージョンイベントの設定を行いましょう。

4. 管理画面での確認

コードを設置した後、GAの管理画面でデータ
取得の状況を確認します。**リアルタイムレポート**でイベントのヒット状況をチェックできます。

5. 分析とレポーティング

データが蓄積されたら、GA4の各種レポート
やエクスプローラーツールを使って分析を始め
ます。必要に応じて、**カスタムレポート**やダッ
シュボードを作成し、社内へのレポーティング
を行いましょう。

以上のように、少しの準備と実装を行うこと
で、Webサイトの解析基盤を構築できます。

AIログ解析～膨大なデータから迅速な問題発見と重要情報を抽出

近年、AI技術の進化により、ログ解析は新た
なステージへ突入しています。従来のログ解析
では困難だった膨大なデータ処理や高度な分析
を、AIが実現するようになりました。システム監
視の効率化、問題検知の精度向上、重要情報の
迅速な抽出など、様々なメリットをもたらします。

● AIログ解析が注目される理由

1. 効率的なログデータ処理：人手不足を解消

デジタル化により増え続けるログデータを、AI
が自動処理。人手に頼らず迅速な分析を実現し
ます。

2. 安定したシステム運用：リスクを未然に防ぐ

Webサービスやアプリケーションの異常を自
動検知し、迅速な対応が可能になり、システム
トラブルによるダウンタイムを削減します。

● AIログ解析の主なメリット

1. 自動化されたデータ整理：必要な情報にすぐ
アクセス

AIがログデータを自動的に分類・整理。必要
な情報に迅速にアクセスし、分析時間を短縮し
ます。

2. 高度な問題検知：見逃しゼロの監視体制

AIが異常パターンを学習し、従来のツールで
は発見できなかった問題も自動検知。リスクを
未然に察知し、迅速な対策が可能になります。

3. 的確な情報抽出：迅速な意思決定を支援

AIが、対処が必要な事象のみを的確に判別し、
重要な情報だけを抽出。迅速な状況判断と意思
決定をサポートします。

AIはあくまでツール、最終的な判断は人間が担う

AIログ解析は強力なツールですが、あくまで
も意思決定を支援するものです。AIの分析結果
を踏まえ、状況を正しく理解した上で、適切な
判断とアクションを実行することが重要です。

Keyword Box

イベントトラッキング
ページ閲覧以外の重要なユーザーアクショ
ンを計測するための仕組み。

リアルタイムレポート
現在のサイトの状況をリアルタイムで把握
するためのレポート機能。

カスタムレポート
目的に応じて、ディメンションとメトリク
スを組み合わせて作成する独自のレポート。

chapter 8　効果測定・品質管理

chapter 8
02
アクセス解析ツールの選び方

この項では、アクセスログ解析ツールの種類と特徴について理解を深めます。サーバーログ型、Webビーコン型、パケットキャプチャ型の3つの方式について、それぞれの長所と短所を学びます。また、Web解析ツールとアクセス解析ツールの違いについても触れ、自社のニーズに合ったツール選定の視点を身につけます。

Point
1　解析ツールは、データの取得方式によって3つのタイプに分類される
2　データ鮮度が求められる場合は、Webビーコン型やパケットキャプチャ型が適している
3　自社の課題やニーズに合わせて、機能面と運用面から最適なツールを選ぶことが肝要

Web解析ツールとアクセス解析ツールの違い

まず、Web解析ツールとアクセス解析ツールの違いについて整理しておきましょう。**Web解析ツール**は、Webサイトの改善やマーケティング施策の最適化を目的として、サイトの利用状況を多角的に分析するためのツール群を指します。一方、**アクセス解析ツール**は、Webサーバーに蓄積されたアクセスログデータを解析するためのツールを指し、Web解析ツールの一部に位置づけられます。

つまり、Web解析はアクセス解析を包含する、より広範な概念だといえます。Web解析ツールには、アクセスログ以外にも、ユーザーの属性情報や行動履歴、広告の効果測定データなど、多様なデータソースが統合される場合があります。

アクセス解析ツールの定義

アクセス解析ツールは、以下のような特徴を持つツールとして定義できます。

- ・PV（ページビュー）数やUU（ユニークユーザー）数、セッション数、流入・離脱ページなどといったトラフィック情報を計測できる
- ・タグを発行し、オンライン上のキャンペーン結果を計測できる
- ・地域やデバイス、参照元など条件をセグメントしてアクセス状況を確認できる
- ・サイトを構築するプラットフォームやCMSを問わず解析できる

これらの機能を備えたツールを用いることで、サイトの現状把握や課題発見、施策の効果検証など、データドリブンなサイト運営が可能となります。

Keyword Box

サーバーログ型
Webサーバーのアクセスログを直接解析するタイプのツール。

Webビーコン型
ページにタグを埋め込み、外部ツールに解析データを送信する方式。

パケットキャプチャ型
ネットワークデータを直接キャプチャし、リアルタイムに解析するツール。

215

アクセス解析ツールの機能一覧

ここで、アクセス解析ツールに求められる主要な機能を見ておきましょう[27]。❶の表をご覧ください。

以上のように、アクセス解析ツールには、データの収集から可視化、分析、レポーティングまでの一連の機能が求められます。自社の課題に適した機能を備えたツールを選定することが重要だといえるでしょう。

[27] https://www.itreview.jp/categories/access-analysis

行動計測

機能	説明
リアルタイムのアクセス状況計測	今、Webサイトにどのくらいのユーザーが訪問しているかが計測できる
Webサイトの行動計測	Webサイトに特定期間内でどのくらいのアクセスがあり、どの地域からのアクセスか、どのWebサイトから流入したか、何分滞在したか、どのページに遷移したか、といった顧客行動をページ(URL)ごとに可視化する
SNSの行動分析	SNSに投稿された情報などから流入した顧客行動を可視化する
ネイティブアプリ内の行動計測	行動計測の仕組みをネイティブアプリの中に組み込み利用する
複数メディアをまたいだ行動計測	PC版Webサイト・スマートフォンサイトとネイティブアプリをまたいだ顧客行動を可視化する
オフラインチャネルのインポート	テレビ・ラジオ・新聞・雑誌・交通広告からの問い合わせ、実店舗への来店などの顧客行動をインポートする
顧客セグメントの抽出	顧客行動のパターンと属性情報から顧客セグメントを抽出する
行動パターンの定量計測	特定の行動パターンをとる顧客のボリュームを定量的に把握する

アクセスデータ、マーケティング施策の管理

機能	説明
マーケティング施策の一元管理	バナー広告やリスティング広告の効果、検索エンジンによる自然検索の効果などを一画面で管理する
データ集計	複数の広告メディアの経費や効果などのデータを集計する
貢献度分析	データが示す貢献度を素早く特定する

レポーティング

機能	説明
ダッシュボードの作成と共有	閲覧数やコンバージョン数などといった定期的に確認したい項目を自由に選び、1画面にまとめたダッシュボードを作成する

❶ アクセス解析ツールの機能

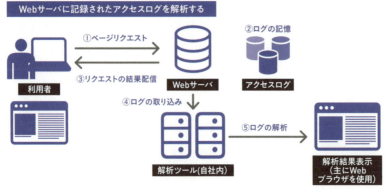

❷「サーバログ取得型」のツールの仕組み

3つの解析ツールの種類と特徴

アクセスログ解析ツールは、以下の3つに分類されます。

① サーバーログ型

Webサーバーに蓄積されたアクセスログを直接解析するツールです❷。特徴はユーザーのセッション情報を取得できることと、検索エンジンのクローラーによるアクセスも記録されるためSEO対策にも役立つことです。この形式の解析ツールには「Matomo」などがあります。

② Webビーコン型

Webページに埋め込んだJavaScriptタグでページ閲覧データを外部ツールに送信して解析する方式です❸。代表例は、Google Analytics 4（GA4）やAdobe Analytics等です。この方式は詳細なページ表示データ（滞在時間、離脱率など）や、**イベントトラッキング**でユーザーのインタラクションも計測可能です。導入が容易で初心者に適していますが、クローラーのアクセスは記録されず、アドブロック使用ユーザーのデータが欠損する可能性があります。

③ パケットキャプチャ型

ネットワークに流れるデータパケットを直接キャプチャし、リアルタイムに解析するツールです❹。高い解析精度とリアルタイム性が特徴で、大規模サイトや詳細なデータ解析が必要な

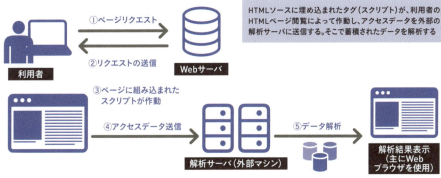

❸「Webビーコン型」の仕組み

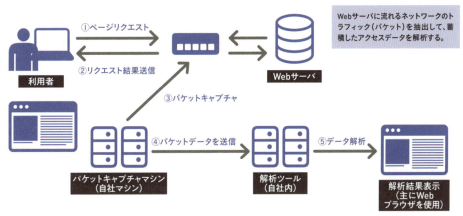

❹「パケットキャプチャ型」の仕組み

場合に適しています。RTmetrics（アール・ティー・メトリクス）という解析ツールはこの形式です。

Webサイトの種類に応じたツール選定

続いて、Webサイトのタイプ別に適したツールの選び方を見てみましょう。ここでは、「ショップ型」と「キャンペーン型」の2種類を例に挙げます。

① ショップ型

商品販売を主目的とし、継続的に運用されるサイトには、サーバーログ型ツールが適しています。大量のログデータを、時間をかけて分析できるためです。一方、ECサイトでは、リアルタイムで売上状況を把握し、在庫管理や機会損失の防止が重要です。こうした場合には、Webビーコン型やパケットキャプチャ型ツールが有効です。

② キャンペーン型

期間限定でユーザー集客を行うサイトは、ビジネスサイクルが短いため、アクセスデータを**リアルタイムに解析**し、迅速に施策に反映することが求められます。Webビーコン型ツールは、ユーザー行動をイベントベースで迅速に把握できます。パケットキャプチャ型なら、さらに詳細なデータをリアルタイムに収集・解析可能です。

このように、サイトの特性に応じて、**データ鮮度**やリアルタイム性の観点からツールを選ぶことが重要です。

ツール選定の6つの視点

最後に、ツールを比較検討する際の具体的な判断基準を挙げます。

1. データ取得の方式
   自社の課題やニーズに照らして、3つの方式のどれが適切かを見極める
2. 解析項目の網羅性
   必要な指標をもれなく取得できるツールを選ぶ
3. カスタマイズ性
   目的に応じたデータ抽出やレポート作成が柔軟に行えるかを確認する
4. 運用管理のしやすさ
   導入や設定、メンテナンスの手間を最小限に抑えられるツールを選ぶ
5. 他ツールとの連携
   マーケティングツールなど、他のシステムとのデータ連携が可能なツールを選ぶ
6. コストパフォーマンス
   導入費用だけでなく、ランニングコストや工数も含めてトータルに評価する

これらの観点から総合的に判断し、自社に最適なツールを選定しましょう。

Keyword Box

イベントトラッキング
ページ閲覧以外のユーザー行動を計測する機能。

リアルタイム解析
直近のデータをリアルタイムに把握するための機能。最新の状況を素早く反映できる。

データ鮮度
取得したデータが最新の状態に更新されるまでの時間的な差を表す概念。

chapter 8　効果測定・品質管理

chapter 8
03
アクセス解析結果の見方

この項では、アクセス解析で得られるデータの見方と分析方法について学びます。アクセス解析の目的は、サイト訪問者の行動を把握し、サイトの問題点を発見・改善につなげることにあります。解析結果から仮説を立て、検証サイクルを回していくプロセスを理解しましょう。

Point

1　アクセス解析の目的は、サイト訪問者がどのように行動しているかを知ること
2　解析ツールで押さえるべき指標は、アクセスの概要や訪問者の行動など6つに大別される
3　解析は「離脱の原因の洗い出し」に始まり、「評価」に終わる5ステップで進める

アクセス解析は利用者の行動把握が目的

アクセス解析のいちばんの目的は、Webサイトの利用者の行動を把握することにあります。解析を通じて、「いつ」「誰が」「どのように」行動しているのかを知ることができます。

ここで注意したいのは、アクセス解析では利用者の動機や目的を直接的に知ることはできない点です。あくまで、行動ログというファクトデータから利用者の意図を推測するというスタンスが必要不可欠です。

解析ツールで見るべき6つの項目

アクセス解析ツールで分析する項目は、大きく分けて6つあります❶。

❶アクセス解析ツールで分析する項目

1. アクセスの概要	全体のページビュー、訪問者数、検索エンジンからの訪問比率、直帰率、平均滞在時間など
2. 利用者の行動	ランディングページと滞在時間、離脱ページなど
3. キーワードや参照元	参照元ページ、検索キーワードなど
4. ページとコンバージョン	トップページ階層の遷移先比率、ランディング別コンバージョン比率など
5. 時系列比較	曜日別、時間帯別、時系列訪問など
6. 利用者情報	ブラウザ種別比率、国別比率、サービスプロバイダのドメイン比率など

現在主流のWebビーコン型の解析ツールであれば、これらの指標を容易に可視化できます。GoogleアナリティクスやAdobe Analyticsといった総合ツールでは、ページ別の詳細なデータに加え、サイト内検索やイベントトラッキングなどの機能も備わっており、多角的な分析が可能です。

ツールで得られる分析項目を、どういう視点で分析していけばよいのかについては、❷の表を参考にしてください。

❷各分析項目と分析する際の視点

分析項目	どういう視点で分析するか	詳細
1. アクセスの概要	全体的なアクセス状況を把握する	ページビュー、訪問者数、検索エンジンからの訪問比率、直帰率、平均滞在時間など
2. 利用者の行動	ユーザーのサイト内行動を分析する	ランディングページと滞在時間、離脱ページなど
3. キーワードや参照元	ユーザーはどこから訪問してきたのか分析する	参照元ページ、検索キーワードなど
4. ページとコンバージョン	ページごとのパフォーマンスとコンバージョン率を分析する	トップページ階層の遷移先比率、ランディング別コンバージョン比率など
5. 時系列比較	アクセス状況の変化を分析する	曜日別、時間帯別、時系列訪問など
6. 利用者情報	ユーザーの属性を分析する	ブラウザ種別比率、国別比率、サービスプロバイダのドメイン比率など

219

アクセス解析の基本的な分析プロセス

アクセス解析結果を分析し、Webサイト改善の材料を見つけるためには、以下の5ステップを踏むことが重要です。それぞれのステップでのポイントと注意点を解説します。

1. 離脱の原因の洗い出し

離脱率をチェックし、利用者がどこでサイトを離れているかを特定します。この段階では、全体の離脱率だけでなく、各ページの離脱率も細かく分析し、問題のあるページを見つけることが重要です。

2. 離脱の原因を深掘り

離脱率が高いページをさらに詳しく調査します。特に、コンバージョンプロセスの入り口ページやフォームの入力ページに注目します。これらのページは訪問者が離脱しやすいので、特に注意して分析する必要があります。

3. 改善策の仮説設定

問題の原因を深掘りした結果に基づいて、改善策の仮説を立てます。例えば、ページ表示のエラーが離脱の原因であれば、そのエラーを修正するための仮説を立てます。この段階では、具体的な改善策を検討し、どのように実施するか計画します。

4. 仮説の検証

改善策を実施し、その効果をテストします。仮説が正しいかどうかを確認するために、評価方法を決定し、具体的なテストを行います。例えば、ページの表示エラーを修正した後、離脱率が下がるかを確認します。

5. 評価

テスト結果を評価し、事前に設定した評価指標を確認します。評価指標がビジネスの目的や戦略に沿っているかをチェックし、必要に応じて柔軟に指標を見直します。新たな発見や問題が出てきた場合は、PDCAサイクルを回しながら、継続的に改善を進めます。

これらのステップを踏むことで、効果的なアクセス解析とWebサイト改善が実現できます。

Keyword Box

ページビュー
あるページが閲覧された回数。Webサイトへのアクセス数の指標の一つ。

直帰率
サイトに訪問後、他のページに移動せずに離脱したセッションの割合。

離脱率
あるページを最後に、訪問を終えた（離脱した）割合。問題のあるページの指標となる。

Webサイトの品質管理

chapter 8 - 04

この項目では、Webサイトの品質をどのように管理・維持すべきかについて学びます。Webサイトの成否は、コンテンツの質に大きく左右されます。発注者と制作者が守るべき品質基準を共有し、ガイドラインを設けることの重要性を理解しましょう。

Point
1. Webサイトの品質管理の目的は、リピート訪問、クチコミによる集客につなげること
2. 品質レベルを保つには、運用保守管理用に発注側と制作側で共有するガイドラインが必要
3. ガイドラインの種類は「仕様」「更新」「デザイン」「コーディングルール」などがある

Webサイト品質管理の重要性

Webサイトの品質管理が重要なのは、サイトが常に情報を発信し続けるメディアだからです。品質が低いと、ユーザーに二度と訪問されず、悪評が広まり信頼性が損なわれます。一方で、高品質のコンテンツを提供できれば、リピート訪問や口コミで新たな集客が期待できます。つまり、Webサイトの成功は品質管理にかかっています。

ガイドラインの必要性

Webサイトの品質を一定に保つためには、品質基準を明文化した「**ガイドライン**」が必要です。ガイドラインは運用・保守管理において、発注者と制作者が守るべきルールや方針を定めたものです。これにより、安定した品質管理が可能となり、新メンバーの教育や引き継ぎにも役立ちます❶。

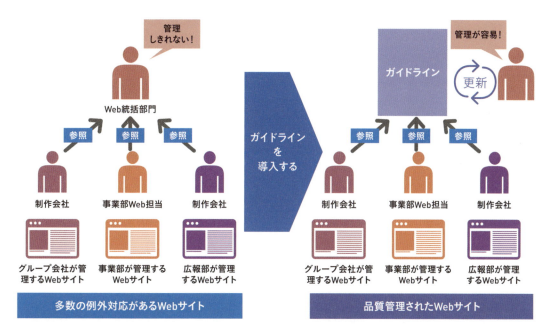

❶ 品質管理のためのガイドラインの意義

ガイドラインの種類

　代表的なガイドラインは❷の表をご覧ください。ガイドラインはサイトの規模や目的によって異なりますが、品質基準を設けてPDCAサイクルを回しながら継続的に改善していくことが重要です。発注者・制作者が一丸となって運用し、高品質なWebサイトを作りましょう。

利用品質のチェックリスト

　利用品質の観点からチェックリストを作る際のポイントは以下の3つです。

1. 有効性（Effectiveness）
   利用者が目標を達成するための正確さと完全性
2. 効率性（Efficiency）
   目標達成のために費やした資源
3. 満足度（Satisfaction）
   Webサイト利用時の不快感のなさと肯定的な態度

　これらの観点から、ガイドラインに基づいてチェックリストを作成します。例えば、ナビゲーションの設計が有効か、問い合わせフォームが効率的か、デザインが満足度を高めるかを定期的にチェックし、品質改善に役立てます。利用者の声も収集し、多角的に評価することが品質管理の鍵です。

種類	内容	詳細
コンテンツ仕様ガイドライン	掲載情報の内容や構成、更新頻度など	文章の書き方、画像のサイズ、情報の更新頻度など
更新ガイドライン	CMSの操作方法、更新フロー、校正ルールなど	CMSの使い方、更新手順、誤字脱字のチェック方法など
デザインガイドライン	サイトのトーン＆マナー、使用色、禁止表現など	ロゴマーク、フォント、色使い、禁止表現など
コーディングルール	HTMLやCSSの記述ルール、アクセシビリティ対応など	インデント、ファイル名、アクセシビリティ対応など
ユーザビリティ/アクセシビリティガイドライン	使いやすさと公平なアクセシビリティを担保するための指針	操作性、読みやすさ、色使い、音声読み上げ対応など
ブランディングガイドライン	サイト全体のブランディングに関する指針	ブランドコンセプト、ブランドメッセージ、ブランドイメージなど

❷ 代表的ガイドライン

Keyword Box

Webガイドライン
Webサイト運営において関係者が守るべき品質基準や方針。

有効性
目標達成の正確さと完全性。適切な情報を過不足なく提供できているか。

効率性
利用者が目標達成に費やすコスト。直感的な動線設計などで担保。

column · 07

アジャイル開発に適した
プロジェクト管理ツールの比較

アジャイル開発とプロジェクト管理ツール

　アジャイル開発は、従来の「ウォーターフォール型開発」と比べ、より柔軟かつスピーディーな開発プロセスを特徴としています。短い周期で計画・実行・評価を繰り返し、フィードバックを受けながら開発を進めていくのがアジャイル型の基本スタイルです。

　こうした特性から、アジャイル開発では頻繁なコミュニケーションとタスクの可視化が欠かせません。チーム全体で進捗状況を共有し、柔軟に計画を修正していく必要があるのです。

　そのため、アジャイル開発に用いるプロジェクト管理ツールには、「タスクの可視化と進捗管理」「コミュニケーションの活性化」「ドキュメント管理との連携」「柔軟なカスタマイズ性」などの機能が求められます。これらの要件を満たすツールを活用することで、アジャイル開発の真価を発揮できるでしょう。

1. 代表的なアジャイル開発向けツール

　アジャイル開発に適したプロジェクト管理ツールには、以下のようなものがあります。これらのツールは、いずれもアジャイル開発に必要な機能を備えていますが、それぞれ特徴が異なります。自社のニーズに合ったツールを選ぶことが重要です。

- Jira
- Redmine
- Trello
- Backlog
- Stock

アジャイル開発向けツールの比較

　アジャイル開発向けの各ツールの特徴を比較していきましょう。

1. Jira

　Jira は、Atlassian 社が提供する高機能なプロジェクト管理ツールです。アジャイル開発に特化した機能が豊富で、大規模プロジェクトにも対応できる拡張性が魅力です。ロードマップ機能による進捗の可視化、スクラムやカンバンなどのアジャイル開発手法をサポート、柔軟なカスタマイズ性とプラグインの豊富さなどが特徴です。ただし、機能が多岐にわたるため、習熟に時間がかかる点には注意が必要です。

2. Redmine

　Redmine は、オープンソースのプロジェクト管理ツールです。シンプルで使いやすい UI が特徴で、中小規模のプロジェクトに適しています。チケット管理によるタスクの可視化、ガントチャートやカレンダー表示での進捗管理、Git などのバージョン管理ツールとの連携などが特徴です。オープンソースである点も、コストを抑えたい企業にとってのメリットといえます。

3. Trello

　Trello は、シンプルな UI とカード形式のタスク管理が特徴のツールです。直感的に操作できるため、小規模なチームでのアジャイル開発に適しています。ボード上でのカードの移動によるタスク管理、画像やファイルの添付によるコミュニケーションの活性化、モバイルアプリでの利用にも対応していることが特徴です。機能はシンプルですが、柔軟性の高さが魅力です。

4. Backlog

　Backlog は、国内企業が開発したプロジェクト管理ツールです。Git リポジトリとの連携が強みで、開発チームに馴染みやすいのが特徴です。カンバン方式でのタスク管理 Git との連携によるソースコード管理、ファイル共有や Wiki によるドキュメント管理などが特徴です。日本語対応も充実しており、国内でのアジャイル開発に適したツールといえます。

5. Stock

Stockは、直感的に使えるUIが魅力のプロジェクト管理ツールです。「ノート」形式でのタスク管理が特徴で、コミュニケーションを活性化します。テーマごとのノート管理による タスクの整理、画像やファイルの添付によるリッチなコミュニケーション、オフラインでの利用にも対応していることが特徴です。シンプルさと使いやすさを重視したツールといえるでしょう。

ツール選定のポイントとまとめ

ツール選定の際は、自社の規模やニーズに合ったものを選ぶことが重要です。大規模プロジェクトならJira、小規模ならTrelloやStock、開発チームならBacklogといった具合に、最適なツールは企業によって異なるでしょう。

無料トライアルやデモを利用して、実際の使用感を確かめるのもおすすめです。メンバー全員が使いこなせるツールを選ぶことが、アジャイル開発の成功につながります。

1. ツールを活用しアジャイルの 真価を発揮

アジャイル開発の本質は、チーム内のコミュニケーションと、タスクの可視化による柔軟な計画修正にあります。これを実現するための重要なピースが、プロジェクト管理ツールです。ツールを効果的に活用し、メンバー間の情報共有を円滑に行うことで、アジャイル開発のスピード感と柔軟性を最大限に引き出せるはずです。

もちろん、ツールはあくまでも手段であって目的ではありません。大切なのは、ツールを通じて実現される、チームの一体感とアジリティです。

ツールを味方につけつつ、アジャイル開発の真髄を追求していく。それこそが、これからのソフトウェア開発に求められる姿勢です。

第9章 プロジェクトマネジメント・運用体制

chapter

- 01 制作プロジェクトを成功させるには ……… 226
- 02 制作チームのプレイヤー ……………………… 228
- 03 制作チームづくり ……………………………… 230
- 04 プレゼンテーションのコツ ………………… 233
- 05 Webサイト制作の見積もりと契約の基礎知識 …… 235
- 06 スケジュール管理 ……………………………… 238
- 07 コーチング ……………………………………… 241
- 08 Web制作の業務委託マネジメント ………… 244
- 09 コストマネジメント …………………………… 249
- 10 Webプロジェクト投資 ………………………… 252
- 11 公開後の運営体制づくり ……………………… 255
- 12 キャンペーンプロジェクトのコツ ………… 259
- 13 モバイルサイトプロジェクト ……………… 262
- 14 ECサイト運営 ………………………………… 266

chapter 9

01

制作プロジェクトを成功させるには

本項では、Webサイト制作プロジェクトを成功に導くために押さえるべきポイントを概観します。プロジェクトマネジメントの要諦は「QCD（品質・コスト・納期）」と「マーケティング」「オペレーション」の5つにあります。デジタルシフトが加速する中、プロデューサーに求められるスキルも多様化しています。

Point

1 プロジェクト成功の鍵は「QCD」「マーケティング」「オペレーション」の5つの要素にある
2 ユーザビリティ、アクセシビリティ、SEO、コンテンツマーケティングの観点も欠かせない
3 DXの潮流の中で、プロデューサーに求められるスキルも変化している

Webサイト制作の成功を決める5つの要素

Webサイトの制作プロジェクトが成功するかどうかは、下記の5つの要素をいかに適切にマネジメントできるかにかかっています❶。

1. QCD品質マネジメント

QCD、つまり「品質」「コスト」「納期」は、すべてのプロジェクトマネジメントの基本です。特にWebサイト制作では、**品質管理**が最も重要です。高品質のサイトを制作・運用することで、ユーザーのリピート訪問や口コミによる新規ユーザーの獲得が期待できます。ユーザーのニーズを的確に捉え、常に高いクオリティを追求することが大切です。

2. コスト・予算マネジメント

高品質を追求する一方で、コストを度外視してはプロジェクトの採算が取れません。限られた予算内で最大限の成果を上げるためのコスト管理も、プロジェクトの成否を分ける重要な要素の一つです。

3. スケジュールマネジメント

Webサイトのリリースは事前のプロモーション施策と連動していることが多いため、スケジュールに合わせて計画通りにサイトを完成させることがプロデューサーの重要な役割です。綿密なスケジュール管理により、関係者全員が納期を意識し、シナジーを発揮してプロジェクトを推進することが求められます。

要素	内容	詳細
1. QCD品質マネジメント	品質、コスト、納期のバランスを最適化する	ユーザーニーズを的確に捉え、高品質なサイトを制作する
2. コスト・予算マネジメント	限られた予算内で最大限の成果をあげる	コスト意識を持ち、無駄を省く
3. スケジュールマネジメント	計画通りにサイトを完成させる	綿密なスケジュール管理を行い、関係者全員が納期を意識する
4. マーケティングマネジメント	マーケティング課題を解決するためのサイトを制作する	ターゲットを明確化し、ニーズに合致した情報やサービスを提供する
5. オペレーションマネジメント	プロジェクトチームのパフォーマンスを最大化する	メンバーのモチベーションを高め、コミュニケーションを円滑にする

❶ Webサイト制作を成功させる5つの要素

chapter 9　プロジェクトマネジメント・運用体制

4. マーケティングマネジメント

　Webサイトの目的は多くの場合、マーケティング課題の解決です。サイトのコンセプトやターゲット、提供すべき情報やサービスを練り上げるにはマーケティングの知見が必要です。スマートフォンやSNSの普及で購買行動が劇的に変化した今、的確にユーザーニーズを捉えることがますます重要になっています。

5. オペレーションマネジメント

　プロデューサーはプロジェクトチーム全体のパフォーマンスを最大化する使命があります。メンバー一人ひとりのモチベーションを高め、能力を発揮できる環境を整えることも重要です。プロセス管理、コミュニケーション、進捗管理などのオペレーションスキルは、チームが一丸となって成果を出すために欠かせません。

見落としがちな重要な観点

　上記5つの要素に加えて、近年ますます重要性が増している❷の表の4点を挙げておきます。

ユーザビリティ	Webサイトが使いやすく、ストレスなく目的を達成できるかどうか。ユーザー視点に立った設計が不可欠
アクセシビリティ	年齢や障がいの有無に関わらず、誰もが快適にアクセスできるサイト設計。ダイバーシティの観点からも重要
SEO	検索エンジン最適化。サイトの目的を達成するには検索上位表示が欠かせない。SEOを考慮したサイト設計が求められる
コンテンツマーケティング	オウンドメディアの記事コンテンツで見込み顧客を引き付ける手法。中長期的なコンテンツ戦略が肝要

❷ 重要性が増す4つの要素

　これらの観点は、企画・設計段階から考慮しておくべき重要なファクターです。技術的な側面に目が行きがちですが、ユーザー視点での使い勝手やマーケティング効果についても、しっかりと押さえておく必要があります。

デジタルトランスフォーメーションとプロデューサーに求められるスキル

　ビッグデータやAIなどのデジタル技術の進展により、社会や産業構造は大きな変革期を迎えています。この**デジタルトランスフォーメーション（DX）**の中で、Webサイトの役割も大きく変わりつつあります。

　オウンドメディアの強化、マーケティングオートメーションとの連携、パーソナライズ最適化など、Webサイトは企業のデジタルマーケティング戦略の中核としてより重要な位置づけとなっています。

　こうした中、Webサイト制作のプロデューサーには、従来のスキルに加えて、戦略的なマーケティング視点やデータ分析力、**マーテック（マーケティングテクノロジー）**への理解など、高度な専門性も求められるようになっています。

　自社の強みとなるコアコンピタンスやユーザーに提供する価値について、経営層と肩を並べて議論できる広い視野と洞察力が必要です。

　もちろん、デザインやエンジニアリングの深い知見など、従来のWeb制作スキルも重要です。これらを基礎とし、マーケティングと技術、ビジネスとクリエイティブの橋渡し役として活躍することが、DXの時代のWebサイト制作プロデューサーに期待される役割です。

Keyword Box

QCD
品質（Quality）、コスト（Cost）、納期（Delivery）の頭文字。プロジェクト管理の重要な評価軸。

マーテック（MarTech）
マーケティングとテクノロジーを組み合わせた造語。マーケティングのデジタル化を推進する各種ツールやサービス。

制作チームのプレイヤー

chapter 9

02

本項では、Webサイト制作プロジェクトにおける分業化の進展、各工程で求められる職種やスキルについて学びます。DXやUX重視の潮流により、Webサイトの目的や機能の多様化が分業化を促しています。プロデューサーを筆頭に、ディレクターやデザイナー、エンジニアなど、それぞれの役割と連携の重要性を理解しましょう。

Point

1 DXやUX重視の潮流により、Webサイトの制作は高度に分業化が進んでいる
2 プロデューサーは全体統括、ディレクターは現場管理など、役割を適切に分担する
3 企画、デザイン、フロントエンド、バックエンドなど、各パートには専門的なプレイヤーがいる

Webサイト制作における分業化の進展

かつてのWebサイト制作は、一人のWebマスターが企画から設計、コーディングまですべてを手掛けるのが一般的でした。しかし、インターネットの普及とともにWebサイトが大規模化・高度化する中で、その役割は専門分化が進み、分業化されてきました。

背景にあるのは、**ユーザーエクスペリエンス（UX）**を重視する潮流です。使いやすく洗練されたWebサイトを制作するには、企画・設計段階からUXを意識した専門性の高いアプローチが必要とされます。

また、AI、クラウド、ビッグデータなどのデジタル技術の進展によって、Webサイトに求められる役割も多様化しています。オウンドメディア、EC、マーケティングオートメーションなど、Webサイトがデジタルビジネスのプラットフォームとして重要性を増す中で、システム連携を見据えた高度な設計力が問われるようになってきました。

こうした分業化と専門性の追求は、Webサイトの品質を大きく左右する要因ともなっています。各工程に適切な人材を配置し、チームのパフォーマンスを最大化することは、プロジェクトの成否を分ける鍵といえるでしょう。

Webサイト制作の職種と役割分担

Webサイト制作の現場では、プロデューサー、ディレクター、デザイナー、エンジニア、マーケターなど実に様々な職種のプロフェッショナルが協働しています。プロジェクトの規模や特性によって多少の違いはありますが、一般的な役割分担は❶、❷、❸のようになります。

このようにWeb制作の現場では、企画から設計、デザイン、開発、運用まで、各工程で専門性の高いスキルを持つプレイヤーが、プロデューサー・ディレクターの采配のもと、連携してプロジェクトを推進しているわけです。

ただし、これは職種の理想的な姿であって、実際には一人で複数の役割を兼任するケースも珍しくありません。プロジェクトの規模や予算に応じて、最適なチーム編成を考えることも重要なスキルだといえます。

いずれにせよ、Web制作の現場では各分野のスペシャリストが協力し合い、それぞれの強みを活かし合うことが何より大切です。プロジェクトの成功のためには、担当職種の役割と専門性をしっかりと理解し、お互いの仕事に敬意を払いながら、一丸となって作業を進めていくことが求められます。

chapter 9　プロジェクトマネジメント・運用体制

❶プロジェクトマネジメントパート

プロジェクトマネジメント

プロデューサー
プロジェクト全体を統括するリーダー的存在。クライアントとの折衝、制作の方針決定、予算・工数管理などが主な役割

ディレクター
プロデューサーの下で、制作現場の進行管理を担当。制作スタッフの採用・育成、クオリティ管理なども行う

プロジェクトマネージャー
大規模プロジェクトでは、進行管理に特化したプロジェクトマネージャーを置くことがある。プロジェクトにおけるスケジュール管理、リスク管理などを行う

テクニカルリーダー
技術面の取りまとめ役。システム設計、プログラミングなどを行う

品質管理担当
成果物の品質を保証する担当。テストの実施・管理などを行う

❷企画パート

企画

プランナー
サイトの企画・設計を担当。戦略立案、情報設計、機能要件定義などを手がける

UXデザイナー
ユーザー体験の設計を専門とするデザイナー。ユーザビリティテストなどを実施

IA（インフォメーションアーキテクト）
サイトの情報設計を担う専門家。情報の構造化、整理を行う

コピーライター
Webページやバナー広告の文章（コピー）制作を担当。Webページ、バナー広告の作成を行う

エディトリアルデザイナー
記事ページのデザインや誘導導線の設計などを行う。誘導導線の設計を手がける

❸制作パート

制作

UIデザイナー
サイトのインターフェイス設計を担当。ワイヤーフレーム、画面遷移図などを制作

グラフィックデザイナー
サイトのビジュアルデザイン全般を手がける。写真、イラスト、アイコンなども制作

フロントエンドエンジニア
Webサイトのクライアントサイド開発を行う。HTMLコーディングやJavaScriptプログラミングなどを手がける

バックエンドエンジニア
サーバーサイド開発を担当。システム、アプリケーション、データベースの設計・構築を担う

コーダー
デザインデータをもとにマークアップを行う。HTML、CSSでマークアップ。レスポンシブ対応も担当

プログラマー
サーバーサイドの言語でプログラミングを組む。PHP、Ruby、Pythonなどの言語でプログラミング。API連携なども行う

Keyword Box

ウォーターフォール型開発
上流工程から下流工程へと段階的に進めていく開発モデル。要件定義、設計、実装、テストの順で進行。

アジャイル開発
短期間の反復で開発を進める手法。柔軟な計画変更と早期のフィードバック取り入れを特徴とする。

スクラム
アジャイル開発の代表的フレームワーク。スプリントと呼ばれる短期間の開発サイクルを繰り返す。

229

chapter 9

03 制作チームづくり

本項では、高品質なWebサイトを生み出すための制作チームづくりの要諦について学びます。Webサイト制作の成否は「人」の力に大きく左右されます。制作メンバー一人ひとりがWeb制作に求められる資質を備え、それぞれの持ち味を存分に発揮できるチーム風土づくりがプロジェクト成功の鍵を握ります。

Point
1 Web制作の成功を左右するのは「人」の力。各分野のスペシャリストの能力を引き出すこと
2 Web人材に求められるのは、最新動向への関心、学習意欲、戦略的思考力など
3 プロジェクトの特性に合わせ、専門性とチームワークのバランスを取った最適な編成を考える

Webサイトの品質を決める「人」の力

Webサイトの品質は、サイトの目的や要件といったプロダクト面の要因だけでなく、それを生み出す「人」の力に大きく左右されます。

洗練されたデザイン、使いやすいUI、ロバストなシステム。それらを実現するには、各分野のスペシャリストの専門性と創意工夫、チームの緊密な連携が欠かせません。

デジタルシフトが加速し、UXやマーケティング視点がますます重視される中、Web制作の現場では以前にも増して多様な人材が求められるようになりました。

マーケターやデータアナリスト、UXデザイナーやUI/UXライターなど、従来のWeb制作の枠を越えた専門家たちの参画が、質の高いWebサイトを生み出す上で大きな意味を持つようになっているのです。

こうした各分野のプロフェッショナルが持つ知見やスキルを束ね、全体を見渡しながらプロジェクトを俯瞰できるのが、プロデューサーやディレクターの役割です。個々のパートやメンバーの領域に踏み込みつつ、適切にコミュニケーションを取り、ときにはメンバー間の調整役を務めることも求められます。

Web制作に必要な人材の資質とは

では、Web制作のプロフェッショナルとして求められる資質とは何でしょうか。スキルや専門性は当然ですが、それ以上に大切なのが❶の

資質	内容	詳細
最新のWeb動向・技術への関心と学習意欲	常に学び続ける姿勢	カンファレンス、セミナー、書籍、業界メディア
品質・スケジュールへのコミットメント	責任感と納期厳守	高い品質を維持しつつ、納期を守る
アクセシビリティ・ユーザビリティへの配慮	誰でも使いやすいサイトの配慮	情報弱者を含む幅広いユーザーに配慮
セキュリティ・個人情報保護	コンプライアンス意識	情報セキュリティ、個人情報保護
戦略的・論理的思考力	問題解決能力	戦略策定、データ分析
協調・連携する姿勢	専門領域を越えたチームワークの管理	専門領域を超えて協力
ユーザー視点と創造力	価値を生み出す能力	ユーザーニーズを満たし、新しい価値を提供

❶ プロフェッショナルに必要な資質

ような点です。

　Webサイトのあり方がますます多様化・高度化する中、変化を恐れず、新しい技術や考え方を貪欲に学ぶ意欲はこれまで以上に重要度を増しています。カンファレンスやセミナーに足を運び、書籍や業界メディアに目を通すことは、Webのプロとしての成長に欠かせないでしょう。

　加えて、セキュリティやアクセシビリティといった非機能要件へのリテラシーも、専門性の枠を越えて身につけるべき資質といえます。自分の仕事が情報弱者を含む幅広いユーザーに影響することを意識し、サイトの安全性・使いやすさに徹底的にこだわる。そんな倫理的な意識の高さが、真のプロの条件だといえるでしょう。

　もちろん、実務スキルも大切です。求められるのはデザインやエンジニアリングの力量だけではありません。上流工程から関わるプランナーであれば、戦略策定のフレームワークやデータ分析手法などビジネス視点の引き出しも必要です。デザイナー、エンジニアにも、マーケティングやブランディングの知見があれば、提案力は大きく広がるはずです。

　つまり、「**T字型人材**」という表現がありますが、専門領域の深い知見を縦軸に、それ以外の周辺領域の教養を横軸に備えた人材こそ、これからのWeb制作の現場で真価を発揮できるのです❷。

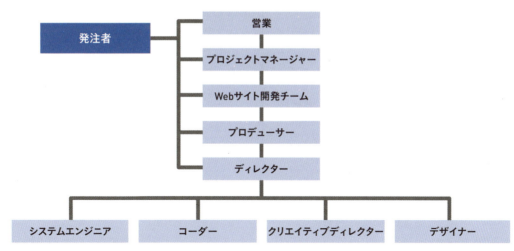

❷ 一般的なWebサイト制作組織の編成イメージ

231

理想的なチーム編成を目指して

Webサイト制作プロジェクトにおいて、最適なチーム編成を行うことは重要な成功要因の一つです。

プロジェクトの規模や性質によって多少の違いはありますが、一般的なチーム編成の形としては❸のようなものが考えられます。

これらの編成は、プロジェクトの課題によって使い分けることが肝要です。例えばスケジュールが逼迫している場合は、目的別の編成で各チームがスピーディーに作業を進められるでしょう。

一方、新しい技術の導入や、革新的なUXコンセプトの実現を目指すような場合は、領域横断的なチームで企画段階から議論を重ねることで、ブレイクスルーのアイデアが生まれるかもしれません。

いずれにせよ、現場のプロデューサーやディレクターには、プロジェクトの特性をしっかりと見極め、最適な布陣を敷く力量が問われます。

生成AIをメンバーに迎えるという選択肢

近年、生成AIの目覚ましい発展により、制作現場の働き方にも変革の兆しが見えつつあります。文章生成、画像生成、コーディングサポートなど、AIによる制作アシストの活用が現実のものとなりつつある中で、果たして我々クリエイターはどう向き合えばよいのでしょうか。

ある国内の大手Web制作会社では、「AIをチームの一員として迎え入れる」という挑戦的な取り組みを始めています。具体的には、ChatGPTなどの言語モデルを使ったコピーライティングのサポートや、Stable DiffusionやMidjourneyといった画像生成AIとデザイナーの協働による発想法の実践などです。

もちろん、AIはあくまでツールであり、最終的な判断を下し、心を込めて制作物を磨き上げるのは人間の仕事です。しかし、AIの支援を適切に活用することで、クリエイターはより本質的なタスクに集中でき、今まで以上にイマジネーションを膨らませられるはずです。プロジェクトの中でAIをどのように活かすか。新しい才能をどう発掘し、どんな創造的化学反応を起こせるか。それは、これからのWeb制作の現場に問われる重要な命題の一つといえるでしょう。

編成方法	特徴	メリット	デメリット
目的別チーム編成	マーケティング、クリエイティブ、システム開発など、目的別にチームを編成	分野ごとの専門性を追求	部門間の連携が複雑になる
クロスサポートスタッフの配置	各チームにUIデザイナーやフロントエンドエンジニアなどを横断的に配置	チーム間の連携を促進	スタッフの負担が大きくなる
機能横断型チーム	エンジニア、デザイナー、マーケターなどが初期段階から一堂に会して作業	全体感の醸成と合意形成	人材育成に時間がかかる

❸ チーム編成の方法と特徴

Keyword Box

T字型人材

専門分野の深い知見と、幅広い知識を合わせ持つ人材。I（専門性）とT（汎用性）をバランスよく備えるとされる。

人的資源管理（HRM）

従業員の採用・配置・教育・評価など、人材に関する施策を通じて組織の成果を高めるマネジメント手法。

PMO（プロジェクトマネジメントオフィス）

組織のプロジェクトマネジメントに関する活動を統括・支援する専門部署。

chapter 9　プロジェクトマネジメント・運用体制

chapter 9

04

プレゼンテーションのコツ

本項では、提案内容を的確に伝え、ステークホルダーの共感と合意を得るためのプレゼンの要諦を学びます。プレゼンの本質は、ユーザーニーズやビジネス課題に基づいた戦略仮説を訴求し、その価値を納得してもらうことにあります。聴衆の関心や背景を深く理解し、ストーリーや資料の構成を練ることが重要です。

Point

1　プレゼンの目的は、戦略仮説の価値を伝え、ステークホルダーの共感を得ること
2　聴衆のペルソナ分析をもとに、ストーリーや資料の構成を練る
3　生成AIを活用し、効率的かつ創造的なプレゼン資料作りを目指す

▌プレゼンテーションの本質とは

プレゼンテーションの本質は、提案内容の価値を相手に納得してもらうことです。そのためには、現状の課題から始め、解決策とその効果を説得力のあるストーリーで結びつける必要があります。**ストーリーテリング**の手法を用いて、提案の背景から結論までを論理的かつ印象的に組み立てましょう。

特に重要なのは、ユーザーニーズの理解とビジネスゴールの設定です。**ペルソナ分析**でターゲットユーザーを具体的に定義し、理解を深めることが不可欠です。提案内容が潜在的な利用者の期待や悩みに応え、事業の目的達成に貢献することを示せれば、説得力が高まります。例えば、「この機能改善によって、購入プロセスのUXが向上し、CVRの〇％アップが見込める」といった具合です。

根拠のない想像では説得力に欠けます。事前のユーザー調査や市場分析、過去の事例データを活用し、戦略仮説の妥当性を証明する必要があります。プレゼンテーションは、仮説検証のプロセスでもあるのです。

▌聴衆のペルソナ分析が肝要

説得力のあるプレゼンを行うには、聴衆の理解と共感を得ることが重要です。そのためには、

聴衆が誰で、どんな関心や懸念を抱えているかを事前にリサーチする必要があります。

例えば、経営層には投資対効果や事業へのインパクトを強調し、エンジニアチームにはシステム負荷や実装の難易度を説明します。聴衆の役割や専門性、意思決定の立場を意識し、その関心事に真摯に向き合う姿勢が求められます。

聴衆のペルソナ設定に基づいて、プレゼンのストーリーや**ロジックツリー**を組み立てましょう。ロジックツリーは、複雑な問題を整理し論理的に説明するためのフレームワークです。情報の提示順序や専門用語の使い方、視覚表現のトーンなども聴衆に合わせて調整することが大切です。

また、聴衆の懸念事項を先回りして言及・解消することも効果的です。「コストが心配かもしれませんが、次のようなROIが見込めます」といった具合に、聴衆の心情に寄り添いながら、建設的な議論を引き出しましょう。

▌魅力的なプレゼン資料の作り方

プレゼンの成否を分けるのは、資料のクオリティです。ビジュアルデザインによって、提案内容の理解と印象を深めることができます。

ストーリーの起承転結に合わせて、情報の盛り上がりをコントロールすることが重要です。結論から始め、徐々に詳細な情報を提示していく

233

ピラミッド構造を意識しましょう。課題提示、戦略立案、施策提案、効果予測の流れで聴衆の関心を高める構成が効果的です。

また、グラフや図解を多用し、複雑な情報を直感的に伝えましょう。キーメッセージを端的に示すタイトル、情報の優先順位がわかるレイアウトにもこだわります。

さらに、プレゼン資料はプロトタイプやデモと連動させると効果的です。**プロトタイプ**はアイデアを具体化したもので、ワイヤーフレームや簡易的な実装などを含みます。提案内容を実際に体験してもらうことで、理解と共感が深まります。

VR（仮想現実）、AR（拡張現実）、MR（複合現実）などのXR技術を用いると、リアルなプロトタイプ体験を提供でき、没入感を高められます。「百聞は一見に如かず」というように、具体的なビジョンを示すことで、提案のリアリティが増します❶。

生成AIをプレゼン資料に活かす

近年では、生成AIを使って効率的に魅力的な資料を作成できます。例えば、文章生成ツールを使えば、プレゼンシナリオのアウトラインやスライドごとのコンテンツを迅速に作成できます。また、画像生成AIを使えば、各スライドのコンセプトに合わせて複数のビジュアル案を出力することも可能です。これにより、言葉だけでは伝わりにくい世界観やトーンを視覚的に伝えることができます。

ただし、AIの出力結果をそのまま使うのは避け、最終的な判断は人間の感性に委ねることが肝心です。機械的な情報と人間的な温かみのバランスを取りながら、聴衆の心に響くプレゼン資料を仕上げていくことが重要です。

情報収集から論理構成、ビジュアルデザイン、リハーサルまで、説得力あるプレゼンテーションの準備には多くの作業が必要です。しかし、生成AIという新しいツールを活用することで、プレゼン作成の可能性はさらに広がります。データと創造性を行き来しながら、聴衆の心を動かすプレゼンを追求することが、これからのWebプロフェッショナルに求められる新しい挑戦といえるでしょう。

ポイント	内容	詳細
ストーリー構成	ピラミッド構造	結論から始め、詳細な情報を提示
視覚化	グラフ、図解	複雑な情報も直感的に伝える
情報整理	タイトル、レイアウト	キーメッセージを明確に
体験	プロトタイプ、デモ	提案内容を実際に体験
最新技術	VR、AR、MR	リアルなプロトタイプ体験

❶ プレゼン資料のクオリティを高めるポイント

Keyword Box

ペルソナ分析
提案内容の主なターゲットとなるユーザー像を具体的に定義し、理解を深めること。

ロジックツリー
複雑な問題を整理し、論理的に説明するためのフレームワーク。

ピラミッド構造
結論から始め、徐々に詳細な情報を提示していくプレゼン構成の手法。

chapter 9　プロジェクトマネジメント・運用体制

chapter 9

05

Webサイト制作の見積もりと契約の基礎知識

本項では、Webサイト制作における見積もりと契約について、基礎的な知識を学びます。制作費用の見積もりには様々な手法があり、プロジェクトの特性に応じて適切な方法を選択することが重要です。正確な見積もりとリスクを考慮した契約が、Webサイト制作の成功の鍵を握っているといえるでしょう。

Point

1　Webサイト制作の見積もりには、類推見積もりや実績スライド積算などがある
2　受注契約には一括請負契約や実費償還契約などがあり、リスク分担や支払方法を検討する
3　クラウドサービスを活用することで、効率的な見積もりプロセスの構築が可能になっている

見積もりの重要性と種類

Webサイト制作プロジェクトを成功に導くためには、適切な見積もりが欠かせません。見積もりとは、発注内容を実現するために必要と思われる費用を算出して、発注側に伝える金額や明細のことです。

見積もりには様々な種類があります。主なものとしては以下が挙げられます❶。

● 類推見積もり

過去に実施した類似のプロジェクトを参照して見積もりを出す方法です。類似プロジェクトの実績コストをベースに、両者の類似点や相違点を割り出して、部分修正を行い新規プロジェクトの見積もりとして仕上げます。

● 実績スライド積算

新規開発プロジェクトに対して、過去のプロジェクトの実績を参考にしながら、各工程のコストを直接見積もり、それを積み上げる方法です。全体を一括して過去事例と比較するのではなく、アクティビティに分解した上で類似のアクティビティを探し出し、積み上げて見積もります。

● パラメトリック見積もり

プロジェクトの規模や複雑さを定量的に評価し、過去のプロジェクトデータから導き出した数式モデルに基づいて所要工数を見積もる手法です。プロジェクトの特性値（パラメータ）を定義し、それに基づいて統計的・数学的に工数を算出します。

見積書には通常、総見積もり額だけでなく内訳も記載します。内訳の詳細度が高いほど説得力は増しますが、作成の手間もかかるというトレードオフがあります。プロジェクトの規模や

見積もり方法	概要	詳細	メリット	デメリット
類推見積もり	過去の類似プロジェクトを参考に算出	実績コストをベースに修正	迅速かつ容易	精度が低い
実績スライド積算	過去のプロジェクト実績に基づき各工程のコストを見積もり積み上げる	アクティビティごとに類似事例を探す	比較的精度の高い見積もり	手間がかかる
パラメトリック見積もり	プロジェクト特性値に基づき数式モデルで算出	統計的・数学的に工数を算出	客観性の高い見積もり	過去のデータが必要

❶ 見積もりの種類

235

性質、依頼元との関係性などを考慮して、適切な見積もり手法を選択することが重要です。

RFPへの理解を深める

RFP（Request for Proposal）とは、発注側が依頼先に対してどのような仕事をしてもらいたいかを記載した提案依頼書のことです。Webサイト制作の発注においては、必要となるハードウェアやソフトウェアの仕様、品質条件、納品物など具体的な要件が記載されます。

受注側にとってRFPは極めて重要な文書です。記載内容を的確に理解し、実現可能性や工数を見積もることが求められます。曖昧な点や疑問点があれば、早い段階で発注側に確認しておくことが肝要です❷。

RFPへの理解を深めるためには、過去のプロジェクトのRFPを参考にするのが有効です。どのような情報が盛り込まれているのか、どの部分が工数や金額の算出に影響するのかを分析することで、より精度の高い見積もりが可能になります。

契約のタイプと留意点

見積もりが完了し、発注が承認されると次は契約の段階に入ります。契約のタイプによって、リスクの所在や支払い方法が異なってくるため、よく吟味する必要があります。主な契約のタイプは以下の通りです❸。

● **一括請負契約**

成果物と金額が事前に決まっており、受注者が責任を持って納品するタイプの契約です。納期までに約束の成果物が完成しないリスクは受注者が負いますが、工数が予定を超過しても追加の支払いは発生しません。発注者にとってはコストが固定されるためリスクは低いものの、仕様変更への対応が難しいというデメリットがあります。

● **実費償還契約**

作業に要した時間と材料費を実費で精算する契約です。受注者にとっては、かかった費用が確実に回収できるため安心感があります。一方で、発注者にとっては総額が不透明で、プロジェクト完了までコストが膨らむ恐れがあります。

● **インセンティブ付き契約**

納期や品質目標の達成度に応じてボーナスを支払うタイプの契約です。受注者にとっては、よりよい成果をあげるためのモチベーションが得

❷ 見積もりから受注までの流れ

られます。発注者側も、プロジェクトの成功を受注者と共有できるメリットがあります。ただし、インセンティブの設計を間違えると、かえって不適切な行動を招く恐れもあるので注意が必要です。

● コストプラス契約

実費に一定の利益（フィー）を上乗せして支払う契約です。受注者にとっては利益が保証されるため、リスクを抑えられます。発注者としては柔軟な対応が可能になる反面、コスト増大のリスクを負うことになります。

いずれの契約タイプにせよ、発注者・受注者双方にとって納得感のある内容であることが何より重要です。曖昧な部分を残さず、丁寧にすり合わせを行うことが求められます。またWebサイト制作の場合は、納品後の運用保守体制についても契約時に盛り込んでおくべきでしょう。

クラウドを活用した見積もり作成

近年は、クラウドサービスを活用した見積もり作成プロセスを構築する企業が増えています。プロジェクト情報をクラウド上で一元管理することで、関係者間での情報共有がスムーズになるほか、過去の類似案件の実績データを効率的に参照できるようになります。

クラウド型の見積もりツールの多くは、プロジェクトの規模や特性に応じた質問に答えていくだけで、自動的に必要工数を算出してくれる機能を備えています。マニュアル作業を減らすことで、見積もり作成にかかる時間と手間を大幅に削減することが可能です。

またクラウド上のデータは、常に最新の状態に保たれているため、情報の鮮度や正確性も向上します。定型的な作業を自動化することで、人的ミスのリスクも軽減されるでしょう。

ただし、クラウドツールはあくまで見積もりをサポートする役割であり、最終的な判断は人間が下す必要があります。画一的な計算では拾いきれない要素について検討を行ったり、発注者とのコミュニケーションを丁寧に行ったりすることは、これまでと変わらず重要だといえるでしょう。

契約タイプ	概要	メリット	デメリット	留意点
一括請負契約	成果物と金額を事前に決め、納期までに完成させる	コストが固定される	仕様変更が難しい	納期厳守と品質管理が重要
実費償還契約	作業時間と材料費を実費で精算	受注者にとって費用回収が確実	総額が不透明	費用管理が重要
インセンティブ付き契約	納期や品質目標達成度に応じてボーナスを支払う	受注者のモチベーション向上	インセンティブ設計が重要	目標設定と評価基準を明確に
コストプラス契約	実費に利益を上乗せして支払う	受注者にとってリスクが低い	コスト増大のリスク	利益率の設定とコスト管理が重要

❸ 契約のタイプ

Keyword Box

パラメトリック見積もり
プロジェクトの規模や複雑さを定量的に評価し、統計モデルから所要工数を見積もる手法。

RFP
発注側が依頼内容や要求仕様を記載した提案依頼書。Request for Proposalの略。

chapter 9

06

スケジュール管理

本項では、Webサイトの制作プロジェクトを円滑に進行させるためのスケジュール管理の重要性と手法を学びます。Webサイト構築の目的は、納期までに要件通りのWebサイトを立ち上げることです。定期的な進捗確認を行い、必要に応じてスケジュールの調整を行うことが、納期厳守と高品質を実現する鍵となるでしょう。

Point

1 Webサイト構築の目的は納期までに要件通りのサイトを立ち上げること
2 フェーズ分けとWBSの活用により、プロジェクト全体を的確に把握し、作業を効率化できる
3 ガントチャートでの進捗の可視化やリスク管理、進捗確認が円滑なプロジェクト遂行のポイント

Webサイト構築の目的とスケジュール管理の必要性

Webサイト制作プロジェクトにおいて最も重要な目的は、定められた納期までに要件通りのWebサイトを立ち上げることです。そのためには、プロジェクト開始時に綿密なスケジュールを立てることが欠かせません。

スケジュール作成時に押さえるべきポイントは、納期とゴールの設定です。納期は発注者と合意の上で決められることが一般的ですが、現実的に対応可能な期日を設定することが重要です。無理のある納期は、品質の低下や作業の手戻りを招く恐れがあるためです。

一方、ゴールはプロジェクト完了時の到達目標を指します。具体的には、リリースするWebサイトがどのような要件を満たしているべきか、機能面と品質面の両面からしっかりと定義しておく必要があります。ゴールが曖昧だと、作業の方向性が定まらず、納期が近づいても検収条件を満たせない事態を招きかねません。

フェーズ分けとWBSの活用

スケジュール作成において重要なのが、プロジェクト全体のフェーズ分けです。一般的なWebサイト制作プロジェクトは、企画、設計、コーディング、テスト、リリースなどのフェー

ズで構成されます。

例えば、Webサイトのリニューアルプロジェクトの場合、次のようなフェーズ分けが考えられます。

1. 現行サイトの問題点洗い出しと改善計画立案
2. 新サイトのサイトマップ・ワイヤーフレーム設計
3. デザインとコーディング
4. 開発環境でのテスト
5. 本番環境への移行とリリース

ワイヤーフレームに基づくデザインカンプ作成
↓
デザインカンプの制作ディレクション
↓
トップページのコーディング
↓
下層ページ共通部分のコーディング
↓
下層ページ個別部分のコーディング
↓
JavaScriptによる動的機能の実装

❶「デザインとコーディング」のWBSの例

chapter 9　プロジェクトマネジメント・運用体制

各フェーズをさらに細分化し、具体的な作業レベルまでブレイクダウンしたものが**WBS**（ワークブレイクダウンストラクチャ）です。WBSを作ることで、プロジェクト全体を構成するタスクを漏れなく洗い出し、ボトムアップ式に工数を見積もることができます。

例えば、上記のフェーズ3「デザインとコーディング」であれば、❶のようなWBSが考えられるでしょう。

WBSを作成することで、大まかなフェーズから具体的な作業までを一覧化でき、プロジェクト全体像を把握しやすくなります❷。各作業の担当者や前後関係も明確になるため、並行して進められるタスクを割り出すことも容易になるでしょう。

ガントチャートの活用と定期的な進捗確認

ガントチャートは、プロジェクトを構成する作業を時系列に沿って棒グラフで表現したものです。各作業の開始日と終了日、担当者などが一目でわかるため、進捗状況の把握に役立ちます。

例えば、あるタスクの作業が予定より遅れていれば、その後に続くタスクにも影響が出ることが、ガントチャート上で視覚的に理解できます。リスケジュールの必要性を関係者間で共有し、対策を協議する判断材料としても有効活用できるでしょう。

ただし、当初のスケジュール通りにプロジェクトが進むことはむしろ稀です。常にガントチャートと実際の進捗とを突き合わせ、ズレが生じていないかをこまめにチェックする必要があります。

定期的な進捗確認の場を設け、メンバー全員でステータスを共有することが重要です。週次や月次など、プロジェクトの規模や特性に応じて頻度を決めましょう。ここで問題点や懸念事

フェーズ	概要	WBS
現行サイト分析	現状の問題点と改善点を洗い出し、目標設定を行う	1. 現状分析 2. 目標設定
要件定義	新サイトの機能やデザインを具体的に定義する	1. 機能要件定義 2. デザイン要件定義 3. 技術要件定義
設計	サイトマップ、ワイヤーフレーム、デザインカンプを作成する	1. サイトマップ作成 2. ワイヤーフレーム作成 3. デザインカンプ作成
コーディング	設計に基づいてHTML、CSS、JavaScriptなどを記述する	1. トップページコーディング 2. 下層ページ共通部分コーディング 3. 下層ページ個別部分コーディング 4. JavaScriptによる動的機能実装
テスト	開発環境で動作確認を行い、問題があれば修正する	1. 機能テスト 2. デザインテスト 3. 動作テスト 4. セキュリティテスト
リリース	本番環境へ移行し、公開する	1. 本番環境移行 2. 公開
運用・保守	リリース後も定期的に更新やメンテナンスを行う	1. コンテンツ更新 2. セキュリティ対策 3. バグ修正

❷ プロジェクトのフェーズとWBS

項を早めに吸い上げることで、大きな手戻りを防ぐことができます❸。

もちろん、進捗会議はメンバーのモチベーション維持の場ともなります。プロジェクトの目的を再確認したり、**マイルストーン**達成時に互いの労をねぎらったりすることで、チームの結束を高められるはずです。

リスクの洗い出しと対策立案

スケジュール通りの進行を阻害する要因として、様々なリスクが考えられます。プロジェクト開始時点で起こりうるリスクを洗い出し、対策を立てておくことが肝要です。

例えば、メンバーのスキル不足によって品質が満たせないリスクに対しては、ベテランメンバーをアサインしたり、教育時間を設けたりすることで対応します。外注会社の納期遅れリスクには、進捗管理の強化や代替先の確保などが考えられるでしょう。

リスクが顕在化した際の対応方針を予め定めておくことも大切です。いざというときに慌てず、冷静に行動するための指針となります。またリスクが発生する確率と影響度を評価し、優先的に対策すべき項目を見極めることも重要です。

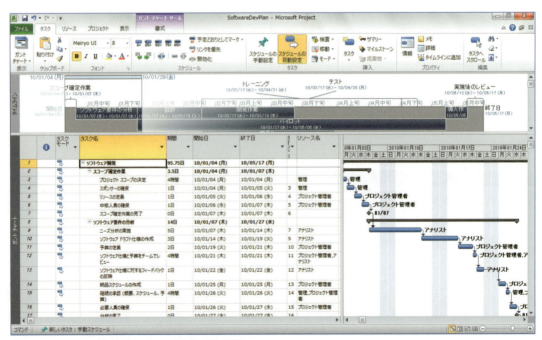

❸ Microsoft Projectのガントチャートツールを使っている例

Keyword Box

WBS
プロジェクトを構成する作業を階層構造で表現したもの。ワークブレイクダウンストラクチャの略。

ガントチャート
プロジェクトの各タスクを棒グラフで時系列に沿って並べた図。進捗管理に用いられる。

マイルストーン
プロジェクト遂行上の重要な通過点や節目となる出来事。目標達成状況の確認ポイント。

chapter 9　プロジェクトマネジメント・運用体制

chapter 9

07

コーチング

Web制作におけるコーチングの目的は、メンバーが自律的に学び、創造的に課題解決し、価値提供できるようになることにあります。本項では、創発型のチームづくりに適したコーチングの手法に着目し、Web制作のメンバーの能力とチームワークを高めるための方法を解説します。

Point

1　コーチングは、メンバーの自律性と創造性を引き出し、目標達成を支援するプロセスである
2　コーチングの目的は、メンバーのスキルとチームワークの向上を通じて価値創出を実現すること
3　プロジェクトのビジョンや目標の共有と、各フェーズに応じた適切なコーチングが重要

コーチングとは何か

コーチングとは、相手が自ら目標を達成できるように支援するプロセスを指します。指示や命令ではなく、対話と気づきを通じて相手の内発的な行動変容を促すのが特徴です。

コーチは答えを与えるのではなく、**アクティブリスニング**を心がけ、質問やフィードバックにより相手が自ら解決策を見出すことを手助けする役割を担います。**ラポール**を構築しつつ、相手の強みに着目し、ありたい姿を明確にしながら、目標達成に向けて共に歩むのがコーチなのです。

このように、コーチングでは相手の主体性が何より重視されます。押し付けではなく、相手のペースに合わせ、相手が望む形で関わっていくことが求められるのです。

Web制作におけるコーチングの目的

Web制作の現場でコーチングが必要とされる理由は、プロジェクトの成否がメンバーの力量に大きく左右されるからです。単にいわれたことをこなすだけでなく、自らが考え、新しい価値を生み出せるようになってこそ、優れたWebサイトを実現できます。

つまり、Web制作におけるコーチングの目的は、メンバー一人ひとりが自律的に学び、創造

的に問題解決し、ステークホルダーに価値を提供できる存在へと成長することにあるのです。

そのためには、メンバーのモチベーションを高く保ち、絶え間ない学習を促すことが重要です。与えられた仕事をこなすだけでなく、自らが考え、工夫する習慣を身につけさせることが、コーチングに求められる役割だといえるでしょう。

さらに、**セルフエフィカシー**（自己効力感）を高めることも重要なポイントです。自分には能力があり、努力次第で目標を達成できると信じられるようになれば、メンバーの意欲はいっそう高まるはずです。グロス（よかった点）を積極的にフィードバックし、小さな成功体験を重ねさせることで、セルフエフィカシーの向上を図ります。

プロジェクトのビジョンや目標の共有

Web制作チームが、同じ価値観のもとで協力していくためには、プロジェクトのビジョンや目標を共有することが欠かせません。メンバーが何のために働いているのか、プロジェクトの先にどのような未来があるのかを理解することで、仕事への意欲が湧いてきます。

ビジョンや目標は、プロジェクトリーダーが一方的に設定するのではなく、メンバー全員で話し合い、合意形成することが望ましいでしょう。自分たちで決めたことであれば、当事者意

241

識も一層高まるはずです。

コーチは、ビジョンメイキングのファシリテーターとしての役割を果たします。メンバーの意見を引き出し、建設的な議論を促すことで、チーム全体で納得感のあるビジョンを策定するのです。

こうしてできあがったビジョンは、プロジェクト期間中、常にメンバーの行動の指針となります。迷いが生じたとき、判断に悩んだときは、ビジョンに立ち返ることで、進むべき方向性を見出すことができるのです。

メンバーのタイプ別コーチング方法

個々のメンバーの特性に合わせてコーチングの方法を変えることで、より大きな効果が期待できます❶。デベロッパーとデザイナー、ベテランと新人、性格の明るいタイプと物静かなタイプなど、多様なメンバーで構成されるのがWeb制作チームの常です。

例えば、新人メンバーに対しては、業務の手順を一つひとつ確認しながら、きめ細かなサポートを行うことが求められます。優しく、ねぎらいの言葉をかけつつも、時には厳しく指導することも必要でしょう。

一方、ベテランメンバーに対しては、任せる部分を増やしつつ、適度な緊張感を維持してもらうことが重要です。自らが持つ知見や経験を他のメンバーにも共有してもらうよう促すのも、コーチングの役割の一つです。

クリエイティブな仕事が得意なメンバーには、自由に発想を膨らませる環境を用意してあげましょう。ただし、あまりに現実離れしたアイデアにならないよう、適宜方向修正を図ることも忘れずに。

このようにメンバーのタイプに合わせて関わり方を変えていくことで、それぞれのよさを存分に引き出し、力を発揮してもらうことができるのです。

生成AIを活用したセルフコーチング

近年、生成AIの発達により、AIを活用したセルフコーチングが注目されています。自分自身に対して質問を投げかけ、AIが生成した回答を通じて内省を深めるのです。

例えば、「このプロジェクトで自分が達成したいことは何か」「理想のWeb制作者像とはどのようなものか」といったテーマについて、ChatGPTなどのAIに問いかけてみましょう。AIが多様な視点から回答を生成してくれるので、自身の考えを客観的に見つめ直すきっかけになります。

セルフコーチングを通じて、無意識のうちに抱いていた思い込み（**スコトーマ**）に気づくこともあるでしょう。「こんなことはできない」と決めつけていた自分の殻を破り、新たな可能性を切り拓くヒントが得られるかもしれません。

AIによる気づきをもとに、自身の目標や行動

メンバータイプ	特徴	コーチング方法	ポイント
新人	経験が少ない	手順確認、細かなサポート	優しく、ねぎらいの言葉
ベテラン	経験豊富	任せる、緊張感維持	知見共有を促す
クリエイティブ	自由な発想	自由な環境、適宜方向修正	現実離れ防止
論理的	緻密な思考	論理的な説明、明確な目標	納得感を与える
慎重	リスク回避	小さな成功体験、自信を与える	挑戦を促す
アクティブ	行動力がある	目標設定、サポート	自主性を尊重
受動的	指示待ち	積極的な声掛け、役割を与える	責任感を持たせる

❶ メンバータイプと各コーチング方法

を再設定していく。そうした思考と実践のサイクルを繰り返すことで、Web制作者としての自己変容と成長を加速できるはずです。

ただし、AIはあくまで思考の補助ツールであり、最終的な判断は自分自身で下す必要があります。鵜呑みにするのではなく、批判的に吟味しながら活用することが肝要です。

自己認識の変容とセルフエフィカシーの醸成

コーチングの究極的な目標は、メンバー一人ひとりが自立した個人として、自らの人生をデザインしていく力を身につけることにあります。その実現の鍵となるのが、自己認識の変容とセルフエフィカシーの向上です。

自己の可能性に目覚め、「やればできる」という確信を抱けるようになれば、どんな困難にも臆することなく立ち向かえるようになるでしょ

う。チャレンジ精神と学習意欲にあふれた前向きな人材へと変わっていくのです。

そうした自己変革を後押しするのが、脳幹網様体賦活系（Reticular Activating System、**RAS**）の働きです。目標達成に向けて努力する中で、RASが目標関連の情報ばかりを選択的に認知するようになります。

適切な情報に敏感になることで、より効果的な行動が取れるようになるのです。スコトーマが外れ、以前は気づかなかった新しい視点からものごとを捉えられるようにもなるでしょう。

Web制作の世界は日進月歩です。常に学び続け、自己を更新し続けることが求められます。だからこそ、セルフエフィカシーを高め、生涯にわたって成長し続ける姿勢が欠かせません。

変化の激しい時代を生き抜く自律したWeb制作者を育てること。それこそが、コーチングの本質的な使命ではないでしょうか。

Keyword Box

アクティブリスニング
相手の話に耳を傾け、適切に質問やフィードバックを返す聞き方。コーチングの基本スキル。

ラポール
信頼関係、良好な人間関係のこと。コーチングにおいては相手との心理的な距離感が近いこと。

セルフエフィカシー
自分の能力への信念や自信のこと。課題に取り組み、達成することで高められる。

スコトーマ
先入観や固定観念などによって、無意識に特定の事象を見落としてしまう現象。

chapter 9

08 Web制作の業務委託マネジメント

Web制作プロジェクトでは、自社のリソースだけでは対応できない場合、業務委託パートナーとの協働が不可欠となります。しかし、業務委託先との連携がうまくいかず、トラブルに発展するケースも少なくありません。本項では、最適な制作業務委託とのパートナーシップを築くためのポイントを解説します。

Point

1 業務委託先選定の際は、スキルや実績だけでなく、ビジョンや価値観の共有度合いを重視
2 業務委託先とはWin-Winの関係を築き、対等なパートナーとして尊重し合うことが重要
3 定期的なコミュニケーションとレビューを通じて、業務委託先の貢献に報いる体制を整える

業務委託をするメリットとデメリット

自社のリソース不足を補い、幅広い専門性を確保するために、Web制作の一部を**業務委託**するケースが増えています。業務委託のメリットとしては、以下のような点が挙げられます。

・自社に不足しているスキルを外部から調達できる
・プロジェクトの進捗に合わせて、柔軟にリソースを投入できる
・人件費やオフィス経費など、固定費を抑えることができる

ポイント	内容	詳細
スキルと実績	求めている専門性やソリューションを提供できるか	・自社の課題や目標を解決できるスキルを持つ担当者がいるか ・最新の技術やトレンドに精通しているか
	これまでどのようなプロジェクトを手がけ、成果をあげてきたか	・同業種や類似案件の実績を調査、成功事例やノウハウを確認 ・クライアントの満足度や評価を参考にする
理念と文化	プロジェクトのビジョンを理解し、価値観を共有できるか	・企業理念やビジョンを共有、共通の目標に向けて取り組めるか ・コミュニケーションの質やレスポンスの速さなどを確認する
	社風が自社とマッチしているか、コミュニケーションが取りやすいか	・社員インタビューやブログなどを参考に、社風や雰囲気を把握 ・担当者との相性や信頼関係を築けるか
体制と対応力	適切な人員を配置し、スムーズに対応してくれるか	・プロジェクトチームの規模や構成、専門性や経験が十分かを確認 ・担当者のスキルや経験、過去のプロジェクトでの役割などを確認する
	問題発生時にも真摯に向き合い、解決に導いてくれるか	・トラブル発生時の対応フローや責任範囲を明確にしておく ・過去のトラブル事例や対応方法を聞き、問題解決能力を評価
情報セキュリティ	機密情報の取り扱いに関するルールや体制が整っているか	・情報セキュリティポリシーや体制を構築し、情報漏洩対策を徹底しているか ・定期的なセキュリティ監査や教育を実施しているか
	過去に情報漏洩などのトラブルを起こしたことがないか	・過去に情報漏洩などのトラブルがないか、企業の信頼性を調査する
コストパフォーマンス	見積もりの内容は妥当か、予算オーバーのリスクはないか	・複数の会社から見積もりを取り、比較検討する ・見積もりの内容を詳細に確認し、不明点があれば質問する
	長期的な費用対効果の観点から、最良の選択肢といえるか	・導入後の運用や保守費用なども考慮する ・長期的なパートナーとして、継続的な関係を築けるか

❶ 業務委託先を選別する際のポイント

244

・自社の得意分野に特化し、コア業務に注力できる

一方で、業務委託にはデメリットもあります。

・情報漏洩や品質低下など、セキュリティ面でのリスクがある
・業務委託先の管理やコミュニケーションに、余計な手間がかかる
・自社のノウハウが蓄積されず、競争力の源泉が失われる恐れがある
・トラブル発生時の責任の所在があいまいになりがち

業務委託は万能な解決策ではなく、メリットとデメリットを十分に吟味し、自社の状況に合っ

た最適な活用方法を見極める必要があります。

業務委託先の選定方法

Web制作を業務委託する際、どの会社にお願いすべきか悩むことも多いでしょう。単に費用の安さだけで選ぶのは賢明とはいえません。長期的な視点に立ち、❶のような観点から業務委託先を見極めましょう。

こうした多面的な評価を経て、自社のニーズにマッチした最適な業務委託パートナーを見つけ出すことが肝要です。

業務委託先に依頼する際の留意点

いざ業務委託先が決まったら、❷のような点に留意して、円滑な協働関係を築きましょう。

業務委託先には、単にいわれたことをこなす

ポイント	内容	詳細
目的の共有	Web制作の狙いや期待する成果を明確に伝える	・クライアントの事業目標や課題を理解し、Web制作にどのように貢献するかを説明する ・具体的な数値目標やKPIを設定し、達成に向けた指標を共有する
	ゴールに向けて一丸となって取り組む意識を共有する	・プロジェクトチームの一員として、クライアントと協力して目標達成を目指す ・意見交換や情報共有を積極的に行い、相互理解を深める
推進体制の整備	責任者や担当者を決め、役割分担を明確にする	・クライアント側と業務委託側それぞれで責任者を決め、連絡窓口を明確にする ・各担当者の役割と責任範囲を明確にし、重複や漏れを防ぐ
	定期的な会議や報告の場を設け、認識のズレを防ぐ	・週次・月次など定期的な進捗報告会を開催し、情報共有を行う ・課題や懸念事項があれば、迅速に共有し、解決策を検討する
明確な契約	スコープや納期、費用などの条件を明文化し、合意形成する	・Web制作の範囲(機能、デザイン、コンテンツなど)を明確に定義する ・納期、費用、支払い方法などを詳細に記載する
	想定外の追加作業が生じた場合のルールを取り決めておく	・追加作業が発生した場合の料金算定方法を事前に合意しておく ・クライアントと業務委託側双方が納得できる変更管理プロセスを導入する
適切なコントロール	マイルストーンを設定し、進捗状況を定期的にチェックする	・プロジェクトを細分化し、各工程の完了期限を設定する ・定期的な進捗報告を受け、必要に応じて軌道修正を行う
	品質基準を満たしているか、業務委託成果物のレビューを怠らない	・クライアントが定めた品質基準を明確に伝え、レビューを実施する ・修正や改善が必要な場合は、具体的に指示し、品質向上を図る
対等な関係性	下請けとしてではなく、パートナーとして尊重し合う	・クライアントと業務委託側が対等な立場で意見交換を行う ・相互の意見や要望を尊重し、協力してプロジェクトを進める
	業務委託先の利益にも配慮し、Win-Winの関係を築く	・適切な報酬を支払う ・長期的な関係を築けるよう、双方にとってメリットのある取引を目指す

❷ 業務委託先が決まったあとに意識するポイント

だけでなく、プロとしての知見を存分に発揮してもらう。そのために、自社の考えを一方的に押し付けるのではなく、対話を重ねながら協働していくことが大切です。

何より重要なのは、業務委託先とビジョンや価値観を共有し、信頼関係を築くこと。法的な契約以上に、人と人とのつながりが、プロジェクト成功の鍵を握ります。

業務委託管理の問題点

一口に業務委託管理といっても、実際には様々な問題が起こりえます。代表的なものとして、❸のようなケースが考えられます。

こうした問題の多くは、自社の業務委託管理体制の不備に起因します。特に、自社にWeb制作のスキルを持つ人材が不在の場合、管理がずさんになりがちです。

失敗例	原因	対策
コミュニケーション不足	・担当者間のコミュニケーション不足 ・連絡頻度や方法が不十分 ・情報共有の場が設けられていない	・担当者同士の定期的な連絡を徹底する・情報共有ツールを活用する ・プロジェクト開始前にキックオフミーティングを開催する
	・認識のズレ ・目標やゴールの共有が不足 ・仕様や納期に関する認識が異なる	・プロジェクトの目的やゴールを明確に定義する ・仕様書や納期表を作成し、双方が合意する ・定期的な進捗報告会を開催し、認識のズレを修正する
スケジュール遅延	・業務委託先の人手不足 ・リソース不足 ・スケジュール管理が不十分	・業務委託先の体制を確認する ・マイルストーンを設定し、進捗状況を定期的に確認する ・バッファ時間を設ける
	・追加の仕様変更 ・クライアント側の要望変更 ・要望変更の調整が不十分	・追加の仕様変更は慎重に検討する ・変更が生じた場合は、納期や費用への影響を明確にする ・変更管理プロセスを導入する
品質の問題	・業務委託先のスキル不足 ・経験不足 ・品質管理が不十分	・業務委託先のスキルや実績を確認する ・品質基準を明確に定義し、レビューを徹底する ・テスト環境を構築し、動作確認を行う
	・クライアント側のチェック不足 ・適切な指示や確認を行っていない	・業務委託成果物のレビュー基準を明確にする ・担当者同士でレビューを行い、フィードバックを提供する
コストの増大	・業務委託先都合による見積もり変更 ・想定外の追加作業が発生 ・契約内容が曖昧	・見積もり内容を詳細に確認し、不明点があれば質問する ・想定外の追加作業が発生した場合のルールを事前に合意しておく ・契約書を作成し、内容を明確にする
	・クライアント側の無茶な要求 ・際限なく修正を依頼する	・必要最低限の修正にとどめる ・修正依頼は明確な指示で行う
ノウハウの社外流出	・情報管理体制の不備 ・機密情報へのアクセス管理が不十分 ・守秘義務に関する意識が低い	・情報セキュリティポリシーを策定し、従業員教育を行う ・アクセス権限を適切に設定する ・業務委託先との契約書に守秘義務条項を盛り込む
	・業務委託先の従業員の不正行為	・従業員の教育や管理を徹底する ・定期的な監査を実施する

❸ 業務委託管理の失敗例

トラブルを未然に防ぐには、緊密なコミュニケーションと相互の理解が何より大切。業務委託先の状況もしっかりと把握し、些細な変化も見逃さないよう、常にアンテナを張り巡らせておく必要があります。

定期的な進捗会議やレビュー、評価の機会を設けるなど、管理プロセスを可視化することも有効でしょう。ルールを明確にし、PDCAサイクルを回すことで、業務委託のパフォーマンス向上が期待できます。

最適な業務委託パートナーとの関係構築

Web制作の業務委託では、単に発注して成果物を受け取るだけの関係では不十分です。業務委託先を、プロジェクト成功に向けて共に歩む同志と捉え、長期的な視点でWin-Winの関係を築いていくことが肝要です。

では、ベストパートナーとの関係構築に向けて、どのような心構えが求められるのでしょうか。❹の表をご覧ください。

ポイント	内容	詳細
業務委託先の強みを知る	業務委託先の得意分野や専門性を把握し、長所を最大限に引き出す	・過去のプロジェクト実績や強み・弱みを分析する ・担当者との面談やヒアリングを通して、スキルや経験を確認する
	新しい発想やアイデアを積極的に取り入れ、互いに高め合う	・定期的な情報交換や意見交換の場を設ける ・共同作業を通じて、互いの知識やノウハウを共有する
適切なコミュニケーション	報連相を怠らず、常に情報をアップデートし合う	・担当者同士の定期的な連絡を徹底する ・情報共有ツールを活用し、進捗状況や課題などを共有する
	対面だけでなく、オンラインツールも活用して円滑に意思疎通する	・オンライン会議やチャットツールを活用し、コミュニケーションの頻度を高める ・タイムゾーンの違いなどを考慮し、適切な連絡方法を選択する
目標の共有と振り返り	ゴールや期待値を何度も擦り合わせ、共通認識を持つ	・プロジェクト開始前にキックオフミーティングを開催し、目標やスケジュールを共有する ・定期的な進捗報告会を開催し、目標達成に向けた議論を行う
	成果だけでなくプロセスも振り返り、学びを次に活かしていく	・プロジェクト終了後に振り返りを行い、よかった点や改善点などを共有する ・次回のプロジェクトに活かせるノウハウや教訓をまとめる
信頼の醸成	約束を守り、責任を果たし合うことで確かな信頼関係を築く	・迅速かつ丁寧なコミュニケーションを心がける ・問題発生時には迅速かつ誠実に対応する
	困った時はお互いさま、チームの一員として助け合う	・協力的な姿勢でプロジェクトに取り組む ・相互理解を深め、パートナーシップを築く
成果へのリスペクト	業務委託先の貢献をきちんと認め、正当に評価する	・成果に対して感謝の気持ちを伝える ・フィードバックは建設的に行う
	お礼の言葉を忘れず、喜びや達成感を分かち合う	・成功体験を共有することで、モチベーションを高める ・長期的な関係構築を目指す

❹ 業務委託パートナーとの関係構築に必要な心構え

Keyword Box

業務委託

「アウトソーシング」ともいう。外部の専門企業に業務を委託すること。自社に不足するリソースを効率的に補完できる。

サービスレベルアグリーメント（SLA）

サービス提供者が、一定の品質基準を満たすことを保証する取り決め。

加えて、報酬面でもWin-Winを意識することが重要です。業務委託先にとっての適正利益を担保しつつ、インセンティブ設計にも工夫を凝らしましょう。単に成果物の対価を支払うだけでなく、プロジェクトの成功が業務委託先の成長や評価にもつながるような仕組みづくりが理想です。

そうすることで、業務委託先もベストを尽くしてくれるはず。結果的に、Web制作の品質向上とスピードアップが期待できるのです。

業務委託パートナーとの良好な関係は、一朝一夕では築けません。対話と協働を通じて、互いの理解を深めながら、信頼の絆を育んでいく。そうした地道な取り組みの積み重ねが、ゆくゆくは自社の大きな強みとなるでしょう。

ここでご紹介した業務委託管理の要点を押さえれば、最良のWeb制作を生み出すクリエイティブチームは完成間近です。Win-Winのパートナーシップをベースに、ステークホルダー全員の満足度を高める成果を追求していきましょう。

AIを活用した
業務委託マネジメントの革新

最新のAI技術がWeb制作の業務委託マネジメントに革新をもたらしています。AIを活用することで、プロジェクト管理の効率化と品質向上が可能になっています。

例えば、自然言語処理を用いたAIツールにより、RFP（提案依頼書）の自動生成や分析が可能になりました。これにより、クライアントのニーズをより正確に把握し、最適な業務委託先の選定が効率化されています。

また、機械学習を活用したリソース配分最適化AIにより、プロジェクトの各フェーズに最適な人材を自動でアサインすることが可能になりました。これにより、プロジェクトの進行効率が大幅に向上しています。

さらに、AIによるコード品質チェックツールやデザインレビューツールにより、成果物の品質管理が自動化され、人的エラーの削減とクオリティの向上が実現しています。

プロジェクト進捗管理においても、AIによる予測分析ツールが活用されており、潜在的なリスクや遅延を事前に特定し、適切な対策を講じることが可能になっています。

ただし、AIはあくまでも支援ツールであり、最終的な意思決定や創造的な問題解決は人間が行う必要があります。

Keyword Box

SOW
Statement of Work（作業範囲記述書）の略。プロジェクトの目的や成果物、スケジュール。

スコープ
範囲という意味で、ビジネスにおいてはプロジェクトの対象となる範囲のこと。

chapter 9　プロジェクトマネジメント・運用体制

コストマネジメント

chapter 9
09

Web制作プロジェクトを成功に導くには、コストマネジメントが欠かせません。限られた予算の中で最大の効果を引き出すには、正確な原価計算と適切な予算配分が重要となります。本項では、Web制作におけるコスト管理の課題を解説するとともに、TDABCなどの最新手法を紹介します。

Point

1　Web制作におけるコスト管理の課題を理解し、正確な原価計算の重要性を認識する
2　TDABCなどの先進的な原価計算手法を活用し、プロジェクトコストを可視化する
3　同業他社とのベンチマークを通じて、競争力のある価格設定とコスト削減を実現する

Web制作におけるコスト管理の課題

クリエイティブな仕事であるWeb制作では、工数の見積もりが難しく、コスト管理がやりづらいという特性があります。アイデア出しや素材探し、デザインの修正など、作業時間を正確に予測するのは容易ではありません。

しかも、プロジェクトの進行途中で仕様変更が入ることも珍しくありません。当初の想定を超える手戻りが発生すれば、あっという間に予算オーバーしてしまいます。クライアントの要望に柔軟に対応しようとするあまり、採算度外視の無理を重ねるケースも。

こうしたコスト管理の難しさは、Web制作会社の**収益性**を大きく圧迫します。見積もりが甘く価格競争力を失ったり、原価割れのプロジェクトを抱え込んでしまったりと、経営基盤を揺るがしかねないリスクにもつながります。

コスト管理のボトルネックを解消する鍵は、プロジェクトの実態に即した正確な原価計算にあります。タスクごとの工数をきちんと見積もり、それに見合った適正価格を設定する。そのために役立つ手法の一つが、TDABCなのです。

TDABCによる
プロジェクトコストの可視化

TDABC(Time-Driven Activity-Based Costing、

時間主導型活動基準原価計算)は、従来のABC(Activity-Based Costing、活動基準原価計算)の欠点を克服した新しい原価計算手法です。タスクごとに要する時間(時間当たり原価)に着目し、プロセス全体の**コストドライバー**を明らかにします。

TDABCの特徴は、以下の通りです。

1. 必要なコスト情報が2つ(資源の単位時間当たりコストと各活動の時間当たり消費量)と少ない
2. 原価計算に必要な作業(ヒアリングなど)が少なく、メンテナンスが容易
3. 実際の業務プロセスに基づいてコスト配賦するため、原価の可視化に適している

Web制作プロジェクトにTDABCを適用することで、制作工程をタスクに分解し、それぞれの標準的な作業時間を設定。そこに時間当たりの人件費などを乗じることで、プロジェクト全体の原価構造が可視化できます。

例えば、TDABCによる原価分析の結果、企画立案には10時間、素材制作に20時間、コーディングに30時間かかることがわかったとします。1時間当たりの人件費を1万円と設定すれば、企画立案のコストは10万円、素材制作は20万円、コー

249

ディングは30万円と算出されます。トータルの原価は60万円となり、これに一定の利益を乗せた価格設定が可能となります。

このように、従来なら見えにくかった原価の中身を、タスクレベルで細かく把握できるのがTDABCの強みです。ムダな作業工程が明らかになれば、業務改善や自動化によるコスト削減も期待できるでしょう。

さらに、実績データの蓄積によって工数の予測精度も向上。見積もりの精度が上がれば、プロジェクトの採算管理が格段にやりやすくなります。コスト意識を社内に浸透させることで、全社的な収益力のアップにもつながるはずです。

同業他社とのコストベンチマーク

自社の制作コストが適正かどうかを判断する上で欠かせないのが、同業他社との比較分析です。市場価格を調べ、競合のコスト水準を把握しておくことで、価格設定の最適化を図ることができます。

同業他社の情報を集める方法としては、以下のようなものが考えられます❶。

1. 市場調査レポートの活用
- 民間のシンクタンクやリサーチ会社が発行するレポートには、業界動向や企業別のコスト分析などが掲載されている
- 自社の状況を客観的に評価する上で有益なデータが得られる

2. 競合他社の財務情報の分析
- 上場企業であれば有価証券報告書、未上場でも会社案内などで決算情報を開示しているケースがある
- 売上高や営業利益率、人件費率など、コスト構造の傾向を読み取ることができる

3. ランキングサイトの参照
- Web制作会社の売上高ランキングや案件単価の相場情報などを掲載しているサイトもある
- 自社の位置づけを相対的に評価する上で役立つ

4. 口コミサイトのチェック
- クラウドソーシングサイトなどには、実際の発注者による料金体系や見積もり事例の口コミ情報が集まっている
- 生の声を拾うことで、市場で求められている価格水準を知ることができる

こうした外部情報と自社のコストを突き合わせることで、Web制作価格の妥当性を総合的にチェックしましょう。競合より割高であれば価格の見直しを検討し、逆に価格競争力があれば積極的な営業展開を仕掛けるなど、機動的な経営判断に活かすことが可能です。

また、ベンチマークの過程で、他社の効率的な制作オペレーションのヒントが得られるかもしれません。ベストプラクティスを学び、自社

方法	概要	メリット	デメリット
市場調査レポート	民間のシンクタンクやリサーチ会社が発行	業界動向や企業別のコスト分析	情報購入費用がかかる
財務情報	有価証券報告書や会社案内	コスト構造の傾向	情報の正確性や最新性に注意
ランキングサイト	売上高ランキングや案件単価	自社の位置づけ	ランキングの信頼性や評価基準
口コミサイト	料金体系や見積もり事例	市場で求められている価格水準	口コミ情報の信頼性

❶ 同業他社の情報を集める方法

の業務プロセスに反映させる。コストマネジメントを入り口に、生産性向上やオペレーション改革を進めることも重要でしょう。

生成AIによる見積もり支援

見積作成や原価計算をサポートするツールとして、生成AIの活用も広がっています。例えば、ChatGPTなどを使えば、過去のプロジェクト実績データをもとに、タスクごとの標準工数を自動算出できます。

見積作成者は、AIが提示した工数予測を参考にしつつ、案件の特性に応じて手を加えていく。定型作業を自動化することで、見積もりの精度

と速度を高めることが可能です。

加えて、AIを活用した各プロジェクトの収支シミュレーションも有望視されています。受注済み・受注見込み案件のコストと売上を可視化し、部門や会社全体での損益構造を分析する。キャッシュフローを予測し、資金繰りの改善につなげることもできるでしょう。

とはいえ、AIはあくまで意思決定を支援するツールです。経営のかじ取りを担うのは、最終的に人間の仕事。AIによる提案を鵜呑みにするのではなく、経験知と照らし合わせて臨機応変に判断することが肝要です。

Keyword Box

収益性
売上高から費用を差し引いた利益の割合。収益性を高めるためには、コスト削減と売上拡大の両面から取り組む必要がある。

TDABC
Time-Driven Activity-Based Costingの略。時間主導型活動基準原価計算。ABCの発展形。

コストドライバー
コストの発生原因となる要素。Web制作におけるコストドライバーとしては、人件費、設備費、素材費などがあげられる。

コストベンチマーク
自社の制作コストが適正かどうかを判断する上で欠かせない同業他社との比較分析。市場価格を調べ、競合のコスト水準を把握しておくことで、価格設定の最適化を図ることができる。

chapter 9

10

Web プロジェクト投資

Webサイト制作は中長期的な収益貢献を見据えた戦略的投資です。本項では、Web投資の成功に向けて重視すべき視点を解説。投資対効果を最大化するためのフレームワークを紹介します。Webプロデューサーに求められる投資センスを磨き、限られた予算で最大の成果を生み出す力を養いましょう。

Point

1 ROIの評価軸として、経済性・有効性・効率性の3つを押さえる
2 カスタマージャーニーとファネルの観点から、集客施策への投資配分を最適化する
3 LTV向上に向け、チャネルシフトを促すオムニチャネル戦略を展開する

戦略的投資としてのWebサイト制作

Webサイトは、企業のブランド価値向上や顧客との関係構築に欠かせない重要な事業基盤です。単なるコストではなく、未来への布石を打つ戦略的投資と捉える視点が不可欠。投資である以上、見込まれるリターンを適切に評価し、費用対効果の高い施策に注力することが求められます。

その際の羅針盤となるのが、ROI（投資収益率）です。投じた資金に対し、どれだけの見返りが得られるかを可視化し、Webサイトが生み出す経済的価値を多面的に評価する。売上拡大やコスト削減といった直接的な効果だけでなく、ブランド認知度や顧客ロイヤルティの向上など、定性的な側面も考慮に入れることが肝要です。

その上で、3つの視点からROIを吟味していきましょう。Webサイトへの投資を評価する際は、❶の図の「3Eフレームワーク」の観点から検討を進めましょう。

この3つのEのバランスを取りつつ、事業インパクトの大きさと緊急性に応じて、優先順位を見極めていく。そこに、真の投資価値を見抜く目利き力が問われるのです。

カスタマージャーニーに沿ったファネル設計

Webサイトへの集客施策を最適化するには、ユーザーの行動プロセスに着目した**ファネル**設計が欠かせません。潜在顧客を見込み客へ、そして購入検討者から成約者へ。各フェーズにおける心理や行動特性を捉え、それに合わせた情報接点を用意する。**カスタマージャーニー**に沿った一気通貫のファネル構築こそ、投資対効果を高める鍵となります。

その際、複数の集客チャネルを組み合わせ、相乗効果を狙うことも重要。デジタル広告やSEO、SNSマーケティング、コンテンツマーケティングなど、手段の特性を理解した上で、シナジーを生む最適な組み合わせを編み出す。ファネルの各段階で、ユーザーのニーズに寄り添った情報を的確に届けられるよう、チャネルオーケストレーションを図るのです。

アクセス解析ツールを駆使し、各チャネルの費用対効果を可視化するのも重要なポイントです。高いコンバージョンにつながる有望施策には集中投資を行い、PV数の割に成果の出ない箇所は思い切ってカット。メリハリをつけた予算配分により、限られたリソースから最大の成果を引き出します。

また、コンバージョンに至らなかったユーザー

252

の離脱ポイントを分析し、UI改善や情報設計の見直しにつなげるのも有効です。CAコミュニケーションを重ね、顧客インサイトを磨きながら、仮説検証サイクルを回していく。地道な積み重ねが、投資効果を引き上げる原動力となるのです。

LTV向上に向けたオムニチャネル戦略

Web施策への投資判断では、新規顧客の獲得コストと、既存顧客の **LTV**（顧客生涯価値）のバランスにも目を配る必要があります。単発の購入に終わらせず、継続的な取引を促すことで、1人当たりの収益性を高める。その鍵を握るのが、**オムニチャネル戦略**の展開です。

オンラインとオフラインの垣根を越えて、あらゆる顧客接点をシームレスにつなぐ。Webサイトだけでなく、実店舗やスマホアプリ、SNSなどを通じて、一気通貫の顧客体験を提供する。そこから得られた行動データを活用し、パーソナライズされた情報発信やセールスプロモーションを仕掛ける。これにより、顧客との絆を深め、LTVの最大化を図ることが可能となります。

チャネル横断でのデータ収集・分析により、顧客のペルソナや心理変容、行動パターンを可視化。それをもとに、より没入感の高いカスタマーエクスペリエンスを創出する。DXやOMOなど

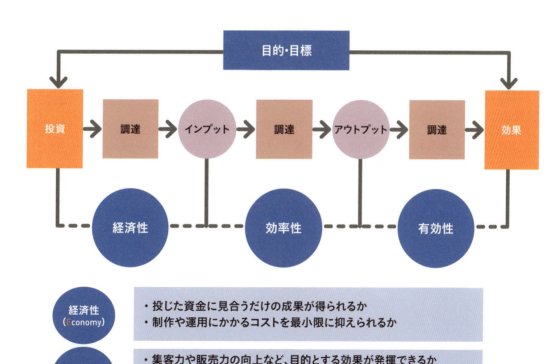

● 投資対効果についての3E

の新たな概念を取り入れつつ、リアルとデジタルを融合させた革新的な施策にもチャレンジしてみましょう。

生成AI活用による先進的アプローチ

昨今、ChatGPTに代表される生成AI技術の発展により、Web投資のあり方にも新たな地平が拓かれつつあります。過去のサイト流入データや広告実績をAIに学習させることで、各チャネルの集客効果を高精度に予測。キャンペーンの最適化や予算シミュレーションに役立てることが可能になります。

加えて、サイト内の自然言語データやユーザー行動ログを解析し、反応のよいキーワードや訴求パターンを抽出。コンテンツ自動生成ツールなどと組み合わせれば、費用対効果の高い情報発信を効率化できるでしょう。A/Bテストの自動化やUI改善提案など、サイト最適化の領域でもAIの活用が広がりを見せています。

投資家マインドを持つプロデューサーへ

Webサイトへの投資判断は、単なる数値の追求に留まりません。費用対効果という定量軸と、ブランド価値向上や事業変革といった定性軸。その両面から、バランス感覚をもって臨む必要があります。

長期的思考と大局観を備えた投資家マインドこそ、Webプロデューサーに求められる重要な資質です。トレンドに踊らされることなく、自社の強みを活かした独自路線を貫く勇気を持つこと。社会の潮流を洞察しながら、その先の未来を見据えた布石を打ち続けること。リスクを恐れず、果敢に挑戦を重ねること。投資判断に役立つ情報を求め、社内外のステークホルダーと活発に対話すること。経営層との戦略ディスカッションはもちろん、営業やマーケの現場感覚に学ぶこと。時には社外の専門家やインフルエンサーの知見を借りることも有効でしょう。

正解のない世界だからこそ、スピード感を持って仮説検証サイクルを回す。機械の力を借りつつ、人間の想像力で勝負する。定量と定性、理性と感性の融合こそ、これからのWeb投資の極意といえるのかもしれません。

プロジェクトベースの視点だけでなく、事業インパクトの観点から俯瞰すること。リスクとリターンのバランスを見極めること。データとテクノロジーを武器に、決断力と実行力を磨き続けること。Webの可能性を最大限に引き出し、企業価値向上をけん引する。それこそが、激動の時代を勝ち抜くWebプロデューサーの使命なのです。

Keyword Box

ファネル
購買プロセスの比喩。見込み客を成約者へと導く情報接点の設計に役立てられる。

カスタマージャーニー
顧客の意思決定プロセスを可視化したもの。ファネル設計に不可欠な視点。

LTV
顧客生涯価値。一人の顧客がもたらす長期的な収益を表す。新規獲得コストとのバランシングが重要。

chapter 9　プロジェクトマネジメント・運用体制

chapter 9

11

公開後の運営体制づくり

Webサイトを確実に効率よく運営していくためには、メンバーの役割や権限の定義といった、運営体制を明確にする必要があります。本項では、どんな種類のWebサイト運営にとっても共通して必要不可欠な体制に関するポイントについて解説します。サイトの種類や目的に合わせた最適な運用体制の構築を目指しましょう。

Point
1　運営担当者の役割とスキルを明確化し、目標やKPIに基づいて行動する
2　情報提供ルートを整備し、必要な情報を適切なタイミングで関係者に届ける
3　メンバーの役割と責任範囲を定義し、ツールやシステムも含めた運用ルールを策定する

運営担当者の役割とスキルの明確化

Webサイトの運営を担う人材には、どのような役割とスキルが求められるのでしょうか。サイト運営の成否を左右する重要なポイントといえます。

まず、運営担当者の役割としては、❶のようなものが挙げられます。

こうした役割を果たすためには、以下のように多岐にわたるスキルが必要とされます。

・マーケティングの知識とデータ分析力
・ライティングや編集のスキル
・ユーザビリティやアクセシビリティへの理解
・プロジェクトマネジメントの手法
・コミュニケーション力とリーダーシップ

特に、サイトの目標やKPIを理解し、常にそれらを意識しながら行動することが肝要です。アクセス数や回遊率、CVRなど、定量的な指標を追いかけるだけでなく、ブランドイメージの向上やカスタマーロイヤルティの醸成といった定性的な側面にも目を向ける。長期的な視点を持ちつつ、PDCAサイクルを回していくことが求められます。

また、運営担当者が一人ですべてを抱え込むのではなく、チームメンバーの力を最大限に引き出すことも大切。ディレクションやコーチングのスキルを身につけ、個々のメンバーの強みを活かしながら、全体のパフォーマンス向上を図りましょう。

運営担当者の役割を明文化し、必要なスキルを定義することは、適切な人材配置やスキル開発に直結します。属人的な運用に頼るのではなく、組織としてサイト運営力を高めていく。そ

役割	内容	求められるスキル
目標設定・達成	サイトの目標やKPIを設定し、達成に向けてチームを導く	マーケティングの知識とデータ分析力
コンテンツ	コンテンツの企画・制作・更新を推進し、情報の鮮度を保つ	ライティングや編集のスキル
アクセス解析	アクセス解析を行い、改善施策を立案・実行する	ユーザビリティやアクセシビリティへの理解
ユーザーニーズ	ユーザーの声に耳を傾け、ニーズや課題を把握する	コミュニケーション能力
調整	関係部署やステークホルダーとの調整を円滑に進める	プロジェクトマネジメントの手法

❶ Webサイト運営担当者の役割

255

のための第一歩が、運営担当者像を明確にすることなのです。

情報提供ルートの整備と円滑な情報共有

Webサイトの運営において、社内の様々な部署から情報を集約し、適切に発信していくことは極めて重要です。サイトに掲載すべきコンテンツは、広報、マーケティング、事業推進、顧客サポートなど、組織の隅々に散在しているもの。それらを効率的に吸い上げ、タイムリーに公開するための仕組みづくりが欠かせません。

情報提供ルートを設計する際のポイントは、以下の通りです❷。

- ・提供を求める情報の種類とボリュームを明確にする
- ・情報の更新頻度や提供期限をルール化する
- ・情報の受け渡し方法（書式やツール）を標準化する
- ・緊急時や例外時の対応プロセスを定めておく

これらを文書化し、関係者で合意しておくことが肝要です。各部署の協力を仰ぎ、情報提供の重要性への理解を促すことも忘れずに。

情報の受け渡しには、専用のフォーマットを用意するのも有効でしょう。記事のタイトルや本文、公開希望日、画像の有無など、必要な項目を網羅的にリストアップ。Googleフォームなどを活用すれば、情報提供者の負担を最小限に抑えつつ、漏れのないインプットが可能となります。

また、**コンテンツ管理システム（CMS）**の活用も検討に値します。WordPressやDrupalなど、扱いやすいCMSを導入することで、各部署からのコンテンツ投稿や更新が容易になります。サイトの運用状況を一元的に把握でき、ワークフローの効率化にもつながるでしょう。

社内ブログやSNSなども、情報共有の有力なツールです。チャットツールのSlackやMicrosoft Teamsを活用し、気軽に情報をシェアし合える場を設けるのもおすすめ。部署間のコミュニケーションを活性化し、有益な情報を引き出すきっかけになります。

情報共有の基盤が整えば、サイト運営はぐっとスムーズになるはずです。各部署の協力を得ながら、組織一丸となってWebサイトの価値向上に取り組んでいきましょう。

メンバーの役割と責任範囲の定義

Webサイトの運営を支えるのは、様々な役割を担うメンバーの存在です。チームとしてベクトルを合わせ、円滑に連携するためには、各メンバーの役割と責任範囲を明確に定義しておく必要があります。

情報ルートの設計項目	内容
情報の種類	広報、マーケティング、事業推進、顧客サポートなど
情報量	必要最小限に抑える
更新頻度	記事の種類や目的に応じて
提供期限	情報の鮮度を考慮する
情報の受け渡し	書式、ツールを標準化する
緊急時の対応	プロセスを定めておく

❷ 情報ルートの設計項目

具体的には、以下のような点を踏まえて、チームの体制を設計しましょう。

- ・各ポジションに求められるミッションと成果物
- ・意思決定の権限と責任の所在
- ・メンバー間の連絡・報告・相談ルート
- ・進捗管理や課題解決の方法

加えて、タスク管理ツールやコミュニケーションツールの選定・導入・運用方法も重要なポイントです。Atlassian の Jira や Trello などを用いて、タスクの可視化と進捗のトラッキングを行い、Slack や Chatwork を活用し、メンバー間の迅速なやりとりを促します。ツールを有効活用することで、コミュニケーションロスを防ぎ、生産性を高めることができるでしょう❸。

このように、役割と責任範囲を可視化し、ルール化しておくことで、チームの自律的な活動を促すことができます。もちろん、状況に応じて柔軟に変更していくことも必要です。定期的にメンバーの声を集め、運用体制の改善を図っていきましょう。

掲載情報の優先順位づけ

Web サイトに掲載する情報は、サイトの目的やユーザーのニーズに応じて、優先順位をつける必要があります。コンテンツの重要度や効果を適切に評価し、メリハリのある情報発信を心がけましょう。

優先順位を判断する際の視点としては、以下のようなものが挙げられます。

- ・サイトの目標や KPI との整合性
- ・ユーザーにとっての有用性や緊急性
- ・競合サイトの動向や差別化ポイント
- ・社内の要望や意向とのバランス

定量的なデータを活用するのも効果的です。アクセス解析ツールを用いて、人気コンテンツやユーザーの回遊パターンを分析。**ソーシャルリスニング**ツールで、ユーザーの関心事や口コミを把握。ユーザーアンケートを実施して、満足度や改善ニーズを探る。こうした多角的なアプローチから得られるインサイトをもとに、優

項目	タスク管理ツール	コミュニケーションツール
主な機能	タスクの作成、割り当て、進捗管理、期限設定、ファイル共有、コメント機能	メッセージの送受信、音声通話、ビデオ通話、グループチャット、ファイル共有、メンション機能
役割	プロジェクト全体の進捗状況を把握し、チームメンバーに指示を出す	チームメンバー間のコミュニケーションを促進し、情報共有を行う
代表的なツール	Jira、Trello、Asana、Backlog	Slack、Chatwork、Microsoft Teams、Zoom
選定ポイント	必要な機能、使いやすさ、価格、チーム規模、セキュリティ	必要な機能、使いやすさ、価格、チーム規模、リアルタイム性

❸ タスク管理ツールとコミュニケーションツール

Keyword Box

KPI（Key Performance Indicator）

重要業績評価指標。サイトの目標達成度を測る上で、特に重視すべき指標。

PDCA サイクル

Plan-Do-Check-Act の略。計画から改善までを循環的に行い、継続的な成長を目指すマネジメントサイクル。

コンテンツ管理システム（CMS）

Web サイトのコンテンツを一元的に管理するシステム。

先順位の判断を行います。

優先度の高い情報は、トップページや主要カテゴリートップへの掲載を検討。ニュースリリースやお知らせ、キャンペーン情報など、タイムリーな話題は目立つ位置に配置しましょう。一方、恒常的に必要とされる情報は、専用のページを設けて常時アクセスできる状態にします。FAQやお問い合わせ、会社概要など、ユーザーが探しやすい導線を用意することが大切です。

優先順位づけは一度で完璧にできるものではありません。効果検証を重ね、試行錯誤を繰り返すことが重要です。PDCAサイクルを回しながら、最適解を追求し続けることが、Webサイト運営に携わる者の使命といえるでしょう。

サイトの目的に応じた運用体制の再考

構築したWebサイトが、企業サイトなのかECサイトなのかによって、運営体制は自ずと変わってきます。前者は、ブランディングや情報発信に重きを置くのに対し、後者は販売促進や顧客対応に注力すべきです。まずは自社のサイトの種類と目的を見定め、それに即した運用のあり方を追求することが肝要です。

運用体制を再考する際は、以下のようなポイントを押さえておきましょう。

・サイトのミッションとゴールを再確認する
・ターゲットユーザー像を明確にする

・競合サイトを参考に、差別化ポイントを見出す
・必要なリソース（ヒト・モノ・カネ）を洗い出す
・関係部署との連携方法を見直す

加えて、外部パートナーの活用も視野に入れるとよいでしょう。高度な技術力を要するシステム開発は、専門ベンダーに委託しましょう。画像や動画などのクリエイティブ制作は、プロダクション等にアウトソーシングすることも重要な検討事項です。サイト運営に必要なスキルを過不足なく確保することが、安定運用の土台となります。

また、生成AIやオートメーションを利用するのも一考に値します。**チャットボット**を導入し、定型的な問い合わせ対応を自動化したり、機械学習を活用し、ユーザーの属性に応じて最適なコンテンツを表示したりするなど、運用の省力化と高度化を両立する新しい手法も、次々と登場しています。

大切なのは、自社のサイトに合った運用体制を柔軟にデザインしていくことです。「守るべきルール」と「変えてよい仕組み」のバランスを取りながら、環境変化に適応し続ける。それこそが、Webサイト運営に求められる不変のスタンスなのです。

Keyword Box

ソーシャルリスニング
SNSをはじめとしたソーシャルメディア上の発言を収集・分析すること。

チャットボット
チャット形式で自動応答するプログラム。AI技術の発展により、高度な対話が可能に。

chapter 9　プロジェクトマネジメント・運用体制

chapter 9

12

キャンペーンプロジェクトのコツ

Webサイトを活用したキャンペーンは、特定の目的を達成するために、戦略的に設計された一連のマーケティング施策です。本項では、デジタルキャンペーンの基本的な考え方から最新のトレンドやベストプラクティスまで幅広く解説。利用者視点を重視し、目標達成に向けた最適な施策を組み立てるポイントを学びます。

Point
1　デジタルキャンペーンの目的や種類を理解し、最適な手法を選択する
2　利用者視点に立ち、ストーリー性や体験価値を重視したキャンペーンを設計する
3　各フェーズに適したチャネルやコンテンツを選定し、最新テクノロジーも活用する

デジタルメディアにおけるキャンペーンとは

　キャンペーンとは、特定の目的を達成するために、限られた期間内で集中的に展開されるプロモーション活動のことを指します。Webサイトやスマートフォンアプリ、SNSなど、デジタルメディアの普及に伴い、そのプラットフォームを活用したキャンペーン施策が広がりを見せています。

　デジタルキャンペーンの目的は、以下のように多岐にわたります。

・新商品やサービスの認知拡大
・ブランドイメージの向上や差別化
・見込み客の獲得と育成
・購買促進と売上向上
・顧客ロイヤルティの醸成

　こうした目的に応じて、デジタルキャンペーンの手法も様々です。Webサイトでのバナー広告やタイアップ記事、SNS上のインフルエンサーとのコラボレーション、アプリを活用したスタンプラリーなど、キャンペーンの形態は多様化の一途をたどっています。

　もはや、デジタルマーケティングの文脈でキャンペーンを語ることは当たり前の時代です。変化の激しいデジタル環境にあって、自社の強みを活かしつつ、いかに利用者の心をつかむキャンペーンを仕掛けるか。それが、Web担当者に問われる重要な役割となっているのです。

キャンペーンを受注する際の留意点

　Web制作会社がキャンペーンの企画・制作を請け負う際は、いくつかの重要なポイントを押さえておく必要があります。発注者である企業側の意図を汲み取りつつ、利用者にとっての価値を最大化する。その両立こそが、キャンペーンの成功を左右する鍵となります。

● キャンペーンの目標設定

　キャンペーンの設計に当たっては、まず目標設定から入ります。発注者の意向を丁寧にヒアリングし、キャンペーンで達成すべき具体的なKPIを定めましょう。単なるPV数やUU数ではなく、CVRや顧客獲得単価など、ビジネスインパクトに直結する指標を軸に置くことが肝要です。

● キャンペーンのターゲットユーザーへの対応

　その上で、ターゲットユーザーを明確にし、彼らの共感を呼ぶストーリーを描いていきます。キャンペーンサイトの訴求コンセプトやメッセージを練り上げ、一連の利用者体験を想定します。心に響くビジュアルや動画、参加型の仕掛けな

259

どを盛り込みながら、没入感のある世界観を構築します。

● キャンペーンの設計

キャンペーンの設計では、スケジュール管理にも細心の注意を払う必要があります。サイトのローンチはもちろん、告知のタイミングやSNS施策の展開、キャンペーン終了後のフォローまで、トータルな時間軸でプランニングを行います。途中で方向転換を余儀なくされるようなことがあっては、利用者の信頼を損ねかねません。

● 各種法規制への対応と運用体制

また、景品表示法をはじめとする各種の法規制への対応も怠れません。キャンペーンの適法性について、必ず発注者側の法務担当者に確認を取りましょう。

● キャンペーンの運用体制

加えて、キャンペーン終了後の運用体制についても、事前に発注者と詰めておくことが重要です。サイトの保守管理はもちろん、利用者からの問い合わせ対応、応募データの取り扱いなど、運用フェーズで生じる様々な業務を見越して、役割分担とルール設計を行います。

利用者視点に立ち、戦略的な設計を心がける。それがWebキャンペーンを成功に導く上で、最も大切なスタンスだといえるでしょう。制作者としての想いを込めつつ、冷静に全体最適を図る。経験とセンスが問われる、やりがいに満ちた仕事なのです。

キャンペーン実現のための戦略的フレームワーク

Webキャンペーンを成功させるためには、利用者との接点構築から関係性深化、継続的なエンゲージメント創出までを俯瞰した戦略的なフレームワークが不可欠です❶。

1. 接点構築

自社メディアと**オウンドメディア**を効果的に活用し、ターゲットユーザーの行動特性に合わせたチャネルと訴求方法を設計します。SEO、リスティング広告、SNS広告などを活用し、適切な誘導を行います。

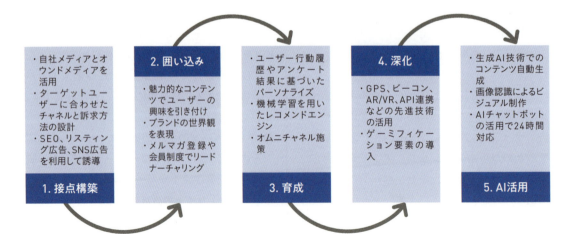

❶ Webキャンペーンを成功させるための戦略的ワークフロー

2. 囲い込み

魅力的なコンテンツで利用者の興味関心を引き付け、ブランドの世界観を表現するストーリーや参加型企画で自然な流入と滞在時間の確保を目指します。メルマガ登録や会員制度で**リードナーチャリング**にもつなげます。

3. 育成

サイト行動履歴やアンケート結果に基づいたパーソナライズされた情報提供で、顧客満足度向上を目指します。機械学習を用いたレコメンドエンジンや、リアル店舗とのオムニチャネル施策も効果的です。

4. 深化

GPS、ビーコン、AR/VR、API連携など、先進技術を活用し、利用者のニーズを先回りしたキャンペーン進化を実現します。**ゲーミフィケーション**要素を取り入れることで、顧客エンゲージメントをさらに高めます。

生成AIを活用した高度なキャンペーン設計

近年、生成AI技術の発展が、キャンペーン設計・運用に新たなトレンドが生まれています。自然言語処理によるコンテンツ自動生成、画像認識によるビジュアル制作、AIチャットボットの活用など、革新的な技術が続々と登場しています。

AIは、ターゲットに合わせた訴求文言や記事コンテンツを自動生成し、ブランドイメージに合致したビジュアルアセットを量産します。クリエイティブ制作の負荷を軽減しつつ、高品質な成果を生み出すことが可能になります。

AIチャットボットは、定型的なFAQ対応だけでなく、キャンペーン参加者との雑談や相談まで自動化できます。24時間365日、休みなく利用者と向き合うことで、キャンペーンへの没入感とエンゲージメントを飛躍的に高めることができます。

AIを活用しつつ、私たちの想像力を存分に発揮することで、デジタルとアナログ、理性と感性を融合させた次世代のWebキャンペーンを実現できます。

利用者起点で考え抜き、最適解を編み出す。レスポンスの早さと粘り強さ、スピード感と緻密さの両立、そして何より、ワクワクする驚きと楽しさを提供し続ける、型にはまらない自由な発想力と、それを戦略的に昇華させる力。生成AIをはじめとするテクノロジーの力を借りながら、人間味あふれるWebキャンペーンを追求し続けることが、私たちWebマーケターやクリエイターに求められているのです。

Keyword Box

オウンドメディア
企業が自ら情報を発信するメディア。オフィシャルサイトや公式アプリなど。

リードナーチャリング
見込み客の育成プロセス。関心度に合わせた情報提供により、成約確度を高める。

ゲーミフィケーション
ゲーム的な要素を利用して、サービスへの没入感や継続率を向上させる手法。

chapter 9

13 モバイルサイトプロジェクト

スマートフォンの普及に伴い、モバイル対応は企業のWebサイト戦略の中核を担っています。本項では、モバイル特有のユーザー心理やニーズを踏まえつつ、最適なサイト設計を行うためのポイントを解説。通信速度やデータ容量への配慮を怠らず、ユーザビリティと事業成果を両立するプロジェクト推進力を身につけます。

Point

1 モバイルユーザーの行動特性を捉え、それに適したサイト設計を行う
2 SEOやSNS、ASO対策など、多角的なモバイル集客施策を展開する
3 速度・シンプルさ・使いやすさを追求し、高いコンバージョン率を目指す

▌モバイルサイトの意義と分類

スマートフォンは、いまやPCを上回る利用時間を誇る重要デバイスへと成長しました。生活者にとって身近な存在であるが故に、企業はモバイルの特性を十分に理解した上で、Webサイト戦略を練る必要があります。

● モバイルサイトの4つの類型

モバイルサイトには、大きく分けて「事業サイト」「販売促進サイト」「付加価値サービスサイト」「対話・調査サイト」の4つの類型があります。それぞれの目的や特徴に応じ、最適なコンテンツ設計を行うことが肝要。メディアサイトやコミュニティサイトなど、カテゴリーの多様化も進んでいます。

● カテゴリー別のコンテンツ設計のコツ

例えば、スマホ向けのニュース配信では、通勤通学中などのスキマ時間に手軽に読めるよう、記事を短めに保ちつつ画像や動画を効果的に織り交ぜる工夫が求められます。コミュニティサイトであれば、ユーザー同士のコミュニケーションを活性化させるため、投稿作成や交流機能を前面に押し出すべきでしょう。

● ECサイトにおける探索性と購入利便性の重要性

ECサイトの場合は、商品の探索性と購入の利便性が大きな鍵を握ります。目的の商品にスムーズにたどり着けるよう、検索機能やレコメンド表示を充実させること。購入手続きは最小限のステップに抑え、ストレスなく完了できるようにすること。スマホならではのUXを徹底的に追求する姿勢が問われます。

● モバイルファーストかレスポンシブか

モバイルファーストでサイト設計に臨むか、レスポンシブWebデザインを採用するかは、コンテンツの性質やターゲット層によって適切に判断すべき問題です。いずれにせよ、PC版との整合性を保ちつつ、スマートフォンの特性を最大限に活かす工夫が欠かせません。

▌PCサイトとは異なるアプローチ

PCサイトの制作経験が豊富だからといって、モバイルサイトでも同じ発想が通用するとは限りません。レイアウトの制約やタッチ操作など、デバイスの特性が大きく異なるためです。「PCの縮小版」ではなく、モバイル独自の価値を生み出すことが重要となります。

chapter 9　プロジェクトマネジメント・運用体制

● ユーザーの利用シーンを想定した設計

まずはユーザーの利用シーンを想定することから始めましょう。外出先や移動中など、時間的・心理的な制約がある中でも、ストレスなくサイトを閲覧してもらう必要があります。そのため、必要最小限の情報に絞り、シンプルな設計を心がけるのが鉄則です。

● 画面サイズ・解像度への配慮

スマートフォンの画面サイズや解像度にも配慮が欠かせません。文字は大きめに設定し、細部まで判読できるようにする。アイコンやボタンのサイズ・配置にも気を配り、タップミスを防ぐ。スクロール操作は縦方向に統一するなど、シンプルな導線設計を心がけます。

● 通信速度・データ容量への配慮

通信速度やデータ容量の制約にも目を配りましょう。LPWAなどのモバイル通信技術が発達したとはいえ、大容量コンテンツの表示は控え

めに。軽量化された専用フォーマットの活用や、動画の再生開始ポイントの最適化など、きめ細かい調整が求められます。

● スマホユーザー特有の行動パターンへの注目

スマホ利用者特有の行動パターンにも着目する必要があります。モバイル検索では音声入力が主流になりつつあり、ロングテールキーワードに対する最適化が急務。アプリ経由の流入を促すASO（アプリストア最適化）対策も見逃せません。SNSとの親和性の高さを踏まえ、シェアを喚起するソーシャルボタンの設置など、多様な集客導線を用意することも重要となります。

モバイルサイト成功のための戦略的フロー

PCとは異なるモバイルの特性を踏まえ、戦略的な視点でサイト設計を進めていきます。その4ステップの推進フローを示したのが❶の図です。

各フェーズで効果的な施策を講じるには、KPIを適切に設定し、PDCAサイクルを回すことが

ステップ	内容	KPI	施策例	ポイント
1. 一次集客ステップ	・オウンドメディア（公式サイト・アプリ）への誘導 ・ペイドメディア（検索連動広告・アプリ広告・SNS広告）の展開 ・アーンドメディア（SEO・口コミ・メディア露出）の強化 ・クロスデバイス（PC/モバイル）での一貫性ある情報発信	・UU数 ・セッション数 ・直帰率	・SEO対策 ・広告出稿 ・プレスリリース ・マルチデバイス対応	ユーザーニーズに合致したコンテンツ、ターゲティング、訴求
2. リピート集客と動機付けステップ	・メールマガジンの配信 ・プッシュ通知の活用 ・アプリ内メッセージの配信 ・One to Oneマーケティングの展開	・リピート率 ・滞在時間 ・ページビュー数	・クーポン配信 ・ポイントプログラム ・レコメンド機能 ・パーソナライズされたメッセージ	ユーザーのエンゲージメントを高める
3. ゴール到達とメンテナンスステップ	・UI/UXの最適化によるCVRの向上 ・カスタマーサポートの充実化 ・アプリ内課金・継続率の向上 ・NPS（ネットプロモータースコア）などの顧客ロイヤルティ指標の改善	・CVR ・顧客満足度 ・LTV（顧客生涯価値）	・A/Bテスト ・FAQページ充実 ・チャットサポート ・会員限定コンテンツ	ユーザーにとって使いやすく、価値を感じられるサイト
4. 新機能対応ステップ	・音声UI・チャットボットの実装 ・AR・VRの活用 ・ウェアラブルデバイスへの対応 ・決済機能（スマホ決済・QRコード決済等）の拡充	・ユーザーエンゲージメント ・アプリ利用率 ・顧客満足度	・最新技術の導入 ・ユーザーニーズ調査 ・利便性とセキュリティの両立	ユーザー体験を革新し、競争優位性を獲得

❶ モバイルサイトの成功のための4つのステップ

肝要です。ユーザーの行動分析はもちろん、競合他社のサイトとも比較検証しながら、細やかな改善を積み重ねていきます。

● **ユーザビリティ向上が鍵**

特にユーザビリティの向上は、モバイルサイト成功の鍵を握る重要テーマです。ページ表示速度や操作性など、あらゆる側面から利便性を追求していく必要があります。ヒートマップ分析やユーザーテストを通じて潜在的な不満点を洗い出し、「使いやすさ」に磨きをかける。それこそが、ファン化とリピート利用を促す近道となるのです。

● **マーケティングオートメーションツールの有効活用**

加えて、==マーケティングオートメーションツール==の活用も視野に入れたいところです。行動履歴に基づくパーソナライズドなコミュニケーションにより、One to Oneの関係性を構築することができます。アプリのプッシュ通知やインタースティシャル広告を起点に、適切なメッセージを届けることで、エンゲージメントの向上につなげていきます。

● **モバイルならではのWebサイト価値の追求を**

スマホはいまや生活に欠かせないデバイスとなりました。その利用実態に寄り添い、モバイルならではのWebサイト価値を追求すること。これからのマーケターやWebディレクターに求められるのは、レスポンシブ対応を超えた高度な設計力といえます。機動力と創造力を武器に、ユーザーの心を捉えて離さない没入体験を編み出す。それこそが、次なるフェーズのモバイルサイト像を切り拓く鍵になるはずです❷。

❷ モバイルサイトプロジェクトのフロー

生成AIによる高度なモバイルサイト設計

昨今、モバイルサイト設計の分野でも、生成AI技術の活用が急速に広がりを見せています。画像生成AIを用いたモバイル専用バナーの自動作成や、自然言語AIによるスマホ向けコピーライティングの支援など、クリエイティブ制作の幅を大きく広げるものとして注目を集めています。

● AIを活用したパーソナライゼーションの進化

加えて、AIを活用したパーソナライゼーションエンジンの登場も見逃せません。ユーザーの行動履歴や趣味嗜好を自動分析することで、モバイル体験の最適化を加速させます。Webサイトに訪れるたびに、まるで自分専用にカスタマイズされたかのような的確なレコメンドが可能になりつつあります。

● AIによるUXデザインの自動化

また、UXデザインの領域でもAIの躍進が著しいです。AIによる膨大な操作ログの解析により、ユーザビリティ上の問題点を自動検出できるようになりました。ボタンの配置変更やナビゲーション動線の改善など、高度な提案が得られる時代が訪れようとしているのです。

● 人間の創造力とAIの親和性

とはいえ、現時点では万能とはいえないのが実情です。AIはクリエイティビティや戦略策定の補助にはなるものの、最終的な意思決定を下すのは人間の役割です。機械の提案を鵜呑みにするのではなく、十分な検証を経た上で採用の可否を見極める。その姿勢がこれまで以上に問われることになります。

● デジタル変革を乗り越えるための創造力を

AIの新機軸を味方に、100年に一度のデジタル変革期を乗り越えなくてはなりません。モバイルの無限の可能性を開花させる。スマートフォンならではの没入感と一体感。それを極限まで追求するのが、次世代のモバイルサイト構築力です。生成AIをはじめとする新技術の行く末を見据えながら、Webのプロフェッショナルとしての創造力を磨き続けること。それが、不確実な時代を生き抜くために求められる資質となるのではないでしょうか。

Keyword Box

LPWA
Low Power Wide Area（低消費電力広域通信）の略。IoTなどモバイル通信に適した無線通信規格の総称。

マーケティングオートメーション
見込み客の育成プロセスを自動化するツールや手法。One to One施策に威力を発揮。

インタースティシャル広告
アプリ利用中に表示される全画面広告。没入感の高いフォーマットとして広告主の関心を集める。

chapter 9

14

ECサイト運営

ECサイトの運営は、売上という明確な指標で成果が可視化されるため、マーケティング施策の重要性が一層高まります。本項では、昨今の国内EC市場の動向を踏まえつつ、ECサイト運営の特徴と留意点を解説。ECサイト構築・運用ツールの活用事例なども交えながら、効率的な運営体制の作り方をマスターしましょう。

Point

1 ECサイト運営では、受注処理や在庫管理、配送手配など、店舗業務とのシナジーが重要
2 フラッシュマーケティングなどの手法で、購入意思決定に迷う利用者の背中を押す
3 利用者の声を集め、サイト運営に反映させることが継続的な売上向上の鍵を握る

国内EC市場の最新動向

ECサイト運営に携わる前に、直近の国内EC市場の動向を把握しておくことが重要です。

経済産業省の調査[28]によると、2022年の日本国内のBtoC-EC（消費者向け電子商取引）市場規模は、22.7兆円（前年20.7兆円、前々年19.3兆円、前年比9.91％増）に拡大しています。また、同年の日本国内のBtoB-EC（企業間電子商取引）市場規模は420.2兆円（前年372.7兆円、前々年334.9兆円、前年比12.8％増）に増加しました。

また、同調査によると2022年の物販系分野におけるBtoC-EC市場規模は13兆9997億円（前年比5.37％増）。そのうちスマホ経由は7兆8375億円（同12.9％）で、スマホ比率は55.98％に達しました[29]。モバイルコマースの重要性が一段と高まっています。

新型コロナウイルス感染症拡大により、感染症対策として人との接触を減らすことが推奨されていたこと等を背景とし、オンラインでの商品注文・購入、インターネットでの動画視聴などの自宅で消費できる「巣ごもり消費」が伸びており、消費行動に変化が生じています[30]。

業種別では、飲食料品や医薬品のEC化が著しく進展しました。コロナ禍で外出を控える動きが加速する中、オンライン専業スーパーの躍進が目立ちます。生協系の「おうちCO-OP」やアスクルの「LOHACO」は会員数を急拡大させ、実店舗を持たない「ネットスーパー」の存在感が増しつつあります。

一方、ECでは、実店舗とオンラインの融合が鍵になります。例えば、渋谷PARCOの「PARCO CUBE」では、店舗は自社のEC在庫をPARCOのオンラインストアと連携させています。店頭にはおすすめ商品のみを並べ、来店客は端末でEC在庫を検索・購入できます。一部店舗では、後ろ姿の試着の様子を確認できる「CUBE MIRROR」を導入しています[31]。ネットとリアルの垣根を越えたOMOの取り組みを加速させています。

こうしたEC企業各社の挑戦は、これからのECサイト運営に大きな示唆を与えてくれそうです。変化の激しい時代だからこそ、ユーザー視点の徹底とサービス設計の転換が求められます。アフターコロナを見据え、いま一度、自社のEC戦略を問い直してみる。それが、次なるステージへの突破口になるのかもしれません。

---

[28] https://www.meti.go.jp/press/2023/08/20230831002/20230831002.html
[29] https://netshop.impress.co.jp/node/11326
[30] https://www.soumu.go.jp/johotsusintokei/whitepaper/ja/r03/html/nd121310.html

[31] https://knowhow.makeshop.jp/operation/real-store.html

ECサイト運営の特徴と留意点

ECサイトの運用には、実店舗での販売とは異なる独特の業務フローが存在します❶。オンラインでの受注確認から、商品の発送手配、代金の回収、アフターサービスまで、一連の作業を円滑に進められる体制づくりが不可欠となっています。自社だけでなく、配送業者や決済代行会社など、外部パートナーとの連携も視野に入れる必要があるでしょう。

● 商品情報の詳細さと正確性が売上を左右

ECサイトでは、利用者が実際の商品を手に取って確認することができません。だからこそ、商品情報の充実度合いが購入判断に大きな影響を及ぼします。写真や動画、サイズ表、素材説明など、できるだけ詳細なデータを提供すること。在庫状況や配送日数なども正確に表記し、利用者の不安を払拭することが肝心です。

● レビューやQ＆Aで信頼感を高める

利用者にとって、ECサイトでの購入はどうしても「不安」がつきまといます。その不安を和らげ、信頼感を醸成するのが、レビュー機能の役割です。購入者の生の声を掲載することで、商品の魅力を多面的に訴求できます。カスタマーQ＆Aを設けるのも有効です。疑問点を解消し、購入への一歩を後押しすることができるでしょう。

● セキュリティとプライバシー保護が大前提

ECサイトを利用する上で、利用者が最も懸念するのがセキュリティの問題です。クレジットカード情報や個人情報の流出は、信用失墜にもつながりかねません。TLS/SSLをはじめとするセキュリティ対策の徹底が大前提となります。個人情報の取り扱いについても、プライバシーポリシーをサイト上に明示し、安心して買い物ができる環境を整えましょう。

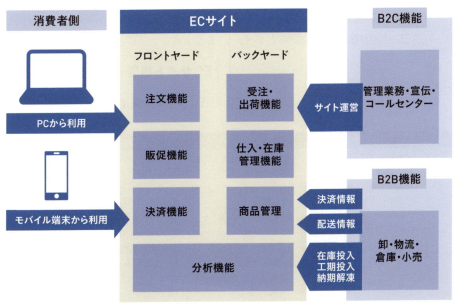

❶ ECサイトの全体像の一例

● 返品・交換・キャンセルへの対応を明確化

ECサイトでは、商品が届いてから初めて、実物の状態を確認できます。万一、イメージと異なる商品が届いた場合、スムーズな返品・交換対応が求められます。あらかじめ、返品・交換の条件やキャンセルポリシーを定め、サイトで告知しておくことが重要です。トラブルを未然に防ぎ、利用者の満足度を高めることにつながるはずです。

売上向上のためのプロモーション施策

売上を向上するためにはプロモーションが不可欠です。代表的な施策は以下の通りです。

● 購買意欲をかきたてる
　フラッシュマーケティング

ECサイトで売上を伸ばすには、いかに購入に踏み切ってもらうかが勝負。商品の魅力を十分に訴求しても、なかなか決断できない利用者の背中を押すのが、「**フラッシュマーケティング**」の手法です。期間限定のセールやクーポン、あと○○個で完売といった表示で、購買意欲をあおります。まさに今が買い時だと思わせる工夫が効果的となります。店舗では再現しづらい「一瞬の訴求」が、ECサイトならではの強みといえるでしょう。

● 利用者の行動履歴を分析し、パーソナライズ

ECサイトの大きな武器が、膨大な利用者データの蓄積です。どのような商品ページを見ているか、どこで購入をやめているか。サイト上の行動履歴を分析することで、一人ひとりの関心事や購買特性が見えてきます。その情報をもとに、おすすめ商品を表示したり、メールマガジンを配信したり、利用者のニーズに合わせたパーソナライズドな訴求が可能になります。導入が進むAIツールを活用すれば、より高度な顧客理解と最適化が期待できるでしょう。

● 口コミの力を活用した
　ユーザー参加型プロモーション

利用者の強い味方となるのが「口コミ」の力です。商品レビューはもちろん、ブログやSNSでの評判が、購入判断を大きく左右します。ECサイト運営者としては、積極的に利用者の声を集め、サイトに反映させていく姿勢が重要です。インセンティブを用意し、レビュー投稿を促すのも一案でしょう。優れた商品レビューをピックアップし、トップページで紹介するなど、工夫の余地は無限大。利用者参加型のプロモーションで、ロイヤルカスタマー化を図っていきましょう。

ECサイト構築・運用ツールの有効活用

ECサイトを構築したり、運用したりするにあ

ツール	機能	メリット	導入例	ポイント
Shopify	カート機能、商品管理、決済連携など	迅速かつ低コストでECサイト構築	ファッションブランド、コスメブランド	自社の強みに特化できる
BASE	カート機能、商品管理、デザインテンプレートなど	無料で始められるECサイト構築	ハンドメイド作品、個人事業主	手軽に始められる
GoQSystem	受注・在庫・商品・物流の一元管理	購買データ分析、欠品リスク低減	楽天市場、Yahoo!ショッピング、Amazon	データ活用による売上向上
AIチャットボット	問い合わせ対応、カスタマーサポート	24時間365日対応、人的コスト削減	定型的な質問、注文変更、返品対応	業務効率化
SMS	配送通知	開封率高、リアルタイム情報伝達	配送予定時間、不在連絡	顧客満足度向上

❷ECサイトの構築・運用に使えるツール

たって、様々なツールがあります❷。

● カート機能や在庫管理は「Shopify」に任せる？

ECサイトの運営には、多岐にわたる機能開発が必要となります。商品管理、受注処理、配送手配、在庫把握、決済連携など、ゼロから自社開発するとなれば膨大なコストがかかります。そこで頼りになるのが、**ECサイト構築プラットフォーム**の存在です。「Shopify」や「BASE」をはじめとする国内外の有力サービスを活用することで、必要な機能を迅速かつ低コストで実装できます。APIを利用した外部システムとの柔軟な連携にも対応でき、自社の強みに特化しつつ、できることは外部リソースに任せる。そんな柔軟な発想が、ECサイト運営の効率化につながるはずです。

● 複数ECサイトの会員管理は「GoQSystem」で一元管理

ECサイト運用のもう一つの課題が、購買データの一元管理です。複数のECモールに出店している場合、会員情報が分散してしまい、データ活用が難しくなります。そんなときに役立つのが、複数のモール・ECサイトの受注・在庫・商品・物流をまとめて管理できるEC一元管理システムです。GoQSystemは、楽天市場、Yahoo!ショッピング、AmazonなどのモールやShopifyやBASEなどのECサイトに対応しています。未対応のモールや自社のECサイトでも、**「カスタムCSV機能」**を利用することで対応モー

ルとして一元管理できます[32]。欠品リスクを最小限に抑えつつ、適正在庫で運用が可能です。

● 「AIチャットボット」を使って業務効率化に挑む

ECサイトでは、問い合わせ対応やカスタマーサポートの業務負荷が悩みの種でしょう。そこで業務改善の切り札として期待されているのが、**「AIチャットボット」**の活用です。定型的な質問への自動応答はもちろん、注文内容の変更依頼や返品対応なども可能になります。人的コストを大幅に削減しつつ、24時間365日のサポート体制を実現できます。ECサイトの運営効率を高める原動力となりそうです。

● 機会損失を防ぐ「SMS」で配送通知

ECサイトにおける重要な顧客体験の一つが、配送の問題です。荷物の到着予定を正確に伝え、受け取りのタイミングを逃さない工夫が求められます。そこで、配送通知手段として注目されているのが「SMS」の活用です。メールに比べ開封率が高く、リアルタイムな情報伝達が可能とされています。「本日○時ごろにお届け」といった直前の通知により、不在リスクを最小限に、あわせて、アンケートへの回答を呼びかけるなど、エンゲージメント向上の起点にもなります。送り手にとっても、開封状況をトラッキングできるので施策の効果検証がしやすいです。ECサイトの顧客ロイヤルティを支える縁の下の力持ちでもあり、うまく活用していきたいツールの一つです。

---

[32] https://www.aspicjapan.org/asu/article/13864

Keyword Box

OMO
Online Merges with Offlineの略。オンラインとオフラインの融合を意味する。

フラッシュマーケティング
期間限定販売などで、一時的な販売機会を創出する手法。

AIチャットボット
人工知能を活用した自動会話プログラム。問い合わせ対応の自動化などに用いられる。

第10章
セキュリティ対策とWebビジネスに関わる法規

chapter 10

01 Webサイトのセキュリティ対策と
新しい取り組み ……………………………… 272
02 TLS/SSL …………………………………… 278
03 電子商取引に関する法律 ………………… 282
04 Webビジネスに関わる法規 ……………… 285
05 Webコンテンツの著作権 ………………… 290
06 個人情報保護法 …………………………… 294
07 WebサイトのトラブルQ&A ……………… 297

chapter 10

01 Webサイトのセキュリティ対策と新しい取り組み

Webサイトのセキュリティ確保は、企業の信頼と存続をかけた重大な責務です。サイバー攻撃による情報漏洩や改ざんは、ブランドイメージの失墜のみならず、法的責任や損害賠償リスクにもつながりかねません。本項では、Webサイトを脅かす多様な脅威と、それに立ち向かうための実践的な対策を解説します。

Point

1 Webサイトのセキュリティは、企業の信頼と評判、ひいては存続をも左右する重大事
2 SQLインジェクションやXSS、フィッシング、ランサムウェアなど多様な脅威への備えが不可欠
3 セキュリティ対策の国際的な動向を踏まえ、専門家の知見を活かした多層防御の徹底が肝要

Webセキュリティ対策の重要性

現代のビジネスにおいて、Webサイトの存在感はますます高まっています。単なる情報発信の場を越えて、マーケティングや商取引、顧客サポートなど、あらゆる側面で重要な役割を担うようになり、まさに企業活動の生命線といっても過言ではありません。

だからこそ、そのセキュリティの確保は、経営上の最重要課題の1つに数えられます。サイバー攻撃によって、機密情報が漏洩したりデータが改ざんされたりすれば、信用の失墜は免れません。加えて、法的責任や損害賠償など、経営の根幹を揺るがしかねないリスクも伴います。

Webサイトのセキュリティ対策は、単にシステムの安全性を高めるだけの話ではないのです。ブランドイメージや顧客との信頼関係を守り、ステークホルダーに対する責務を果たすこと。それこそが、セキュリティ投資の本質的な意義だといえるでしょう。

高度化・巧妙化するサイバー攻撃

近年、Webサイトを狙ったサイバー攻撃は勢いを増しています。機密情報の窃取や金銭的利益の獲得をもくろむ犯罪者集団の影。イデオロギーに突き動かされたハクティビストの暗躍。国家の支援を受けたとされる高度な攻撃集団の脅威。その標的は、業種や規模を問わず、あらゆる組織に及んでいます❶。

攻撃の手口も、ますます高度化・巧妙化の一途をたどっています。**SQLインジェクション**や**クロスサイトスクリプティング**（XSS）による不正アクセス、**フィッシング詐欺**やウイルス付きメールで個人情報を盗み出す手口、身代金を要求して重要データを人質に取る**ランサムウェア**、ソフトウェアのゼロデイ脆弱性をついて侵入を試みる**ゼロデイ攻撃**など、その進化のスピードに防御側も容易には追いつけない状況が続いています。

IPA（独立行政法人 情報処理推進機構）が公表する「情報セキュリティ10大脅威」を見ても、Webサイトに関連する項目が軒並み上位に食い込む事態になっています。かつてないほどの危機感を持って、万全の備えを固めることが求められているのです。

システムの堅牢化はもちろん、運用面の隙を埋める地道な取り組みも欠かせません。Webに携わる者すべてが、その使命感を胸に刻み、不断の努力を重ねることがセキュアなWebサイト運営の大前提なのです。

セキュリティ投資は攻めの経営戦略

かつてのセキュリティ対策は、どちらかというとコスト的な位置づけでした。サイバー攻撃

のリスクを減らすための「守りの投資」という色合いが濃かったのです。

しかし、いまやその考え方は大きく様変わりしつつあります。セキュリティ対策なくして、Webビジネスの未来はない。むしろ、戦略的な「攻めの投資」として捉え直す必要性に迫られているのです。

安全・安心を提供できるサイトを構築・運営する、それ自体が強力な競争力の源泉となる時代です。機密情報を守るだけでなく、ブランド価値を高め、イノベーションを加速する原動力としてのセキュリティ。そうした発想の転換こそ、いま企業に問われている経営の真価なのかもしれません。

もちろん、投資対効果を意識した取り組みが重要なのはいうまでもありません。リスクの高い箇所を見極め、インパクトの大きな脅威から確実に防御する。限られたリソースを賢く配分しながら、ビジネスインパクトを最大化する戦略眼。セキュリティ投資のROIを追求する経営力が、勝ち残りの鍵を握るのです。

どのようなサイバー脅威が多いのか

Webサイトの安全を脅かすサイバー攻撃は、もはや対岸の火事ではありません。その危険は、あらゆる企業の隣り合わせにまで迫っているのが実情です。IPAの「情報セキュリティ10大脅威2024」[33]を例に取っても、Webサイトに関連する項目が軒並み上位に食い込んでいます。

---

[33] https://www.ipa.go.jp/security/10threats/10threats2024.html

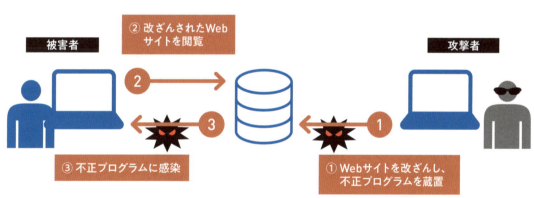

● 不正アクセスとされるWebサイトの情報が改ざんされるなどの被害が出る
出典：ウェブサイト改ざん対策（警察庁）

Keyword Box

脆弱性管理
ソフトウェアの脆弱性を特定し評価、修正するプロセス。サイバー攻撃の予防に不可欠なセキュリティ対策の要。

セキュリティバイデザイン
企画・設計段階からセキュリティの視点を織り込む考え方。後付けではない本質的な安全性を追求。

組織への脅威としてランクインしているのは、次のような内容です。

> 1位　ランサムウェアによる被害
> 2位　サプライチェーンの弱点を悪用した攻撃
> 3位　内部不正による情報漏えい等の被害
> 4位　標的型攻撃による機密情報の窃取
> 5位　修正プログラムの公開前を狙う攻撃
> 　　　（ゼロデイ攻撃）
> （以下略）

こうしたサイバー攻撃のリスクは、必ずしも大企業だけの問題ではありません。中小企業や個人事業主、NPOなど、Webサイトを持つすべての組織が、その脅威に晒されているといっても過言ではないのです。

サイバーセキュリティ対策の国際的な取り組み

サイバー攻撃は国境を越えたグローバルな脅威であり、各国・地域が連携して対策に取り組む必要があります。そうした国際的な動きとして、以下のような取り組みが進められています。

● サイバーセキュリティ対策に関する国際規格の策定（ISO/IEC 27000シリーズなど）

情報セキュリティマネジメントシステム（ISMS）の国際標準規格。組織的なセキュリティ対策の指針となる。

● 各国CSIRT（コンピュータセキュリティインシデント対応チーム）間の連携

サイバー攻撃の早期検知・対応、情報共有などで各国のCSIRTが協調。

● サイバー犯罪に関する国際条約「サイバー犯罪条約」（ブダペスト条約）の締結

サイバー犯罪の防止・摘発で各国が協力。日本も2012年に署名。

● 国際的なサイバーセキュリティ演習の実施

大規模なサイバー攻撃を想定し、各国の対応力を高める合同訓練。

こうした国際的な取り組みの動向を踏まえながら、自社のセキュリティ対策を検討していくことが肝要です。各国の知見を活かし、業界の標準的なセキュリティ基準を満たしつつ、自社の事業リスクに即した最適解を見出していく。グローバルな視点こそが、サイバー脅威に打ち克つ突破口となるはずです。

攻撃手法の高度化・巧妙化

サイバー攻撃の脅威が高まる中、その手口も一段と高度化・巧妙化しています。従来からの代表的な攻撃に加え、新たな手法に目を光らせる必要が出てきているのです。

まずは、古くから知られる代表的な攻撃の特徴を押さえておきましょう❷。

SQLインジェクションは、Webアプリケーションのセキュリティ上の不備をつき、データベース内の情報を不正に読み取る攻撃です。外部からの入力値を無防備に受け入れてしまう脆弱性を突かれ、個人情報などの大量流出を招く危険が潜んでいます。

クロスサイトスクリプティング（XSS）は、サイトに悪意あるスクリプトを忍び込ませ、利用者の画面上で不正に実行させる攻撃手法です。掲示板など、ユーザーが自由に書き込める箇所で発生しやすく、クッキーの窃取などに悪用される恐れもあります。

ディレクトリトラバーサルは、本来アクセス権限のないディレクトリまで不正に侵入する攻撃です。設計上の不備をついて、機密情報の入ったファイルを覗き見されるリスクが伴います。

DDoS攻撃は、大量のアクセスでサーバーや

ネットワークを麻痺させる攻撃です。Webサービスを機能不全に陥らせ、業務を妨害する悪質な手口です。

これらの従来型攻撃に加え、新たな脅威も台頭しつつあります。

フィッシング詐欺は、金融機関やサービス事業者になりすまし、個人情報を騙し取る巧妙な手口です。偽サイトの精巧さは増すばかりで、騙されないための利用者教育が欠かせません。

ランサムウェアは、PCやサーバー内のファイルを勝手に暗号化し、「身代金」を要求してくるタイプのマルウェアです。バックアップ対策の徹底が何より肝要ですが、感染時の初動対応も重要なポイント。専門機関との連携を欠かせません。

ゼロデイ攻撃は、ソフトウェアのゼロデイ脆弱性を悪用する攻撃です。修正プログラムが提供される前に、その隙をついて不正アクセスを試みます。未知の脅威だけに、専門家の助言を仰ぎつつ総合的に備えを固めることが大切です。

このように、サイバー攻撃のタイプは多種多様です。既知の脅威はもちろん、新たな手口にも目を光らせ、臨機応変に対処する柔軟さが求められます。Webに携わる者すべてが、セキュリティの最前線に立つ気概。その意識こそが、攻撃から身を守る原動力となるのです。

経営者と専門家がセキュリティの要

サイバー攻撃の脅威が増す中、場当たり的な対策では済まされません。組織的・体系的なセキュリティ管理体制の構築こそが、持続的な安全性を担保する要諦となるのです。

その柱となるのが、経営トップの強力なリーダーシップです。セキュリティポリシーを策定

攻撃手法	概要	対策	ポイント
SQLインジェクション	Webアプリケーションの脆弱性を突いてデータベース情報を不正取得	入力値のバリデーション	脆弱性対策と入力チェックの徹底
クロスサイトスクリプティング（XSS）	サイトに悪意あるスクリプティングを埋め込み、利用者の画面上で不正実行	出力エスケープ処理	ユーザー入力の安全な処理
ディレクトリトラバーサル	本来アクセス権限のないディレクトリに不正侵入	アクセス制御の強化	適切なアクセス権限の設定
DDoS攻撃	大量のアクセスでサーバーやネットワークを麻痺	ネットワークの冗長化	負荷分散と耐障害性の向上
フィッシング詐欺	金融機関等になりすまし、個人情報を騙し取る	利用者教育と多要素認証	偽サイトを見抜く知識と二段階認証の導入
ランサムウェア	PC／サーバーのファイルを暗号化し身代金を要求	バックアップと専門機関との連携	感染時の迅速な対応と復旧手段の確保
ゼロデイ攻撃	ソフトウェアのゼロデイ脆弱性を悪用	ソフトウェアのアップデートと専門家の助言	最新のセキュリティパッチ適用と専門知識の活用

❷ 巧妙化するサイバー攻撃の種類と対策

Keyword Box

情報セキュリティマネジメントシステム（ISMS）

組織の情報資産を守るための包括的な管理体制。国際規格に基づく第三者認証も。

CSIRT

Computer Security Incident Response Teamの略。サイバーセキュリティインシデントに組織的に対応するための専門チーム。

し、ルールや手順を文書化。役割と責任の所在を明確にしつつ、全社的な取り組みへと昇華させる。現場の隅々にまで、セキュリティ文化を根づかせることが肝要なのです。

同時に重要なのが、専門家の助言を仰ぐことです。セキュリティ診断や脆弱性検査などを通じ、客観的に現状を評価。ネットワークからアプリケーション、データに至るまで、多層的な防御策を検討する。専門家の知見は、盲点を補い、全体最適を導く羅針盤となるはずです。

もちろん、日常的な監視も欠かせません。常に警戒を怠らず、ログの解析から不審な兆候をいち早く察知。インシデントが発生した際は、原因を徹底究明し、改善につなげる。PDCAサイクルを回し続けることで、セキュリティ水準の不断の向上を図るのです。

セキュリティ診断の重要性

自社の防御力を見極める上で、セキュリティ診断は欠かせないアプローチです。システムの設計や運用における弱点を洗い出し、最適な対策を導き出します。その客観的な視座は、自社だけでは得難い気づきをもたらしてくれるはずです。

セキュリティ診断には、主に❸のようなメニューがあります。

診断結果をもとに、対策の優先順位を見極め、

着実に改善を進めていきます。加えて、専門家の助言にも耳を傾けること。最新の脅威動向を踏まえた具体策は、かけがえのない道しるべとなります。

診断の必要性や範囲は、サイトの規模や性質によって異なるものです。とはいえ、サイバーリスクが飛躍的に高まる昨今、一定の検討は避けて通れません。計画的・定期的な実施を視野に入れつつ、自社の実情に即した診断体制を整備していく。それこそが、賢明なセキュリティ投資の肝要なのです。

インシデント対応体制の整備

万一、サイバー攻撃の被害にあったとき、どう立ち回るか。インシデント対応も、セキュリティ管理体制の重要な一角を占めます。

具体的には、❹のような点を事前に定めておくことが求められます。

有事の際に迅速かつ的確に動けるよう、シミュレーションを重ねておくことも大切です。想定外の事態にも冷静に対処する組織力は、信頼を守り抜くための礎となるはずです。

信頼を紡ぐセキュアなWebサイト運営へ

いくら高度なセキュリティ対策を講じても、それを使う人の意識が伴わなければ、砂上の楼閣に終わります。システムの安全性と、それを扱

脆弱性診断	既知の脆弱性の有無をツールで自動的にスキャン
侵入テスト	実際の攻撃者と同様の手法で、不正侵入を試みる
ソースコードレビュー	アプリケーションの設計上の問題を解析
ログ分析	各種ログから不審なアクセスの痕跡を洗い出す

❸ セキュリティ診断のメニュー

chapter 10　セキュリティ対策とWebビジネスに関わる法規

う者の心構え。両輪がそろって初めて、真の意味でのセキュリティが成り立つのです。

だからこそ、組織の隅々にまでセキュリティ意識を浸透させることが大事です。ルールを守るだけでなく、その意義を腑に落とし、自発的に行動に移せる状態へ。従業員一人ひとりに働きかけ、PDCAを回し続ける。息の長い意識改革なくして、セキュアなWebサイト運営の実現はありえません。

関連して重要なのが、**セキュリティリテラシー**の向上です。機密情報の適切な取り扱いはもちろん、SNSでの何気ない発言にも、細心の注意を払う必要があります。啓発と教育を地道に積み重ね、組織全体のリスク感度を高めていく。それこそが、Webを起点とした信頼の礎を固める原動力となるのです。

ユーザー目線のセキュリティ

Webサイトのセキュリティを語る上で、欠かせない視点がもう1つ。ユーザー目線に立った、真摯な取り組みの重要性です。

サイバー攻撃のリスクは、決して企業側だけの問題ではありません。その影響は、ユーザーにも容赦なく及ぶものです。だからこそ企業には、リスクの実態や対策のあり方を、わかりやすく伝える役目が求められるのです。

具体的な留意点をアドバイスしつつ、セキュリティ意識の向上を粘り強く促します。ユーザーを脅威から守るパートナーとしての自覚を、決して忘れてはいけません。システムの使い勝手と、安全性のバランスにも、細心の注意を払う必要があるでしょう。ユーザーとの対話を通じ、共にベストな解を探る。それこそが、持続的な信頼関係の礎となるはずです。

信頼の絆を育むセキュリティへ

サイバー攻撃は激化の一途をたどっています。その脅威に屈することなく、確かな一歩を刻み続けるため、いま企業に問われているのはWebセキュリティを「守り」から「攻め」へと昇華させる発想の転換です。

ユーザーとの信頼の絆を育むための、戦略的な挑戦。そして、法令遵守はもとより、倫理的な行動規範の徹底。ステークホルダーへの責務を誠実に果たし、説明責任を尽くすこと。たとえ試練に直面しようと、Webと向き合い続ける不屈の意志。Webは目に見えないからこそ、信頼こそがすべての礎となっています。その新たな世界を切り拓くのは、私たち一人ひとりに託された使命です。セキュリティの灯を絶やすことなく、明日のWebの未来を共に築いていきましょう。

連絡網の整備	社内外の関係者への速やかな一報
証拠保全の手順	ログの保管、不正アクセスの記録など
原因究明の体制	専門チームの招集、外部機関との連携
広報対応の方針	ステークホルダーへの説明、謝罪の要否など

❹ 事前に定めておくべきインシデント対応

Keyword Box

レッドチーム

攻撃者の視点で自社のセキュリティを試す専門家集団。ブルーチーム（防御側）と協調し、弱点の発見・改善に努める。

ゼロトラスト

「信頼せず、常に検証する」を基本思想とするセキュリティモデル。境界防御の限界を克服する新たなアプローチ。

chapter 10

02

TLS/SSL

Webサイトのセキュリティを高める暗号化通信として、TLSとSSLがあります。企業のWebサイト運営においては、ユーザーの安心・信頼を得るために、TLS/SSLの導入が欠かせません。本項では、それらの仕組みや利用場面、最新の動向について解説します。

Point
1 TLS/SSLを利用することで、通信の暗号化とWebサイトの実在性を担保できる
2 TLS/SSLの導入は、個人情報を扱うフォームページでは必須
3 TLS/SSL証明書の選定と適切な設定・運用管理がサイトの信頼性を左右する

TLS/SSLの役割と仕組み

インターネット上では様々な情報がやりとりされていますが、その通信経路は悪意ある第三者に傍受されるリスクを常にはらんでいます。大切な個人情報や機密データを、盗聴や改ざんから守るために欠かせないのが、通信の暗号化技術です。中でもWebサイトとブラウザ間の安全な通信を実現する仕組みとして広く普及しているのが、**TLS**（Transport Layer Security）およびそれに先行する**SSL**（Secure Sockets Layer）です❶。

TLS/SSLを利用することで、以下のような効果が期待できます。

1. 通信データの暗号化により、情報漏えい

を防止
2. 通信相手の認証により、なりすましを防止
3. 通信内容の改ざんを検知し、情報の完全性を担保

Webサイトの運営において、TLS/SSLはセキュリティ対策の要といえる存在です。ECサイトをはじめ、個人情報の入力を伴うサイトでの導入は必須といっても過言ではありません❷。

暗号化と認証を同時に実現する二重の防御

TLS/SSLの役割は大きく2つ。1つは「**暗号化**」、もう1つは「**認証**」です。

まず暗号化については、**公開鍵暗号方式**による通信データの秘匿が行われます。送信者が受信者の公開鍵で暗号化したデータは、受信者の

項目	内容	詳細	ポイント
役割	通信の暗号化と認証	情報漏えい防止、なりすまし防止、改ざん防止	セキュリティ対策の要
方式	公開鍵暗号方式	送信者：公開鍵で暗号化 受信者：秘密鍵で復号	第三者による解読困難
認証	TLS/SSL証明書	通信相手が正当な相手であることを確認	なりすまし防止
効果	機密性と完全性	安全なデータ通信環境	ユーザーへの安心感提供
バージョン	最新版：TLS 1.3	従来版：TLS 1.2	高速化、安全性向上
移行	Webサーバ側も対応必要	サポート切れはリスク	計画的なバージョンアップ
導入	個人情報入力サイトは必須	E2Cサイトなど	セキュリティ対策強化

❶ TLS/SSLの役割とその特徴

278

秘密鍵でしか復号できない仕組みとなっています。第三者が通信を傍受したとしても、内容を解読することはできません。

次に認証ですが、これは通信相手が正当な相手であるかを確かめる行為を指します。Webサイトの実在性を証明する**TLS/SSL証明書**の仕組みにより、通信開始時に相手サーバの身元確認を行います。なりすましや中間者攻撃のリスクを未然に防ぐことができるわけです。

こうした暗号化と認証のダブルの防御により、TLS/SSLは通信の「機密性」と「完全性」を保証します。安全にデータをやりとりできる環境を、ユーザーに提供することが可能となります。

最新のTLS 1.3への移行が本格化

インターネットを取り巻く脅威が高度化する中、TLS/SSLにもバージョンアップの波が押し寄せています。

従来、Webサイトの暗号化通信ではTLS 1.2までが主流でしたが、2018年に新バージョンのTLS 1.3が正式リリースされました。以降、主要ブラウザがこぞって新バージョンへの対応を強化しています。

TLS 1.3では、通信の高速化と安全性の向上が大きな改善点です。使用される**暗号スイート**を厳選し、より強固なセキュリティを実現。ハンドシェイク手順の簡略化により、レイテンシーの改善にも寄与するなど、Webパフォーマンスの最適化も期待されます。

もちろん、移行にはWebサーバ側の対応も必要です。より安全な通信環境の実現に向けて、計画的なバージョンアップが求められます。サポート切れのプロトコルに依存し続けることは、重大なセキュリティリスクを招く恐れもあります。TLS/SSLを利用するWebサイトには、常に最新動向を注視し、適切な移行判断を下す姿勢が問われるのです。

適切なTLS/SSL証明書の選び方

TLS/SSLによる認証の仕組みは、Webサイト

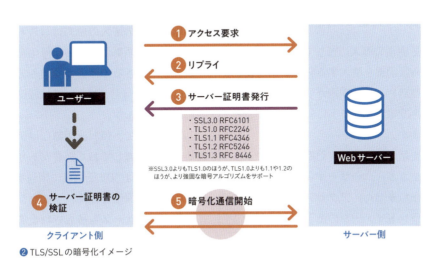

❷ TLS/SSLの暗号化イメージ

Keyword Box

公開鍵暗号方式
2つの鍵を用いる暗号方式。公開鍵で暗号化したデータは、秘密鍵でのみ復号可能。

暗号スイート
暗号化通信で使用する一連の暗号アルゴリズムの組み合わせ。

の信頼性を支える重要な役割を担っています。中でも、その根幹をなすのがTLS/SSL証明書の存在です。

TLS/SSL証明書とは、第三者機関である認証局（CA）が発行する電子的な証明書のことです。企業の実在性と、そのWebサイトが正当な企業により運営されている事実を保証します。ブラウザとサーバ間の暗号化通信開始時に、証明書に記載された情報をもとに認証が行われる仕組みです。

TLS/SSL証明書には、発行主体や用途に応じて様々な種類が存在します。❸の表をご覧ください。

Webサイトの性質や重要度に応じて、最適な証明書を選定する必要があります。特に機密性の高い情報を扱うサイトでは、OV証明書やEV証明書の導入を検討すべきでしょう。単なるコストではなく、信頼を得るための戦略的投資と捉える姿勢が肝要です。

証明書の取得と更新を計画的に

TLS/SSL証明書の導入に際しては、信頼できる認証局から証明書を購入する必要があります。有効期限は通常1〜2年。期限が切れる前に新しい証明書を再取得し、サイトに設定し直すことが求められます。

証明書の更新を失念し、有効期限切れのまま運用してしまうと、ユーザーから不審なサイトと見なされかねません。アクセス数の減少はもちろん、ブランドイメージの低下にもつながり

かねない、重大な事態といえます。特にECサイトなどでは、直接的な売り上げ減にもなりかねません。

計画的な証明書の更新は、安全で信頼できるWebサイト運営の大前提です。管理体制を整え、煩雑な手続きもシステム化するなど、リスクを見逃さない仕組みづくりが大切です。

また、証明書の再発行や移行の際は、サイトに一時的な接続障害が生じる恐れもあります。深夜帯など影響の少ない時間帯を選ぶ、バックアップサーバを用意して切り替える、ユーザーに事前に告知するなど、トラブルを最小限に抑える対策も欠かせません。Webサイトの安定稼働を脅かすリスクを想定し、細心の注意を払うことが求められます。

無料証明書のメリット・デメリット

昨今、TLS/SSL証明書の新たな選択肢として注目を集めているのが、無料の証明書です。代表例として、シェア急拡大中の「Let's Encrypt」が挙げられます。

無料証明書の最大の魅力はコストメリットです。有料の証明書と同等の暗号化をまったくの無償で利用できるのは大きな強みで、中小規模のWebサイト運営者にとっては経済的負担の軽減につながります。

しかし一方で、無料証明書にはデメリットもあることを認識しておく必要があります。多くの無料証明書は、DV証明書に相当するものです。企業の実在性保証が弱く、フィッシングサイトに悪用されるケースも散見されます。また、脆弱なサイトが大量に無料証明書を導入すれば、悪意ある者にとって格好の標的になりかねません。

Webサイトのセキュリティを考える上では、証明書の選定もコストと効果のバランスが重要です。無料証明書の利用は、セキュリティポリシーに基づき慎重に検討したいところです。

有料証明書のブランド力や信頼度も、見逃せ

DV証明書	ドメインの所有確認のみで発行。手軽に導入できるが保証レベルは低い
OV証明書	企業の実在性を確認して発行。運営組織名が証明書に明記される
EV証明書	企業の実在性を厳格に審査して発行。企業名がブラウザのアドレスバーに表示

❸ TLS/SSL証明書の種類と特徴

TLS/SSL運用の勘所

TLS/SSLを導入すれば、それで安全というわけではありません。証明書の設定や日々のメンテナンスを疎かにすると、思わぬトラブルに見舞われるリスクもあります。

例えば、証明書の共通名（CN）と実際のWebサイトのドメイン名が一致しない、中間証明書を正しく設置していない、証明書の更新時期を逸してしまったなど、些細な設定ミスが原因で、警告画面が表示されたり、そもそもサイトに接続できなくなったりするケースは少なくありません。

また、SSL 3.0やTLS 1.0など、脆弱性の発見された古いバージョンのプロトコルをそのまま使い続けたり、PCI DSSなどの保守基準をクリアできず、企業イメージの失墜を招いたりなど、初歩的な運用ミスも本来ならば避けるべき問題です。

Webサイトの安全・安心は、日々の地道な取り組みの積み重ねによってこそ実現されるものです。TLS/SSLを形骸化させず、真に実効的なセキュリティ対策として運用していくため、担当者のスキルアップと、細やかなマネジメントが欠かせません。

セキュリティ監査の定期実施で一歩先行く

TLS/SSLを確実に運用していく上で有効なのが、監査の仕組みを取り入れることです。自社だけの目線に閉じこもらず、セキュリティの専門家の知見も活かしつつ、定期的に管理体制をチェックします。ボトルネックとなりうる課題を洗い出し、改善につなげる、そんな不断の取り組みが、サイトの信頼性を支える原動力となります。

監査のポイントとしては、以下のようなものが考えられます。

- ・証明書の有効期限・更新状況の確認
- ・証明書のバージョン・暗号スイートの脆弱性有無
- ・サーバ設定の適切性（必要な箇所にのみTLS/SSLを適用など）
- ・WAF等との連携状況、ログ管理体制のチェック

客観的な評価を受けることで、人的ミスやシステムの不備を見逃すリスクを最小限に抑えることができます。また、専門家の助言を受けながら、最新のベストプラクティスを迅速に取り入れることも重要です。TLS/SSL運用において、他社よりも一歩先を行く敏感さが、企業の強みとなるでしょう。極論すれば、証明書の期限切れ一つで企業の信頼が大きく損なわれる可能性があります。Webサイトの安全性と信頼性を確保するには終わりがなく、TLS/SSLの適切な運用を基盤に、セキュリティ対策と品質向上のために常に挑戦し続ける姿勢が、現代のWebサイト運営に求められるあり方です。

Keyword Box

PCI DSS
クレジットカード業界のセキュリティ基準。準拠が義務付けられる。

セキュリティ監査
セキュリティ専門家による定期的なチェック。証明書、バージョン、設定、ログなどを確認する。客観的な評価を得て、運用を改善することが目的。

WAF
Webアプリケーションファイアウォールの略。Webサイトへの攻撃を防御するセキュリティ製品。

chapter 10

03 電子商取引に関する法律

電子商取引の普及に伴い、取引の安全性と消費者保護を図るためのルールづくりが進められています。本項では、電子商取引に関連する主要な法律について解説します。特定商取引法など関連法規の基礎知識も押さえつつ、消費者の信頼に応えるWebサイト運営のあり方を学びましょう。

Point
1 Web取引の契約成立時期などを定めた電子消費者契約法の正しい理解が不可欠
2 電子署名法の活用により、取引関連書類の電子化を適法に進められる
3 特定商取引法上の表示義務など、事業形態に応じた関連法規の遵守も重要

取引プロセスと契約成立の考え方

電子商取引の一般的なプロセスは、以下の3段階で進みます。

① ECサイトからの購入案内
② 消費者からの商品発注（Eメールや注文フォーム経由）
③ ECサイトからの注文受付完了通知（通常はEメール）

この中で、いつの時点で売買契約が成立したと考えるべきか。その判断には、以下の2つの考え方があります。

● 申込と承諾のタイミング

通常の商取引であれば、②の段階を購入申込、③の段階を販売承諾とみなすのが自然でしょう。ECサイト運営者としては、在庫状況の確認や決済手続きの完了まで、契約の成立を留保したい意向も働きます。

しかし一方で、消費者保護の観点からは、①の段階を申込、②の段階を承諾とみなす考え方もあります。「注文したのに業者の一存で契約を解除された」といったトラブルを防ぐため、ECサイト側に一定の責任を負わせようという発想です。

● 電子消費者契約法における到達主義

この問題に一定の解決をもたらしたのが、2001年に制定された**「電子消費者契約法（電子消費者契約及び電子承諾通知に関する民法の特例に関する法律）」**です。

電子商取引では、システムトラブルなどで、承諾通知の到着が遅れたり、そもそも到着しなかったりするリスクがあります。そのため本法では、**「到達主義」**を基本ルールと定めました❶。

つまり、事業者から消費者に対し、承諾通知が到達した時点で契約が成立する、というのが原則です。ECサイト運営者は、注文受付から一定期間内に、確実に承諾通知をお客様に届ける義務を負うことになります。

電子取引での書面交付義務を緩和

電子消費者契約法上、ECサイト運営者には、契約内容を記した書面を消費者に交付する義務があります。しかし、電子データをもって書面に代えることは、当初は想定されていませんでした。

電子メールの保存で書面と同等の効力が担保できるはずですが、あえて紙の書面交付を求めるのは電子商取引の利便性を損ねる、との指摘もありました。

● 電子署名法による規制緩和

こうした課題に対応すべく、2001年に制定さ

れたのが「IT書面一括化法（書面の交付等に関する情報通信の技術の利用のための関係法律の整備に関する法律）」です。現在は「**電子署名法**」との呼称が一般的となっています。

本法の趣旨は、電子的な文書のやりとりについて、受信者の同意を前提に、書面交付と同等の効力を認める点にあります。これにより、ECサイト運営者は、以下のような方法で関連書類を電子化できるようになりました。

- 電子メールに契約内容を記載し、消費者の使用するメールアドレスに送信する
- 消費者が契約内容をWebブラウザ経由で閲覧できる状態にし、その旨を通知する
- CD-ROMなど、消費者が契約内容を閲覧できる電磁的記録媒体を交付する

このように、電子商取引の迅速性を阻害することなく、法の要請を満たす道が拓かれたのです。

消費者の錯誤による契約の取消

ECサイト利用時、消費者がうっかりクリックしてしまい、注文するつもりのない商品を発注してしまう。こうした操作ミスへの対処も、ECサイト運営上の重要なテーマです。

● 電子消費者契約法の錯誤規定

この問題について、電子消費者契約法では、以下のようなルールを定めています。

> ECサイト運営者が、注文内容の確認画面など、消費者の誤発注を防止する措置を講じていない場合、消費者に「重過失」がない限り、契約を取り消すことができる

つまり、ECサイト側が、確認画面の表示といった形で、注文内容の再確認を消費者に求めるのは必須です。この配慮を欠いていると、た

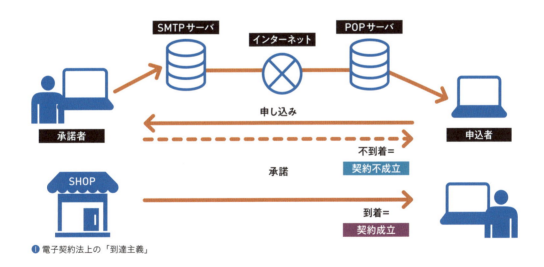

① 電子契約法上の「到達主義」

Keyword Box

到達主義
意思表示の効力発生時期に関する原則。相手方に到達した時点で、意思表示の効力が生じるとする考え方。

電子署名
電子文書の作成者を証明するデータ。電子署名法上、本人による真正な署名と推定される。

とえ誤発注であっても、契約の取消を甘受せざるを得なくなります。

ダブルクリック課金など、消費者の誤解を招きやすい仕組みは控えるべきでしょう。操作フローをシンプルに保ちつつ、丁寧な画面設計を心がけることが、トラブルのないECサイト運営の大前提となります。

約款の明示と消費者の保護

ECサイトの利用規約やプライバシーポリシーは、いわゆる「**約款（普通取引約款）**」に相当します。取引内容を定型化・画一化することで、多数の利用者との契約を効率的に管理する役割を担っています。

しかし、約款があれば、どんな不利益な条項でも、消費者を拘束できるわけではありません。

● 消費者契約法による約款規制

消費者契約法では、事業者の債務不履行責任を全部免除する条項など、消費者の利益を一方的に害する約款条項を無効としています。ECサイト運営者は、約款の内容が、同法の規制に抵触していないかを常にチェックする必要があります。

加えて、約款は消費者にとって読みづらい存在であることも事実です。できる限り平易な表現を用い、全体の文字数を減らす、文章を小分けにするなど、可読性を高める工夫が求められます。スマートフォンの小さな画面でも、ストレスなく閲覧できるよう、レイアウトにも配慮が欠かせません。

こうした視覚的な仕掛けを凝らしつつ、トラブルを避けるための免責条項も盛り込むことが大切です。約款作成には、法務担当者の助言を仰ぎつつ、Webデザイナーとの緊密な連携が不可欠となります。

● 電子商取引における約款への同意

ECサイト上で約款に同意させる際は、消費者の能動的な行為を担保するのが鉄則です。「利用規約に同意する」旨のチェックボックスにチェックを入れさせたり、「同意する」ボタンをクリックさせたりするなどの方法が考えられます。

加えて、あとから約款を確認できるようにしておくことも重要です。リンク切れを起こさず、最新の約款が常にアクセス可能な状態を保つことが、ECサイト運営者に求められる責務の一環といえるでしょう❷。

項目	内容	詳細
契約成立のタイミング	2つの考え方	1. 申込と承諾のタイミング 2. 電子消費者契約法における到達主義
電子消費者契約法	到達主義	事業者から消費者への承諾通知到達時に契約成立
書面交付義務	電子署名法で緩和	電子メール、Web閲覧、電磁記録媒体による交付が可能
消費者の錯誤による契約取消	電子消費者契約法	ECサイト側が誤発注防止措置を講じていない場合、消費者は契約取消可能
約款のポイント	消費者契約法で規制	消費者の利益を一方的に害する条項は無効
約款への同意について	消費者の能動的な行為が必要	チェックボックス、ボタンクリックなど

❷ 電子商取引の概要

Keyword Box

ダブルクリック課金

スマホゲームなどで見られる課金手法。誤クリックによる意図しない課金トラブルが相次いでいる。

消費者契約法

消費者と事業者との間の情報・交渉力の格差に着目し、消費者の利益を保護するための法律。

chapter 10 セキュリティ対策とWebビジネスに関わる法規

chapter 10
04

Webビジネスに関わる法規

Webサイトを通じて事業活動を行う際は、業界ごとの個別規制や、消費者保護を目的とした横断的な法規制に注意が必要です。本項では、Webビジネスに関わる主要な事業規制について解説。法令遵守の姿勢を堅持し、時代の変化を先取りする感性を磨くことが、Webビジネスパーソンに不可欠の素養となります。

Point
1 販売する商品に応じた免許・許認可を取得し、特定商取引法に基づき適切な情報開示を行う
2 景品規制など販売促進活動に関する規制動向を常に把握し、遵守する
3 DX時代の新たな法的インフラやデジタル庁の動向を把握し、法令遵守に役立てる

事業活動に関わる個別業法

Webサイトを通じて事業を行う場合、まず確認すべきなのが、取り扱う商品やサービスに対する業法規制の有無です。免許制や許認可制のもと、行政による監督下に置かれている業種も少なくありません❶。

代表的な例が、酒類販売における免許制度です。通信販売であっても、酒類を取り扱うには税務署長の免許が必須となります。また、食品の販売に際しては、都道府県知事等への届出が必要で、医薬品の通信販売には、各都道府県の薬務課への許可申請が求められます。

Webの世界は参入障壁が低いと思われがちですが、Webだから規制が緩いわけではありません。リアル店舗と同等の規制が課される業界は数多く、うかつに参入すれば、法令違反のリスクは避けられません。

最新の法令情報の入手が肝要

各業界の所管官庁は、Webサイト等を通じて、最新の規制情報を発信しています。事業者には、

法規名	概要	規制内容	遵守事項	ポイント
酒類販売免許制度	酒類販売業を行うためには、税務署長の免許が必要	酒類販売業免許の区分簡素化	免許取得	業界の規制状況を常に確認
食品衛生法	食品製造・販売業者は、HACCPに沿った衛生管理を実施	食品の製造・流通過程の透明性確保	衛生管理の制度化	安全・安心志向の規制強化に対応
特定商取引法	通信販売等における事業者のルールと行政監督措置	広告表示義務、誇大広告・通販誘因の禁止	表示事項の明示、正確な情報提供	消費者保護法制を理解
特定電子メール法	広告メール配信におけるルール	事前の同意取得、送信者情報の明示、受信拒否の措置	オプトイン規制、送信者情報の明示	顧客との信頼関係構築
景品表示法	懸賞や値引きなどの販促活動におけるルール	オープン懸賞とクローズド懸賞の区別、過大な値引きの禁止	景品類の価格設定、適正な価格設定	法令遵守と倫理観の両立
電子署名法	電子署名の定義を拡大、電子契約の利便性向上	クラウド上での電子署名を広く認める	ペーパーレス化、契約締結の効率化	技術革新をビジネスに活かす
資金決済法	キャッシュレス決済の健全な発展	仮想通貨交換業者に対する規制強化	ユーザー資金の適切な管理、犯罪防止	高度なリスク管理体制の構築
デジタル社会形成基本法	デジタル社会形成に向けた施策推進	国民のデジタル活用機会確保、デジタル人材育成	データ利活用の推進、DX推進	デジタル時代のビジネスチャンスを掴む

❶ Webビジネスをする上で知る必要がある法規

285

常に関連省庁の動向を確認し、規制環境の変化を敏感に察知する姿勢が求められます。

　酒類販売における免許制度も、昨今は大きな変革期を迎えています。2018年6月には**酒税法**が改正、従来の業態別免許制度が撤廃され、**酒類販売業免許**の区分が簡素化されました。通信販売業者にとっても、手続きの簡略化など、追い風となる改正といえるでしょう。

　一方、医薬品の通信販売に関しては、より厳格な規制への転換の動きもあります。ネット販売における薬剤師の関与を義務付ける動きなど、国民の健康を守るための新たなルールづくりが模索されています。

　食品分野でも、2018年6月の**食品衛生法**改正により、HACCPに沿った衛生管理の制度化が進められるなど、安全・安心志向の規制強化の流れは鮮明となりました。Webを通じた販売であっても、製造・流通過程の透明性確保は、もはや避けられない大きな課題となっています。

　規制は日々進化するものです。過去の前例に安住することなく、常に最新動向を注視し、先手先手で備えを進めることが、持続的なWebビジネスを支える基本スタンスとなるはずです。

特定商取引法に関する知識の習得

　Webサイトを通じた商取引全般に関わる重要法規として、**特定商取引法（特商法）**の存在は欠かせません。

　いわゆる特商法は、訪問販売など消費者トラブルを生じやすい取引類型について、事業者が守るべきルールと、行政による監督措置等を定めた法律です。通信販売にも直接適用される、横断的な消費者保護法制といえます。

　インターネット取引の隆盛を受け、Webビジネスに従事する事業者にとって、特商法の理解は必須の素養です。自社の扱う商品・サービスが、具体的にどのような規制対象となるのか、まずはその全容をつかむことが肝要となります。

● 通販における広告の表示義務

　事業者が最低限理解しておくべき重要ポイントが、広告の表示義務。特商法は、通信販売の広告において、以下のような事項の表示を義務付けています。

> ・商品・サービスの詳細（対価、支払方法・時期、引渡時期等）
> ・事業者の氏名・名称、住所、電話番号
> ・申込みの撤回・契約の解除に関する事項
> ・販売数量の制限その他の特別の販売条件

　つまり、Webサイトの商品ページ等で、取引条件を明示的に記載するのは必須です。「詳細はお問い合わせください」式の曖昧表現は、法の趣旨に反すると判断されるリスクがあります。可能な限り具体的かつ平易に、取引上の重要情報を開示する姿勢を心がけましょう。

● 誇大広告・通販誘因の禁止

　加えて、Webサイト上の表現が、「誇大広告」や「通販誘因」に該当しないよう、細心の注意を払う必要もあります。

　商品の品質・性能について、実際のものよりも著しく優良と誤認させるような表現は厳禁です。公正取引委員会による景品表示法上の措置命令等、行政処分の対象となります。最上級表現の安易な使用は避け、客観的な根拠に基づいた正確な情報提供を心がけるべきでしょう。

　他方、「期間限定」「在庫限り」といった表現で、通信販売の利用を過度にすすめる行為にも注意が必要です。一時的な販売機会を強調し、消費者の購買意欲を煽るような手法は、通販誘因として規制対象となり得ます。在庫状況等の表示は正確を期し、消費者の冷静な判断を歪めるような表現は慎むことが、Webビジネスに求められる自浄能力の根幹をなすのです。

電子メールによる広告規制

近年、商用メールによる広告宣伝活動が活発化する中、規制のあり方も論点となっています。この分野における基本法が、2002年に制定された「特定電子メールの送信の適正化等に関する法律（**特定電子メール法**）」です。

事業者が広告・宣伝メールを一斉配信する際のルールとして、本法が定める義務は❷の表の3点。これらを怠ると、総務大臣による措置命令等の対象となるリスクがあるので注意が必要です。

●「オプトアウト」の実務的な留意点

商用メールの規制を考える上では、一斉送信ではなく、個別の取引関係の延長で顧客に送るメールの扱いが1つの論点。いわゆる「オプトアウト」規制のあり方が問われるところです。

この点、現在の実務では、個別の問い合わせ対応などの延長で送信するメールについては、事前同意は不要とされています。ただし、受信者から送信停止を求められた場合は、その意に従

う必要があります。

通信販売の実務を踏まえたバランス感覚が問われる分野です。個別具体的な検討を重ねつつ、消費者の意向を第一に考えた真摯な対応を心がけたいものです。

景品表示法・景品規制の基本

Webを通じたキャンペーン活動等で、ついつい見落としがちなのが景品規制。懸賞や値引きなどの販促活動においては、**不当景品類及び不当表示防止法（景品表示法）**上の規制が課されていることを、まずは認識しておく必要があります。

● オープン懸賞とクローズド懸賞

景品規制を考える上で、まず「オープン懸賞」と「クローズド懸賞」の区別が重要となります。不特定多数の者を対象とする「オープン懸賞」では、景品類の最高額・総額に制限はありません。他方、一定の取引関係にある者を対象とする「クローズド懸賞」では、以下のような上限

① 事前の同意取得（オプトイン規制）
取得済みの顧客リストなどに対し、無差別に広告メールを送信してはいけません。あらかじめ受信者本人の同意を得ることが原則。同意のない相手への送信は、「迷惑メール」として規制対象となります。

② 送信者情報の明示義務
広告メールには、送信者の氏名・名称やメールアドレス等、連絡先情報の明示が義務付けられています。受信者にとって、送信元の特定が可能な状態を担保するのが狙いです。

③ 受信拒否の措置義務（オプトアウトの提供）
送信した広告メールに、受信拒否の意思表示があった場合、リストからの削除などの必要な措置をとる義務が送信者側に生じます。同意を得ていれば、その後いつまでも送信し続けてよいわけではありません。変化する受信者の意向にも柔軟に対応する仕組みの整備が問われているのです。

❷ 特定電子メール法が定める義務

Keyword Box

ペーパーレス化
紙の書類をデジタルデータに置き換え、業務の効率化を図ること。

マネーロンダリング
犯罪収益を合法的な資金に見せかけるために、複雑な取引を行うこと。

が設けられています。

> ・最高額は、取引価格の20倍か10万円の
> いずれか低いほう
> ・総額は、取引価格総額の2%以内

　Webを通じたキャンペーンは、不特定多数の者を対象とする場合がほとんどです。景品規制の対象となるクローズド懸賞に該当するケースは少ないでしょう。

　とはいえ、自社サイトの会員限定キャンペーンなど、クローズド懸賞と評価されるケースも皆無ではありません。取引内容を丁寧に見極め、景品類の価格設定には十分な注意を払う必要があります。

● 過大な値引きは景品類に

　景品類の提供だけでなく、通常価格からの値引きについても、景品表示法上のチェックが欠かせません。通常価格または競争事業者の価格と比べ、著しく安い価格で販売する場合、それ自体が景品類の提供と評価されるリスクがあります。安売りに走るあまり、知らず知らずのうちに、法の網に触れることのないよう、慎重な価格設定が求められます。

　インターネットビジネスは目先の集客効果に目が奪われがちになります。しかし、Webマーケティングの健全な発展のためには、景品表示法をはじめとする関連諸法規の趣旨をしっかりと受け止め、適正な営業活動に徹する強い意志が問われます。

Webビジネスに関する近年の法整備

　デジタル化の急速な進展に伴い、Webビジネスを取り巻く法的環境も大きな変革期を迎えています。電子商取引の拡大やキャッシュレス化の促進など、新たな経済活動を後押しする法整備が相次いでいるのです。

● 電子署名法の改正

　2019年5月、**電子署名及び認証業務に関する法律（電子署名法）**の改正が成立。これまで電子署名の定義が限定的だったのに対し、改正法では技術的な制限を撤廃しました。幅広い電子署名を法的に位置づけることで、電子契約の利便性向上を図る狙いがあります。

　クラウドを介した電子署名が広く認められることで、**ペーパーレス**での契約締結が加速しました。Web完結型のビジネスプロセスを設計する際のハードルは格段に下がったといえるでしょう。

● 資金決済法の改正

　2020年5月、**資金決済に関する法律（資金決済法）**の改正が成立。キャッシュレス決済の健全な発展を促すため、前払式支払手段や資金移動業等に関する規制の見直しが行われました。

　特に、仮想通貨交換業者に対する規制が強化されました。利用者保護の観点から、登録制から許可制への移行や、分別管理の徹底などが盛り込まれています。海外事業者にも国内規制を及ぼす方針で、グローバルな**マネーロンダリング**対策の強化も図られました。

　Webを通じた決済サービスの提供にあたっては、こうした規制動向を踏まえた体制整備が不可欠です。ユーザー資金の適切な管理はもちろん、犯罪防止の観点からも、高度なリスク管理が求められるのです。

DXの進展に伴う法整備

　社会のあらゆる側面でデジタル化が加速するいま、DX（デジタルトランスフォーメーション）の潮流に対応した法整備も急ピッチで進められています。**データ駆動型社会**の実現に向け、制度面からもイノベーションを後押しする取り組みが本格化しているのです。

chapter 10 セキュリティ対策とWebビジネスに関わる法規

● デジタル社会形成基本法の成立

2021年5月、**デジタル社会形成基本法**が成立しました。国・地方公共団体・民間事業者が協力し、デジタル社会の形成に向けた施策を迅速かつ重点的に推進することを基本理念に掲げています。

国民のデジタル活用機会の確保や、デジタル人材の育成、データの利活用など、デジタル化の基盤づくりに国をあげて取り組む方針が明確化され、Webビジネス界にとっても、追い風となる法的な後押しといえるでしょう。

● デジタル庁の発足

デジタル社会形成基本法に基づき、2021年9月に**デジタル庁**が発足されました。これまで各府省庁に分散していたIT関連政策を一元的に統括する、司令塔機能を担う組織です。

国民目線でのサービス向上を旗印に、行政のデジタル化を強力に推進しています。マイナンバー制度の抜本的な改善や、自治体システムの標準化など、具体的な施策も動き出しつつあります。

また、ベンチャー企業の育成支援など、民間のDXを加速する取り組みにも注力しており、規制の見直しを通じ、Society 5.0の実現に必要なイノベーション環境の整備を急ぐ方針です。

信頼で結ばれるWebの世界へ

法令遵守はもちろん、その先に見据えるべきものはなんでしょうか。Webの最前線に立つ者だからこそ、いま改めて自問したい本質的な問いがあります。

目先の利益にとらわれるあまり倫理観を置き去りにしてはならない、利便性を追求するあまり社会的責任を忘れてはならない、法の言葉に耳を澄まし、その理念を深く心に刻む、コンプライアンス経営の真髄はそこにこそ宿っているのだということです。

私たちに託されているのは、単なる利益の追求ではありません。法の灯を守り、新たな信頼の絆を紡ぐことがデジタル時代のWebの使命であり、Webに携わるすべての者に課せられた崇高な責務なのです。

Keyword Box

データ駆動型社会
データの利活用を基軸に、新たな価値創出を目指す社会のあり方。

Society 5.0
サイバー空間とフィジカル空間を高度に融合させ、経済発展と社会的課題の解決を両立する人間中心の社会。

規制のサンドボックス
新事業の社会実装を促進するため、一定の条件のもとで規制を緩和する枠組み。

コーポレートガバナンス
企業の不正行為を防止し、適正な経営を確保するための仕組み。

chapter 10

05

Webコンテンツの著作権

Webサイトに掲載する記事や画像、動画など、様々なコンテンツを制作・利用する際は、著作権への配慮が欠かせません。本項では、著作物の定義から、著作者に認められる権利の内容、権利侵害が生じるケースまで、著作権法の基礎知識を整理します。

Point

1 著作権と著作者人格権の違いを正しく理解する
2 制作会社との間で、著作権の帰属や利用条件を明確に取り決める
3 無断利用のリスクを避けるため、著作権の許諾を得る手順を整備する

「表現」を保護する著作権制度

Webサイト上で日々、記事やニュース、画像、音楽、動画など、様々なコンテンツが公開されています。これらの情報発信を支えているのが、いわゆる「**著作権法**」です。思想や感情を創作的に表現した著作物について、その利用のルールを定めた法律です。

著作権法でいう「**著作物**」とは、小説や脚本、音楽、絵画、建築などの伝統的な芸術作品だけではありません。Webページのレイアウトやイラスト、ゲームのCGなども、一定の創作性が認められる限り保護の対象となります。

● アイデア自体は保護されない

あくまで保護されるのは「表現」であって、アイデアそれ自体ではありません。同じ情報を伝えるにしても、文章の組み立て方や言い回しは人それぞれ。その独自性に価値を見出し、模倣から守ろうというのが著作権法の基本的な発想です。

裏を返せば、仮に企画段階で提案したWebサイトのコンセプトやデザインが、他社に真似されたとしても、著作権侵害を主張するのは難しいといえます。あくまで具体的な「表現」に着目して、その創作性や独自性を丁寧に吟味する姿勢が求められます。

権利	内容	詳細	例
複製権	著作物を複製する権利	コピー、録音、録画、写真撮影など	書籍の複写、音楽の録音、映画の録画
上演権・演奏権	著作物を公に上演・演奏する権利	演劇、コンサート、ライブ演奏など	演劇の上演、コンサートの開催
公衆送信権	著作物を公衆向けに送信する権利	放送、インターネット配信など	テレビ放送、ラジオ放送、動画配信
口述権	言語の著作物を公に口述する権利	朗読、講演など	朗読会、講演会
展示権	美術・写真の著作物の原作品を公に展示する権利	美術館、写真展など	絵画の展示、写真の展示
頒布権	映画の著作物の複製物を頒布する権利	DVD等の販売・レンタルなど	DVDの販売、レンタル
譲渡権	著作物の原作品または複製物を公衆に譲渡する権利	販売など	書籍の販売、絵画の販売
貸与権	著作物の複製物を公衆に貸与する権利	レンタルなど	DVDのレンタル
翻訳権・翻案権	著作物を翻訳・編曲・変形・脚色・映画化するなどして二次的著作物を創作する権利	翻訳、映画化など	書籍の翻訳、小説の映画化

❶ 著作権（財産権）に含まれる権利

290

著作権と著作者人格権の区別

著作権法が著作者に付与している権利は、大きく2つに分けられます。1つは「**著作権**（財産権）」、もう1つは「**著作者人格権**」です。

● 著作権（財産権）の権利内容

著作権（財産権）は、言葉の通り、著作物の利用によって収益を得る権利です。具体的には、❶のような権利が含まれます。

デジタル技術の発展により、今日では、ほとんどの著作物の利用が、複製や公衆送信を伴うケースがほとんどです。その意味で、複製権と公衆送信権は、著作権法の中でもとりわけ重要度の高い権利といえるでしょう。

● 譲渡可能な財産権としての著作権

こうした著作権は、財産権の一種。つまり、他者への譲渡や相続が可能な権利です。対価を得て著作権を買い取ったり、**利用許諾**を得て使用料を支払ったりと、取引の対象となる無体財産権の性質を有しているのが特徴といえます。

他方、著作者人格権は一身専属的な権利です。著作者の人格的利益を保護するもので、譲渡や相続の対象にはなりません❷。具体的には、以下の3つの権利によって構成されています。

> **公表権**：未公表の著作物をどのような方法で公表するか、あるいは公表しないかを決定する権利
> **氏名表示権**：著作物に著作者名を表示するかどうか、表示する場合にどのような名義を用いるかを決定する権利
> **同一性保持権**：著作物の内容や題号を著作者の意に反して改変されない権利

著作権と著作者人格権、それぞれの権利の性質をきちんと理解した上で、許諾を得るべき対象を的確に見極めることが必要です。Webコンテンツのマネジメントに求められる基本的な視点といえるでしょう。

他人の著作物の適法利用と無断使用

Webサイトを制作する際、記事中の引用など、

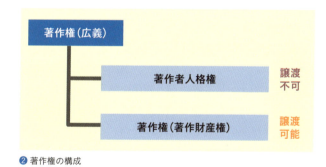

❷ 著作権の構成

Keyword Box

著作物
思想または感情を創作的に表現したもの。文芸、音楽、美術、映画、図形、コンピュータプログラムなど。

著作権
著作物を利用する権利の総称。複製権、上演権、公衆送信権など、支分権から構成される。

著作者人格権
著作者の人格的利益を保護する権利。公表権、氏名表示権、同一性保持権の3つからなる。

他人の著作物を利用する場面は少なくありません。もちろん、無断で利用すれば、著作権侵害に問われるリスクは免れません。

では、どのようにすれば、他人の著作物を適法に利用できるのでしょうか。基本的には、以下の3つの方法が考えられます。

> ① 著作権者の許諾を得る（利用許諾）
> ② 著作権が消滅したパブリックドメインの著作物を利用する
> ③ 著作権法の権利制限規定に基づいて利用する（引用、私的使用など）

これら以外の利用は、原則としてすべて著作権侵害に該当すると考えるべきです。

● 意に反した著作権法違反

とはいえ、Webサイトの制作・運営の実務では、往々にして無意識のうちに著作権侵害を生んでしまうケースもあります。

代表的な例が、Webページへの画像掲載です。写真素材サイトから購入した画像を、規約で定められた使用枠内で利用するぶんには問題はありません。しかし、例えば、企業ロゴをWebサイトに無断掲載したり、他サイトから画像をそのままコピーしたりすれば、著作権侵害の恐れは否めません。

また、週刊誌の切り抜きをスキャンしてWebサイトにアップしたり、音楽をBGMとして無断使用したりするのも法的リスクが高い行為です。マンガの1コマをスクリーンショットで引用するのですら、要注意と考えるべきでしょう。

Webの世界では、「みんなやっている」という意識が蔓延しがちです。しかし、法の目は厳しいのです。些細な違反の積み重ねが、やがて大きな火種となって燃え上がるリスクを忘れてはなりません。

● 権利者探しの努力も怠らずに

無断使用のリスクを避けるためには、まずは権利者に許諾を求める努力が欠かせません。写真の場合なら撮影者に、音楽なら作曲者に、記事なら著者に、できる限りの探索を尽くし、真摯に連絡を取ることが大切です。

権利者と連絡が取れない場合は、文化庁の「**裁定制度**」を利用する道もあります。補償金を支払うことで、著作物を適法に利用できる仕組みです。それでも権利者が見つからないときは、潔く利用を断念するのも選択肢の一つ。無理に使おうとして火傷をするよりは、遥かに賢明な判断といえるでしょう。

自社コンテンツ著作権の管理

自社コンテンツについても、きちんと著作権処理をしておかないと、後々厄介なことになりかねません。制作を発注する際は、受注者との間で、著作権の帰属や利用条件をしっかり取り決めておくのが賢明です。

● 著作権の譲渡か利用許諾か

この際、検討すべきは、著作権を丸ごと譲り受けるか、あるいは利用許諾を得るにとどめるか、ということです。

案件によっては、譲渡を求めるのも一案でしょう。追加の対価を支払う必要はあっても、二次利用を独自に決定できるメリットは小さくありません。

ただ、Web制作の実務では、利用許諾で十分なケースが多いのも事実です。予算との兼ね合いを見ながら、最適な方法を選択することが求められます。

いずれにせよ、口頭の合意では紛争の芽を残しかねません。文書による合意を徹底し、権利関係の「見える化」を図ることが肝要です。

chapter 10　セキュリティ対策とWebビジネスに関わる法規

● Webデザインの著作権

特に注意が必要なのが、Webサイトのデザインやレイアウトをめぐる著作権処理。制作会社に一任するケースでは、著作権が制作会社に帰属するのが原則です。

サイトリニューアルなどで別の制作会社に発注する際は、従前の制作会社から著作権を譲り受けるなり、少なくとも利用許諾を得ておく必要があります。デザインデータの再利用を望むなら、予め著作権譲渡の条項を盛り込んでおくのも選択肢の一つ。後になって揉めないよう、先手先手の備えが大切です。

● 著作権登録のメリット

自社コンテンツの著作権管理において、権利の対外的な対抗力を高める上で有効なのが、**著作権登録**の活用です。

著作権は、著作物の創作と同時に自動的に発生します。登録は権利発生の要件ではありません。しかし、登録を行っておけば、権利の発生時期や帰属先を公示できるため、紛争の未然防止や早期解決に役立ちます。無方式主義を採用する著作権法の制度趣旨を理解した上で、戦略的な権利管理を進めていく視点が欠かせません。

● 専門家に頼ることも一案

自社コンテンツの権利処理は、法的知識と交渉ノウハウがものをいう局面も少なくありません。社内リソースだけで対応しきれないのであれば、弁護士など専門家の助力を仰ぐのも一案です。権利関係を明確にし、安心してコンテンツを利活用できる基盤づくりのためにも、時には外部の知見を頼ることをためらわないことです。

自他のコンテンツの適切な権利処理を施し、Webの情報流通を健全なものとすること、表現の自由とクリエイターの権利、それらのバランスを真摯に探ること、一つひとつのコンテンツに真心を注ぎ、人々の創造を支えていくこと。それこそが、Webに関わるすべての者に問われる責務です。

Keyword Box

利用許諾
著作権者が他者に著作物の利用を認める契約。許諾の範囲内で、著作権者に無断で利用できる。

裁定制度
権利者と連絡が取れない場合に、文化庁長官の裁定を受けて著作物を利用する制度。

著作権登録
著作権の発生や移転などを公示するための登録制度。第三者対抗要件として機能する。

chapter 10

06 個人情報保護法

インターネットの発達により、個人情報の収集・利用が容易になった現代。プライバシー保護と情報活用のバランスをいかに取るかは、Webサイト運営における喫緊の課題です。本項では、個人情報保護法の概要と実務上の留意点を解説します。法の要請に応え、ユーザーから揺るぎない信頼を勝ち取るためのヒントを学びます。

Point

1　個人情報保護法は、デジタル社会形成整備法の成立により2022年4月に全面施行
2　個人情報取扱事業者の定義が改められ、小規模事業者も対象に
3　利用目的の特定・通知と、目的外利用の制限には特段の注意が必要

個人情報保護制度の現状

　かつてパーソナルデータは、企業にとって "宝の山" でした。市場調査やマーケティング、商品開発など、ビジネスに活かせる場面は無限大です。とりわけ、購買履歴や嗜好性など、Webサイトを通じて収集される行動データの価値は高まる一方でした。

　しかし今日、こうしたデータ利活用を巡っては、プライバシー保護の観点から、より慎重なアプローチが求められつつあります。**個人情報**の不適切な取扱いが不安視され、自己情報のコントロール権を求める声も強まっています。データ主導社会の未来を展望する一方で個人の尊厳をいかに守るのか、私たちは新たな規範づくりを迫られているのです。

個人情報保護法の全面改正

　こうした問題意識を背景に、2022年4月に**改正個人情報保護法**が全面施行されました。2003年の制定以来の大改正で、デジタル社会形成整備法の一部を構成する重要な法改正といえます。
　主なポイントは❶の通りです[34]。
　個人情報保護法改正のポイントを再度整理すると、以下のようになります。

1. 個人の権利拡充と企業の責務追加

・利用目的の特定・通知義務が明確化され、利用目的の変更は原則禁止となった
・不適正な利用を禁止する規定が新設され、違反した場合のペナルティが強化された
・漏えい等が発生した際の報告及び本人通知が義務化された

2. 外国事業者への規定変更と適用範囲拡大

・**域外適用**が導入され、国外で活動する事業者も個人情報保護法の対象となった
・外国にある第三者へ個人情報を提供する際、移転先の国名や個人情報保護制度、安全管理措置に関する情報提供が義務づけられた

3. 対象事業者の拡大と罰則強化

・個人情報取扱事業者の定義が改正され、小規模事業者も適用対象となった
・法令違反の罰則が強化され、違反の勧告に従わない事業者への罰則も設けられた

　これらの改正により、個人情報の保護がより強化される一方、企業には適切な取り扱いと管理、問題発生時の迅速な対応が求められるようになりました。事業者は自社の規模に関わらず、改正内容を確実に把握し、必要な対策を講じる必要があります。

---

[34] https://www.freee.co.jp/kb/kb-trend/personal-information-2022/

個人情報保護法上の諸義務

個人情報保護法の対象となるのは、「**個人情報取扱事業者**」です。2022年の改正前は、5000件超の**個人データ**を保有する者を指していました。しかし今回の改正で、保有件数による限定は撤廃され、事業の規模を問わず、個人情報データベースなどを事業の用に供している者はすべてこの定義に該当することとなりました。

Web解析などで個人データを一定数保有しているWebサイト運営者の多くが、この定義に該当するケースが予想されます。したがって、個人情報取扱事業者として課される以下のような義務の履行が、喫緊の課題となります。

● 利用目的の特定・通知義務

まずは利用目的の特定が大前提です。なぜその情報を集めるのか、どう使うのか、できるだけ具体的に利用目的を定めなくてはなりません。その上で、情報を取得する際は、利用目的を本人に通知するか、容易に知りうる状態に置く必要があります。

この点、ECサイトなどで集めた顧客情報を、後になってマーケティングに流用するのはNGです。Webサイトのプライバシーポリシーなどに、利用目的を具体的に記載しておくことが求められます。

● 目的外利用の制限

そもそも今回の改正では、取得時の利用目的

項目	内容	詳細
個人情報の利用停止・消去等の請求権の拡充	情報を利用しなくなった場合や、権利・利益が侵害される恐れのある場合も利用停止・消去の請求が可能	改正前は、目的外利用や不正取得の場合のみ請求可能だった
保有個人データの開示方法	電磁的記録（メール、サイトからのダウンロード等）も利用可能	改正前は書面交付が原則だった
個人データの第三者提供記録の開示請求	提供元・提供先それぞれへの開示請求も可能	6ヶ月以内に消去する保有個人データの開示や利用停止、消去も可能
企業や事業者の責務の追加	・漏えい・滅失・毀損があった場合の報告・通知の義務化 ・不適正な方法での個人情報の利用の禁止	改正前は、漏えい等の報告・通知は義務化されていなかった
外国事業者に対する規定の変更	・外国にある第三者への情報提供で本人同意を得る際、移転先の情報等の提供義務を追加 ・不適正な利用を禁止し、違反があれば個人情報保護委員会が指導、助言、勧告、命令できる	改正前は、外国事業者への対応が限定的だった
法令違反があったときの罰則の強化	措置命令違反、報告義務違反等の罰則内容を引き上げ	事例ごとに科せられる懲罰は異なる
新しいデータ分類	・仮名加工情報：他の情報と照合しなければ特定個人を識別できないよう加工した情報 ・個人関連情報：生存する個人に関する情報で、個人情報・仮名加工情報・匿名加工情報のいずれにも該当しない情報	仮名加工情報は、利用目的の変更制限等が適用されない

● 改正個人情報保護法の主なポイント

Keyword Box

個人情報
生存する個人に関する情報で、特定の個人を識別できるもの。

域外適用
日本国外で活動する事業者であっても、国内の個人の権利利益を保護する観点から規律の適用対象に。

個人データ
個人情報データベース等を構成する個人情報。検索性が特徴。

を超えて情報を利用することは、原則禁止とされています。合理的関連性のある範囲で変更することすら、基本的には許容されません。事前の十分な検討なく、安易に利用目的を設定することの危うさ、そこには、私たちの想像以上の法的リスクが潜んでいることを自覚すべきでしょう。

　そのほかにも、個人データの安全管理措置、従業員の監督、委託先の監督、第三者提供の制限、保有個人データの開示や訂正・利用停止、苦情処理など、多岐にわたる義務が個人情報取扱事業者に課されています。これらを実効的に履行する社内体制の整備は、もはや待ったなしの経営課題となっているのです。

生成AIと個人情報保護の未来

　データとAIの高度な利活用が進む中、個人情報保護はさらなる進化が求められています。生成AIは、大量の個人データを学習することで、驚くほど精緻なパーソナライゼーションを実現しました。ユーザー一人ひとりに寄り添う、きめ細かなレコメンドが可能となるでしょう。

　しかし、無秩序なデータ収集は、プライバシー侵害の温床にもなりかねません。AIには人格権への配慮はありません。だからこそ、人間の側が、倫理的・法的な歯止めをかけていく必要があるのです。

　データを提供する個人の選択の自由と、イノ

ベーションを促すデータの利活用、その両立を図るルールづくりが模索されつつあります。デジタル時代の個人情報保護とは、単なる規制強化に留まらない、建設的な対話が不可欠なフィールドです。官民が知恵を出し合い、未来志向の制度設計を進めていかなくてはなりません。

透明性と公正性は何より重要

　Webサイト運営に携わる者にとって、個人情報の取扱いは避けて通れない重要な課題です。近年、GDPRやCCPAなどのデータプライバシー規制の影響により、Webサイトやアプリケーションの開発者は、ユーザーデータの収集、使用、保護に関してより慎重な対応が求められています。これには、ユーザーからの明確な同意取得プロセス、データアクセス権の提供、データ削除オプションの実装が含まれます。

　短期的なビジネスチャンスに気を取られて、安易にデータを利用することは避けるべきです。ユーザーのプライバシーを尊重し、丁寧な説明と同意取得を徹底する誠実な姿勢こそ、長期的な信頼関係の基盤となるでしょう。

　透明性を高め、公正な利用を心がける。その基本に立ち返ることからはじめましょう。ユーザーの理解と納得を得ながら、全体最適を模索する。生成AIの時代にこそ、人間の倫理観が試されているのかもしれません。

Keyword Box

利用目的の通知等
取得に際し、利用目的を本人に通知するか、容易に知りうる状態に置くこと。

不適正利用の禁止
違法または不当な行為を助長し、または誘発するおそれがある方法による個人情報の利用を禁止。

chapter 10 07

Webサイトのトラブル Q&A

Webサイトの運営には、法的な紛争やトラブルのリスクが常につきまといます。本項では、電子商取引や著作権、商標等に関する代表的な問題をQ&A形式で取り上げます。トラブルに屈することなく、安心・安全なWebサイト運営を実現するためのヒントを学びましょう。

Point
1. 電子商取引での不履行や瑕疵には、事業者責任を免れない場合が多い
2. ドメイン名の不正取得には、紛争処理機関への申立が有効
3. 広告表現の適法性チェックは入念に行い、誇大広告等のリスク回避を

著名商標を冠したドメインの買取請求

Question
ブランド品メーカーです。自社商品の商標と同じドメイン名を見知らぬ者に先に取得され、高額な買取を要求されています。どのように対処すべきでしょうか？

Answer
これは「**サイバースクワッティング**」の一例で、悪意を持って商標を先取りし、高額で転売しようとする行為です。買取交渉に応じるのは避けるべきです。

適切な対処方法としては、ドメイン名紛争処理方針（DRP）を活用することです❶。「.jp」ドメインなら日本知的財産仲裁センター（JIPAC）、「.com」ドメインならWIPOなどに裁定を申し立てます。これらの機関ではドメイン名紛争処理方針に基づいた裁定が下されます。

不正取得を立証するには以下の三要件を示す必要があります。

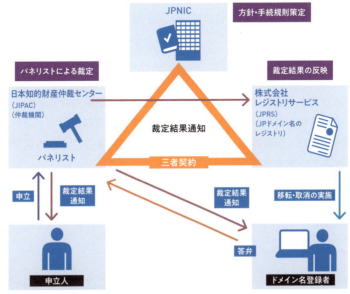

❶ ドメイン名紛争処理方針（DRP）とは
出典：ドメイン名紛争処理方針（DRP）（一般社団法人日本ネットワークインフォメーションセンター）

1. ドメイン名が商標と同一または類似している
2. ドメイン名登録者が正当な権利や利益を持っていない
3. ドメイン名が不正目的で登録・使用されている

　これらの要件を満たせば、ドメイン名の移転や取消しを求めることができます。セカンドベストの選択肢に頼らず、正攻法で対応することがブランドの信頼を守るためにも重要です。

ソフトウェアのウイルス感染と事業者責任

Question

　ネットショッピングモールを運営する事業者です。販売したPCソフトにウイルスが混入し、購入者に損害を与えてしまいました。賠償責任はどこまで負う必要があるのでしょうか？

Answer

　消費者契約法は、事業者の全面的な免責を認めていません。ソフトに欠陥があり、通常の安全性を欠いていたと判断されれば、事業者には損害賠償責任が生じる可能性があります。
　約款で損害賠償の上限額を定めていても、「賠償額は○○円まで」といった一方的な制限は無効とされる恐れがあります。信義則に反し、消費者の利益を損なうと見なされるためです。
　ネット通販は便利ですが、品質管理と顧客対応を徹底し、信頼性の高い事業運営を心がける

ことが重要です。

派手なキャッチコピーの是非

Question

　自社ECサイトで、思い切ったキャッチコピーや割引表示を打ち出したいと考えています。広告規制にはどのような点に気をつければよいでしょうか？

Answer

　Web広告でも景品表示法や特定商取引法の規制対象です。以下の点に注意が必要です。

1. 適正な記載事項
　誇大表現や誤認を招く比較表示がないかチェックする
2. 品質や取引条件の表現
　実際より優良・有利と誤認される表現は禁止である。「業界最安値」「絶対お得」などの最上級表現は、客観的な根拠が必要
3. 割引表示
　「通常価格」の設定が適正か確認する。根拠のない価格と比較して安さを強調するのは不当表示となる

　ユーザーに正確でフェアな情報提供を優先し、広告表現の説得力を高めましょう。Web広告のトラブルは複雑なので、法的な助言を仰ぎつつ柔軟に対応することが大切です。

Keyword Box

瑕疵担保責任
目的物に隠れた瑕疵があった場合に、売主が負う責任。

サイバースクワッティング
悪意をもって他人の商標等を無断先取りし、不正の利得を得ること。

第11章
生成AIのWebサイトへの活用トレンド

chapter

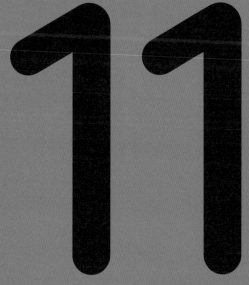

01	生成AIの概要と種類	300
02	生成AIのコンテンツ作成	303
03	生成AIによるWebサイト最適化	306
04	生成AIによるWebサイトデザイン作成	310
05	生成AIによるWebサイトテスト	313
06	生成AIによるWebサイト分析	315
07	生成AIによるWebマーケティング	319
08	生成AIによるWebサイトページ自動生成	321

chapter 11

01 生成AIの概要と種類

生成AIは、自然言語処理や画像認識、動画生成などの分野で目覚ましい進化を遂げ、Webサイト運営にも大きな影響をもたらしています。本項では、テキスト生成AI、画像生成AI、動画生成AIの3つの領域に着目。各特性と代表的なサービスを紹介、ニーズに合ったツールを選ぶためのポイントを解説します。

Point

1 テキスト生成AIは応答の速さと自然さ、知識の幅、ユーザビリティがポイント
2 画像生成AIは画質の高さ、スタイルの多様性、生成速度を重視して選ぶ
3 動画生成AIはリアリティさ、カスタマイズ性、コストパフォーマンスが鍵

生成AIと流暢に会話できる時代の到来

慶應義塾大学理工学部の栗原聡教授は、**大規模言語モデル**のAIチャットボットが社会に衝撃を与えた最大の理由は、「AIが人のように流暢に話せるようになったこと」と語っています。

テキスト生成AIは自然な対話を実現し、Webサイト運営においても重要な役割を果たしています。カスタマーサポートの自動化やコンテンツ生成など、その活用範囲は広がり続けています。こうしたAIの進展は、企業のデジタルシフトを加速させる原動力となるでしょう。

まず、テキスト、画像、動画の3つの領域に分けて生成AIの全体像を把握し、それぞれの特性を理解することが重要です❶。これにより、自社に最適なツールを選び、効果的に活用できるようになります。

種類	ポイント	代表的なサービス	活用例
テキスト生成AI	・応答の速さと自然さ ・知識の幅 ・ユーザビリティ	・ChatGPT ・Google Gemini(Bard) ・Copilot(Bing Chat) ・Claude3 ・NotionAI ・Catchy ・Jasper	FAQ作成、チャットボット導入、記事・プレスリリース・広告コピー制作
画像生成AI	・画像の品質 ・スタイルの多様性 ・生成速度	・DALL-E ・Stable Diffusion ・Midjourney ・Adobe Firefly ・Canva	広告ビジュアル、Webデザイン、ゲーム制作
動画生成AI	・映像のリアリティ ・カスタマイズ性 ・コストパフォーマンス	・Veo ・Dream Machine ・Runway ・Pika ・LumaAI ・Sora	教育動画、製品紹介、マーケティングキャンペーン

❶ 生成AIの3つの領域

300

● テキスト生成AI　自然な対話と幅広い知識が鍵

テキスト生成AIのポイントは、以下の3つです。

1. 応答の速さと自然さ
   スムーズで自然な会話を実現するために、素早いレスポンスと文脈に基づいた適切な返答が必要
2. 知識の幅
   様々な話題や業界に対応できる幅広い知識ベースが重要
3. ユーザビリティ
   システムへの組み込みやすさや直感的な操作性が重要

代表的なサービスには、ChatGPT、Google Gemini、Microsoft Copilot、Claude、NotionAI、Catchy、Jasperなどがあります。これらのツールを活用することで、FAQ作成、チャットボットの導入、ブログ記事やプレスリリース、広告コピーの制作など、幅広い業務の効率化が可能です。

● 画像生成AI　高品質な画像を素早く生成

画像生成AIを選ぶ際のポイントは、以下の3つです。

1. 画像の品質
   美しく洗練された高品質の画像が必要
2. スタイルの多様性
   多様なデザインニーズに対応できる柔軟な表現力が重要
3. 生成速度
   短期間で大量の画像を生成できるスピードも大切

マーケティング資料やSNSコンテンツでの活用を考えると、これらの要素は欠かせません。代表的なサービスには、DALL-E、Stable Diffusion、Midjourney、Adobe Firefly、Canvaなどがあります。これらのツールを使うことで、広告ビジュアルやWebデザイン、ゲーム制作など、様々な場面での画像制作を効率化できます。

● 動画生成AI
リアリズムとカスタマイズ性が決め手

アメリカのフォレスター・リサーチ社の調査によると、1分間の動画は180万語に相当する情報量を伝えます。Webページで同じ情報量を伝えるには膨大な労力が必要ですが、動画なら一瞬で的確に伝えられます。動画コンテンツの圧倒的な情報伝達力を活かすために、生成AIの活用は非常に有用です。

動画生成AIを選ぶ際のポイントは、以下の3つです。

1. 映像のリアリティ
   教育コンテンツや製品紹介など、クオリティの高さが重要
2. カスタマイズ性
   個別のニーズやスタイルに合わせた柔軟な対応が求められる
3. コストパフォーマンス
   限られたリソースで最大限の効果を生むために、費用対効果の高さが必要

代表的なサービスには、Veo、Dream Machine、Runway、Pika、LumaAI、Soraなどがあります。これらを活用することで、教育動画の制作、プロモーション映像の作成、マーケティングキャンペーンの展開などが効率的に行えます。

マルチモーダルAIの台頭

最新の生成AI技術として、**マルチモーダルAI**が注目を集めています。これは、テキスト、画像、音声、動画など複数の形式（モダリティ）のデータを同時に処理し、理解・生成できるAI

システムです。

例えば、OpenAIのGPTモデル、Anthropicの Claudeモデル、Google DeepMindのGeminiモデルなど、多くの大手AI企業が高度なマルチモーダル機能を備えたモデルを開発しています。これらのAIは、画像を理解し文章で説明したり、テキスト指示から画像を生成したりと、より柔軟で統合的なタスクをこなすことができます。

Web制作においても、マルチモーダルAIの活用により、デザイン、コンテンツ制作、ユーザーインターフェイスの改善など、多岐にわたる領域での革新が期待されています。

例えば、ユーザーの声による指示を理解し、それに基づいてWebページのレイアウトを自動生成したり、画像と文章を組み合わせた最適なコンテンツを提案したりすることが可能になります。

さらに、マルチモーダルAIは、アクセシビリティの向上にも大きく貢献します。画像の自動代替テキスト生成や、音声コンテンツの自動字幕生成など、異なるモダリティ間の変換を高精度で行うことができます。これにより、視覚や聴覚に障がいのあるユーザーにもよりよいWeb体験を提供できるようになります。

また、マーケティングや顧客サービスの分野でも、マルチモーダルAIの活用が進んでいます。例えば、顧客の表情や声のトーンを分析しながら、適切な応対を行うAIチャットボットの開発が進められています。今後、さらに高度な統合と理解能力を持つマルチモーダルAIの登場により、Web制作のプロセスや可能性が大きく拡張されると予想されます。

ただし、これらの技術を効果的に活用するためには、各モダリティの特性を理解し、適切に組み合わせるスキルが求められるでしょう。また、プライバシーやデータセキュリティの観点からの配慮も重要になってきます。

Keyword Box

大規模言語モデル
大量のテキストデータを学習した、自然言語処理のための基盤技術。

没入感
仮想的な世界観やストーリーに深く入り込んでいるかのような感覚。

chapter 11　生成AIのWebサイトへの活用トレンド

chapter 11

02

生成AIのコンテンツ作成

生成AIはコンテンツ作成において、大きな可能性を秘めています。文章や画像、動画の自動生成により、制作工程の効率化やコスト削減などが期待できる一方、倫理的な問題への配慮など、留意すべき点もあります。本項では、コンテンツ生成AI、デザインツールなど、Web制作に役立つ生成AIの活用方法を解説。

Point

1　文章、画像、動画など、あらゆるコンテンツ制作を自動化するツールが登場
2　デザインやコーディング、テストなど、制作工程全体でAI活用が進む
3　SEOやマーケティングにおいても、生成AIを味方につける動きが加速

生成AIが変えるWeb制作の未来

Web制作に役立つ生成AIは、大きく3つのカテゴリーに分類できます❶。それぞれの領域で、AIの力を借りることで、制作フローに革新的な変化がもたらされつつあります。

分類	内容	代表的なサービス	活用例
コンテンツ生成	・文章 ・画像 ・動画	【文章生成】 ChatGPT Bard Jasper 【画像生成】 DALL-E 2 Midjourney Stable Diffusion 【動画生成】 Runway ML Pictory AI Synthesia	【文章生成】 見出し、キャッチコピー、説明文、ブログ記事 【画像生成】 ヒーロー画像、アイキャッチ、商品写真、イラスト 【動画生成】 説明動画、プロモーション映像、チュートリアル動画
デザイン・コーディング	・デザイン ・画像編集 ・コーディング	【デザインツール】 ・Figma ・Sketch ・Adobe XD 【画像編集ツール】 ・Adobe Photoshop ・Canva ・GIMP 【コーディング】 ・Github Copilot ・Kite ・DeepCode	【デザインツール】 ワイヤーフレーム、モックアップ、UIデザイン 【画像編集ツール】 画像の切り抜き、合成、フィルター、エフェクト、レタッチ 【コーディング】 HTML、CSS、JavaScript、Pythonなどのコード
SEO・マーケティング	・SEO対策 ・マーケティング	【SEO対策】 ・Semrush ・Ahrefs ・Moz ・Jasper 【マーケティング】 ・HubSpot ・Mailchimp ・Google Analytics	【SEO対策】 キーワード選定、コンテンツ分析、被リンク獲得 【マーケティング】 ターゲット分析、ペルソナ設定、広告配信、顧客分析

❶ Web制作に役立つ生成AI

303

1. コンテンツ生成AIによる自動化

テキスト生成AIは、見出しやキャッチコピー、説明文、ブログ記事など、あらゆる文章コンテンツの作成をサポートします。ChatGPTやBard、Jasperといった高性能な言語モデルの登場により、高品質な文章を短時間で生成することが可能になりました。

画像生成AIも目覚ましい進化を遂げています。DALL-E 2やMidjourney、Stable Diffusionなどのツールを使えば、トップページの画像やアイキャッチ、商品写真、イラストなどを自動生成でき、ロゴデザインや写真の編集もAIにお任せできます。クリエイティブな表現の幅が大きく広がっています。

広報代理店Ruby Media GroupのオーナーであるKris Ruby氏は、テキストと画像の両方の生成にAIを活用しており、SEO効果の最大化やPRにおけるパーソナライズされた売り込みに効果を発揮しているそうです。ネスレはヨーグルトブランドのプロモーションに、AIで強化したフェルメールの絵画を使用。衣料品会社Stitch Fixは、顧客の好みに基づいて服のビジュアル化を作成するためにDALL-E 2を試しています。

動画制作の分野にもAIの波が押し寄せつつあります。Runway MLやPictory AI、Synthesiaといったツールの登場により、説明動画やプロモーション映像、チュートリアル動画などを自動で作れるようになりました。伝えたいメッセージを、リアリティあふれる映像で訴求できる時代が到来しました。

2. デザインとコーディングも自動化

デザインツールの世界でも、生成AIの活用が進んでいます。FigmaやSketch、Adobe XDといった定番ツールにAI機能が搭載され始めたことで、ワイヤーフレームやモックアップ、UIデザインなどの作成が自動化されつつあります。

画像編集ツールも、AI技術によって進化を遂げています。Adobe PhotoshopやCanva、GIMPなどのツールに、画像の切り抜きや合成、フィルター、エフェクト、レタッチなどのAI機能が追加されました。より高度な編集をシームレスに行えるようになっています。

コーディングの領域においても、生成AIの波が押し寄せています。Github CopilotやKite、DeepCodeといったコード生成AIを使えば、HTMLやCSS、JavaScript、Pythonなどの各種プログラミング言語のコードを自動生成も可能になりました。

Deloitte社の55人の開発者が参加した6週間のパイロットでは、コードの大部分がCodexから提供され、精度への評価も上々です。プロジェクト全体でのコード開発速度が20%向上したとのデータもあります。

さらに、JestやMocha、SeleniumといったテストツールにもAIが組み込まれ、単体テストや統合テスト、E2Eテストなどを自動化する動きが活発化しました。コードレビューやデバッグもAIによる支援が期待されるフェーズといえるでしょう。

3. SEOとマーケティングにもAIの風

SEO対策の分野でも、生成AIが着実に浸透しつつあります。SemrushやAhrefs、Moz、Jasperといったツールが、キーワード選定やコンテンツ分析、被リンク獲得などをAIの力を借りてサポートされています。費用対効果の高い施策立案に役立っています。

マーケティングの現場でも、AIの活用が不可欠な時代になりました。HubSpotやMailchimp、Google Analyticsなどのツールが、ターゲット分析やペルソナ設定、広告配信、顧客分析などにAIの力を導入し、データに基づく意思決定を強力に後押ししています。

クラウドコンピューティング企業のVMwareでは、電子メールから製品キャンペーン、ソー

シャルメディアのコピーに至るまで、マーケティングコンテンツの作成にJasperを活用。製品主導型成長担当ディレクターのローザ・リア氏は、「Jasperのおかげで、ライターたちはよりよいリサーチ、アイデア出し、戦略立案に時間を割けるようになった」と、その効果を強調しています。

生成AIのメリットとデメリット

生成AIをWeb制作に活用することで、以下のようなメリットが期待できます。

・作業時間の短縮
・コスト削減
・品質向上
・新しいアイデアの創出
・人的ミスの減少

反面、以下のようなデメリットにも目を向ける必要があります。

・費用がかかる場合がある
・学習データに偏りがある可能性
・倫理的な問題に注意が必要
・完全な自動化は難しい
・生成物の権利関係が曖昧

メリットとデメリットを見極めつつ、自社のWeb制作フローに合わせて、適切なツールを適材適所で活用していくことに、生成AIを味方につけた新時代のWeb制作の勘所があるのかもしれません。

Keyword Box

画像生成AI
テキストの指示をもとに、オリジナルの画像を生成するシステム。

自然言語処理
人間の言葉を理解し、処理するAI技術の一分野。

クリエイティビティ
新しいアイデアを生み出す創造力。独創性。

chapter 11

03 生成AIによるWebサイト最適化

生成AIは、Webサイトのパフォーマンス向上やユーザビリティの改善において、大きな役割を果たしつつあります。サイトの構造やデザイン、コードの最適化を自動で行うことで、SEOやスピード、セキュリティなどの課題解決をサポートします。本項では、検索エンジン最適化に特化したAIツールに焦点を当てて解説します。

Point

1 SEO対策AIツールは、キーワード分析やコンテンツ最適化、サイト構造の改善を支援
2 GoogleのRankBrainをはじめ、MarketMuseやBrightEdgeなどの有力ツールが台頭
3 AIによって、適切なキーワード選定やコンテンツ品質向上による検索順位アップが期待できる

SEO対策AIツールの特徴と効果

生成AIの力を借りることで、Webサイトのパフォーマンス改善や最適化を効率的に進められるようになりました。中でも、**検索エンジン最適化（SEO）** に特化したAIツールの存在感は際立っています。サイトの検索順位向上を目指す上で、これらのツールが提供する以下のような支援は、もはや欠かせないものとなりつつあります。

● キーワード分析で最適な検索語を選定

AIが膨大な検索データを解析し、サイトにとって最適なキーワードを提案してくれる機能は、SEO対策の要といえるでしょう。競合サイトとのキーワードの重複状況や、各語句の検索ボリュームの予測なども行い、戦略的なキーワード選定をサポートしてくれます。検索ユーザーのニーズを的確に捉えた上位表示を狙うための、強力な武器となります。

● コンテンツの最適化で品質と関連性を向上

サイトに掲載するコンテンツについても、AIによる緻密な分析と改善提案が行われます。キーワードの最適な配置や**TF-IDF値**の調整、文章の読みやすさや理解しやすさの評価、関連トピックの抽出と提案など、検索エンジンに好まれる要素を多角的にチェックします。自然言語処理技術を駆使した、高品質かつ関連性の高いコンテンツづくりをサポートしてくれます。

● 内部リンク構造の改善でサイトの評価を高める

サイト内の各ページがどのようにリンクされているかという、内部リンク構造の最適化も重要な課題です。ページ間の関連性や情報の階層性を評価し、ユーザーと検索エンジンの双方にとって適切なリンク配置を提案するのがAIツールの役割です。クローラーによるスムーズなサイト巡回を促し、重要なページへの評価を高める効果が期待できます。

● テクニカルSEOの診断で網羅的な改善を

サイトの表示速度やモバイルフレンドリー、セキュリティ対策など、検索順位に影響する技術的な要素も数多く存在します。これらのテクニカルSEOと呼ばれる分野の診断にもAIの力が発揮されます。サイト全体にわたる網羅的なチェックにより、見落としがちな問題点を洗い出し、具体的な改善策を提示してくれます。専門的な判断を要する課題解決を強力にバックアップしてくれるのです。

chapter 11　生成AIのWebサイトへの活用トレンド

● RankBrain　Google検索アルゴリズムの頭脳

　SEOを語る上で、Googleの検索アルゴリズムの中核をなすAI、RankBrainについて押さえておきましょう。ユーザーの**検索意図**❶を深く理解し、より適切な検索結果を提供するために、膨大な検索データとユーザー行動のログを解析。機械学習によって検索品質の向上と、スパムサイトの排除を進めています。

　例えば、「アメリカ　総理大臣」といった誤った検索ワードでも、的確に「アメリカ大統領」の情報を表示できるのは、RankBrainの成果の一つです。こうした検索エンジン側のAIの動向を把握しておくことは、SEO対策の指針を考える上でも欠かせません。

代表的なSEO対策AIツールの例

　SEO対策において、AIツールの活用が欠かせなくなりつつあります。ここでは、代表的なツー

検索意図	インフォメーショナルインテント	トランザクショナルインテント	コマーシャルインベスティゲーションインテント	ナビゲーショナルインテント
	情報収集が目的	なにかしらのアクティビティをしたい	なにかしらの行動を起こす前のリサーチ	特定のWebサイトにアクセスしたい
欲しい情報例	・天気についての情報 ・子どもの育て方	職場近くのランチはどこがいいのか	・どの洗濯機が一人暮らしにはちょうどいいのか ・旅行をする際の費用	・ブランド名 ・サービス名
キーワード例	・東京　天気 ・子ども　育て方	茗荷谷　ランチ	・洗濯機　一人暮らし ・京都　観光　費用	・ブランド名 ・サービス名

ユーザーの行動例

小学生の子どもをもつ3人家族の父である都内在住のAさん。GWに向けて家族で一緒に過ごしたいと考えている

| 欲しい情報例 | GWに家族で思い出をつくりたい | GWは都内近郊でキャンプをしたい | ・キャンプでバーベキューを楽しむにはなにが必要
・家族でキャンプを楽しむにはいくらかかる | キャンプ場○○にアクセスしたい |
| キーワード例 | ・GW　過ごし方
・長期休暇　家族 | ・キャンプ　おすすめ
・関東　キャンプ | ・バーベキュー　持ち物
・キャンプ　いくら | ・○○　行き方
・○○　混雑 |

❶検索意図とは
出典：検索意図とは？その重要性、検索意図の調べ方について（YUIDEA）

Keyword Box

TF-IDF値
単語の出現頻度と逆文書頻度を考慮した、コンテンツの関連性を測る指標。

検索意図
ユーザーが検索する際の目的や動機。ニーズを満たすコンテンツ提供が重要。

リッチスニペット
検索結果ページ上で、追加情報を目立つ形で表示する特別な領域。

ルをいくつか紹介しましょう❷。

● MarketMuse
高品質コンテンツ作成の強い味方

コンテンツ最適化に特化したAIツールの代表格が、**MarketMuse**です。キーワードの選定はもちろん、コンテンツの網羅性や関連性をAIが多角的に評価します。トピックの抜け漏れや、必要な情報量の目安なども提示してくれます。自然言語処理技術を活用した、検索エンジンに好まれる高品質コンテンツの制作を強力にサポートする頼もしい存在といえるでしょう。

● BrightEdge
大手企業御用達の総合SEOプラットフォーム

Fortune500企業を中心に、多くの大手企業に採用されているのが**BrightEdge**です。AIを活用したキーワード分析や競合サイト調査、コンテンツ最適化など、SEOに必要な機能を包括的にカバーしています。取得データの一元管理と、それに基づく戦略立案をワンストップで叶える、頼れるプラットフォームとして定評があります。

● WordLift　構造化データ対応も万全に

検索エンジンによるコンテンツ理解を促進し、**リッチスニペット**などの特別な表示を狙うためには、**構造化データ**の実装が肝要です。**WordLift**は、サイトのコンテンツをAIが解析し、適切な構造化データのマークアップを提案するツールです。専門的な知識がなくても、検索エンジン

に優しいサイト構築が可能になります。

● Alli AI
SEOを自動化する次世代プラットフォーム

SEOの全工程を自動化するプラットフォームとして注目を集めるのが**Alli AI**です。代理店やコンサルタント、社内SEO担当者など、あらゆる立場の専門家の業務効率化を支援します。分析すべきキーワードの特定から、サイトの改善提案、コード変更の自動実行まで、ワンストップかつ高速で叶えてくれる心強い味方です。

AIを活用したSEO戦略で、検索順位と成果を最大化

SEO対策AIツールを活用することで、Webサイトの検索順位を向上させ、マーケティング成果を最大化できます。

AIツールは膨大な検索データに基づき、ユーザーの検索意図を正確に把握して、適切なキーワードを効率的に選定します。TF-IDF値に加え、関連キーワードや検索ボリューム、競合分析も行い、最適なキーワードを見つけます。

良質なコンテンツは、ユーザーの滞在時間を増やし、検索エンジンの評価を高めます。AIツールは、ユーザーのニーズに合ったコンテンツの構成や文章表現を提案し、コンテンツの重複や誤字脱字も自動チェックして品質を向上させます。

最適なサイト構造は、検索エンジンがサイトを効率的にクロールし、重要コンテンツを正確に理解することを可能にします。AIツールは、内

ツール名	機能	特徴	対象
MarketMuse	コンテンツ最適化	キーワード選定、コンテンツの網羅性・関連性の評価	コンテンツ制作者
BrightEdge	総合SEOプラットフォーム	キーワード分析、競合サイト調査、コンテンツ最適化	大手企業
WordLift	構造化データ	コンテンツ解析に基づいて適切な構造化データのマークアップを提案	すべてのサイト
Alli AI	SEO自動化	分析、改善提案、コード変更まで自動化	SEO担当者

❷ SEO対策におけるAIツール

部リンクの最適化、サイトマップの作成、パンくずリストの設置などを提案し、**クロール効率**を改善します。

構造化データは、検索エンジンにサイトの内容を正確に伝えるための仕組みです。AIツールは、適切な構造化データの設置を支援し、検索結果での情報の可視化や関連コンテンツの提案を促進します。

テクニカルSEOでは、サイトの表示速度やモバイル対応を改善し、ユーザーに快適なサイトを提供します。AIツールは、技術的な課題を分析し、解決策を提案します。

AIツールを使えば、検索アルゴリズムの変動に迅速に対応できます。定期的な分析と改善を繰り返し、常に検索エンジンに評価されるサイトを維持します。AIツールは人間の戦略を補完するものであり、ターゲットユーザーや伝えたい価値を明確に認識し、AIの情報を客観的に判断しながら、フェアで価値あるコンテンツを発信することが重要です。SEO対策に注力しながらも、ブランドの独自性を保つことが肝心です。

AIによる リアルタイムパーソナライゼーション

最新の生成AI技術を活用した**リアルタイムパーソナライゼーション**が、Webサイト最適化の新たなトレンドとなっています。この技術では、ユーザーの行動データやコンテキストを瞬時に分析し、個々のユーザーに最適化されたコンテンツやレイアウトをリアルタイムで生成・提供します。

例えば、ユーザーの閲覧履歴や検索キーワードに基づいて、AIが最適な商品レコメンデーションや記事提案を動的に生成します。また、ユーザーの端末やブラウジング環境に応じて、最適なUI/UXをAIが自動的に構築することも可能になっています。

この技術により、従来の静的なセグメンテーションベースの最適化から、よりダイナミックで精緻な個別化が実現し、ユーザーエンゲージメントとコンバージョン率の大幅な向上が期待されています。ただし、プライバシーへの配慮と透明性の確保が重要な課題となっています。

Keyword Box

構造化データ
Webページ内の情報を、検索エンジンが理解しやすい形式で記述するためのマークアップ。

クロール効率
検索エンジンのクローラーが、サイトを巡回しやすい状態であること。

chapter 11
04
生成AIによるWebサイトデザイン作成

生成AIを活用することで、Webサイトのデザイン制作を大幅に効率化できるようになりました。本項では、ロゴやアイコンをはじめ、様々なデザイン業務を支援するAIツールを具体的に紹介しつつ、画像加工の自動化や、高度なデザインの実現に役立つツールの特徴を、実際の利用シーンとともに解説します。

Point
1 デザイン全般の自動化からパターン作成まで、多彩なAIツールが登場
2 画像の背景除去や高度な加工など、面倒な作業をAIが効率化
3 一括画像生成や手書きのデジタル化など、創造性を刺激するツールも台頭

デザイン業務を効率化するAIツールの数々

近年、デザインやマーケティング、ディレクションなど、クリエイティブな分野でのAI活用が一気に加速しています。デザイン制作の自動化や、アイデア出しの支援など、作業効率と創造性の向上を促す多彩なツールが登場しました。その一端を担うのが、以下のようなWebデザインに特化したAIサービスです❶。

● Designs AI デザイン全般をサポートするオールラウンダー

デザイン業務全般を支援するツールの代表格が、Designs.AIです❷。ロゴ制作からビデオ編集、SNS投稿用の画像作成まで、あらゆるシーンで力を発揮します。特にロゴデザイン機能は操作性に優れ、自社ブランドにマッチした作品を直感的に生み出せると好評です。

幅広いデザインニーズに無料で応えてくれるSTOCKING AIも注目株です。アプリアイコンからブックカバー、ポスターまで、多種多様なジャンルに対応しており、SNSのプロフィール画像

ツール名	機能	特長	対象
Designs AI	ロゴ制作、ビデオ編集、SNS投稿画像作成など	操作性優良、自社ブランドにマッチしたロゴ	デザイナー
Stockimg AI	アプリアイコン、ブックカバー、ポスターなど	幅広いジャンルに対応、無料	デザイナー、マーケター
Patterned AI	独特な繰り返しパターン自動生成	テキスタイルデザイン、Webサイト背景	デザイナー
remove.bg	画像背景自動除去	手作業不要、透過PNG出力	デザイナー、Web制作担当者
Luminar NEO	夜景写真美化、HDRマージなど	高度な画像加工、AIによる自動化	上級者、初心者
Playground	画像をセルアート風などに変換	ポストカード、広告バナー	デザイナー、マーケター
ClipDrop	基本的な画像加工からAR活用まで	多機能、コラージュ作品生成	デザイナー、Web制作担当者
getimg.ai	大量の画像を一括生成	商品写真、SNS投稿画像	ECサイト運営者、マーケター
Runway	動画・静止画加工	特殊効果、背景拡張	動画クリエイター、デザイナー
Uizard	アナログスケッチをデジタルデザインに変換	コンセプトメイキング、ワイヤーフレーム作成	デザイナー、Web制作担当者

❶ AIを活用した画像処理ツール

310

づくりなど、ちょっとしたビジュアル制作に重宝するはずです。

● Patterned AI　繰り返しパターンのデザインに特化

一方、PatternedAIは、独特の繰り返しパターンを自動生成するデザインツールです。テキスタイルデザインやWebサイトの背景など、個性的な模様が求められるシーンで真価を発揮します。感性豊かな幾何学模様を、ワンクリックで作り出せるのは頼もしい限りです。

画像加工の新しい相棒

Webデザインでは、写真や画像の加工がつきものです。その面倒な作業を自動化してくれるのが、AIを活用した画像処理ツールです。デザイナーの強力な味方となる、頼れるサービスを見ていきましょう。

● remove.bg　面倒な背景除去を自動で

画像の背景を手作業で切り抜くのは、デザイン制作の中でも特に時間を食う作業の一つです。それを一瞬で自動化してくれるのがremove.bgです。AIが画像から背景を取り除き、透過PNGで書き出してくれます。もはや欠かせないデザインの相棒といえるでしょう。

● Luminar NEO　プロ級の画像加工をAIで

より本格的な画像加工にチャレンジしたいなら、Luminar NEOがおすすめ。夜景写真の美化やHDRマージなど、プロ顔負けの高度な加工をAIの力で実現します。写真を芸術作品に高めたい上級者から、手軽にクオリティアップを図りたい初心者まで、幅広いユーザーを満足させる一つです。

● Playground　画像をポップアートに

アップロードした画像を、セルアート風など様々なスタイルに変換してくれるのがPlaygroundです。ポストカードや広告バナーなど、インパクトのあるビジュアル制作に活躍します。凡庸な写真も、AIのセンスでクリエイティブな一枚に様変わりします。デザインの引き出しを広げる心強い味方となるはずです。

● ClipDrop　多機能な画像処理ツール

clipDropは、基本的な画像加工からARの活用まで、あらゆるニーズをカバーする多機能ツー

❷ Designs.AI

ルです。一枚の写真から、ダイナミックなコラージュ作品を生み出すことも可能で、ネタ切れ知らずのアイデア源として、重宝することうけあいです。

創造性を刺激するユニークなツール

生成AIの力は、既存の枠にとらわれない自由な発想を促すことにも発揮されます。型破りな発想を得意とするAIツールを、いくつか紹介しましょう。

● getimg.ai　大量の画像を一括生成

getimg.aiは、指定した条件に沿って、AIが複数の画像を一気に生成してくれるサービスです。ECサイトの商品写真や、SNS投稿用のアート画像など、大量のビジュアルが必要なシーンでは心強い味方となります。表現の幅を一気に広げてくれる頼もしいツールです。

● Runway　動画や静止画を自在に加工

動画や静止画の加工に特化したのが、Runwayというツールです。既存の動画に特殊効果を加えたり、背景を拡張したりと、自由自在な編集ができます。将来的には、動画コンテンツ丸ごとの自動生成にも対応するとのこと。Webの未来を切り拓く、野心的なサービスとして注目です。

● Uizard
アナログスケッチをデジタルデザインに

コンセプトメイキングの段階では、アイデアをざっくりと手描きで表現することも多いでしょう。そんなときに役立つのが、Uizardです。ペンで描いたラフスケッチを、AIがデジタルのワイヤーフレームに変換してくれます。アイデアをすぐに具体的な形にできるので、制作の初動を加速してくれるでしょう。

人間とAIの協働で、Webデザインの可能性が広がる

このように、デザイン業務の隅々にまで、生成AIの活用が浸透しつつあります。単調な作業は自動化によって効率化し、創造的なアイデア出しはAIの助けを借りる、そんな新しい働き方が、Webデザイナーの間に定着していくのかもしれません。

重要なのは、AIをブラックボックス化せず、その特性をきちんと理解しながら付き合っていくことです。時に思わぬ**バイアス**が潜んでいることを意識し、鵜呑みにせず活用の是非を見極める冷静さも求められます。

AIの提案を盲信するのではなく、人間ならではの感性を研ぎ澄まし、創造のかじ取りを担うこと、機械の力を引き出しつつ最後は自らの価値観で判断を下すこと、生成AIをパートナーとして迎え入れながらも主体性を失わないバランス感覚が肝要といえましょう。

型にはまらない発想を得意とするAI、そしてクリエイティビティの核心を担う人間。それぞれの個性を活かしながら、Webデザインに新たな地平を拓いていく。そんな未来のチーム像が、ここからはっきりと見えてきます。

Keyword Box

PNG
ポータブル・ネットワーク・グラフィックスの略。透過情報を保持できる画像フォーマット。

HDR
ハイダイナミックレンジの略。明暗差の大きい画像を自然な階調で表現する技術。

バイアス
偏り。AIの場合、学習データの偏りにより判断が歪む恐れがある。

chapter 11　生成AIのWebサイトへの活用トレンド

chapter 11

05

生成AIによるWebサイトテスト

生成AIは、Webサイトの品質検査やセキュリティテストを自動で実行することで、サイトの信頼性と使いやすさの向上に貢献します。本項では、Webサイトのテスト自動化におけるAI活用の具体的なメリットや適用事例を紹介します。ユーザー満足度とセキュリティの両面から、Webサイトの価値を高めるための知見が詰まっています。

Point

1　生成AIを活用することで、テストケース作成やスクリプト開発の自動化が可能に

2　機能テストだけでなく、パフォーマンスやセキュリティのテストにもAIが貢献

3　テストの自動実行と分析により、品質の見落としを防ぎつつ作業時間も短縮できる

テストプロセス改善における生成AIの役割

Webサイトのテストにおいて、生成AIは品質と効率の大幅な向上をもたらす強力なツールとして注目を集めています。単調で時間のかかる作業を自動化し、人的ミスのリスクを最小限に抑えることで、テストエンジニアはより創造的で付加価値の高い領域に集中できるようになります。

● 自動スクリプト生成で作業を効率化

まず、テストスクリプトの自動生成は、AIによるテスト自動化の大きなメリットの一つです。Webサイトの重要な機能をくまなくカバーするスクリプトを、AIが自律的に生成してくれます。テストエンジニアの手間を大幅に削減しつつ、網羅性の高いテストケースづくりを実現します。

自然言語処理の力を借りれば、平易な英文からスクリプトを生成することも可能です。プログラミングに不慣れなメンバーでも、直感的な操作でテストの自動化に参画できるようになるでしょう。

● AIがテストケースを分析し重要なテストに集中

従来のテストケース作成は、開発者の経験や勘に頼ることが多く、漏れや重複が発生しやす

かったり、重要なテストに十分な時間が割けなかったりという課題がありました。

AIを活用したテストケース最適化は、過去のテストデータを分析することで、バグの潜みやすいパターンを学習し、最も重要度の高いテストに優先順位をつけることができます。

AIは、過去のテストデータに基づいて、発生頻度の低いエッジケースを特定します。テスト担当者は、これらのエッジケースを軽視するのではなく、発生リスクとコストを考慮しながら、適切なテスト計画を策定できます。

● テストの自動実行と結果分析で見落としゼロを目指す

従来のテストは、手作業でテストケースを実行し、結果を分析していました。そのため、テストの漏れや人為的エラーが発生しやすく、品質向上に課題がありました。

AIを活用した自動実行と結果分析は、事前に設計したテストケースを自動で実行し、詳細なレポートを生成します。大量のログデータをAIが高速で解析することで、目視では見落としがちな不具合の兆候も見逃しません。

TestimやKatalon Studioなどの自動化ソリューションを活用することで、人とAIのタッグでコード変更による機能の退行（リグレッション）の防止と品質の底上げを実現できます。

313

幅広い領域対応するAIを用いたテストの適用

生成AIの力は、機能テストという枠に収まりません。非機能要件の検証においても、その真価を遺憾なく発揮しつつあります。Webサイトの価値を多角的に高めるために、AIによるテストが活躍する領域をいくつか紹介しましょう❶。

● パフォーマンステストの自動化

スピードは、Webサイトのユーザー体験を左右する重要な要素の一つです。レスポンス速度の遅延がたとえ一瞬でも、それがサイト離脱のトリガーとなる可能性は十分にあります。

AIを活用したパフォーマンステストツールは、膨大なアクセスを想定した**負荷テスト**を自動で実行します。ボトルネックとなりうる脆弱なポイントを洗い出し、改善のための具体的な提言を行ってくれます。

リソースの最適配分を図りつつ、高トラフィック時の安定稼働を確実なものとするための強力な味方として、AIの活躍に大きな期待が寄せられています。

● セキュリティテストの高度化

Webサイトの安全性は、利用者からの信頼を獲得する上で欠かせない要件です。特に金銭のやりとりを伴うECサイトなどでは、個人情報の厳重な保護が社会的責務ともいえるでしょう。

AIを活用したセキュリティテストツールは、既知の脆弱性はもちろん、ゼロデイ攻撃のような未知の手口への対策も強化されています。**侵入テスト**や負荷テストを自動化し、サイトの堅牢性を多角的に検証します。

● ユーザビリティテストの効率化

使いやすさは、Webサイトの成否を分ける鍵。離脱率を下げ、顧客満足度を高めるためには、UIデザインの細部にまで目を配る必要があります。

AIを活用したユーザビリティテストツールは、**ヒートマップ**分析などを通じて、利用者の行動パターンを可視化。迷いの生じやすいポイントや、クリック率の低いボタンなどを自動検出し、改善のヒントを提示してくれます。

また、実際の利用者によるテストの代替として、AIによる自動UIテストも有望視されつつあります。テスト実施までのリードタイムを大幅に短縮し、サイト改善のPDCAサイクルを加速するというような、新しいユーザビリティ向上のあり方が、いま現実のものとなりつつあるのです。

テスト種類	概要	AIの活用例	メリット
パフォーマンステスト	Webサイトの速度や安定性を検証	負荷テストの自動化	ボトルネックの特定、改善提案
セキュリティテスト	Webサイトの安全性を検証	侵入テスト、負荷テストの自動化	脆弱性の発見、防御力の強化
ユーザビリティテスト	Webサイトの使いやすさを検証	ヒートマップ分析による行動パターン分析	迷いの生じやすいポイントの特定、改善提案

❶ AIを用いたテスト

Keyword Box

負荷テスト
大量のアクセスを想定し、システムの応答速度や安定性を検証するテスト。

侵入テスト
実際の攻撃者を想定し、サイトのセキュリティ耐性を検証するテスト。

ヒートマップ
ユーザーのクリックやスクロールの集中箇所を視覚的に表現したもの。

chapter 11 　生成AIのWebサイトへの活用トレンド

生成AIによるWebサイト分析

chapter 11

06

生成AIを活用したWebサイト分析は、ユーザー行動や傾向の理解を深め、データドリブンな意思決定を促進する上で欠かせないツールとなりつつあります。本項では、AIを活用したWeb解析のメリットと適用事例を紹介。高度なデータ分析から予測分析、自動レポーティングまで、次世代のアナリティクスを解説します。

Point

1 　Netflix や Google Docs など、大手企業がAIを活用しユーザー体験が向上
2 　AIを活用することで高度なデータ分析や予測、自動レポーティングが可能に
3 　Optimizely はAIを駆使したA/Bテストとパーソナライゼーションを実現

AI分析ツールがマーケティング担当者の仕事を変える

Netflixでおすすめ番組が的確に提示されたり、Google Docsで文章を先回りして補完されたりするのは、AI分析ツールの力によるものです。AI分析ツールは、膨大なユーザーデータを学習し、パターンを発見することで、ユーザーの次の一手を予測します。

AI分析ツールの進化は、マーケターの仕事にも大きな変化をもたらしています。高度なパターン認識と予測能力により、顧客の行動や嗜好をかつてないレベルで精度高く予測できるようになりました。

AI分析ツールを活用することで、以下のようなことが可能になります。

・高度なパーソナライゼーション
・データドリブンな意思決定

・圧倒的な効率性

AI分析ツールは、マーケターにとって無限の可能性を秘めたツールです。まずは、AI分析ツールのメリットについて解説しましょう❶。

● 高度なパーソナライゼーション
　　顧客満足度向上

顧客は、自分にとって関連性の高い情報や体験を求めています。AI分析ツールは、顧客の行動や嗜好を分析し、一人ひとりに最適なメッセージ、オファー、体験を提供することを可能にします。

Zendeskのレポートによると、76%の顧客がブランドに一定のパーソナライゼーションを期待しています[35]。

Smart Trafficのようなツールは、ユーザーの行動トレンドを学習し、最適なページバリエー

[35] 　https://unbounce.com/marketing-ai/ai-analytics/

メリット	詳細	具体的な効果
高度なパーソナライゼーション	顧客の行動や嗜好を分析し、一人ひとりに最適なメッセージ、オファー、体験を提供	顧客満足度向上、エンゲージメント率向上
データドリブンな意思決定	膨大なデータを高速で分析し、客観的な知見に基づいて意思決定を行う	効果的なマーケティング活動、迅速な意思決定
圧倒的な効率性	レポーティング、データ分析、インサイトの創出を自動化	生産性向上、時間とコストの削減

❶ AI分析ツールのメリット

315

ションに自動誘導します。ターゲティングの精度向上により、エンゲージメント率と顧客満足度を高めることができます。

● データドリブンな意思決定の促進
効果的なマーケティング活動

AI分析ツールは、膨大なデータを高速で分析し、客観的な知見を導き出すことができます。この知見に基づいて意思決定を行うことで、より迅速かつ効果的なマーケティング活動を実現できます。

従来は、経験や勘に頼って判断を下すことが多かったマーケティングですが、AI分析ツールは、トレンドの把握、顧客理解、戦略の最適化など、あらゆる場面で最新の情報に基づいた判断を可能にします。

データドリブンな意思決定は、現代のマーケティングにおいて不可欠な要素です。AIを活用することで、より多くのデータを分析し、より客観的な判断を下すことができます。

● 圧倒的な効率性
戦略的マーケティングの実現

AI分析ツールは、レポーティングやデータ分析、アクション可能なインサイトの創出を、人知を超えたスピードで行ってくれます。そのため、単純作業から解放され、より付加価値の高い活動に注力できます。また、生産性向上により、時間とコストを削減し、戦略的マーケティ

ングの実現が可能になります。

このように、AI分析ツールは、顧客満足度向上、効果的なマーケティング活動、戦略的マーケティングの実現という、3つの大きなメリットをもたらします。これらのメリットを活かすことで、競争力を高め、ビジネスを成功に導くことができます。

▌AIアナリティクスの課題

AIアナリティクスは、マーケティングの可能性を大きく広げる革新的な技術です。しかし、その一方でいくつかの課題も存在します。

● 非人間的な側面

AIは効率化をもたらしますが、顧客との接点において非人間的な印象を与えてしまう可能性があります。例えば、電話応答でボットばかりだと顧客は不満を感じ、企業との絆が損なわれるリスクがあります。

解決策 顧客体験を最優先に

AIを活用する際は、顧客体験を最優先に考えることが重要です。AIはあくまでツールであり、エモーショナルなつながりを構築することはできません。人間とAIを適切に組み合わせ、顧客一人ひとりに寄り添ったコミュニケーションを実現しましょう。

ツール名	特徴	主な機能
Tableau	データ分析初心者から上級者まで幅広く利用	マーケティングツールと連携しダッシュボードとレポートを生成
Optimizely	ノーコードでA/Bテストやパーソナライゼーション	AIによるWebサイト改善提案、ハイパーパーソナライズされた商品レコメンド
Google Analytics	世界中で利用されているアナリティクスツール	クロスプラットフォームトラッキング、改良されたレポーティング機能
Adobe Analytics	マーケター向けのAIアナリティクスツール	機械学習による深いインサイト、顧客ジャーニー全体をカバー

❷ AIマーケティングツールと特徴

● アルゴリズムのバイアス

　AIは過去のデータに基づいて学習するため、データに含まれる偏見がそのまま反映されてしまう可能性があります。

解決策　データの偏りをなくす

　データの出所や学習プロセスを十分に吟味し、フェアネスを担保する必要があります。AI倫理の専門家の意見を取り入れ、倫理的なデータ収集と学習方法を確立しましょう。

● 倫理面での課題

　AIは事前に定義されたアルゴリズムに基づいて動作するため、倫理的に問題のある判断を下してしまう可能性があります。

解決策　人間の英知と経験を活かす

　ブランドにとって重大な意思決定は、AIに任せるのではなく、人間の英知と経験に基づいて行う必要があります。AIはあくまでもツールとして活用し、顧客の幸福とプライバシーを常に最優先しましょう。

● 文脈理解の難しさ

　AIは大量のデータを分析できますが、複雑な市場動向や文化的ニュアンス、めまぐるしく変化するトレンドを理解するには人間の助けが必要です。

解決策　データに文脈を与える

　AIの分析結果に、人間が文脈的な解釈を加えることが重要です。長期的な視点からデータを見渡し、人間らしい感性で分析結果を解釈することで、より精度の高い意思決定が可能になります。

主要なAIマーケティングツール

　ここでは、主要なAIマーケティングツールについていくつかご紹介します❷。

● Tableau

　Tableauは、直感的なビジュアル分析ツールで、マーケティングデータの一元管理や分析を簡単に行えます❸。データ分析初心者から上級者まで幅広く利用されています。マーケティングツールと連携して、ダッシュボードを作成したり、レポートを生成したりすることができま

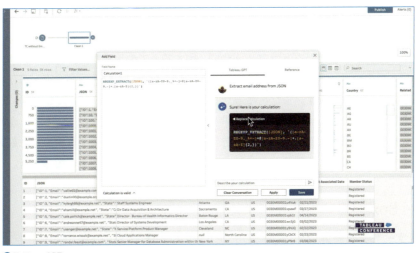

❸ Tableau GPT
出典：What Are Tableau GPT and Tableau Pulse?（interworks）

す。AIを用いたプロンプトベースでの操作が可能（Tableau GPT）で、データサイエンスに不慣れなマーケターでも使いやすい設計です。様々なマーケティングツールからデータを集約し、セールストラッキングやキャンペーン作成が容易にできます。さらに、カスタマーサポートも手厚く提供されています。

● Optimizely

Optimizelyは、ノーコードでA/Bテストやパーソナライゼーションを実現するツールです。AIを活用したWebサイト改善提案と、ハイパーパーソナライズされた商品レコメンドで、ユーザー体験を向上させます。

多変量テストによる最適な要素の組み合わせ特定や、人口統計や閲覧・購買履歴に基づくオーディエンスセグメンテーション、モバイルアプリ最適化によるエンゲージメントとコンバージョンの向上など、機能は多岐にわたります。

● Google Analytics

Google Analyticsは、世界中で利用されているアナリティクスツールの代表格です。新バージョンのGA4では、**クロスプラットフォームトラッキング**と改良されたレポーティング機能により、ユーザー行動のより深い理解が可能になりました。

複数の検索エンジンにまたがるトラフィックとコンバージョンのレポートで、マーケティング施策の収益性を可視化します。また、Webサイト訪問者の属性や流入元、行動パターンに関する詳細な分析情報を提供します。Google広告との連携により、初回接触から離脱・コンバージョンまでの道のりを完全に把握できるのも強みです。

● Adobe Analytics

Adobe Analyticsは、マーケター向けのAIアナリティクスツールの最高峰とも称されるツールです。トラフィック増加や顧客体験の向上、収益アップに直結する、他に類を見ない深いインサイトを提供します。

マルチチャネル統合とデータ収集で、顧客ジャーニー全体を逃さずカバーし、リアルタイムのライブトラフィックダッシュボードで、データ収集の状況を常に可視化できるのも心強い味方です。

データアナリティクスの未来

AI分析ツールの進化は、マーケティングの未来を大きく変えようとしています。

アルゴリズムの高速化、効率化、**リアルタイム分析**の普及により、あらゆる規模の企業がデータに基づいた的確なマーケティングを実現できるようになります。

しかし、AIの提言はデータソースの質に大きく左右されます。データの偏りを補い、文脈に合わせて解釈を加えるのは、人間の役割です。自動化の波に飲み込まれることなく、主体性を持ってテクノロジーに向き合う姿勢こそが、AIを活用する上での重要な指針となります。

AI分析ツールは、マーケターの仕事を根底から変革する可能性を秘めています。この新しいツールを賢く使いこなすことで、企業はより効果的なマーケティングを実現し、顧客満足度を向上させることができるでしょう。

Keyword Box

クロスプラットフォーム
複数のOSやデバイスをまたいだデータ収集・分析を指す。

マルチチャネル
複数の顧客接点を組み合わせた、包括的なアプローチのこと。

chapter 11 　生成AIのWebサイトへの活用トレンド

---

chapter 11

07

生成AIによるWebマーケティング

生成AIの登場は、Webマーケティングに革命的な変化をもたらしつつあります。単純作業の自動化からパーソナライゼーションの高度化など、その可能性は計り知れません。本項では、生成AIがマーケティングに提供する3つの主要な価値に焦点を当てつつ、企業が生成AIを導入する際の具体的な事例を提示します。

Point

1　生成AIはマーケティングの創造性と効率性を飛躍的に高める
2　既存業務への組み込みから自社データを活用したカスタマイズまで、活用の幅は広がる一方
3　生成AI変革の実現には、明確なビジョンと段階的なアプローチが不可欠

生成AIがマーケティングにもたらすインパクト

コンサルティング大手のマッキンゼーの2023年7月のレポートによると、生成AIは世界全体で年間最大4.4兆ドル（約600兆円）もの生産性向上に貢献する可能性を秘めているとのことです。中でもマーケティングとセールスの分野は最大の恩恵を受けると予想され、年間約4,630億ドル（約63兆円）もの生産性向上が見込まれています[36]。

その理由は明白で、生成AIの力を借りれば、これまで不可能と思われていたレベルのマーケティングが実現するからです。ではどのようなマーケティングが実現できるのか、以下を見てみましょう❶。

[36]　https://www.weforum.org/agenda/2023/07/generative-ai-could-add-trillions-to-global-economy/

● 創造性の限界を打ち破る

生成AIは、人間の発想を超えたアイデアを瞬時に生み出すことができます。キャッチコピーやビジュアルの制作だけでなく、新商品開発のコンセプトメイキングにも活用できるでしょう。

● 一貫性のある顧客体験の提供

生成AIを活用すれば、何万通りもの独自の顧客体験を設計することが可能になります。EメールキャンペーンやキャンペーンやWebサイトの**パーソナライゼーション**を、これまでにないレベルで実現。一人ひとりに寄り添った、シームレスなブランド体験を提供できるのです。

● 効率化と顧客理解の両立

単純作業の自動化により、マーケターはより戦略的な活動に注力できるようになります。同時に、AIが顧客データを分析することで、従来

項目	内容	詳細
クリエイティビティ	人間の発想を超えたアイデアを瞬時に生み出す	キャッチコピー、ビジュアル、新商品開発のコンセプトメイキングなど
顧客体験	何万通りもの独自の顧客体験を設計	Eメールキャンペーン、Webサイトのパーソナライゼーション
効率化と顧客理解	単純作業の自動化	顧客データを分析し、ニーズや嗜好を把握
顧客ニーズへの対応	市場変化やトレンドを素早くキャッチ	リアルタイムに近い形で顧客の声を反映した施策
顧客価値向上と新アイデア	より高次の価値創造に専念	顧客との絆を深め、革新的なアイデアを生み出す

❶ 生成AIがマーケティングにもたらすこと

よりも深いレベルでニーズや嗜好を把握。効率性と顧客理解を高いレベルで両立させることが可能となるでしょう。

● 顧客ニーズへの迅速な対応

市場の変化やトレンドの兆しを、生成AIが素早くキャッチします。リアルタイムに顧客の声を反映した施策を打ち出せるようになります。スピード感をもった機動的なマーケティングの実現に、生成AIの果たす役割は小さくありません。

● 顧客価値向上と新アイデアへの注力

生成AIに支援されることで、マーケターはより高次の価値創造に専念できるようになるでしょう。顧客との絆を深め、これまでにない体験を提供すること、そして変化を先取りし、革新的なアイデアを生み出し続けることこそ、生成AIがもたらす真の価値があるのです。

生成AI活用の現状と未来

生成AIのマーケティング活用はまだ黎明期といえます。現時点では、既存業務への部分的な組み込みや、既製品を用いた試験的な取り組みが中心となっています。それでも、以下のような顕著な事例が報告されつつあります。

1. ライブドアのAI導入事例[37]

ライブドアは、ChatGPTや自動音声などの生成AIを活用した自動ニュース配信サービス「ライブドアニュース24」を2023年9月にリリース

[37] https://mirai-works.co.jp/business-pro/generative-ai_for_marketing_div

しました。記事ピックアップから原稿作成、音声読み上げ、動画配信までを自動化することで、人的リソースとコストを大幅に削減しています。

さらに、24時間配信を行うことで幅広い年齢層への訴求を可能にし、デジタルネイティブ世代をターゲットとしています。将来的には、更なる顧客獲得と経営成長につなげることを期待されています。

2. コカ・コーラのAI導入事例

コカ・コーラは、社内イントラネットに生成AIによる情報検索システムを構築しました。膨大な社内資料を学習したAIが、ユーザーの求める情報を効率的に探し出し、約100語に要約します。これにより、社員は必要な情報に迅速にアクセスでき、業務効率が大幅に向上しました。

さらに、コカ・コーラはAIを活用したアート作品制作や商品共同開発など、様々な分野での活用を進めています。今後も、AI技術の活用を通じて、イノベーションを創出していくことが期待されています。

3. 江崎グリコ

江崎グリコは、生成AIを活用した需要予測システムを導入し、新製品や各種商品の需要を精緻に予測しています。これにより、売れ残りや販売機会損失を防止し、生産計画や広告戦略に迅速に反映することが可能になりました。

近年はAIベンチャー出身者を役員に迎え入れるなど、積極的に変革を推進しており、今後も生成AIを活用したマーケティング戦略に注目が集まっています。

Keyword Box

パーソナライゼーション
個々の顧客に合わせたマーケティング施策の最適化。

リアルタイム対応
変化をいち早くキャッチし、臨機応変に施策を打つこと。

chapter 11　生成 AI の Web サイトへの活用トレンド

chapter 11
08
生成 AI による Web サイトページ自動生成

生成 AI により、プログラミングの知識がなくても、質の高い Web サイトを誰でも作れるようになりました。手軽さと高品質を兼ね備えた AI 搭載の Web サイト制作ツールは、これからの Web 制作の主役となるでしょう。一方で、デザインの没個性化などの課題もあり、AI と人間の協働のあり方が問われる時代にもなるでしょう。

Point
1　生成 AI を使えば、誰でも簡単に Web サイトを作れる
2　AI ツールは時間とコストを大幅に削減できるメリットがある
3　使いやすさや機能、評判のよい AI 搭載の Web サイト制作ツールを選ぼう

生成 AI が Web 制作にもたらす革新

　従来の Web サイト制作には、HTML や CSS などの専門知識が不可欠でした。しかし、生成 AI を活用した Web サイト制作ツールなら、そうした専門スキルがなくても、誰でもプロ並みのクオリティのサイトを作ることができます。

　AI 搭載の Web サイト制作ツールの仕組みはシンプルです。まず、ビジネスの業種やサイトのスタイルを選択すると、AI が最適なデザインやレイアウトを自動で提案してくれます。あとはその提案をもとに、自分の好みに合わせて文章や画像を変更していくだけです。ドラッグ＆ドロップの直感的な操作で、オリジナルの Web サイトが完成します。

　AI 搭載の Web サイト制作ツールの大きな魅力は、制作時間の短縮にあります。これまでは数週間から数ヶ月もかかっていた Web サイト制作が、わずか数日で完了。外注費や人件費などのコストも大幅に抑えられるので、低予算でも質の高い Web サイトがつくれます。

AI 搭載の Web サイト制作ツールの主な機能

　ここでは、AI 搭載の Web サイト制作ツールがどのようなことをしてくれるのか、その主な機能を見ていきます。

● 豊富なテンプレートとデザインの自動提案

　業種やスタイルに合った豊富なテンプレートから、好みのデザインを選ぶことができます。AI が自動でレイアウトを最適化し、プロ並みのデザインを提案してくれるのも大きな魅力です。細部までこだわり抜いたデザインが、ノンプログラミングで実現できます。

● ドラッグ＆ドロップの直感的な操作性

　文章や画像を自由にレイアウトできるのが、AI 搭載の Web サイト制作ツールの特長です。ドラッグ＆ドロップの直感的な操作で、思い通りのデザインに仕上げることができます。

● コンテンツ作成も AI がサポート

　ブログ記事や広告文など、サイトに必要なコンテンツも自動生成できます。AI がサンプルを提示してくれるので、アイデア出しにも役立ちます。サイトの更新状況をまとめたレポートの自動作成など、運用面のサポート機能も充実しています。

● ビジネスに役立つ多彩な機能

　問い合わせフォームやネットショップ機能など、ビジネスに役立つ機能も数多く用意されています。サイトの目的に合わせて必要な機能を追加できるので、使い勝手のよい Web サイトを

321

つくることができます。

AI搭載のWebサイト制作ツール3選

　それでは、実際にどのようなAI搭載のツールをご紹介します❶。

● Wix ADI

　<mark>Wix ADI</mark>は、最適なデザインを生成するAI搭載サイト自動制作ツールです。質問に答えるだけでWebサイトを自動生成できる機能が人気です。ユーザーの要望をAIが理解し、最適なデザインを提案してくれ、テキストや画像、動画などのコンテンツも指定したキーワードをもとにAIが自動生成します。

● Hostinger Website Builder

　<mark>Hostinger Website Builder</mark>は、格安の制作ツールとして人気です。いくつかの質問に答え

るだけで、3種類のホームページレイアウトを生成してくれます。シンプルなものからスタイリッシュなものまで、様々なレイアウトが用意されており、「Generate Again」をクリックすれば、新しいレイアウトを何度でも生成できます。さらに、Hostingerは使いやすいグリッド型エディタも搭載しており、生成されたレイアウトをさらに編集することができます。

● Bookmark

　Bookmarkの人工知能デザインアシスタント「AiDA」は、サイト作成のほとんどすべての作業を自動化します。700以上のニッチから選択し、SNSアカウントと紐付け、会社名を入力、サイトのスタイルの好みについて質問に答えるだけで、機能的でレスポンシブなサイトを作成してくれます。

ツール名	機能	特徴
Wix ADI	Webサイト自動生成	質問に答えるだけで、AIが最適なデザインを提案し、コンテンツを自動生成
Hostinger Website Builder	スマートなコンテンツ生成	3種類のレイアウトを生成。グリッド型エディタで編集可能
Bookmark	サイト作成の自動化	AiDAがサイト作成のほとんどすべての作業を自動化

❶ AIが搭載されたWebサイト制作ツール

Keyword Box

AI Webサイトビルダー
AIを活用し、コードを書かずにWebサイトを制作できるツール。

Wix ADI
質問に答えるだけでWebサイトを自動生成できる、イスラエル発のサービス。

Hostinger Website Builder
オールインワンプランを選ぶと手頃ですべてのAIツールやeコマース機能を使えるため、スモールビジネスにとってお得なAIツール。

HITL（Human in the Loop）
AIと人間が協調して作業を行う、生成AIの活用シナリオ。

column · 08

AI時代のDCOを用いた 新広告手法

個客に最適化された広告体験

従来の広告は、ある程度のセグメントに対して画一的なメッセージを届けるものでした。しかし、ダイナミック・クリエイティブ・オプティマイゼーション（DCO）の登場により、一人ひとりのユーザーに最適化された広告体験を提供できるようになりました。DCOでは、ユーザーの属性情報（年齢、性別、居住地など）や、過去の行動履歴（閲覧した商品、検索キーワードなど）を分析し、その人に最も響くと思われるメッセージや訴求内容を自動で選択します。また、広告の表示タイミングや配信場所なども、ユーザーの状況に合わせて最適化されます。

このように、DCOはマスからパーソナルへの広告シフトを加速させる技術だといえるでしょう。ユーザーにとって無関係な広告が減り、自分にフィットしたメッセージが届くようになれば、広告への好感度も高まるはずです。

1. AIによる広告制作の効率化

DCOの大きな価値は、広告制作の自動化・効率化です。これまでは、ターゲットごとに個別のクリエイティブを用意する必要があり、制作コストと工数が膨大にかかっていました。DCOでは、あらかじめ用意した素材（画像、テキスト、CTA等）を組み合わせるだけで、自動的に最適化された広告を生成できます。しかも、パターンの組み合わせは無数に存在するため、事実上、一人ひとり異なる広告を配信できることに

なります。

この自動生成のプロセスを担うのが、AIやマシンラーニングの技術です。蓄積した膨大なデータをもとに、どの素材の組み合わせがどのタイプのユーザーに効果的か、AIが学習し判断します。

DCOの導入により、広告制作にかかる手間とコストを大幅に削減しつつ、より効果の高いクリエイティブを生み出せるようになるでしょう。

DCOの活用事例

実際にDCOがどのように活用されているか、業界ごとの事例を見ていきましょう。

1. 自動車業界

自動車メーカーは、ユーザーの関心や購買段階に合わせて、様々なパターンの広告を出し分けています。例えば、ファミリー層には安全性をアピールし、若者には走りの楽しさを訴求するといった具合です。

また、地域や季節、天候といった外部要因に合わせて、広告内容を最適化することも行われています。例えば、北国では4WDの車種を前面に押し出し、南国ではオープンカーの魅力を伝えるなどです。

DCOを活用することで、こうしたきめ細やかなターゲティングを自動で行えるようになり、広告効果の向上につながっています。

2. 消費財業界

消費財メーカーは、商品ラインナップが豊富なことから、DCOとの親和性が高い業界だといえます。ユーザーの嗜好や利用シーン、ライフスタイルなどに合わせて、最適な商品を

訴求できるからです。例えば、健康志向の強い人には低カロリー商品を、忙しい人には時短商品をレコメンドするなど、パーソナライズされた広告配信が可能になります。

また、商品特性に合わせたクリエイティブの自動生成も行われています。食品なら美味しそうな料理の写真を、日用品なら使用シーンのイラストを組み合わせるなど、ユーザーの購買意欲を高める工夫が凝らされています。

3. 金融業界

金融機関では、提供するサービスが多岐にわたるため、DCOを活用した広告最適化が効果的です。預金、ローン、投資信託、保険など、ユーザーのニーズに合わせて、最適なサービスを訴求できるからです。例えば、子育て世代には教育資金ローンを、退職前の世代には老後の資産運用を提案するなど、ライフステージに応じたアプローチが可能になります。

さらに、金利や為替レート、キャンペーン内容など、日々変動する情報をリアルタイムに広告に反映できる点も、DCOならではの強みです。

DCOの展望と課題

　現在のDCOは、主にユーザーの属性や行動履歴に基づいた広告最適化が中心ですが、今後はさらに高度化が進むと予想されています。例えば、ユーザーの感情や心理状態を推定し、それに合わせたメッセージを届けるような技術の登場が期待されます。ポジティブな感情の時には積極的な訴求を、ネガティブな感情のときには背中を押すようなメッセージを送る。そんな繊細なコミュニケーションが可能になるかもしれません。

　また、ユーザーの文脈を理解し、その状況に応じた広告配信も進むでしょう。旅行先で現地のレストランを検索しているときに、そのレストランの予約サイトへの誘導広告を出すなど、ユーザーの意図に寄り添った広告が実現するはずです。

　クリエイティブの自動生成技術も、さらに洗練されていくと考えられます。ユーザーの趣味嗜好に合わせたビジュアルデザインや、共感を呼ぶストーリー性のあるコピーなど、人間のクリエイターに近い表現力を持つAIの登場が待たれます。

　DCOは広告主にとって大きなメリットをもたらす一方で、課題も抱えています。

　1つは、プライバシーの問題です。DCOではユーザーの詳細な情報を収集・利用するため、個人情報の取り扱いには細心の注意が必要です。ユーザーの同意を得ること、データの匿名化を徹底することなど、法令遵守とともに、倫理的な配慮も求められます。

　また、広告ブラインドネスへの懸念もあります。あまりにもパーソナライズが進みすぎると、ユーザーが広告を見なくなったり、不快に感じたりする可能性があります。適度なパーソナライゼーションにとどめ、ユーザーの受容性を見極めることが肝要です。

　さらに、AIによる自動最適化がゆきすぎて、ブランドイメージを損ねたり、社会通念から外れたりするようなクリエイティブが生成されるリスクもあります。AIのアウトプットをヒューマンチェックする仕組みづくりも重要になるでしょう。

　こうした課題を乗り越えながら、DCOの真価を発揮していくことが、これからの広告業界に求められています。

参考文献

[1] GS Statcounter. (n.d.). Browser market share. Retrieved from https://gs.statcounter.com/browser-market-share/mobile/worldwide

[2] Seeds Create. (n.d.). Principle of reciprocity. Retrieved from https://seeds-create.co.jp/column/principle-of-reciprocity/

[3] "IT Media. (2016, March 4). Mobile browser market share. Retrieved from https://www.itmedia.co.jp/news/articles/1603/04/news064.html"

[4] Manamina. (n.d.). Article. Retrieved from https://manamina.valuesccg.com/articles/2281

[5] Metaverse Souken. (n.d.). Zepeto. Retrieved from https://metaversesouken.com/metaverse/zepeto/

[6] Biglobe. (n.d.). Mobile SIM Gurashi. Retrieved from https://join.biglobe.ne.jp/mobile/sim/gurashi/tips_0241/

[7] Cluster. (n.d.). Cluster. Retrieved from https://cluster.mu/

[8] XR Cloud. (n.d.). Business. Retrieved from https://xrcloud.jp/blog/articles/business/1261

[9] WAIC. (n.d.). WCAG22. Retrieved from https://waic.jp/translations/WCAG22/

[10] Press Monaca. (n.d.). Bryan. Retrieved from https://press.monaca.io/bryan/1912

[11] Miichisoft. (n.d.). PWA. Retrieved from https://miichisoft.com/2023-12-pwa-progressive-web-apps-examples/

[12] Shareway. (n.d.). Wannabe Academy. Retrieved from https://shareway.jp/wannabe-academy/blog/domein/

[13] GS Statcounter. (n.d.). Browser market share. Retrieved from https://gs.statcounter.com/browser-market-share/mobile/worldwide

[14] JMA. (n.d.). About JMA. Retrieved from https://www.jma2-jp.org/jma/aboutjma/jmaorganization

[15] "Dentsu. (2024, March 12). News release. Retrieved from https://www.dentsu.co.jp/news/release/2024/0312-010700.html"

[16] Harvard Business School. (2023). Publication. Retrieved from https://www.hbs.edu/ris/Publication%20Files/23-062_b8fbedcd-ade4-49d6-8bb7-d216650ff3bd.pdf

[17] Ministry of Internal Affairs and Communications. (n.d.). White paper. Retrieved from https://www.soumu.go.jp/johotsusintokei/whitepaper/ja/r05/html/nd24b120.html

[18] "Hottolink. (2024, February 14). Column. Retrieved from https://www.hottolink.co.jp/column/20240214_114872/"

[19] Meltwater. (n.d.). SNS campaign. Retrieved from https://www.meltwater.com/jp/blog/sns-campaign

[20] Find Model. (n.d.). Insta-lab. Retrieved from https://find-model.jp/insta-lab/social-media-advertising-campaign-youtube/

[21] It Success. (n.d.). X-Pro. Retrieved from https://it-success.net/x-pro/#index_id0

[22] Next Report. (n.d.). SNS. Retrieved from https://next-report.jp/sns/3954/

[23] Meltwater. (n.d.). SNS campaign. Retrieved from https://www.meltwater.com/jp/blog/sns-campaign

[24] Service Aainc. (n.d.). Letro Studio. Retrieved from https://service.aainc.co.jp/product/letrostudio/article/what-is-tiktok-ads

[25] Blog Mil Movie. (n.d.). Marketing. Retrieved from https://blog.mil.movie/marketing/20446.html

[26] DLPO. (n.d.). Casestudy. Retrieved from https://dlpo.jp/casestudy/studio-mario.php

[27] IT Review. (n.d.). Access analysis. Retrieved from https://www.itreview.jp/categories/access-analysis

[28] "METI. (2023, August 31). Press release. Retrieved from https://www.meti.go.jp/press/2023/08/20230831002/20230831002.html"

[29] Netshop. (n.d.). Node. Retrieved from https://netshop.impress.co.jp/node/11326

[30] " Government of Japan, Ministry of Internal Affairs and Communications. (n.d.). White paper. Retrieved from https://www.soumu.go.jp/johotsusintokei/whitepaper/ja/r03/html/nd121310.html"

[31] https://knowhow.makeshop.jp/operation/real-store.html

[32] Aspic Japan. (n.d.). Article. Retrieved from https://www.aspicjapan.org/asu/article/13864

[33] IPA. (n.d.). Security. Retrieved from https://www.ipa.go.jp/security/10threats/10threats2024.html

[34] Freee. (n.d.). KB trend. Retrieved from https://www.freee.co.jp/kb/kb-trend/personal-information-2022/

[35] Unbounce. (n.d.). Marketing AI. Retrieved from https://unbounce.com/marketing-ai/ai-analytics/

[36] "World Economic Forum. (2023, July). Generative AI. Retrieved from https://www.weforum.org/agenda/2023/07/generative-ai-could-add-trillions-to-global-economy"

[37] Mirai Works. (n.d.). Business Pro. Retrieved from https://mirai-works.co.jp/business-pro/generative-ai_for_marketing_div

INDEX
索引

数字

3E フレームワーク	252
3P タスク分析	054, 101
5G 通信網	136

A

ABC	249
A/B テスト	209
ACID 特性	147
Adobe Analytics	318
Adobe Firefly	301
Adobe RGB	164
Adobe Sensei	089
AHP	056
AI	016, 021, 026, 032, 040, 155, 196
AIDMA モデル	183
AISAS モデル	183
AI Web サイトビルダー	322
AI アナリティクス	316
AI チャットボット	041, 269, 300
AI 分析ツール	315
AI マーケティングツール	317
AI ライティングアシスタント	201
AI ログ解析	214
Ajax	134, 135
Alli AI	308
Amazon Product Advertising API	149
Amazon RDS	146
Amazon Web Service	154
AMP	116, 186
Apache JMeter	167
AR	234
ASO	263
ASP	150
AWD	056
AWS	154

B

Backlog	223
BASE	269
BERT	199, 201
BigBlueButton	170
Bondee	026
Bookmark	322
Brandwatch	193
BrightEdge	308
Browsershots	161
BtoB-EC	266
BtoC-EC	266

C

CA	280
Canva	301
Canvas	138
Catchy	301
ccTLD	158
ChatGPT	026, 181, 189, 251, 301
Chromium	160
Claude	301
ClipDrop	311
CLS	057
cluster	026
CMS（カラーマネジメントシステム）	163
CMS（コンテンツ管理システム）	062, 151, 256
Copilot	197, 301
Core Web Vitals	057
CPAN	144
CRO	208
CSIRT	274
CSS	059, 123, 127
CSS3	014, 122, 128, 131
CTA 最適化	208
Cumulative Layout Shift	057
CVR	075, 205

D

DALL-E	301
DCI-P3	164
DCO	178
DDoS 攻撃	274
Designs AI	310
DevOps	069, 156
Django	144
Docker	156
Dream Machine	301
Dreamweaver	120
DRP	297
Drupal	169
DV 証明書	280
DX	187, 227

E

ECM	062
EC サイト	170, 266
EC サイト構築プラットフォーム	269
E-E-A-T	200
EFO	205, 208
Enterprise Content Management	062
Entry Form Optimization	205
EV 証明書	280

F

Facebook	193
FID	057
Figma	040
First Input Delay	057

G

GA4	213
Gatling	167
Gemini	197, 301
getimg.ai	312
Google Analytics	318
Google Analytics 4	213
Google Cloud Platform	154
Google Maps API	149
Google 広告	202
GoQSystem	269

gTLD 158

H

HDR 311
HDT 099
HITL 322
Hostinger Website Builder............322
HRM 232
HTML 059, 123
HTML5 ....014, 121, 124, 131
HTML5 API.......................138
HTML Living Standard 059, 124
HTML レンダリングエンジン........160
Hubs 016
Human-Centered.....................049
Human in the Loop 322

I

IA 104
IaaS 155
Infrastructure as a Service 155
Instagram 193
ISMS 274
ISO 9241-210.....................066

J

Jamstack 058
Jasper...........................301
JavaScript 060, 132
JIPAC 297
Jira 223
JIS X 8341-3 065
Joomla!..........................169
JSON.............................149

K

Kaltura...........................170
Key Opinion Leader.....................024
Key Performance Indicator ... 042, 073
KJ法 180

L

Lab 色空間 165
Lambda...........................155
Landing Page Optimization 205
Largest Contentful Paint..............057
LCP 057
LINE 192
LoadRunner 167
LPO 205, 208
LPWA 263
LTV 253
LumaAI 301
Luminar NEO 311

M

Magento 170
MarketMuse......................308
Microsoft Azure 154
Midjourney......................301
Minimum Viable Product 044
MongoDB 147
Movable Type 064
MR 234
MVP 044
MySQL 147

N

NFT 022, 027
Node.js 142
NoSQL 147
NoSQL データベース 147
NotionAI.........................301

O

O2O 186
OMO 174, 266
One to One マーケティング 178

Online Merges with Offline

Online Merges with Offline 174
Online to Offline 186
OODA ループ 044
Optimizely 318
Oracle Database 146
OV証明書 280

P

PaaS 155
Patterned AI.....................311
PCI DSS 281
PDCA 042
PDCA サイクル 042, 255
Perl.............................144
PHP 144
Pika............................301
Platform as a Service 155
Playground 311
PMO 232
PNG 311
Polypane 162
PostgreSQL......................147
PrestaShop 170
Product Lifecycle Management 026
Progressive Enhancement............134
Progressive Web Apps 015
PV 074
PWA 015, 116
Python 144

Q

QCD 226
QCD 品質マネジメント 226
QR コード........................184

R

RankBrain........................ 199, 307
RAS 243
RDB 145
Redmine 223

rel属性 125
remove.bg 311
Request for Proposal 236
Responsinator 161
RFP 030, 052, 236
ROI 027, 252
RsEsPs モデル 183
RSS 配信機能 151
Ruby 144
Ruby on Rails 144
Runway 301, 312
Rust 079
RWD 056

S

SaaS 150
SaaS 型 CMS 064
SaaS 型サービス 033
SalesCube 170
Salesforce.com 154
SD インタビュー 101, 113
SD 法 101
Search Engine Marketing 202
Search Engine Optimization..........198
Search Generative Experience......196
Secure Sockets Layer 278
SEM 202
SEO 040, 198, 227, 306
SGE 196
Shopify 269
SIPS モデル 183
Sizzy 162
SLA 152
SMART 原則 073
SMS 269
SMS マーケティング.........................186
SNS マーケティング.........................191
Society 5.0 289
Software as a Service 150
Sora 301

SOW 248
SPA 019
SQL 145
SQLite 147
SQL インジェクション ...071, 142, 274
sRGB 164
SSG 019
SSL 152, 278
Stable Diffusion 301
Stock 224
SugarCRM 170
SVG 139
SWOT 分析 047

T

Tableau 317
TDABC 249
TensorFlow.js 016
TF-IDF 値 306
TikTok 194
TLD 157
TLS 278
TLS 1.3 279
TLS/SSL 証明書 279
Transport Layer Security 278
Trello 223
Twitter API 149
TypeScript 134
T 字型人材 231

U

UCD 112
UI 077, 105
UI/UX デザイン 187
Uizard 312
UI デザインツール 040
User-Centered..................................049
UX 021, 197, 228
UX 評価 114

V

Veo 301
VISAS モデル 183
VR 085, 234
VRChat 026

W

W3C 130
WAF 281
Wasm 079
WBS 239
WCAG 110
WCAG 2.2 110
WCG 165
Web3.0 ....012, 022
Web API 148
WebAssembly 016, 079
WebGL 139
WebLOAD 167
WebSocket 141
Web Speech API...............................016
Web Vitals 057
WebXR 015
WebXR Device API 015
Web アクセシビリティ 016, 109
Web 解析ツール 215
Web ガイドライン 221
Web セキュリティ対策 272
Web デザイン 084
Web ビーコン型 213, 217
Web 標準 130
WHATWG 130
Wide Color Gamut 165
Wix ADI 032, 322
WooCommerce 170
WordLift 308
WordPress 064, 144, 169
World Wide Web...............................011
WWW 011

329

X

X	193
XML	149
XR	234
XSS	071, 142, 274
Xスペース	034

Y

Yahoo!広告	202
YouTube	192
YouTubeショート	192

Z

ZEPETO	026

あ行

アイトラッキング	108, 113
アクセシビリティ	039, 077, 107, 227
アクセシビリティテスト	071
アクセス解析	108
アクセス解析機能	151
アクセス解析ツール	215
アクセステスト	166
アクセスログ	212
アクセスログ解析	212
アクセスログ解析ツール	212
アクティブリスニング	241
アジャイル開発	223, 229
アジャイル開発手法	068
アシンメトリー	088
値	127
アダプティブWebデザイン	056
アダプティブデザイン	105
アニメーション	139
アフィリエイト広告	177
アプリストア最適化	263
アルゴリズム	196
アンカーテキスト	125
アンケート機能	151
暗号化	278

暗号スイート	279
アンチエイリアス	091
域外適用	294
位置情報マーケティング	186
一括請負契約	236
イベントトラッキング	213, 217
イベントドリブン	134
色の三属性	095
インクルーシブデザイン	050, 108, 140
インサイト	173
因子分析	113
インセンティブ付き契約	236
インタースティシャル広告	265
インタラクションデザイン	106
インタラクティブメディア	084
インフォグラフィックス	094, 174
インフォメーションアーキテクチャ	104
インフルエンサー広告	177
インフルエンサーマーケティング	024, 193
インラインスタイル	128
ウォーターフォール型開発	069, 229
受け渡し書類	028
運用	068
エイリアス	091
エキスパートレビュー	070
エスノグラフィ	179
エッジコンピューティング	155
エフィシエンシー	108
エフェクティブネス	108
エミュレーター	162
エモーショナルデザイン	051
エンゲージメント	194
演奏権	290
エンタープライズCMS	064
エンデュランステスト	166
オウンドメディア	260
オーガニック検索結果	202

オーサリングソフト	120
オートメーション機能	204
オープン懸賞	287
オープンソースCMS	064, 169
オフショア開発	033
オプトアウト	287
オプトイン方式	186
オペレーションマネジメント	227
オムニチャネル戦略	184, 253
音声広告	177

か行

カード型UI	087
会員管理機能	151
回帰分析	114
階乗計算プログラム	080
改正個人情報保護法	294
開発	068
外部スタイルシート	128
外部要因	198
価格表示	208
各種統計手法	054
拡張現実	234
可視性	090
瑕疵担保責任	298
カスタマーQ&A	267
カスタマーサポート	026
カスタマージャーニー	021, 184
カスタマージャーニーマップ	021
カスタマイズ	047
カスタムCSV機能	269
カスタムレポート	214
仮想空間	023, 027
仮想現実	234
画像生成AI	189, 301
価値共創マーケティング	173
活動基準原価計算	249
可読性	078, 090
画面分割レイアウト	088
カラーパレット	097

カラープロファイル 165
カラーマネジメントシステム.......163
ガントチャート 239
キーワード...............................200
キーワード選定.........................208
キーワード密度..........................201
規制のサンドボックス 289
機能テスト 070
客観評価 100
キャンペーン型 218
行間 091
共創 188
共分散分析 114
業務委託...................................244
クオリティスコア.......................202
クチコミ効果 191
クチコミマーケティング 188
国別コードトップレベルドメイン ...158
クライアントサイドプログラム ...143
クラウドコンピューティング.......153
クラウドソーシング 029
クラウドソーシングサービス.......031
クラスター分析 114
グラデーションカラー..................098
グラフィックデザイン.................093
グループインタビュー 075
クローズド懸賞 287
クロール効率.............................309
クロスサイトスクリプティング
  ....071, 142, 274
クロスプラットフォームトラッキング
 318
クロスメディア戦略 182
継承 127
景品表示法 260, 287, 298
ゲーミフィケーション 174, 261
決済機能 151
検索意図...................................307
検索エンジン 196
検索エンジン最適化.....................306

検索連動型広告 177, 202
公開鍵暗号方式..........................278
効果検証 042
広告最適化 208
広告代理店 031
公衆送信権 290
口述権 290
更新ガイドライン.......................222
構造化データ 308
コーチング 241
コーディング 028, 059, 120
コーディングルール 222
コーポレートガバナンス 289
顧客生涯価値 253
ゴシック体 090
個人情報 294
個人情報取扱事業者....................295
個人データ 295
コストドライバー.......................249
コストプラス契約.......................237
コストベンチマーク 250
コスト・予算マネジメント 226
コミュニケーションツール 257
コミュニケーションデザイン.......020
コレスポンデンス分析 054
コンセプトマップ.......................112
コンタクトポイント 182
コンテナ技術 069
コンテンツ管理システム
  ....062, 151, 256
コンテンツ仕様ガイドライン.......222
コンテンツファースト.................108
コンテンツマーケティング 227
コンバージョン...........................074
コンバージョン率..............074, 205
コンバージョン率最適化..............208
コンピュータセキュリティ
  インシデント対応チーム 274
コンプライアンス.........................072

さ行

サードパーティデータ 178
サーバーサイドプログラム 143
サーバーレスコンピューティング....155
サーバーログ型 217
サーバーログ取得型 213
サービスレベルアグリーメント ...152
財産権 291
裁定制度 292
彩度 096
サイト内検索機能.......................151
サイトポリシー 038, 039
サイトマップ 038
サイバースクワッティング 297
サイバー犯罪条約.......................274
サステナビリティ.......................086
サティスファクション 108
サブディレクトリ.......................157
サブドメイン 157
サンセリフ体 090
シームレスな顧客体験 173
ジェネレーティブデザイン 051
時間主導型活動基準原価計算 249
色相 096
事業サイト 262
資金決済に関する法律 288
資金決済法 288
試作品 053
視差効果 087
システムエンジニア 028
自然検索結果 202
実績スライド積算.......................235
実費償還契約 236
シナリオ 167
視認性 078
収益性 249
収穫加速の法則 012
重要業績評価指標 073, 203
主観評価...................................100
酒類販売免許制度.......................286

331

準推奨環境 161
上演権 290
譲渡権 290
消費者契約法 284
情報セキュリティマネジメント
　システム 274
情報の民主化 010
商用CMS 064
ショート動画 192, 194
食品衛生法 286
ショッピングカート機能 151
ショップ型 218
事例紹介 208
シンギュラリティ 012
シングルページアプリケーション...019
人工知能
　.....016, 021, 026, 032, 040, 155, 196
人的資源管理 232
侵入テスト 314
推奨環境 161
スクラム 229
スクリプト生成 313
スケーラビリティ 167
スケジュールマネジメント 226
スコープ 245
スコトーマ 242
スタイルシート 059
スタンプマーケティング 192
ステージング環境 071
ストーリーテリング 085, 233
ストレステスト 166
スパイクテスト 166
スパム行為 200
スペシャリスト型 032
正規化 146
脆弱性管理 273
生成AI 114, 189, 254
生体反応測定 100
静的サイト 017
静的サイトジェネレーター 019

セキュリティ監査 281
セキュリティテスト 071
セキュリティバイデザイン 273
セキュリティリテラシー 277
設計 068
セマンティックなマークアップ
　.....................................122, 125
セリフ体 090
セルフエフィカシー 241
セルフコーチング 242
セレクタ 127
ゼロデイ攻撃 275
ゼロトラスト 277
ソーシャルPLM 026
ソーシャル型メタバース 027
ソーシャル広告 177
ソーシャルコマース 168
ソーシャルネットワーク分析...114
ソーシャルメディア 024
ソーシャルリスニング.........025, 257
属性別JPドメイン 158
疎結合 069

た行

ダークカラー 098
ターゲット 046
ターゲティング広告 024
大規模言語モデル 181, 189, 300
代替テキスト 124
ダイナミック・クリエイティブ・
　オプティマイゼーション 178
タイポグラフィ 085
貸与権 290
対話・調査サイト 262
多重尺度法 114
タスク管理ツール 257
ダッシュボード 214
タッチポイント 182
ダブルクリック課金 284
チャットボット 021, 258

直接観察法 100
著作権 291
著作権登録 293
著作権法 290
著作者人格権 291
著作物 290
提案依頼書 030, 052
ディスプレイ広告 177
定性調査 179
定性データ 113
定量化 101
定量調査 179
定量データ 113
ディレクトリ 157
ディレクトリトラバーサル 274
データ駆動型社会 288
データ鮮度 218
テーブル 145
テキストエディタ 120
テキスト生成AI 301
テキストマイニング 114, 180
デザイナー 028
デザインガイドライン 222
デジタルサイネージ広告...........177
デジタル社会形成基本法 289
デジタル庁 289
デジタルトランスフォーメーション
　...227
展示権 290
電子消費者契約法 282
電子署名及び認証業務に関する法律
　...288
電子署名法 283, 288
動画広告 177
動画生成AI 301
動画配信機能 151
投資収益率 027, 252
到達主義 282
動的サイト 018
トーンアンドマナー 078

独自ドメイン 157
特定商取引法 078, 286, 298
特定電子メール法 287
トップレベルドメイン 157
ドメイン 157
ドメイン名紛争処理方針 297
トランスパイラ 134

な行

内部スタイルシート 128
内部要因 198
ナビゲーション 103
ナビゲーションデザイン 103
日本知的財産仲裁センター 297
ニュースリリース配信機能 151
入力フォーム最適化 208
ニューロマーケティング 114
人間中心 049
人間中心設計 066
認証 278
認証局 280
ネイティブ広告 177
ネット広告 177
ネットスーパー 266
ネットワーク外部性 012

は行

パーソナライズ 047, 085
パーソナライズド UI 051
パーソナライゼーション 319
パーソナライゼーションエンジン ...265
バーチャルリアリティ 085
パーミッションマーケティング ...187
バイアス 312
ハイエンド制作 032
配色パターン 097
ハイブリッドクラウド 154, 156
バイラルマーケティング
...................024, 186, 188
パケットキャプチャ型...........213, 217

バズマーケティング 188
バックアップ 152
バックエンド 142
パッケージソフト 150
ハッシュタグ 193
パフォーマンステスト........071, 166
パラメトリック見積もり 235
パララックスエフェクト 087
バンドル 133
販売促進サイト 262
頒布権 290
ヒートマップ 041, 108, 314
ビジネストランザクション 072
非対称レイアウト 089
非代替性トークン 022, 027
ヒックの法則 021
非同期通信 135, 141
ビビッドカラー 098
ビューアビリティ 178
ヒューマンエラー 063
ヒューマンデザインテクノロジー
...........................054, 099
ヒューリスティック評価 070
ピラミッド構造 234
被リンク 200
品質管理 226
ファネル 252
ファン育成............................026
フィードバック 040
フィッシング詐欺.....................275
フォーカスインジケーター 111
フォント 090
付加価値サービスサイト 262
負荷テスト 166, 314
複合現実 234
複製権 290
不正アクセス 272
ブダペスト条約 274
普通取引約款 284
不適正利用の禁止 296

不当景品類及び不当表示防止法 ...287
ブラウザシェア 014
フラッシュマーケティング 268
フラットデザイン 085
プラットフォーマー 012
ブランディング 022
ブランディングガイドライン 222
ブランドアイデンティティ 093
ブランドリフト 178
フルサービス型 032
フルスタックエンジニア 142
ブログ 151
プロジェクト管理ツール.............223
プロジェクトマネジメントオフィス
..............................232
プロダクトアウト 049
プロトタイピング 039
プロトタイプ 053, 234
プロパティ 127
プロポーショナルフォント 092
フロントエンド.......................141
分野別トップレベルドメイン 158
平均順位法 102
ページビュー 074
ペーパーレス 288
ヘッドレス CMS 058
ペルソナ 021, 039, 105
ペルソナ分析 233
ベンダープレフィックス 121, 162
ベンダーロックイン 151
ベンチマークテスト 072
返報性の法則..........................021
ボイスユーザーインターフェイス ...108
ポジショニング分析 054
ポジショニングマップ 054
没入型インターフェイス 102
没入型レイアウト 089
ポップアップ機能.....................210
ボトルネック 167
ポリフィル 162

333

ホワイトスペース 088
翻案権 290
翻訳権 290

ま行

マークアップ 122
マーケットイン 049
マーケティング 172
マーケティングオートメーション 264
マーケティングテクノロジー 227
マーケティングマネジメント 227
マーケティングリサーチ 179
マーテック 227
マイクロインタラクション ... 106, 108
マイクロコンテンツ 187
マイクロサービスアーキテクチャ
.... 058, 069
マイルストーン 240
マキシマリズム 086
マッシュアップ 149
マネーロンダリング 288
マルチチャネル 318
マルチモーダル AI 301
マンセル・カラー・システム 096
ミニマリズム 085, 088
明朝体 090
ムーアの法則 012
明度 096
メール広告 177
メールマガジン配信機能 151
メタキーワードタグ 200
メタバース 023, 027
メッセージングアプリ 192
メディアクエリ 122, 124
メトカーフの法則 012
モニタリングテスト 070
モバイルコマース 266
モバイルサイトプロジェクト 264
モバイルファースト 047, 056
モバイルファーストインデックス 201

モバイルフレンドリー ... 076, 116, 186
モバイルマーケティング 186

や行

約款 284
薬機法 078
ユーザーインターフェイス 077, 105
ユーザーエージェント 162
ユーザーエクスペリエンス
.... 021, 093, 197, 228
ユーザー中心 049
ユーザー中心設計 112
ユーザーフィードバック 108
ユーザビリティ 107, 227
ユーザビリティ / アクセシビリティ
ガイドライン 222
ユーザビリティテスト
.... 070, 075, 078, 106, 108, 113
ユーザビリティ評価 050
優先度 127
要件定義 028, 066
余白 088

ら行

ライブコマース 168
楽天ウェブサービス 149
ラポール 241
ランサムウェア 275
ランディングページ最適化 205, 208
リアルタイム解析 218
リアルタイム対応 320
リアルタイムパーソナライゼーション
....309
リアルタイム分析 318
リアルタイムレポート 214
リードナーチャリング 261
リーンスタートアップ 044
リスティング広告 177
離脱率 220
リッチスニペット 308

リッチメディア 085
リデザイン 076
リニューアル 076
リビングスタンダード 130
リファーラルマーケティング 188
利便性 078
利用許諾 291
利用者アンケート調査 075
利用品質 065
リレーショナルデータベース 145
類推見積もり 235
レコメンド機能 151
レスポンシブ Web デザイン 056
レスポンシブデザイン
.... 047, 056, 087, 105, 108, 124
レスポンス 148
レッドチーム 277
レパートリーグリッド発展手法 101
レビュー機能 267
ローコード開発 033
ロジックツリー 233

わ行

ワークブレイクダウンストラクチャ
....239
ワードクラウド 112
ワイヤーフレーム 028, 038
ワンソースマルチユース 062

著者紹介

長澤大輔（ながさわ・だいすけ）

株式会社A&S代表取締役を務める多才な起業家。1993年にワイオミング大学政治学国際研究学科を卒業後、2010年に筑波大学大学院国際ビジネス科学研究科国際経営プロフェッショナル専攻を修了した。

キャリアの初期には株式会社セガエンタープライゼス（現セガ）で海外CS事業や店舗開発事業のプロジェクトマネージャーとして活躍し、その後25年間オンラインコンテンツビジネス開発に携わっている。専門分野は多変量解析を用いた統計分析、感性工学を用いたデザインコンセプト立案、オンラインビジネスモデル構築である。

著者は学校法人デジタルハリウッドのカリキュラムディレクター、WACA所属ウェブ解析士マスター、マーケティングリテラシー協会公認上級マーケティング解析士、中小企業庁委託（ミラサポ）派遣専門家など、多くの重要な役職を兼任している。また、愛玩動物飼養管理士の資格も持つ。

最近では、400種類以上の経営戦略を搭載したAI搭載オンライン・ボードゲーム「The Leverage Game」を自社開発し、国内外で販売するなど、革新的なプロジェクトを手がけている。さらに、愛猫と共に日本全国を旅しながら自社プロジェクトの陣頭指揮を執るという、ユニークなワークライフスタイルを実践している。

著書・共著には『生成AI起業バイブル』（時事通信出版）、『スタンダードWebリテラシー』（エムディエヌコーポレーション）、『IT・デジタルワーカーのための英会話』（ベレ出版）、『Webリテラシー』『Webディレクション』『Webプロデュース』（いずれもワークスコーポレーション）、『旅にゃんこ だいち＆ふくちゃん』（長澤知美と共著、マキノ出版）、『旅にゃんこ 日本の四季をゆく だいち＆ふくちゃん』（長澤知美と共著、イカロス出版）、『旅するにゃんこの15の物語 ～ハイジが紡ぐ猫と動物たちの会話～』（イーストプレス）がある。これらの著作は、ビジネスやテクノロジーから愛猫との旅行記まで、幅広いジャンルにわたっている。また、各種専門誌への寄稿も多数行っており、「web creators」（エムディエヌコーポレーション）、「Web Designing」（マイナビ）、「Web Site Expert」（技術評論社）などに執筆している。

講師・講演活動も積極的に行っており、マーケティング研究協会、早稲田大学、デジタルハリウッドなどで登壇している。著者は、テクノロジーとビジネスの融合、革新的なライフスタイル、そして動物への愛情を体現する経営者として、執筆、講演、実務と多方面で活躍し続けている。

STAFF

編集	小宮雄介
DTP制作	SeaGrape
カバー・本文デザイン	米倉英弘（米倉デザイン室）
編集長	片元 諭

本書のご感想をぜひお寄せください

「アンケートに答える」をクリックしてアンケートにご協力ください。アンケート回答者の中から、抽選で**図書カード（1,000円分）** などを毎月プレゼント。当選者の発表は賞品の発送をもって代えさせていただきます。はじめての方は、「CLUB Impress」へご登録（無料）いただく必要があります。　※プレゼントの賞品は変更になる場合があります。

■ 商品に関する問い合わせ先

このたびは弊社商品をご購入いただきありがとうございます。本書の内容などに関するお問い合わせは、下記のURLまたは二次元バーコードにある問い合わせフォームからお送りください。

https://book.impress.co.jp/info/

上記フォームがご利用頂けない場合のメールでの問い合わせ先
info@impress.co.jp

※ お問い合わせの際は、書名、ISBN、お名前、お電話番号、メールアドレスに加えて、「該当するページ」と「具体的なご質問内容」「お使いの動作環境」を必ずご明記ください。なお、本書の範囲を超えるご質問にはお答えできないのでご了承ください。

- 電話やFAX等でのご質問には対応しておりません。また、封書でのお問い合わせは回答までに日数をいただく場合があります。あらかじめご了承ください。
- インプレスブックスの本書情報ページ https://book.impress.co.jp/books/1123101156 では、本書のサポート情報や正誤表・訂正情報などを提供しています。あわせてご確認ください。
- 本書の奥付に記載されている初版発行日から3年が経過した場合、もしくは本書で紹介している製品やサービスについて提供会社によるサポートが終了した場合はご質問にお答えできない場合があります。

■ 落丁・乱丁本などの問い合わせ先

FAX　03-6837-5023　service@impress.co.jp

※ 古書店で購入されたものについてはお取り替えできません。

業界1年生が必ず身に付けたい
ウェブ制作・運用のリテラシー

2024年9月21日　初版発行

著　者　長澤大輔
発行人　高橋隆志
編集人　藤井貴志
発行所　株式会社インプレス
　　　　〒101-0051　東京都千代田区神田神保町一丁目105番地
　　　　ホームページ　https://book.impress.co.jp/

本書は著作権法上の保護を受けています。本書の一部あるいは全部について、株式会社インプレスから文書による許諾を得ずに、いかなる方法においても無断で複写、複製することは禁じられています。

Copyright © 2024 Daisuke Nagasawa. All rights reserved.

印刷所　シナノ書籍印刷株式会社

ISBN978-4-295-01988-6　C3055

Printed in Japan